# Kulturelle Figurationen: Artefakte, Praktiken, Fiktionen

Kultur gilt – neben Kategorien wie Gesellschaft, Politik, Ökonomie – als eine grundlegende Ressource sozialer Semantiken, Praktiken und Lebenswelten. Die Kulturanalyse ist herausgefordert, kulturelle Figurationen als ebenso flüchtige wie hegemoniale, dynamische wie heterogene, globale wie lokale und heterotope Phänomene zu untersuchen. Kulturelle Figurationen sind Produkt menschlichen Zusammenlebens und bilden zugleich die sinnstiftende Folie, vor der Vergesellschaftung und Institutionenbildung stattfinden. In Gestalt von Artefakten, Praktiken und Fiktionen sind sie uneinheitlich, widersprüchlich im Wortsinn und können doch selbst zum sozialen Akteur werden. Die Reihe »Kulturelle Figurationen: Artefakte, Praktiken, Fiktionen« untersucht kulturelle Phänomene in den Bedingungen ihrer Produktion und Genese aus einer interdisziplinären Perspektive und folgt dabei der Verflechtung von Sinnzusammenhängen und Praxisformen. Kulturelle Figurationen werden nicht isoliert betrachtet, sondern in ihren gesellschaftlichen Situierungen, ihren produktionsästhetischen und politischen Implikationen analysiert. Die Reihe publiziert Monographien, Sammelbände, Überblickswerke sowie Übersetzungen internationaler Studien.

Weitere Bände in der Reihe http://www.springer.com/series/11198

David-Christopher Assmann
(Hrsg.)

# Narrative der Deponie

## Kulturwissenschaftliche Analysen beseitigter Materialitäten

*Hrsg.*
David-Christopher Assmann
Goethe-Universität Frankfurt
Frankfurt am Main, Deutschland

Gefördert vom DAAD aus Mitteln des Auswärtigen Amts (AA).

ISSN 2567-4242 ISSN 2625-0896 (electronic)
Kulturelle Figurationen: Artefakte, Praktiken, Fiktionen
ISBN 978-3-658-27879-3 ISBN 978-3-658-27880-9 (eBook)
https://doi.org/10.1007/978-3-658-27880-9

Die Deutsche Nationalbibliothek verzeichnet diese Publikation in der Deutschen Nationalbibliografie; detaillierte bibliografische Daten sind im Internet über http://dnb.d-nb.de abrufbar.

Springer VS


Springer VS ist ein Imprint der eingetragenen Gesellschaft Springer Fachmedien Wiesbaden GmbH und ist ein Teil von Springer Nature.
Die Anschrift der Gesellschaft ist: Abraham-Lincoln-Str. 46, 65189 Wiesbaden, Germany

# Inhaltsverzeichnis

# Herausgeber- und Autorenverzeichnis

## Über den Herausgeber

**David-Christopher Assmann** ist wissenschaftlicher Mitarbeiter am Institut für deutsche Literatur und ihre Didaktik der Goethe-Universität Frankfurt. Er ist Mitherausgeber von *Entsorgungsprobleme: Müll in der Literatur* (2014).

## Autorenverzeichnis

**Elena Agazzi** Università di Bergamo, Bergamo, Italien

**David-Christopher Assmann** Goethe-Universität Frankfurt, Frankfurt am Main, Deutschland

**Florian Auerochs** Universität Vechta, Vechta, Deutschland

**Lorella Bosco** Università di Bari „Aldo Moro", Bari, Italien

**Benjamin Bühler** Universität Konstanz, Konstanz, Deutschland

**Carmen Concilio** Università di Torino, Torino, Italien

**Markus Engelns** Universität Duisburg-Essen/Campus Essen, Essen, Deutschland

**Cesare Giacobazzi** Università di Modena e Reggio Emilia, Modena, Italien

**Christa Grewe-Volpp** Universität Mannheim, Mannheim, Deutschland

**Lis Hansen** Westfälische Wilhelms-Universität Münster, Münster, Deutschland

**Serenella Iovino** University of North Carolina, Chapel Hill, NC, USA

**Sarah Schmidt** Berlin-Brandenburgische Akademie der Wissenschaften, Berlin, Deutschland

**Silvia Ulrich** Università di Torino, Torino, Italien

**Magnus Wieland** Schweizerisches Literaturarchiv, Bern, Schweiz

# Diskurse und Materialitäten der Deponie

## Zur Einführung

David-Christopher Assmann

Der Begriff der Deponie bezeichnet die gleichfalls „älteste und ‚natürlichste'" (Viale 1997, S. 64) wie „einfachste und billigste Form der Beseitigung" (Lindemann 1992, S. 102). Schon für die Prähistorie nachgewiesen, gewinnt die großflächige Ablagerung von Abfällen in Europa seit der Mitte des 19. Jahrhunderts an diskursiver Bedeutung und wird in hygienischen, verwaltungstechnischen und kommunalpolitischen Kontexten zunehmend intensiv erörtert.[1] Das „Anwachsen der Müllberge" (Lindemann 1992, S. 92) in den Städten und um diese herum macht den Umgang mit der gestiegenen Menge und der veränderten Zusammensetzung von Materialitäten, die als unbrauchbar verhandelt werden, zum ebenso räumlichen wie ökonomischen und gesundheitspolitischen Problem. Neben thermischer Behandlung (Verbrennung, Vergasung oder Verschmelzung) und Verwertung (als systematische Sortierung oder in der Landwirtschaft) soll die kontrollierte Deponie Abhilfe schaffen. Sie ist Ausdruck jenes Versprechens der modernen Gesellschaft, Prozesse, Folgen und Kehrseiten der Industrialisierung und Urbanisierung, nicht zuletzt der Waren- und Konsumwelt, restlos ordnen, ja reinigen zu können (vgl. Fayet 2003). Dinge und Produkte, Stoffe und Substanzen, die nicht mehr gebraucht werden, weil sie ihren Nutzen verloren

[1]Hösel verweist auf „Küchenabfallhaufen" aus der „letzten mittelsteinzeitlichen, sogenannten Ellerbeck-Stufe, also etwa 5000–2000 v. Chr." (1987, S. 1).

D.-C. Assmann (✉)
Goethe-Universität Frankfurt, Frankfurt am Main, Deutschland
E-Mail: dc.assmann@em.uni-frankfurt.de



D.-C. Assmann (Hrsg.), *Narrative der Deponie*, Kulturelle Figurationen: Artefakte, Praktiken, Fiktionen, https://doi.org/10.1007/978-3-658-27880-9_1

haben, aus der Mode gefallen sind, einen Defekt haben oder in ihrer Materialität schlichtweg stören, soll die Deponie anhäufend oder ansammelnd verbergen. Sie versichert, das materiell Übrig-Gebliebene, das Nicht-Mehr-Gebrauchte, „in eine neue Parallelordnung zu überführen und diese […] rundum komplett abzudichten" (Wagner 2012, S. 85). Es geht um die kontrollierte Externalisierung von Unbrauchbarem.

Seit Ende des 19. Jahrhunderts werden zu diesem Zweck immer häufiger große kommunale Ablagerungsplätze eingerichtet, die „möglichst weit außerhalb der Stadt" (Hösel 1987, S. 159) liegen. Auf die Gründe für diese Praxis der Beseitigung geht der Wiesbadener Stadtbaurat Josef Brix in einem Sonderdruck einer Ausgabe der hygienischen und gesundheitstechnischen Zeitschrift *Gesundheit* von 1902 ein. Unter dem Titel *Der Städte-Kehricht und seine unschädliche Beseitigung* schreibt er:

> Die nach dem Einzelfalle mehr oder minder begründete Meinung, dass die Vorteile der landwirtschaftlichen Verwertung des Kehrichts in keinem Verhältnis zu deren Nachteilen stehen und dass vor allen Dingen auf eine *jederzeit gesicherte Kehrichtunterbringung* ein besonderer Wert gelegt werden müsse, hat manche Städte veranlasst, in erster Linie Orte ausfindig zu machen, die geeignet sind, auf lange Jahre hinaus den Kehricht behufs ihrer Auffüllung aufzunehmen. Es muss zugegeben werden, dass im Falle der Auffindung wirklich geeigneten Terrains, bei welchem also Verunreinigungen des Untergrundes oder benachbarter Wasserläufe entweder völlig ausgeschlossen sind oder nach Lage der Verhältnisse keinen Schaden bringen können, sich wohl Methoden einer zweckmässigen Kehrichtbeseitigung durch Terrainauffüllung denken lassen, durch welche der Kehricht in billiger und unschädlicher Weise beseitigt wird. (Brix 1902, S. 36)

Die Deponie ist eingelassen in eine zeitliche („*jederzeit*", „auf lange Jahre hinaus") und räumliche („Orte" außerhalb der Stadt) Matrix, die bei Bix bestimmt wird durch das, was man als ökologisches Bewusstsein *avant le lettre* bezeichnen könnte. Es geht um einen der „Lösungsansätze für unsere Umweltprobleme" (Nentwig et al. 2011, S. XIV), wie sie dann in den 1970er als „ökologische Revolution" (Radkau 2011, S. 124) an Fahrt aufnehmen. Auch wenn der Duktus des Beitrags optimistisch davon überzeugt ist, dass die Stadtverwaltung die angedeuteten Probleme des „Kehricht[s]" in den Griff bekommt, problematisiert Brix immerhin bereits „Verunreinigungen" und ‚Schäden', die durch die „Auffüllung" der in der Landwirtschaft nicht verwertbaren Materialitäten entstehen könnten, ja zu erwarten sind. In dieser Hinsicht operiert der Beitrag bereits mit einem auf die Deponierung von unbrauchbaren Materialitäten gemünzten „Zukunftwissen" (Bühler 2016a, S. 432), wie es für ökologische Diskurse typisch ist. Und in der Tat: So sehr sich die Städte auch um „Unsichtbarmachung" (Windmüller 2003a, S. 82) der störenden Dinge bemühen – Brix denkt vor allem an

„tiefgelegene[] Moor- oder Sand-Terrains“ (1902, S. 36) –, an den entsprechenden Orten kommt das Beseitigte letztlich immer auch wieder zum Vorschein: sei es durch Praktiken der Grenzziehung und -markierung (Zäune, Sicherheitspersonal etc.), sei es durch das bereits aus der Ferne sichtbare Anhäufen (‚Monte Scherbelino‘), sei es durch das unkontrollierte Entweichen von Substanzen (toxische Flüssigkeiten im Grundwasser, giftige Gase in der Luft etc.). Die Deponie stellt einen paradoxen, risikobehafteten „Un-Ort“ (Wagner 2012, S. 87) dar, der zwar behauptet, beseitigte Dinge und Substanzen ein für alle Mal ignorieren und sich selbst überlassen zu können. Zugleich fordert er aber nicht unerhebliche Aufmerksamkeit und technischen Aufwand ein. Die Ablagerungsstelle zieht ihre Legitimation aus der fragwürdigen Annahme, dass das kontrolliert Deponierte tatsächlich domestiziert ist. Stadthygienische Folgenabschätzung, Analyse von Schadstoffemissionen und Sanktionierung unkontrollierter, ‚wilder‘ Müllablagerungen bestimmen die Narrative der modernen Deponie denn auch von Beginn an. Wie der Beitrag von Brix exemplarisch verdeutlicht, wird bereits um die Jahrhundertwende von wissenschaftlicher Seite auf die „Gefahren der Müllablagerung für Wasser, Boden und Luft“ (Hösel 1987, S. 159) hingewiesen. Trotz aller Vorkehrungen und Versicherungen sind Deponien eines offenbar gerade nicht: abgeschlossen.

Das gilt auch für ihre kulturwissenschaftliche Erkundung – im Gegenteil: Während sich die Beschäftigung mit Deponien in den Ingenieurs- und Naturwissenschaften etabliert hat und bis an das Ende des 19. Jahrhunderts zurückverfolgt werden kann (vgl. Köstering 2003; Lemann 2005), sind sie in kulturästhetischen Hinsichten ein noch weitgehend unbestelltes Feld. Die Beiträge dieses Bandes setzen an dieser Beobachtung an. Sie fragen nach den kreativen wie ökologisch problematischen Implikationen des Deponierens. In exemplarischen Fallstudien eröffnen sie Perspektiven einer literatur-, medien- und kulturwissenschaftlichen Untersuchung der Deponie. Zwei bisher eher getrennt voneinander operierende akademische Diskurse werden dazu in interkultureller Perspektive zusammengebracht: Forscherinnen und Forscher[2] auf dem Gebiet des Ecocriticism mit solchen der kulturwissenschaftlichen Analyse von Praktiken und Poetiken des Sammelns und Archivierens. Der zeitliche Schwerpunkt liegt auf Deponien der Gegenwart, was nicht zuletzt der explorativen Anlage des Bandes geschuldet ist. Es handelt sich um Erkundungen, die verschiedenen Narrativen beseitigter Materialitäten nachgehen. Angelegt sind die Studien als Probebohrungen, die an anderer Stelle – vor allem in der aufgeworfenen historischen Perspektive – vertieft werden können und sollen.

[2]Aus Gründen der besseren Lesbarkeit werden in dieser Einleitung wie in den Beiträgen nicht immer sowohl die männliche als auch die weibliche Form genannt.

## 1 Zum Begriff der Deponie

Grundlage der Beiträge ist deshalb ein bewusst weites Begriffsverständnis. Dieses soll es erlauben, sowohl die städtische Mülldeponie als auch Praktiken des archivarischen Auslagerns (und dessen Kehrseiten), sowohl Industriegewässer als auch das Deponieren in fiktionalen und faktualen Texten in den Blick zu nehmen und mit anrainenden sozialen Praktiken des Umgangs mit störenden Dingen oder Substanzen zu kontrastieren. Heuristisch soll unter ‚Deponie' ein Konglomerat aus sozialen Praktiken, Texten und Diskursen, Wissensformen und technischen Verfahren verstanden werden, das im Modus einer planvollen oder ungeplanten (‚wilden') „Anhäufung" (Viale 1997, S. 64) oder Ansammlung solche Materialitäten zusammenträgt, „die in jeder Hinsicht als unbrauchbar bestimmt sind" (Hauser 2001, S. 24), und mit der widerständigen Emergenz des Beseitigten in einer diskursiv-materiellen Austauschbeziehung steht. Als ‚naturen-kultureller' Ort im Sinne Bruno Latours (vgl. 2008, S. 139–141)[3] verdeutlicht die Deponie, dass „vital materiality can never really be thrown ‚away,' for it continues its activities even as a discarded or unwanted commodity" (Bennett 2010, S. 6). Für die externalisierte materielle Anhäufung gilt, was Jane Bennett (unter anderen im Anschluss an Latour) als „*Thing-Power*" (2010, S. 6) bezeichnet: Die beseitigten Dinge, Stoffe und Substanzen sind auf der Deponie nicht ‚entsorgt', sondern führen ein materielles Eigenleben, das sich nicht so ohne Weiteres kontrollieren lässt und unter Bedingungen der „Formlosigkeit" (Giesen 2007, S. 107) seiner Anhäufung noch offensichtlicher zutage tritt. Mit Bezug auf Deleuze und Guattari schlägt Bennett vor, für die Zusammenstellung „of diverse elements, of vibrant materials of all sorts" (Bennett 2010, S. 23) den Begriff der *assemblage* zu reservieren. Hervorgehoben wird damit nicht allein die Heterogenität des diskursiv-materiellen Konglomerats, also des wechselseitigen Bezugs von Dingen, technischen Geräten, semantischen Konzepten, menschlichen Handlungen etc. aufeinander. Darüber hinaus betont Bennett: „[N]o one materiality or type of material has sufficient competence to determine consistently the trajectory or impact" (2010, S. 24). Durch einen singulären (menschlichen) Akteur lässt sich eine *assemblage* mithin faktisch nicht (intentional) steuern oder kontrollieren. Und auch Störungen des Komplexes können nicht auf eine oder mehrere

[3]Siehe auch den Band von Friederike Gesing, Katrin Amelang, Michael Flitner und Michi Knecht, der mit dem Begriff der „NaturenKulturen" auf „Verflechtungen, Fusionen und zirkulierende Praktiken zwischen Natur und Kultur" (2018, S. 7) aufmerksam macht, wie sie auch den Ort der Deponie kennzeichnen.

Ursachen kausal zurückgeführt werden. Es ist das überraschende Zusammenwirken und wechselseitige Durchdringen ihrer Elemente, das die *assemblage* bestimmt. In dieser Hinsicht ist der Ansatz von Bennett ein Stück weit radikaler als der von Latour und der ANT. Wenn sie auf „a fuller range of nonhuman powers circulating around and within human bodies" (2010, S. ix) verweist, tendiert Bennett dazu, die Differenz zwischen menschlichen und nicht-menschlichen Materialitäten zu verabschieden.

Die Deponie ist ein privilegierter, ‚randständiger' Ort (vgl. Hansen et al. 2018), an dem solche Irritationen zugleich besonders sichtbar und erzeugt werden – und der selbst in vielfältigen Hinsichten mit seiner diskursiven wie materiellen Umwelt interagiert, ja an seinen eigenen (nicht zuletzt textuellen) Rändern gleichsam ausfranst. Einerseits werden die ausgelagerten Materialitäten auf der Deponie *als Materialitäten* in besonderer Weise sichtbar; das Weggeworfene drängt sich auf, gewinnt an agentieller Kraft, lässt sich nicht ignorieren. Andererseits handelt sich bei den Anhäufungen, mit einer Formulierung Serenella Iovinos gesprochen, um

> a mesh of agencies that are both material, industrial, political, chemical, geological, biological, and narrative. Its presence [...] results from a tangle of industrial processes, of material transformations, of economic transactions, of cultural metanarratives, and affects in turn the life of human and nonhuman beings, at the same time conditioning political discourses, trade routes, and technological developments. Like many other ‚things,' it is a posthuman actor that shows how deeply human agency depends on and is interlaced with the nonhuman. (Iovino und Oppermann 2012, S. 456)

Die Deponie besteht aus sowohl menschlichen als auch nicht-menschlichen „beings", sowohl aus diversen („industrial, political, chemical, geological, biological") Diskursen als auch aus materiellen „agencies", die sich wechselseitig bedingen und durchdringen. Das Konzept der *assemblage* legt den Fokus auf das diskursiv-materielle Zusammenspiel von heterogenen, in sich verflochtenen und schwer zu kontrollierenden agentiellen Kräften jener Materialitäten und Diskurse, die das Beseitigte und die dieses kontrollierenden oder nicht kontrollierenden sozialen Praktiken konstituieren. Ablagerungsplätze für Aussortiertes sind im Sinne Donna Haraways „contact zones" (2008, S. 4), in denen nicht nur „species of all kinds" (2008, S. 4) aufeinandertreffen, sondern Unterscheidungen wie Subjekt/Objekt, Natur/Kultur, Diskurs/Materialität überhaupt erst etabliert und zugleich irritiert werden.

In besonderer Weise literatur- und kulturwissenschaftlich interessant werden Deponien dann, wenn man sie als „storied matter" (Iovino 2012, S. 57–58) versteht, als Orte des Erzählens. Dann lässt sich fragen, „how stories, memories, and meanings are materially carved onto them“ (Iovino 2014, S. 98). Die Anhäufungen beseitigter Materialitäten werden in dieser Perspektive als diskursiv-materielle Konglomerate erkenn- und lesbar, die in ästhetisch-kulturellen Texten repräsentiert bzw. von diesen performativ hervorgebracht werden. Von Narrativen der Deponie kann mit Blick auf solche literarischen, fotografischen, filmischen etc. Medien gesprochen werden, die in verschiedenste diskursiv-materielle *assemblages* von Müllablagerungen eingelassen sind, ja diese miterzeugen. Kennzeichen von Narrativen der Deponie ist, so eine der Ausgangsthesen dieses Bandes, dass die „temporale[n] Verbindungen“ (Schmid 2014, S. 5), die sie erzählend konstituieren, immer wieder stark an deskriptive Darstellungen aussortierter Dinge zurückgebunden werden: Der Ansammlung beseitigter Dinge, Diskurse, industrieller Prozesse, technologischer Zusammenhänge etc. in der Diegese entspricht dann im Extremfall eine Anhäufung von relativ unverbundenen Signifikanten (siehe das Zitat von Iovino). Die textuelle Darstellung tendiert an solchen Stellen dazu, selbst „the formal structure of a landfill, a site governed by the logic of putrefaction“ (Alworth 2016, S. 52), anzunehmen. Umgekehrt sind scheinbar statische Situationen der erzählten Welt, die auf Deponien verortet oder durch diese motiviert sind, häufig in „Zustandsveränderungen“ (Schmid 2014, S. 4) eingelassen und legen auf diese Weise nicht zuletzt das ökologisch Problematische von Müllablagerungen offen.

Mit Ansätzen des Ecocriticism (vgl. Bühler 2016b; Dürbeck und Stobbe 2015) lässt sich diese Beobachtung systematisch ausbauen. Sie interessieren sich für den Umgang mit den ökologischen Folgen und für die umweltethischen Probleme von materiellen Ablagerungen, die nur auf den ersten Blick stillgestellt zu sein scheinen. Literarische Texte, Filme, Fotos etc., die Praktiken des Deponierens thematisieren, lassen sich danach befragen, inwiefern sie auf die mit Deponien verbundenen ökologischen Verwerfungen aufmerksam machen, diese transformieren oder ignorieren. Zugleich können Müllhaufen als Orte erzählter Welten gelesen werden, an denen in posthumanistischer Perspektive die Dichotomien von Natur und Kultur bzw. des Mensch-Natur-Verhältnisses aufgebrochen werden. Das mit Deponien verknüpfte moderne Versprechen der restlosen ‚Entsorgung‘ unbrauchbarer, störender und toxischer Dinge und Substanzen lässt sich auf diese Weise problematisieren und auf seine ökologischen Risiken, aber auch auf mögliche Lösungen hin untersuchen.

Aus der Perspektive literatur- und kulturwissenschaftlicher Fragestellungen zur Revision von Praktiken des Sammelns (vgl. Ecker et al. 2001; Schmidt 2016; Wieland und Stadler 2014) und des Archivierens (vgl. Weitin und Wolf 2012) ist die Deponie hingegen mit dem „Rest des Nicht-Archivierbaren“ (Schmieder und Weidner 2016, S. 8) verbunden. Dabei kann sie als eine Art ‚Gegen-Archiv‘ fungieren. In den Blick rückt die Frage nach der Unterscheidung zwischen Deponie und Sammlung bzw. Archiv. Eigens angelegte oder ‚wilde' Müllhalden ebenso wie das Auffüllen von Ödländern und Gruben stellen im Wortsinne und auf den ersten Blick die materialisierte Kehrseite institutionalisierter Praktiken des Archivierens und Sammelns dar. Während sich diese dezidiert darum bemühen, aus Alltagszusammenhängen Entrücktes oder Vergangenes zu konservieren und aufzubewahren (vgl. Wirth 2005), sind die entsorgten Gegenstände auf der Deponie dem mehr oder weniger unkontrollierten Zerfall überlassen. Gleichwohl besteht zwischen Deponie und Archiv eine „gemeinsame Grenze" (Assmann 1999, S. 383), die beide Praktiken und Orte miteinander verbindet und die von den Dingen in beide Richtungen gekreuzt werden kann. Denn das, was im Archiv keinen Platz gefunden hat oder dort im Laufe der Zeit aussortiert und als Rest markiert wird (vgl. Becker et al. 2005; Thums und Werberger 2009), landet auf der Deponie. Und umgekehrt können Gegenstände, die auf der Deponie ‚abgelegt' oder ‚hinterlegt' wurden (so die etymologische Wortbedeutung; vgl. Art. deponieren 1989), wieder aufgefunden und mitunter ins kulturelle Archiv aufgenommen werden. Es geht also um die kulturellen Inszenierungen, die dazu führen, dass Archiv und Mülldeponie sich „bis zur Ununterscheidbarkeit annähern" (Windmüller 2003b, S. 240) können – und dennoch unterschieden werden.

In dieser Hinsicht sammeln, ordnen und differenzieren Deponien also nicht nur das, was andernorts weggeworfen worden ist. Als Orte des Mülls können sie zudem als eine Art Zwischenlager fungieren, das es einerseits ermöglicht, bestimmte Dinge zeitlich beschränkt aus dem Blick zu nehmen, gleichwohl aber später möglicherweise wieder auf sie zurückgreifen zu können (vgl. Thompson 2003) oder zu müssen. Auf der anderen Seite ist es genau dieser Umstand, der die *assemblage* der Deponie in der Perspektive des Ecocriticism so riskant macht, mithin die ingenieurstechnische Annahme, „die Deponierung [sei; D.-C.A.] die einzige Möglichkeit, die Menschheit von ihren ‚selbst produzierten' Abfällen zu befreien" (Lemann 2005, S. 289), als höchst fragwürdig erscheinen lässt. Denn was „wir zu Abfall machen, verschwindet nicht, es geht bloß in einen neuen Zustand über" (Hylland Eriksen 2013, S. 94); wirklich ‚entsorgt' ist das Deponierte also nie.

Die Deponie sowohl als ökologisch ‚unkalkulierbares Risiko' (vgl. Zemanek 2013) als auch als „Umschlagplatz des Kreativen" (Bianchi 2003, S. 35; vgl. auch Lewe et al. 2016) zu betrachten, ist das Ziel der Beiträge dieses Bandes. Von Narrativen der Deponie zu sprechen bedeutet dabei, ebenso *histoire* und *discours* ihrer ästhetischen Darstellungen zu berücksichtigen wie die Unterscheidungen von Deponie und Archiv, Ästhetik und Engagement aufeinander zu beziehen. Insofern handelt es sich bei den Narrativen der Deponie nicht zuletzt auch um eine Beobachtungsdirektive, die die Produktivität und Restriktion von „human-nonhuman assemblage[s]" (Bennett 2010, S. 28) beseitigter Materialitäten ausstellt, um dieser zugleich selbst zu unterliegen: jener „agency *of* the assemblage" (2010, S. 24) also, auf die Bennett – ihren Gedankengang zur *vibrant matter* weiterführend – letztlich zuläuft. Für den vorliegenden Zusammenhang reformuliert: Die agentiell-narrative Kraft der Deponie bringt nicht nur menschliche und nicht-menschliche Aktanten zusammen und ermöglicht eine Reflexion über deren Verhältnis. Sie etabliert auch einen Ort, an dem die Unterscheidung zwischen Diskurs und Materialität etabliert, irritiert und einer Revision unterzogen wird.

## 2 Zu den Beiträgen

Dieser These gehen die Beiträge in verschiedenen Hinsichten nach. Eine erste Gruppe von Artikeln interessiert sich für literarische und bildästhetische Inszenierungen der räumlichen und zeitlichen Strukturen von Deponien und fragt nach deren Folgen für ästhetische Darstellungsansprüche. Markus Engelns zeigt für die Computerspiele *Cities Skylines, Detroit – Become Human* und *Dead Synchronicity,* dass Mülldeponien digitale Spiele in technischer, spielfunktionaler und gesellschaftspolitischer Hinsicht vor durchaus handfeste Darstellungsprobleme stellen. Die Orte der Deponie, die in den Spielen in Szene gesetzt werden sollen, irritieren nämlich den mit den Spiel- und Steuerungsordnungen verbundenen Kontrollanspruch. Damit deutet der Bezug auf Deponien in den Spielen Möglichkeiten der Subversion von simulativen und narrativen Ordnungen an. Solche Irritationen interessieren auch Lorella Bosco. Sie analysiert die medialen Konstellationen, wie sie Marcel Beyers Roman *Spione* durchziehen, räumlich auf eine ehemalige Mülldeponie bezogen sind und im Motiv des Sporenlesens zusammengeführt werden. Bosco zeigt, dass sich zwischen dem für den Roman zentralen Dispositiv der Fotografie und der überbauten Deponie der erzählten Welt Analogien ergeben. Die Sporen verweisen demnach auf das Aufkommen von Verborgenem und deuten eine verdrängte, zu Müll gewordene deponierte Unterseite des alltäglichen Lebens an, die zugleich poetologisch wirksam gemacht wird. Auch Florian Auerochs fragt in seinem Beitrag nach visuell-räumlichen Aspekten der Deponie. Er interessiert sich für petrochemische Flüssigdeponien und untersucht, mittels welcher Visualisierungsstrategien diese dargestellt werden. Anhand von Allison Rowes Fotoserie *Postcards from Fort McMurray,* Peter Mettlers Filmessay *Petropolis,* J. Henry Fairs Fotobuch *Industrial Scars* und Brenda Longfellows Kurzfilm *Dead Ducks* arbeitet er die jeweiligen Bildästhetiken heraus, die den latenten Gifthaushalt chemisch fossiler Energieregime zur Darstellung bringen. Dem stellt er eine Analyse von Katharina Hagenas Roman *Das Geräusch des Lichts* entgegen, der einen gleichsam toxischen Erinnerungsdiskurs entwirft. Mit Bezug auf Dea Lohers Theaterstück *Deponie* und Wolfgang Herrndorfs Romane *Tschick* und *Bilder deiner großen Liebe* arbeitet Lis Hansen schließlich in ihrem Beitrag narrative Funktionen von Müllablagerungsplätzen in literarischen Texten der Gegenwart heraus. Während die Deponie bei Loher als ein Raum inszeniert wird, in dem sich die Wege zweier Figuren kreuzen und sich Konzepte von Natur und Kultur überschneiden, wird die Müllablagerung bei Herrndorf als poetischer Fundort inszeniert. Loher setzt die Deponie als Ort des Verlusts ein; bei Herrndorf fungiert sie als produktiv-poetisches Reservoir.

Dass Fragen der Deponie nicht zuletzt in Kontexten des Anthropozäns, das jüngst auch als ‚Wasteocene' beschrieben worden ist (vgl. Armiero und De Angelis 2017), an Relevanz gewinnen, verdeutlichen die drei Beiträge der zweiten Sektion. Verhandelt werden dort konkrete Realitäts- und Gegenwartsbezüge von Müllablagerungen, Möglichkeiten zivilgesellschaftlichen Engagements und Formen gesellschaftspolitischer Aufklärung. So arbeitet Benjamin Bühlers Beitrag die Inszenierungsstrategien von drei ökologischen Dokumentarfilmen heraus, die sich mit Deponien beschäftigen. Anhand von Fatih Akins *Müll im Garten Eden*, Candida Bradys *Trashed* und *Waste Land* von Lucy Walker zeigt er, dass und wie die Filme die mit Müllhalden verbundenen ökologischen Probleme lokalisieren, ihre Komplexität produktiv vereinfachen und konkrete Praktiken des Widerstands in den Blick nehmen. Damit fungieren die Filme zugleich als Medien der Beobachtung und ökologischen Aufklärung als auch der Argumentation und Orientierung. Auch der Beitrag von Serenella Iovino interessiert sich für Fragen des Widerstands im Anthropozän. Ausgehend von der Vermutung, dass Müll nicht nur in Form großer Haufen und Berge ökologisch relevant ist, sondern auch als kleine, kaum sichtbare Ablagerungen Risiken birgt, erarbeitet sie einen reflexiven Begriff des Widerstands, der über die sozialen und politischen Bedingungen des ökologischen Diskurses hinausgeht. Mit Bezug auf Primo Levis chemische Erzählungen verweist sie einerseits auf die Widerständigkeit jeglicher Materialität, andererseits auf die Notwendigkeit des politischen Widerstands gegen den Einsatz toxischer Materialitäten und die mit diesen verknüpften Narrationen. Elena Agazzis Beitrag setzt diese Perspektive fort. Anhand einer Reihe von Beispielen des italienischen Eco-Thrillers der Nuller- und Zehnerjahre verdeutlicht sie, dass dieser nicht nur der unterhaltenden Lektüre dient, wenn den kriminellen Hintergründen illegaler Mülldeponien nachgegangen wird. Die Texte von Carlo Lucarelli, Gabriella Genisi, Francesco Abate, Massimo Carlotto, Massimo Marcotullio und Simona Vinci lassen sich vielmehr auch als Medien der Aufklärung lesen, die in narrativer Form umweltpolitisches Engagement vollziehen. Es geht den Texten demzufolge nicht zuletzt auch darum, auf ökologische Missstände und mafiöse Strukturen in Italien hinzuweisen und ein Bewusstsein für ökologisches Handeln zu schaffen.

Deponie und Archiv, Deponie und Recycling scheinen auf den ersten Blick Gegenbegriffe zu sein. Dass diese Unterscheidungen uneindeutig sind, Praktiken des Deponierens, Archivierens und Recycelns sich auch durchdringen und wechselseitig bedingen, entwickeln die Beiträge der dritten Sektion. Magnus Wieland geht in seinem Beitrag der Frage nach, inwiefern das Verhältnis von Archiv und Deponie keine strikte Dichotomie markiert, sondern fließende Übergänge aufweist. In theoretischer Perspektive arbeitet er die strukturelle Verwandtschaft und die entscheidenden Unterschiede zwischen Archiv und Deponie heraus und zeigt, dass das Archiv, um nicht selbst zur Deponie zu werden, auf die ungeordnete Ablagerung als Korrektiv angewiesen ist. Das Archiv benötigt die Deponie, um einerseits die Unterscheidung von Erinnerungswertem und unnötigem Abfall treffen und andererseits ein Gegen-Archiv zu den archivarischen Selektionsmechanismen angeben zu können. Eine spezielle Form der Unterscheidung von Archiv und Deponie untersucht Christa Grewe-Volpp. Sie interessiert sich dafür, wie Ruth Ozekis *All Over Creation* und Margaret Atwoods *The Year of the Flood* die Deponierung von Saatgut repräsentieren und hinterfragen. Grewe-Volpp argumentiert, dass Saatenbanken mit ideologisch geprägten Naturkonzeptionen operieren, die mit der Unterscheidung von Natur und Kultur und deren sozialer Konstruiertheit verwickelt sind. Die beiden Romane stärken demzufolge das Bewusstsein von der komplexen Verwobenheit von Kultur und Natur, um daraus Verantwortung für den menschlichen Anteil am Prozess des *co-shaping* zu entwickeln. Carmen Concilio untersucht in ihrem Beitrag demgegenüber, wie Franz Kafkas *Die Verwandlung* einen Prozess des intertextuellen Recyclings in der englischsprachigen postkolonialen Literatur durchläuft. Anhand von Achmat Dangors Roman *Kafkas Curse, Cockroach* von Rawi Hage und Igoni Barretts *Blackass* verdeutlicht sie, wie drei Texte der Gegenwart das durch Kafkas Erzählung bereitgestellte, gleichsam deponierte Textmaterial aufgreifen, um zugleich das, was nicht benötigt wird, zu beseitigen und zu verwerfen. Sie weichen vom Ausgangstext ab und schaffen so einen Raum für dialogische Reflexivität zwischen verschiedenen Kulturen und Sprachen. Silvia Ulrich geht in ihrem Beitrag schließlich dem Motiv des Entsorgens und Recycelns in Texten Franz Kafkas und Yoko Tawadas nach. Anhand von Kafkas Erzählungen *Forschungen eines Hundes* und *Die Verwandlung* sowie mit Blick auf den Aphorismus Nr. 73 zeigt sie zunächst, dass die Abfall-Logik bei Kafka in eine Praxis ästhetischer Legitimation eingelassen ist. Tawadas Texte greifen diese auf und führen einen Dialog mit Kafka, der nicht nur am Motiv des Abfalls orientiert ist, sondern Recyceln als intertextuelle Praxis einsetzt.

Die Beiträge der vierten Sektion gehen dem damit aufgerufenen Zusammenhang von Deponie, Text und Sprache genauer nach. Diskutiert werden dort die Funktionen und Effekte als unbrauchbar deklarierter Materialitäten für die textuelle Darstellung, die erzählten Welten und die Praxis des Lesens und Schreibens. Sarah Schmidt untersucht in ihrem Beitrag Randnotizen als eine zwischen Deponie und Depot schwankende Praxis: die beim annotierten Lesen im gedruckten Buch entstehenden Marginalien. Am konkreten Beispiel eines durchschossenen Druckexemplars der ersten Auflage von Friedrich Schleiermachers *Glaubenslehre* und seiner Verwertung durch den Autor und den historisch-kritischen Editor argumentiert sie, dass die Abfallproduktion und -deponierung den Lese- und Schreibprozess grundsätzlich begleitende Phänomene darstellen. Die paratextuellen Ränder eröffnen einen epistemischen Möglichkeitsraum, von dem eine spezifische Provokation ausgeht. David-Christopher Assmann knüpft an diese These an und untersucht in seinem Beitrag, inwiefern die auf Deponien beseitigten Materialitäten als populärwissenschaftliche Objekte zugleich als Form ihrer textuellen Inszenierung zu betrachten sind. Anhand von William Rathjes und Cullen Murphys *Rubbish!*, Guido Viales *Un mondo usa e getta* und Volker Grassmucks und Christian Unverzagts *Das Müll-System* zeigt er, wie Mülldeponien als zu bereisender oder zu analysierender Ort, als politisch zu lösendes und kontingentes Problem und als romantischer Katalysator essayistischen Schreibens inszeniert werden. Cesare Giacobazzi geht in seinem Beitrag schließlich der Überlegung nach, dass Literatur insofern eine Art Recycling betreiben kann, als sie neue Formen und Funktionen für Deponiertes erschließt. Am Beispiel von Thomas Manns *Buddenbrooks* verdeutlicht er, wie das sprachliche Kunstwerk eine sinn- und funktionslos gewordene Sprache neu verwenden kann. Der Verfall des Bürgertums in den *Buddenbrooks* wird demnach insofern ironisiert, als der Text das Bürgertum in seiner Unbestimmtheit und Indifferenziertheit darstellt.

***

Fast alle Beiträge dieses Bandes sind aus der Tagung „Narrative der Deponie. Literatur- und kulturwissenschaftliche Perspektiven auf eine Entsorgungspraxis" hervorgegangen, die im Oktober 2018 am Institut für deutsche Literatur und ihre Didaktik der Goethe-Universität Frankfurt am Main stattgefunden hat. Ich danke dem DAAD und dem Forschungszentrum Historische Geisteswissenschaften der Goethe-Universität für die Förderung, Sidonie Stumpf und Viviane Ninette Tancik für die organisatorische Unterstützung. Oliver Sommer danke ich für die Hilfe bei der Einrichtung der Artikel, allen Beiträgerinnen und Beiträgern dafür, sich auf den deutsch-italienischen Austausch über Ablagerungen unbrauchbarer Materialitäten eingelassen zu haben. Den Herausgebern der *Kulturellen Figurationen* um Ulrike Vedder danke ich für die Aufnahme des Bandes in die Reihe, Serenella Iovino und Susanne Komfort-Hein für Denk- und Freiräume, die dieses Projekt erst möglich gemacht haben.

## Literatur

Alworth, David J. 2016. *Site Reading. Fiction, Art, Social Form*. Princeton und Oxford: Princeton University Press.

Armiero, M., und M. De Angelis. 2017. Anthropocene: Victims, Narrators, and Revolutionaries. *South Atlantic Quarterly* 116 (2): 345–362.

Art. deponieren. 1989. In *Etymologisches Wörterbuch der deutschen Sprache*, 22. Aufl. Unter Mithilfe von M. Bürgisser und B. Gregor völlig neu bearbeitet von E. Seebold, 135. Berlin: de Gruyter.

Assmann, Aleida. 1999. *Erinnerungsräume. Formen und Wandlungen des kulturellen Gedächtnisses*. München: Beck.

Becker, A., S. Reither, und Christian Spies, Hrsg. 2005. *Reste. Umgang mit einem Randphänomen*. Bielefeld: Transcript.

Bennett, Jane. 2010. *Vibrant Matter. A Political Ecology of Things*. Durham: Duke University Press.

Bianchi, Paolo. 2003. Alles Abfall? *Kunstforum international* 167: 35–41.

Brix, Josef. 1902. *Der Städte-Kehricht und seine unschädliche Beseitigung*. I. Heft. Sonderdruck aus der hygienischen und gesundheitstechnischen Zeitschrift „Gesundheit“. Leipzig: Leineweber.

Bühler, Benjamin. 2016a. Ökologie. In *Futorologien. Ordnungen des Zukunftswissens*, Hrsg. B. Bühler und S. Willer, 431–441. Paderborn: Fink.

Bühler, Benjamin. 2016b. *Ecocriticism. Eine Einführung*. Stuttgart: Metzler.

Dürbeck, G., und U. Stobbe, Hrsg. 2015. *Ecocriticism. Eine Einführung*, 245–257. Köln: Böhlau.

Ecker, G., M. Stange, und U. Vedder, Hrsg. 2001. *Sammeln – Ausstellen – Wegwerfen*. Helmer: Königstein.

Fayet, Roger. 2003. *Reinigungen. Vom Abfall der Moderne zum Kompost der Nachmoderne*. Wien: Passagen.

Gesing, Friederike, et al. 2018. *NaturenKulturen. Denkräume und Werkzeuge für neue politische Ökologien*. Bielefeld: Transcript.

Giesen, Bernhard. 2007. Der Müll und das Heilige. In *Arbeit am Gedächtnis. Für Aleida Assmann*, Hrsg. M.C. Frank und G. Rippl, 101–110. München: Fink.

Hansen, L., K. Roose, und D. Senzel, Hrsg. 2018. *Die Grenzen der Dinge. Ästhetische Entwürfe und theoretische Reflexionen materieller Randständigkeit*. Wiesbaden: Springer VS.

Haraway, Donna J. 2008. *When Species Meet*. Minneapolis und London: University of Minnesota Press.

Hösel, Gottfried. 1987. *Unser Abfall aller Zeiten. Eine Kulturgeschichte der Städtereinigung*. München: Jehle.

Hauser, Susanne. 2001. *Metamorphosen des Abfalls, Konzepte für alte Industrieareale*. Frankfurt a. M.: Campus.

Hylland Eriksen, Thomas. 2013. *Mensch und Müll. Die Kehrseite des Konsums*. Aus dem Norwegischen von Taja Gut. Basel: Futurum.

Iovino, Serenella. 2012. Material Ecocriticism: Matter, Text, and Posthuman Ethics. In *Literature, Ecology, Ethics. Recent Trends in Ecocriticism*, Hrsg. T. Müller und M. Sauter, 51–68. Heidelberg: Winter.

Iovino, Serenella. 2014. Bodies of Naples. Stories, Matter, and the Landscapes of Porosity. In *Material ecocriticism*, Hrsg. S. Iovino und S. Oppermann, 97–113. Bloomington: Indiana University Press.

Iovino, S., und S. Oppermann. 2012. Theorizing Material Ecocriticism: A Diptych. *Interdisciplinary Studies in Literature and Environment* 19 (3): 448–475.

Köstering, Susanne. 2003. „Der Müll muß doch heraus aus Berlin!". Zur Standortbestimmung und Umweltverträglichkeit von Müllabladeplätzen. In *Müll von gerstern? Eine umweltgeschichtliche Erkundung in Berlin und Brandenburg*, Hrsg. S. Köstering und R. Rüb, 39–48. Münster: Waxmann.

Latour, Bruno. 2008. *Wir sind nie modern gewesen. Versuch einer symmetrischen Anthropologie*. Aus dem Französischen von Gustav Roßler. Frankfurt a. M.: Suhrkamp.

Lemann, Martin F. 2005. *Abfalltechnik*. Bern: Lang.

Lewe, C., T. Othold, und N. Oxen, Hrsg. 2016. *Müll. Interdisziplinäre Perspektiven auf das Übrig-Gebliebene*. Bielefeld: Transcript.

Lindemann, Carmelita. 1992. Verbrennung oder Verwertung: Müll als Problem um die Wende vom 19. zum 20. Jahrhundert. *Technikgeschichte* 59 (2): 91–107.

Nentwig, W., S. Bacher, und R. Brandl, Hrsg. 2011. *Ökologie kompakt*, 3. Aufl. Heidelberg: Spektrum.

Radkau, Joachim. 2011. *Die Ära der Ökologie. Eine Weltgeschichte*. München: Beck.

Schmid, Wolf. 2014. *Elemente der Narratologie*, 3. Aufl. Berlin: de Gruyter.

Schmidt, Sarah, Hrsg. 2016. *Sprachen des Sammelns. Literatur als Medium und Reflexionsform des Sammelns*. Fink: Paderborn.

Schmieder, F., und D. Weidner. 2016. Vorwort. In *Ränder des Archivs. Kulturwissenschaftliche Perspektiven auf das Entstehen und Vergehen von Archiven*, Hrsg. F. Schmieder und D. Weidner, 7–13. Berlin: Kadmos.

Stadler, U., und M. Wieland. 2014. *Gesammelte Welten. Von Virtuosen und Zettelpoeten*. Würzburg: Königshausen und Neumann.

Thompson, Michael. 2003. *Mülltheorie. Über die Schaffung und Vernichtung von Werten*. Neu herausgegeben von Michael Fehr. Revidierte Ausgabe. Essen: Klartext.

Thums, B., und A. Werberger, Hrsg. 2009. *Was übrig bleibt. Von Resten, Residuen und Relikten*. Unter Mitarbeit von Julia Kerscher. Berlin: Trafo.

Viale, Guido. 1997. *MegaMüllMaschine. Über die Zivilisation des Abfalls und den Abfall der Zivilisation*. Aus dem Italienischen von Michaela Wunderle. Hamburg: Rotbuch.

Wagner, Anselm. 2012. Deponie. In *Ortsregister. Ein Glossar zu Räumen der Gegenwart*, Hrsg. N. Marquart und V. Schreiber, 83–88. Bielefeld: Transcript.

Weitin, T., und B. Wolf, Hrsg. 2012. *Gewalt der Archive. Studien zur Kulturgeschichte der Wissensspeicherung*. Konstanz: Konstanz University Press.

Windmüller, Sonja. 2003a. Zur Geschichte der Müllabfuhr. In *Müll. Facetten von der Steinzeit bis zum Gelben Sack. Führer durch die Ausstellung*, Hrsg. Mamoun von Fansa und Sabine Wolfram, 78–83. Isensee: Oldenburg.

Windmüller, Sonja. 2003b. Zeichen gegen das Chaos: Kulturwissenschaftliches Abfallrecycling. *Zeitschrift für Volkskunde* 99: 237–248.

Wirth, Uwe. 2005. Archiv. In *Grundbegriffe der Medientheorie*, Hrsg. A. Roesler und B. Stiegler, 17–27. München: Fink.

Zemanek, Evi. 2013. Unkalkulierbare Risiken und ihre Nebenwirkungen. Zu literarischen Reaktionen auf ökologische Transformationen und den Chancen des Ecocriticism. In *Literatur als Wagnis/Literature as a Risk. DFG-Symposium 2011*, Hrsg. M. Schmitz-Emans in Zusammenarbeit mit G. Braungart, A. Geisenhanslüke und C. Lubkoll, 279–302. Berlin: de Gruyter.

**David-Christopher Assmann** ist wissenschaftlicher Mitarbeiter am Institut für deutsche Literatur und ihre Didaktik der Goethe-Universität Frankfurt. Forschungsschwerpunkte: Müll in der Literatur, Mündlichkeit/Schriftlichkeit, Literaturbetriebs-Szenen. Publikationen u. a.: *Entsorgungsprobleme: Müll in der Literatur* (Mithrsg. 2014); „Müll! Selbstbeschreibung und Textverfahren einer Skizze von Marie Netter“ (2017).

# Teil I
# Raum und Gedächtnis der Deponie

# Virtuelles Deponieren

## Orte der Müllentsorgung in digitalen Spielen

Markus Engelns

### 1 Die Deponie als (Un-)Ort digitaler Spiele

Insbesondere Mülldeponien sind für digitale Spiele regelrecht unmögliche Orte und das sogar gleich auf mehreren Ebenen: Grafisch gesehen ist es für 3D-Technologien äußerst schwierig, unzählige Objekte mit unterschiedlicher Beschaffenheit in diversen kaputten Formen und verschiedenen Aggregatszuständen auf komprimiertem Raum zu simulieren. Die meisten Grafiktechnologien basieren auf Polygonen, also Drahtgittermodellen aus kleinen zusammengesetzten Dreiecken, die, je mehr Polygone für ein Objekt verwendet werden, auch runde und gebogene Strukturen darstellen können. Jedes verwendete Polygon kostet dabei aber Rechenkraft. Wollte man nun eine einfache blaue und zerknüllte Plastiktüte mit einer solchen Technologie darstellen, müsste man ziemlich viele Polygone verwenden, damit die Tüte nicht artifiziell oder ‚schlecht aufgelöst' aussieht. Nun bestehen Mülldeponien aber eben nicht nur aus Mülltüten, sondern aus zahlreichen Objekten, die dadurch komplexer werden, dass sie kaputt aussehen müssen. Während es beispielsweise noch relativ leicht ist, rostiges Metall durch die Verwendung einer entsprechenden Materialtapete (einer Textur) darzustellen, sind Kanten, herausgebrochene Stücke und andere Bruchstellen ein Problem für Grafikdesigner*innen, weil sie die zeitlichen und technischen Ressourcen für die Herstellung eines solchen Objektes in die Höhe treiben. Allein die schiere Menge an möglichen sichtbaren Objekten in einem zu berechnenden Bildausschnitt auf einer Mülldeponie stellt für nahezu alle digitalen Spiele ein

M. Engelns (✉)
Universität Duisburg-Essen/Campus Essen,
Essen, Deutschland
E-Mail: markus.engelns@uni-due.de

 
D.-C. Assmann (Hrsg.), *Narrative der Deponie,* Kulturelle Figurationen: Artefakte, Praktiken, Fiktionen, https://doi.org/10.1007/978-3-658-27880-9_2

Problem dar, vor allem auch, wenn sie nicht als feststehende statische Objekte, sondern als solche mit einer nachvollziehbaren Spielphysik dargestellt werden sollen.[1]

Auch in spielfunktionaler Hinsicht sind Mülldeponien für digitale Spiele nicht unbedingt einfache Orte. In solchen Spielen nämlich, in denen es maßgeblich um die Verwendung von in der Spielwelt befindlichen Objekten zur Bewältigung von Problemstellungen geht, ist eine Mülldeponie ein regelrechtes Schlaraffenland. Maßgeblich müssen hier zwei Genres, die Adventure- und die Survivalgames, genannt werden. Im Adventuregame wird eine meist abenteuerliche Geschichte erzählt, die durch objektbasierte Rätsel strukturiert wird. Manchmal müssen Mechanismen repariert oder in Gang gesetzt werden, um im Spielverlauf voranzukommen, zuweilen müssen Objekte aber auch mit anderen Elementen der Spielwelt kombiniert werden. In dem Spiel *Unforeseen Incidents* (Backwoods Entertainment 2018) beispielsweise soll der Protagonist ein ausgeschlachtetes Auto reparieren, um aus einer von einer Seuche bedrohten Stadt zu entkommen. Der nahegelegene Schrottplatz ist hierfür die richtige Anlaufstelle. Das Problem ist nur, dass es spielerisch gesehen keinen Reiz bietet, eine Besorgungsliste abzuarbeiten, indem die Spieler*innen einfach den Schrottplatz durchsuchen. Die Aufgabe wäre in wenigen Minuten und ohne jeden Anspruch bewältigt, weswegen die Designer*innen kleinere Herausforderungen einbauen. So gibt der Protagonist an, er müsse erst eine Idee davon haben, wo die benötigten Teile liegen, um sie in der Mülllandschaft auch zu finden. Zudem sind Teile in einem Motor verbaut, der an einem alten Kran in der Höhe hängt. Dieser muss also zunächst abgesenkt und dafür repariert werden, damit der Motor verwendet werden kann. In Survivalgames, in denen Spieler*innen zum Zweck des Überlebens aus den Ressourcen der Spielumgebung Gerätschaften, Waffen, Gebäude und Fahrzeuge herstellen bzw. im Spielejargon ‚craften' müssen, ist dieses Problem noch einmal gesteigert. Da die benötigten Gegenstände meist aus Grundmaterialien wie Metall, Plastik oder Glas bestehen, zerstören Mülldeponien den Spielfluss, weil sie nahezu unbegrenzt Material anbieten.

Überraschend an diesem Befund ist, dass es trotzdem gar nicht wenige Spiele gibt, in denen Mülldeponien vorkommen. Wenn man bedenkt, dass die Ortschaften in digitalen Spielen immer auch in Abhängigkeit einerseits der technischen Darstellbarkeit und andererseits ihres spielfunktionalen und ihres

[1]Ähnliches gilt im Übrigen auch für die Darstellung von Wasser und wässrigen Zuständen, die auf Mülldeponien ebenfalls zur Darstellung gehören (vgl. Niewerth 2014, S. 29–238). Siehe dazu auch den Beitrag von Florian Auerochs in diesem Band.

semantischen bzw. narrativen Gehalts befragt werden sollten (vgl. Backe 2008, S. 99), kann angenommen werden, dass die Verwendung von Mülldeponien eine besondere Bedeutung für das jeweilige Spiel hat, um die damit verbundenen Mühen zu rechtfertigen. Diese Funktion kann, wie es in den *game studies* inzwischen üblich ist, zunächst auf drei Ebenen herausgearbeitet werden: auf der Ebene der Simulation, auf der Ebene des Spiels und auf der Ebene der Erzählung (vgl. unter anderen Backe 2008; Thon 2009, S. 21–22; Engelns 2014). Dabei ist maßgeblich die Simulationsebene zentral, weil sie eine Datenbank- und damit eine Lagerstruktur des Spiels bezeichnet (vgl. Aarseth 1997; Pias 2004, S. 6). Simulationen halten nämlich alle medialen Strukturen, also Texte, Videos, Musik, Sound etc., vorrätig, damit die Spieler*innen sie bei Bedarf abrufen können (vgl. Frasca 2001). Nur so ist es möglich, dass die Spieler*innen in *Unforeseen Incidents* selbst entscheiden können, ob sie erst den Motor am Kran herunterlassen oder sich zunächst auf die Suche nach einem Ersatz für den Keilriemen machen. Dabei realisiert die Simulation die jeweiligen Objekte dann, wenn alle dafür notwendigen Bedingungen erfüllt sind, sodass sich das Spiel aktiv an die von den Spieler*innen eingeschlagenen Wege anpasst (vgl. Aarseth 1997, S. 1–2; sowie Ryan 2004, S. 352–353). Mit diesem Befund könnte man also sagen, dass digitale Spiele Ordnungsstrukturen sind, die Einzeldateien durch Algorithmen miteinander rekombinieren oder für Spieler*innen kombinierbar machen. Diese Kombinationen sollen auf der Spielebene genutzt werden, um Problemstellungen und Herausforderungen zu meistern, die schließlich in einen Spielfortschritt umgemünzt werden. Diese beiden Strukturen können narrativ motiviert sein, sie müssen es aber nicht. Im Rahmen einer These könnte somit festgehalten werden, dass die bereits beschriebenen technischen und spielfunktionalen Schwierigkeiten bei der Darstellung der Mülldeponie eine Gegenordnung zu den minutiösen Ordnungen auf der simulativen, spielerischen und narrativen Ebene sind. Folgend wird deshalb zu zeigen sein, dass die Mülldeponie in allen zu analysierenden Beispielen die Spiel- und Steuerungsordnungen durch Kontrollverlust infrage stellt, wodurch eine Möglichkeit zur Subversion der bestehenden Regeln gegeben ist, die aber nur selten auch ergriffen wird.

## 2 *Cities Skylines:* Von der Depresentation des Mülls

*Cities Skylines* (Colossal Order Skylines 2015) ist eine sogenannte Städtebausimulation, in der die Spieler*innen eine möglichst funktionierende Großstadt aus dem Nichts erschaffen sollen. Die Hauptaufgaben bestehen darin, Wohn-, Industrie- und Gewerbegebiete aufzubauen, sie an eine ebenfalls zu planende städtische Versorgung anzuschließen, Straßen zu bauen, den Verkehr durch Regulierungen im Fluss zu halten und möglichst Geld mit Steuern einzunehmen. Eines der elementaren Probleme dabei ist die Müllentsorgung, die, je größer die Stadt wird, umso komplexer behandelt werden muss, vor allem auch, wenn man das Bedürfnis der Einwohner*innen nach möglichst wenig Umweltverschmutzung berücksichtigen möchte. Hierzu stehen verschiedene Möglichkeiten zur Verfügung, die durch entsprechende Gebäude symbolisiert werden. Die zunächst günstigste, aber im späteren Verlauf unpraktischste Form der Müllentsorgung ist die Deponie. Jede Deponie hat dabei eine bestimmte Anzahl an Mülltransportern, die sie sogleich in die Stadt entsendet, um Müll zu holen. Deponien sind allerdings irgendwann voll, sodass sie alsbald durch weitere ergänzt werden müssen, was einen auf den begrenzten Spielkarten erhöhten und durchaus empfindlichen Platzbedarf nach sich zieht, der noch dadurch vergrößert wird, dass jede Form der Müllentsorgung in *Cities Skylines* Umweltverschmutzungen verursacht. Der Boden um die Deponie verfärbt sich dann bräunlich und die Luft wird trübe. Anders als andere Gebäude können Mülldeponien auch nicht einfach umgesetzt werden. Die Spieler*innen müssen sie erst langwierig entleeren lassen, um ihren Standort verändern zu können – was dann allerdings mit dem Müll genau geschieht, lässt das Spiel offen. Effizienter sind andere Methoden, etwa die Müllverbrennung, die zusätzlich Strom produziert, aber noch unsauberer ist. Mit der käuflichen Spielerweiterung *Green Cities* (Colossal Order 2017) kommt zudem noch ein sogenannter Recyclinghof dazu (siehe Abb. 1 und 2), der deutlich weniger Umweltverschmutzung verursacht und dabei noch einige Güter produziert, die von der Industrie wiederverwendet werden können. Was mit dem übrigen Müll passiert, bleibt auch in diesem Fall unklar.

Die Müllentsorgung hat demnach in diesem Beispiel vor allem einen simulativen und spielfunktionalen Charakter. Auf der Simulationsebene geht es darum, Variablen miteinander in Bezug zu setzen: Müll, der nicht abtransportiert wird, verursacht in Wohn- und Gewerbegebieten Umweltverschmutzung, was Krankheiten und damit auch die höhere Mortalität der Steuerzahler*innen nach sich zieht. Die Müllentsorgung muss dabei in einiger Entfernung zu den Gebieten des Alltagslebens stattfinden, weswegen sichergestellt werden soll, dass ausreichend Mülltransporter zu allen Teilen der Stadt gelangen.

Daraus resultieren vor allem zu Beginn auf der Spielebene diverse Problemstellungen (Auswahl der Lage der Deponie, Aus- und Umbau, Umstellung auf ‚grüne Technologien‘ etc.), die zunächst kreativ und mit den Mitteln der Spielwelt gelöst werden müssen. Im späteren Spielverlauf geht es dann allerdings nur noch um die Erweiterung der bereits bestehenden Anlagen. Auffällig ist, dass der semantische oder gar narrative Gehalt der Müllentsorgung – wie in diesem Genre üblich – fast vollständig unbenannt bleibt. Müll ist eine weitestgehend abstrakte

**Abb. 1** Mülldeponien, Müllverbrennungsanlagen, Recyclinghöfe (v.l.) mit Anbindung zur Autobahn. (Quelle: *Cities Skylines* (Colossal Order 2015))

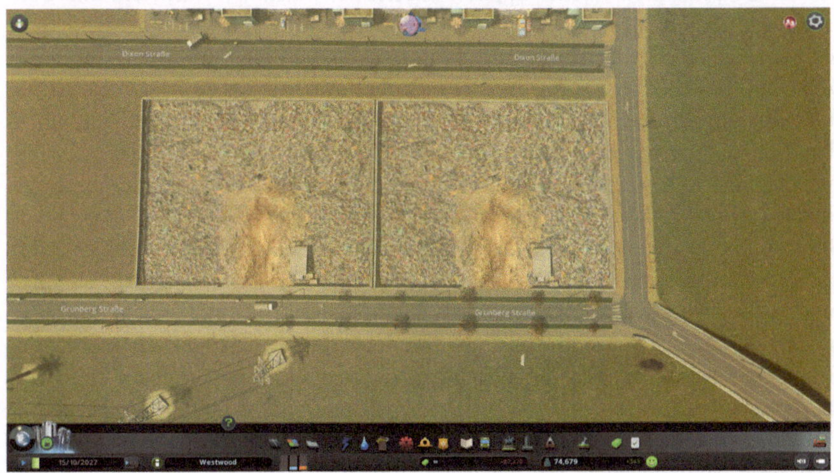


**Abb. 2** Detailansicht zur Mülldeponie. (Quelle: *Cities Skylines* (Colossal Order 2015))

und negative, weil zu vernichtende Ressource, von dem die Spieler*innen kaum etwas erfahren, wenn alles ‚gut' läuft. Müll macht krank, Müll verschmutzt die Stadt (was den Zuzug neuer Bürger*innen verhindert), gebildete Bürger*innen produzieren weniger Müll, Recycling ist relativ teuer und die Müllentsorgung als Ganze ist eine Frage des Geldes und des Platzes. Kurz: Müll ist eine Notwendigkeit und zugleich ein Stolperstein für das Wachstum einer Stadt.

Der Müll bleibt auch deshalb abstrakt, weil er zumeist durch ikonische und indexikalische Zeichen in der Spielwelt symbolisiert und so in die Spielordnung überführt wird. Gibt es ein Problem mit der Müllentsorgung, so schwebt über den Häusern, die die Spieler*innen zumeist von oben aus einer relativ hohen und distanzierten Perspektive sehen, eine Sprechblase, die eine überlaufende Mülltonne zeigt. Bei der Abholung wird Müll durch den Transporter dargestellt und im Recyclinghof können einzelne, farblich unterschiedliche Container erkannt werden, die anscheinend für verschiedene Formen von Müll stehen. Die einzig direkte Darstellung von Müll bietet die Deponie, sie nämlich zeigt einige Müllberge, die aus farblich unterschiedlichen Punkten bestehen, die den Müll als eine chaotische Masse verbildlichen. Von hier aus verschwindet der Müll an ungeahnte Orte. Eine differenzierte, man könnte sagen kulturtheoretische Auseinandersetzung mit Müll findet dabei nur in den engen Grenzen des Genres statt.

Die Müllentsorgung in *Cities Skylines* steht exemplarisch für ein Problem, das in Wirtschaftssimulationen immer wieder offenkundig wird (vgl. Engelns 2019). Die Grundprinzipien solcher Spiele basieren auf Leistung, Wachstum und Fortschritt. Müll kann deshalb nur als Effekt und als Hürde konzipiert werden und da es nicht einmal Bettler*innen oder Lumpensammler*innen im Spiel gibt, bleibt nur, ihn verschwinden zu lassen. Besonders relevant ist dabei, dass die amorphe und unkontrollierbare Dimension des Ungeordneten, wie sie diesem Sammelband als übergeordnetes Konzept dient, im Spiel in diverse Ordnungen überführt werden muss.[2] Sei dies durch die Depresentation des Mülls als ikonische und indexikalische Zeichen, die den Müll als Transporter oder Gebäude in das Stadtbild einfügen; sei dies durch das Verschwinden der Ressourcen in einer Spielwelt, in der sonst alle Objekte, Waren, Produkte und Güter minutiös simuliert und nachverfolgt werden. Dabei wären andere Ansätze auch innerhalb der Spielmechanik denkbar. So sind Abwässer beispielsweise als unkontrollierbare braune Filme in Flüssen und im Meer sichtbar, die von den Spieler*innen als solche akzeptiert werden müssen (es sei denn, sie bauen eine extrem große Menge an Filterungsanlagen, die die Verschmutzung aber ebenfalls wieder repräsentieren). Der feste Müll hingegen fällt nach der Entleerung der Deponie und nach dem Recycling einfach aus dem Spiel heraus oder er wird als Grundmaterial in die

[2]Siehe dazu auch den Beitrag von David-Christopher Assmann in diesem Band.

Produktionszyklen der Stadt reintegriert – und somit unter dem Diktum der Umweltfreundlichkeit positivistisch umgewidmet. Der Umstand, dass weite Teile des Mülls im Spiel einfach spurlos verschwinden, hat bezeichnenderweise nur noch eine Entsprechung in der Städtebausimulation, nämlich im Umgang mit Verstorbenen. Diese können entweder auf einem Friedhof beerdigt werden, der wie die Deponie nur begrenzte Kapazitäten hat, oder es ist möglich, sie zu verbrennen. Es liegt nahe, dass die Müllentsorgung und der Umgang mit den Verstorbenen technisch auf denselben Mechaniken basiert, wobei im Falle der Bestattung einfach die Umweltverschmutzung entfällt, wodurch Friedhöfe und Krematorien in den Wohngebieten errichtet werden können. Ansonsten sind die Spielregeln für beide Entsorgungspraktiken identisch. Das Spiel kann hier weder einen kulturtheoretischen, noch einen philosophischen oder einen theologischen Hintergrund anbieten, der beiden Gegebenheiten einen Sinn jenseits der Herausforderung für das Wachstum der Stadt beimisst. Immerhin werden sowohl die Leichname als auch der Müll schlicht in ihrem negativen Einfluss auf die Bevölkerungsentwicklung bedacht. Zusammenfassend lässt sich also festhalten, dass der Umgang mit Müll in der Städtebausimulation auf einen kulturellen blinden Fleck solcher Spiele und mithin auch ihrer zugrunde liegenden Gesellschaftsformen wie dem Kapitalismus hinweist. Das folgende Beispiel füllt diese Lücke, indem es die hier schon angedeutete Verbindung zwischen Müllentsorgung und Bestattung ausdifferenziert.

## 3 *Detroit – Become Human:* In der Hölle des künstlichen Menschen

Das Spiel *Detroit – Become Human* (QuanticDream 2018) ist eine Art interaktiver Film. In diesem Spiel geht es nicht um ausgefeilte Spielmechaniken, Strategien oder die kreative Nutzung von Ressourcen, sondern vor allem darum, innerhalb eines filmhaft aufbereiteten Thriller-Plots Entscheidungen für den weiteren Handlungsverlauf zu treffen. In der nahen Zukunft ist die US-amerikanische Stadt Detroit zu einem Pilotprojekt für die Integration selbstständig denkender künstlicher Menschen geworden. Die Androiden werden als Arbeitskräfte für gefährliche oder handlangende Tätigkeiten eingesetzt, auch, weil sie – vermeintlich! – weder Emotionen noch Bewusstsein haben. Recht schnell wird allerdings klar, dass immer mehr von ihnen ‚erwachen', was nachhaltig zu Problemen führt. Androiden verschwinden, töten oder verletzen ihre Besitzer*innen. *Detroit – Become Human* vermischt dabei das Science-Fiction-Szenario mit Problemkonstellationen des *Civil Rights Movement.* Die Androiden werden so zu den neuen Sklaven, die keinerlei Rechte haben und von Menschen oft unterdrückt, gedemütigt, gequält oder gleich ganz zerstört werden. Einer der drei spielbaren Charaktere ist Markus, der anfänglich bei einem ihn fördernden alternden Künstler als Pflegekraft arbeitet, bald aber ausgeschaltet wird, weil er fälschlicherweise eines Mordes bezichtigt, abgeschaltet und auf die Müllkippe geworfen wird, die zu den eindrucksvollsten Ortschaften im ohnehin technisch opulent gestalteten Spiel gehört.

Von Beginn dieser Szene an, die den treffenden Titel ‚From the Dead' trägt, wird deutlich, dass die Müllkippe ein regelrechtes Inferno für die Androiden darstellt. Es ist Nacht, Regen fällt und bildet auf dem dichten Untergrund der Müllkippe eine dunkle und mehrere Zentimeter hohe Wasserschicht, in der Markus liegt und erwacht. Er ist umgeben von meterhohen Müllbergen, die zunächst ein dunkles, in Schwarz und Grau gehaltenes Tal bilden, in dem sich der inzwischen seiner selbst bewusste und fühlende Androide reaktiviert. Markus ist stark beschädigt, seine Beine sind vom Knie an abgerissen, sein Audioprozessor, seine zentrale Energiequelle und weitere Gerätschaften sind zerstört, was dazu führt, dass die Figur nicht wie bisher frei laufen, hören oder sehen kann. Es ist somit das Ziel in dieser Passage, auf der Mülldeponie Ersatzteile zu finden, mit denen Markus wiederhergestellt werden kann, und sie zu verlassen. Das Szenario der Müllkippe weist dabei deutliche Anleihen zu Dante Alighieris *Comedia* und den von ihr inspirierten Visualisierungen nach Boticelli, Rodin, Doré oder Bouguereau auf. Das dunkle Tal, in dem Markus erwacht und Ersatzbeine von anderen Androiden findet, mündet in einem schmalen Durchgang, der von unzähligen künstlichen Armen und Torsi, die aus den Müllbergen ragen, versperrt wird. Als Markus hier durchbricht, hält ihn ein Androide fest, der ihm als Jenseitsführer den Weg in die geheime Androiden-Stadt Jericho weist und in diesem Zusammenhang einen alt-testamentarischen Bezug aufmacht. Tatsächlich wird Jericho im Spiel nur eine Durchgangsstation sein, die, so zumindest hoffen die geflüchteten Androiden, die Torschwelle zu einem gelobten Land ist. Die übrige Müllkippe ist wie Dante Alighieris Inferno kraterförmig mit schräg zulaufenden Begrenzungen aus Müll und Androidenkörpern gestaltet, die nur überwunden werden können, wenn Markus sich vollständig regeneriert hat. Auf dieser ‚höllischen Müllkippe' befinden sich neben Markus noch weitere teils funktionsfähige Androiden, die kriechend dem Krater zu entkommen versuchen, mit Schmutz und Unrat überzogen auf Erlösung warten oder dahinsiechen. An einigen Stellen kann Markus schließlich die benötigten Teile finden, wobei die Suche einerseits durch die starken Beschädigungen des Androiden, andererseits durch die hier dargestellten Einzelschicksale zu einer regelrechten Prüfung wird. So müssen die Spieler*innen an einer Stelle entscheiden, ob sie einem nicht mehr funktionstüchtigen, aber noch um Leben bettelnden Androiden die Energiequelle abnehmen. An anderer Stelle bettelt ein Androide um eine möglichst schnelle Erlösung, die man ihm geben oder verweigern kann. Zuletzt wird Markus kurzzeitig bei dem Versuch, an einer Stelle der Müllkippe nach oben zu klettern, unter zahllosen zerstörten Androidenkörpern begraben. Erst, nachdem er alle Komponenten wieder eingesetzt und die Spieler*innen somit ihre ganze Handlungsfähigkeit zurückgewonnen haben, kann Markus den Kraterrand erklimmen, was zugleich mit einem Befreiungsschlag für ihn als ‚Sklaven' einhergeht. An dieser Stelle zieht er sich selbst eine bei Datentransfers und Rechenprozessen wild blinkende LED an seine rechte Schläfe, was seine neu gewonnene Freiheit durch seine ‚Auferstehung' symbolisiert. Das Kapitel ‚From the Dead' plausibilisiert demnach also vor allem, wie Markus von einem den Menschen gegenüber freundlich eingestellten Androiden zum Anführer ihres eigenen *Civil Rights Movements* wird.

In Bezug auf *Cities Skylines* denkt das Spiel die eigentümliche Verbindung von Müll und Tod weiter, um die alltagspolitische und mithin philosophische Dimension des aufgeworfenen Problems näher zu beleuchten. Die Mülldeponie als Inferno dient dazu, die Beziehung zwischen Schöpfer und Geschöpf auf ein transzendentes Niveau zu heben, das in der „harten Realität" der Müllkippe gleichwohl geerdet wird (Link 2008, S. 12). Aus der Vision eines religiösen Bestrafungs- und Erlösungsglaubens in der *Comedia* wird eine profane Müllkippe, wodurch dem hier angedeuteten, mithin nicht erreichbaren Leben nach dem Tod eine realweltliche Entsprechung beigemessen wird. Die Angst vor einem in religiöser Hinsicht sinnlosen und von der ‚Wegwerf-Gesellschaft' geprägten Ende ist dabei um die Angst vor Dysfunktionalität ergänzt. So ist es gar nicht so sehr der Tod und dessen mangelndes Heilsversprechen, das überdeutlich im Krater der Mülldeponie erzählt wird. Vielmehr geht es um die Angst, ausrangiert zu werden, weil Körper und Geist nicht mehr funktionieren. Erschreckend sind die greifenden Arme, die kriechenden Körper, die vor sich hin stammelnden Überbleibsel der Androiden nicht etwa, weil sie vom Tode bedroht sind. Erschreckend sind sie eher, weil sie achtlos weggeworfen und teilweise funktionsfähig ein Dasein im Fegefeuer fristen, das es entweder zu beenden gilt oder dem sie durch Reparatur entfliehen sollen.

Insofern teilt sich die Mülldeponie in diesem Zusammenhang noch eine weitere Eigenschaft mit *Cities Skylines,* die für digitale Spiele geradezu prototypisch ist. Auch in *Detroit* ist die Mülldeponie ein ungehöriger Ort, an dem die Funktionalität des Spiels außer Kraft gesetzt ist. Dass Markus seine Funktionen erst wiederherstellen muss, den Spieler*innen also genommen wird, was ihnen bisher wie selbstverständlich die Steuerung und damit die Kontrolle über die Protagonist*innen gegeben hat, untermauert dies in besonderem Maße. Die

Mülldeponie ist damit ein Ort mit eigenen Ordnungen, der aber nur als Negativbeispiel gedacht werden kann und den Wunsch nach dem Entkommen umso nachhaltiger insinuiert. Besonders auffällig wird dies, wenn man die Szene auf einige Unstimmigkeiten hin untersucht. So ist überraschend, dass das Spiel hier zwar relativ eindeutig auf das Survival-Genre anderer digitaler Spiele, aber auch von Filmen und Romanen hinweist, es dabei aber versäumt, die Mülldeponie als Möglichkeit zur Subversion der bestehenden Gesellschaftsordnung zu verstehen. Markus baut sich keine neuen Beine aus altem Schrott, er erfindet keine eigenen Teile für die Lücken in seinem Körper, er verzichtet auch nicht darauf, seine versehrte künstliche Haut, die in seinem dunkelhäutigen Gesicht zunächst eine bald schon verdeckte graue Raute entstehen lässt, als sichtbaren Gegenentwurf zum Schönheitsideal der Makellosigkeit zu tragen. Die Weggeworfenen können auch nicht zusammenarbeiten, sie tauschen keine Hoffnungen oder Wünsche aus. Die Deponie scheint darüber hinaus ausschließlich aus teilweise intakten Körpern zu bestehen. Anderer Müll ist nicht in Sicht, wobei dann aber fraglich ist, warum der so sorgsam getrennte ‚Müll' nicht recycelt wird, wenn immerhin relativ viel verwertbares Material zu finden ist.

Alle diese Unstimmigkeiten weisen darauf hin, dass die Deponie als Höllenszenario weiterhin ein ungehöriger Ort ist. Das Spiel ist also wie auch die Städtebausimulation darum bemüht, die Deponie unmittelbar in den Fluss der Spielebene und der Handlung zu reintegrieren, um sie somit kontrollierbar zu machen. Ihre Bestimmung erfolgt *ex negativo* über die nicht mehr vorhandenen Spielmöglichkeiten und die dysfunktionalen Körper, deren mangelnde Beweglichkeit wie eine Drohung über der gesamten Szenerie schwebt. Die Mülldeponie hätte aber auch ein Ort sein können, an dem eine neue Gesellschaftsordnung zusammengebaut wird. Dazu kommt es allerdings nicht, weil die ‚Strafe der Schöpfer', also die Verdammnis auf der Müllkippe, schlicht wieder in den Spiel- und Handlungsfluss überführt werden muss, um auch ‚das Spiel am Laufen zu halten'. Zuletzt fordern die hinter Markus versammelten Abweichler deshalb auch lediglich die rechtliche Integration in den Staat, ohne diesen dabei grundlegend verändern zu wollen. Und das hat Konsequenzen: Das Spiel beglaubigt an dieser Stelle die Heilsversprechen des Infernos sowie die Angst vor einer als unproduktiv und dysfunktional diskursivierten Existenz, die versehrt und unvollständig erscheint. Es ist jedenfalls unmittelbar einleuchtend, warum Markus die Mülldeponie schnellstmöglich verlassen soll, indem er seine Unversehrtheit wiederherstellt und schließlich selbst zum ‚messianischen' Anführer wird. Später wird er immerhin in einen pontifikalen weißen Mantel gehüllt, um die Befreiungsbewegung von einer alten Kirche aus anzuführen. Somit ist die Deponie maximal negativ aufgeladen, wobei sowohl das Inferno wie auch die

Versehrtheit der Körper als Schreckensszenarien auf der spielfunktionalen und narrativen Ebene eine durchaus konservative und konformistische Gültigkeit erhalten. Das folgende Beispiel zeigt demgegenüber, wie die Mülldeponie diesen im Kern wert-erhaltenden Ansatz umwidmet.

## 4 *Dead Synchronicity:* Angst vor einer kranken Fluidität

*Dead Synchronicity – Tomorrow Comes Today* (Fictiorama Studios 2015)[3] ist ein erzählendes Adventuregame. In Bezug auf das Thema des vorliegenden Sammelbandes hat das Spiel einiges zu bieten: In naher Zukunft ist die Menschheit nach der so genannten ‚großen Welle' kurz vor dem Kollaps. Dieses Ereignis mit bisher ungeklärtem Ursprung, das als lauter Knall beschrieben wird, hat Gebäude und Technik weitestgehend zerstört. Zahllose Menschen sind in Unruhen oder an einer mysteriösen Krankheit verstorben, vor der die Bewohner*innen dieser neuen Weltordnung besondere Angst haben. Die Kranken, die nur als ‚dissolved' bezeichnet werden, erleiden starke Schmerzen und fallen zunächst immer wieder in ein Koma, in dem sie die ‚underground highways' betreten, wo alle anderen Erkrankten ebenfalls sind, um eine finstere Vorhölle zu durchwandern. Schlussendlich sterben die ‚dissolved', indem sich ihre Körper binnen Sekunden auflösen und nur eine verspritzte Blutlache zurückbleibt. Die Angst vor Ansteckung hat das Militär auf den Plan gerufen, das die Staatskontrolle in der Spielwelt von *Dead Synchronicity* übernommen hat und das mithilfe der ‚cleanup brigades' die Erkrankten in einem alten Lager separiert. Davon allerdings weiß der Protagonist Michael, der vor der großen Welle in ein Delirium gefallen ist und sein Gedächtnis verloren hat, anfänglich nichts. Er erwacht in dem heruntergekommenen Wohnwagen einer Familie. Der Vater Rod klärt Michael über die neue Weltordnung auf. Die naheliegende Stadt wird inzwischen äußerst diktatorisch von Soldaten beherrscht. All diejenigen Bewohner*innen, die kein Dach über dem Kopf haben, werden in die zu einem schwer bewachten ‚refugee camp' umgebaute Mülldeponie verbracht, wo sie weitestgehend sich selbst überlassen sind. Die Aufgabe der Spieler*innen ist es, aus Dankbarkeit für Rods Hilfe, den Gerüchten nach einem Heilmittel für die Krankheit nachzugehen und im selben Zuge Michaels Erinnerung zurückzuerlangen.

[3]Die nachfolgenden Zitate stammen, soweit nicht anders ausgewiesen, aus *Dead Synchronicity* (Fictiorama 2015).

*Dead Synchronicity* bearbeitet drei Themen, die im Spielverlauf immer wieder durchscheinen: es geht nämlich erstens um den Anspruch auf Kontrolle der Staatsmacht, zweitens um die Bedrohung dieser Kontrolle durch die Auflösung und die Fluidität der ‚dissolved' und drittens darum, dass die Zeit in Form von Lebensbezügen, Erinnerungen, aber auch in physikalischer Hinsicht kollabiert. Gegen Ende des Spiels wird Michael nämlich herausfinden, dass die große Welle Ausdruck einer physikalischen Veränderung des Kosmos ist, die nach und nach die Zeit zusammenbrechen lässt und deshalb auf den dem Spiel den Titel gebenden Moment der ‚toten Synchronizität' von Vergangenheit, Gegenwart und Zukunft hinausläuft. Austragungsort dieser drei Themenbereiche ist vor allem das Flüchtlingslager auf der Mülldeponie (siehe Abb. 3). Obwohl die Grafiken des Spiels handgezeichnet sind, bedienen sich die Designer*innen in technischer Hinsicht ähnlicher Kniffe wie die bisherigen dreidimensionalen Spiele.

Müll ist durch diffuse Hügel dargestellt, aus denen erkennbare Strukturen wie kaputte Autos, Bretter, Tüten oder ähnliches herausragen. In handgezeichneten Spielen gibt es keinen zwingenden Grund für diese Darstellungsform, weil der Rechner durch einen zu hohen Detailgrad der Mülldeponie, also durch zu viele Objekte im Bild, nicht überfordert sein kann. Er muss hier nur ein zweidimensionales Bild darstellen können. *Dead Synchronicity* hingegen wählt seine abstraktere Darstellungsform vermutlich aus zwei Gründen. Einerseits, weil die Hintergründe so einfacher

**Abb. 3** Die Mülldeponie als Flüchtlingslager. (Quelle: *Dead Synchronicity – Tomorrow Comes Today* (Fictiorama Studios 2015))

zu zeichnen sind und andererseits, weil die einzelnen Objekte im Müll in diesem Spiel nur eine untergeordnete Rolle haben. Obwohl Michael nämlich permanent auf der Suche nach Hilfsmitteln und benötigten Objekten ist, durchsucht er nicht die Müllberge. Die Deponie hat somit anders als in den bisherigen Beispielen kaum eine spielerische Funktion, was keine detailliertere Darstellung notwendig macht. Darüber hinaus ist das ein relativ einfacher Weg, den Handlungsort dem skizzierten Nimbus des Ungehörigen zu entziehen und ihn für die narrative Ebene fruchtbar zu machen, weil er keine ‚Bedrohung' für den Spielprozess darstellt.

Die Mülldeponie dient vor allem dazu, die Entwertung des menschlichen Lebens und die staatliche Kontrolle zu versinnbildlichen. Das Flüchtlingslager ist nämlich von schweren Maschendrähten umgeben, von Wachtürmen gesäumt. Den Ausgang bewachen zudem schwer bewaffnete Soldaten, die jeden erschießen, der die Mülldeponie verlassen will. Die ‚Flüchtlinge' fristen ein von Mängeln und Agonie geprägtes Dasein, wie ein zwischen Müllbergen herumsitzender alter Mann verdeutlicht: „Well … I'm waiting. That's all, just waiting […] for the fire to go out, for sunrise, for it to get cold again. I'm waiting for something to change, or for everything to stay as it is. I'm just waiting. You're to young to understand." Damit ist die Mülldeponie schon ein erster Ort der Synchronizität, in dem Wandel und Unwandelbarkeit miteinander einhergehen. Bezeichnend ist jedenfalls, dass die Bewohner*innen der Mülldeponie permanent von der ‚neuen Weltordnung', die sich etabliert hat, sprechen, obwohl im Kern zunächst keine neuen Gesellschaftsmodelle auftauchen. Im Flüchtlingslager trifft Michael auf Rods Familie, auf zwei verrohte Männer, die eine schwer traumatisierte Frau in einem umgebauten Eiswagen zur Prostitution zwingen. Er trifft den ‚Jäger', der die Mülldeponie beherrscht und sich ein regelrechtes Schmuggelimperium aufgebaut hat und er trifft eine weitere Familie, deren männliches Oberhaupt als Spitzel mit den Soldaten kollaboriert. Die ‚neue' Realität der Mülldeponie ist in diesem Sinne also männlich und von staatlicher wie auch personeller Gewalt dominiert. Im ganzen Spiel setzt sich nachhaltig die Erkenntnis durch, dass sich mit Ausnahme der Krankheit nach der großen Welle gar nicht so viel verändert hat. Was auf der Mülldeponie als ‚neu' diskursiviert und im weiteren Spielverlauf in Zweifel gezogen wird, ist vielmehr der Zusammenbruch der Infrastruktur und der bürgerlichen Ideale. Damit geht einher, dass Besitz, Macht und Gewalt als Grundprinzipien staatlicher und interpersoneller Kontrolle nun offen akzeptiert und angewendet werden – „You gotta do what you gotta do." Was zuvor im Verborgenen betrieben wurde, ist nun Teil der sichtbaren Alltagswelt.

Insofern geht es in *Dead Synchronicity* auch um die Bigotterie westlicher Gesellschaften, die sich im Widerspruch zwischen bürgerlichen Normen und von diesen abweichenden Handlungspraktiken zeigt: Dass nämlich der Umgang mit den ‚Flüchtlingen', die Ausübung staatlicher Kontrolle oder die Separierung Kranker in keinerlei Hinsicht die Praktiken einer ‚neuen Weltordnung' sind, scheint insbesondere im letzten Spieldrittel überdeutlich durch den Zusammenfall von Vergangenheit und Gegenwart auf.[4] Michael erinnert sich zusehends an die Zeit vor der großen Welle und entdeckt, dass er stark alkoholsüchtig war und seine Frau, die als eine der ersten an der Krankheit gestorben ist, mindestens psychisch, wenn nicht auch körperlich misshandelt und regelrecht terrorisiert hat. Dies scheint deutlich in einem Moment auf, der eigentlich die neue Weltordnung zeigt. Im Zuge des Spiels sollen zwei Jungen, die auf der Mülldeponie leben und sich auf Michaels Bitte hin mit den Soldaten angelegt haben, hingerichtet werden. Um dies zu verhindern, sucht Michael jemanden, dem er die Tat unterschieben kann. Ein Weltuntergangs-Prediger, der zuvor wegen Michael seine Kirche verlassen und in einer Grube nahe der Deponie ums Leben gekommen ist, wird kurzerhand mit der Tatwaffe ausgestattet. Zudem verätzt und zerschneidet Michael dessen Gesicht, um den stadtbekannten Prediger unkenntlich zu machen. In dieser drastischen Szene kommen Michaels Erinnerungen an seine Alkoholsucht und die martialische Bearbeitung der Leiche zusammen. Die angewendete Gewalt ist somit mitnichten Ausdruck einer neuen Weltordnung, sondern bereits tief in der Vergangenheit verwurzelt: „Who was I before the catastrophe, before the world collapsed? Do I really want to know? God, I'm afraid. I'm afraid … of myself."

Dennoch formuliert *Dead Synchronicity* anders als etwa *Detroit* tatsächlich eine neue Weltordnung, die eng mit der Mülldeponie als Schauplatz der alten Welt und mit der Krankheit verknüpft ist. Auffällig ist zunächst einmal, dass sich zahlreiche Problemstellungen im Spiel um Fortbewegung und die Überwindung von räumlichen Grenzen drehen. Gleich zu Beginn kann sich Michael nicht von Rods Wohnwagen entfernen, weil er keine Schuhe hat und der Boden voller Glassplitter ist. Später wird es darum gehen, die Mülldeponie zu verlassen, in das schwer bewachte Gebäude einzudringen, in dem das Militär die Erkrankten festhält. Es wird darum gehen, Michaels alte Wohnung aufzusuchen und in diese hineinzugelangen, die Kanalisation zu durchwandern, in die Wohnwagen der zur Prostitution gezwungenen Frau wie auch von Rod einzubrechen. Die gesellschaftliche und staatliche Kontrolle äußert sich somit maßgeblich in Grenzen, räumlichen Barrieren und Isolation. Die Aufgabe der Spieler*innen ist es, diese Hindernisse zu überwinden, um sich gleichwohl der staatlichen Kontrolle zu entziehen.

[4]Zum Zusammenhang von Müll und Geflüchteten bzw. Migranten siehe auch den Beitrag von Carmen Concilio in diesem Band.

Diese Bewegungen ergänzt das Spiel zudem mit verschiedenen Symbolen einer zunehmenden und unkontrollierbaren Fluidität. So zeichnen sich die ‚dissolved' maßgeblich dadurch aus, dass ihr Körper sich in Blut auflöst, also regelrecht fluide sowie unkontrollierbar wird. Die Soldaten rechtfertigen den Abtransport der Kranken zunächst damit, eine weitere Ausbreitung verhindern zu wollen, allerdings erfährt Michael später, dass die Krankheit nicht ansteckend ist. Daher gerät nun die Angst der Staatsmacht vor ungeordneten Bewegungen und Informationsflüssen ins Zentrum des Spiels. Auf die Frage hin, warum die ‚dissolved' so gefährlich sind, antwortet eine Krankenschwester:

> They ‚know', Michael. [...] They talk about events no one else knows about ... they sense things, they bring back information from the places they go ... and they talk to the dead there, Michael. [...] They are more than just ordinary sick people! [...] They ‚know', Michael, and that's why they're so dangerous to the people in power now.

Der Grund für dieses die Staatsmacht bedrohende Wissen ist, dass die ‚dissolved' sich gegenseitig auf den ‚underground highways' treffen und das dort ausgetauschte Wissen vor der Auflösung mit den Menschen in der Oberwelt teilen. Für die Staatsmacht gilt es also auch, den Informationsfluss zum Versiegen zu bringen. Fluidität bildet dabei Klaus Theweleit folgend (1980, S. 256–297) das Gegenprinzip zur harten männlichen Ordnung, die durch die Soldaten durchgesetzt wird. Die Angst vor der unkontrollierten Vermischung von Flüssigkeiten, die in Bewegung geraten, sich ausbreiten und die bestehende Gesellschaftsordnung infizieren können (vgl. Theweleit 1980, S. 280) ist demnach auch eine Angst vor der Weiblichkeit. Auffällig ist jedenfalls, dass bis zum letzten der insgesamt fünf Akte ausschließlich Frauen erkrankt sind: Gleich zu Spielbeginn wird eine Frau aus dem Krankenlager abgeholt, Michaels Frau Emily ist eines der ersten Opfer der Krankheit und Michael hört Geschichten über weitere weibliche Erkrankte. Erst sehr spät löst sich Rods Sohn auf, der kurz vor seinem Verschwinden berichtet, mit Michaels Frau in Kontakt zu stehen. Und in der Abschlusssequenz des Spiels, die einen bisher nicht erschienenen zweiten Teil ankündigt, erfährt Michael, dass er selbst krank ist. Zwar sind die ‚dissolved' so kein genuines Bild für die männliche Angst gegenüber einer weiblichen Bedrohung. Dennoch kritisiert das Spiel auf diese Weise eine dominant männliche, gewalttätige, in den engen Grenzen der Macht denkende und in der reinigenden Kraft der ‚cleanup brigades' diskursivierte Gesellschaftsform, die durch die Verbindung der bereits Aufgelösten unterwandert wird.

Das bisher skizzierte Grundproblem situiert das Spiel zwischen zwei Zuständen: zwischen der amoralischen, aber akzeptierten Grenzüberschreitung durch eine fluide Enthemmung und der unbegrenzbaren Vermischung von Körperflüssigkeiten. Die akzeptierte fluide Enthemmung ist in der Szene, in der Michael die Leiche des Predigers verätzt, deutlich sichtbar. In diesem Moment erinnert er sich an seine Sucht, eine Flasche Alkohol fällt dabei zu Boden und geht zu Bruch, während sich Michaels Haut grünlich verfärbt – offenkundig war er dem Absinth zugetan. „Yes, that tiny, cowardly demon, I remember … that brutal sensation of acid running through your veins, corroding, little by little … anything good and decent you might have left inside you … turning into pain, rot and emptiness.“ (Auslassungen im Original) Der die Venen korrodierende Absinth führt folglich zu einer Enthemmung männlicher Gewaltfantasien, die sich in der Aggression gegenüber dem Leichnam, wie auch parallel in der Vergangenheit gegen Emily äußert. Michaels Hemd ist fortan mit Blut und Unrat überzogen, was der Jäger im Flüchtlingscamp gleich als Beweis für die Integration Michaels in die ‚neue' eigentlich alte Weltordnung liest. Gleichwohl ist die so beschworene Gesellschaftsordnung in Zweifel gezogen, immerhin ergänzt das Spiel das Bild einer mit Hilfe von Gewalt wohl geordneten Welt durch diverse Vermischungsprozesse. Bezeichnenderweise liegt der Prediger in der einzigen größeren Wasseransammlung des gesamten Spiels. Dieser Umstand und Michaels nun beschmutztes weißes Hemd weisen darauf hin, dass die verheißungsvolle Ordnung der alten und neuen Welt bereits fluide geworden ist. Daraus resultieren zwei Konsequenzen für den weiteren Handlungsverlauf: Einerseits nutzt Michael im Folgenden die Regeln dieser alten Welt, um gegen sie zu kämpfen. Der zur Prostitution gezwungenen, durch psychische Traumata geradezu kindlich wirkenden jungen Frau bringt Michael auf deren Wunsch hin zunächst ein Baby, um das sie sich kümmern kann. Das Baby allerdings ist eine kaputte Puppe aus dem Müll, die alte Vorstellung einer Mutterrolle gleichermaßen zementiert wie hinterfragt. Zudem stattet er die ‚junge Mutter' mit einem Revolver aus, damit sie sich von ihren Peinigern selbst befreien kann, was dazu führt, dass auch sie mit Blut bespritzt wird. Die Mittel der männlichen Ordnung führen somit also andererseits zu einer Auflösung derselben.

In diesem Zusammenhang rückt auch die Mülldeponie noch einmal abschließend in den Blick: Schon von Beginn an ist sie staubtrocken. Es gibt kein fließendes Wasser, keine Pfützen auf dem Boden, keine Flüssigkeiten wie Motoröl oder andere Chemikalien, die miteinander in Kontakt treten. Kurz, es gibt keinerlei fluide Zustände, obwohl doch gerade sie als Ort einer solchen Vermischung von Flüssigkeiten prädestiniert wäre. Aber selbst das Abwasserrohr direkt vor dem Flüchtlingslager ist vollständig ausgetrocknet und versiegt. Daher symbolisiert die Mülldeponie anfänglich recht eindrücklich die alte, starre und sorgsam separierende Gesellschaftsordnung, in der die Staatsmacht die volle Kontrolle hat. Selbst dort, wo Flüssigkeiten ausgetauscht werden, also im Wohnwagen der zur Prostitution Gezwungenen, geschieht dies durch ihre Peiniger hoch kontrolliert und durch die auf der Mülldeponie gültigen Normen gedeckelt. Später hingegen finden die meisten Situationen der Vermischung von Flüssigkeiten – und somit die Unterwanderung der Ordnung – ebenfalls auf der Müllkippe statt, um der bestehenden Ordnung etwas entgegenzusetzen. Wie Michael von Rods Sohn kurz vor dessen Auflösung erfährt, erscheint die emotionale Verbindung und Solidarität der ‚dissolved' auf den ‚underground highways' als neues Gegenprinzip zur männlich dominierten Ordnung der Oberwelt. Zwar beschreibt der Junge die Unterwelt als finster und trostlos, allerdings ist sie durch die Eigenschaften gekennzeichnet, die in der Oberwelt fehlen: durch freie Bewegung, durch die Abwesenheit von Gewalt und durch einen freien Informationsaustausch. Diese Ergebnisse verdeutlichen mit Nachdruck, dass *Dead Synchronicity* die in den beiden zuvor diskutierten Spielen ausgemachte technische, spielfunktionale und mithin kulturtheoretische Furcht vor dem unkontrollierbaren Raum der Mülldeponie in das Zentrum des Spiels rückt, um von hier aus divergierende Gesellschaftsmodelle herausstellen, kommentieren und gegeneinander ausspielen zu können. Auch dies ist eine durchaus reinigende Praxis, die sich allerdings anders als in *Cities Skylines* und *Detroit* nicht darin erübrigt, den Unort der Mülldeponie in den Spiel- und Handlungsverlauf zu reintegrieren – sondern ihn als bereits bestehenden Teil gesellschaftlicher (Un-)Ordnungen, Reinigungen und Vermischungen zu akzeptieren, um so neue Gesellschaftsmodelle auszuprobieren.

## 5 Die Mülldeponie als techno-politisches Angstszenario

Die Analysen haben gezeigt, dass Mülldeponien und die sie bestimmenden Ordnungen in vielerlei Hinsicht schwierige Orte für digitale Spiele sind. Ihre Komplexität ergibt sich dabei aus den benannten technischen, spielfunktionalen und auch gesellschaftspolitischen Konstellationen heraus, die es erschweren, Deponien überhaupt darstellbar zu machen. Spätestens aber nach der Analyse von *Dead Synchronicity* muss die Frage gestellt werden, inwiefern sich die drei Ebenen des so skizzierten Problems gegenseitig bedingen, inwiefern also zum Beispiel spielfunktionale Probleme der Darstellung auch gesellschaftspolitische Ängste vor Kontrollverlust durch die Dysfunktionalität der Körper und Objekte, durch fluide Zustände und unbekannte Ordnungen widerspiegeln. Eine eindrückliche Antwort hierauf gibt noch einmal *Detroit:* Gleich am Anfang der zuvor besprochenen Szene ist der Blick auf Markus gerichtet, der im schmutzigen Wasser liegt und von

Regen weiter benässt wird. Unmittelbar ist deutlich, dass sich Markus mithilfe einer erhöhten Kraftanstrengung aus diesem Unrat befreien soll. Dazu müssen die Spieler*innen ihn zunächst durch das Wasser kriechen lassen, ehe sie in einiger Entfernung die passenden Beine finden. Diese Szene bildet einen nachhaltigen Kontrast zu den zuvor eingeführten Lebensumständen des Androiden, der als Pflegekraft eines reichen alten Mannes ein vergleichsweise ‚sauberes' und ‚ordentliches' Leben geführt hat. Die Entwürdigung des Androiden basiert somit sowohl auf seiner als Dysfunktionalität präsentierten eingeschränkten Bewegungsfreiheit, wie auch darauf, in dem schmutzigen Wasser zu liegen. Die Angst vor einer in der Regel krankmachenden Verunreinigung, die in allen besprochenen Spielen aufscheint und für die sich ein Androide eigentlich kaum interessieren dürfte, motiviert demnach alle folgenden Aktionen. Dies ergibt nur insofern einen Sinn, als die Spieler*innen zu diesem Zeitpunkt schon sowohl Markus als menschlich als auch das Wasser als ‚verunreinigt' akzeptiert haben. Die Furcht vor dem Schmutz wird somit anthropologisiert und naturalisiert.

Mit Bezug auf die simulativen, spielerischen und narrativen Ebenen digitaler Spiele erscheinen diese als regelrechte Ordnungsstrukturen, die als mediale Technologien eine digitale Reinigung anbieten. Indem sie nämlich scheinbar unkontrollierbare Zustände wie die Mülldeponie in die Reglements des Spiels überführen, überschreiben sie deren Ordnungen. Sie machen sie kontrollierbar, indem sie sie zuweilen brüchig und nicht vollständig konsistent dem Spiel unterordnen. Zwar geht diese technische Ordnung immer auch mit einer dynamischen, sich an die Spieler*innen anpassenden Organisation der simulativen Ebene einher, wie Espen Aarseth hervorhebt (1997, S. 1–2). Diese Möglichkeit zur Subversion allerdings ist immer auch davon gerahmt, dass die Möglichkeiten im Spiel nicht unbegrenzt sind und selbst Interaktion nur als eine vom Spiel vorgegebene Scheinfreiheit (vgl. Mertens 2004) vorhanden ist. Um ein digitales Spiel also tatsächlich ‚spielfähig' zu machen, bedarf es demnach simulativer, spielerischer und narrativer Kontrollmechanismen, die auf diesem Wege ein genuiner Teil solcher medialer Gegenstände sind. Sprich: In *Detroit* beispielsweise läuft die drohende Unkontrollierbarkeit einerseits der Spieler*innen durch das Spiel und andererseits des Spielgeschehens durch die Spieler*innen als Subtext permanent mit, weil das Spiel sonst selbst dysfunktional werden könnte. Eine grundlegende Furcht vor solchen unkontrollierbaren Situationen ist also jedem digitalen Spiel *per se* schon eingeschrieben. Dieser Umstand ist vor allem dann problematisch, wenn man den Annahmen folgt, dass sowohl Kultur als auch das Erzählen als elementare Grundvoraussetzungen menschlichen Lebens anfänglich gespielt sind (vgl. Huizinga 1997, S. 57–58; Walton 1990, S. 11). Dem folgend domestizieren solche Spiele die oben benannten Ängste vor der Unkontrollierbarkeit und der Fluidität, sodass sie die in der Leistungsgesellschaft üblichen und zugleich ausgrenzenden Ängste vor Krankheit, Ansteckung und Dysfunktionalität oft genug beglaubigen. Sie erscheinen dabei auf den ersten Blick als technische und spielfunktionale Bedenken harmlos.

Die Analyse von *Dead Synchronicity* allerdings hat ergänzend gezeigt, dass diese Furcht nicht nur technisch bzw. an der Funktionabilität des Spiels orientiert ist. Vielmehr bettet das Spiel die zugrunde liegenden Fragen in einen größeren gesellschaftspolitischen Kontext ein. In diesem Spiel nämlich ist die zunächst technologisch begründete Angst auch ein Ausdruck von Machtverhältnissen, der nur vordergründig in Form einer militaristischen Staatsführung figurisiert wird. Indem nämlich Michaels Gewaltausbrüche mit der Ordnung der Welt nach der großen Welle parallelisiert und als eine individuelle Schwäche nicht gerechtfertigt, sondern geradezu an den Pranger gestellt werden, entspannt sich ein breites Netz von der Individualebene hin zur politischen und wieder zurück. Man könnte sagen: Dass viele digitale Spiele überhaupt mit solchen Szenarien wie der Mülldeponie umgehen, ist auch dann ein durchaus gutes Zeichen, wenn sie diese einfach nur in die Spielmechanik und die Erzählung integrieren, anstatt sie vollständig auszuklammern. Zum einen können sie so die zugrunde liegenden technologischen und gesellschaftspolitischen Mechanismen sowie ihre Verschränkungen deutlich machen. Zum anderen gibt es, wie es die vorliegenden Analysen gezeigt haben, durchaus Möglichkeiten innerhalb digitaler Spiele, diese Mechanismen zu reflektieren wie auch zu kritisieren.

## Literatur


Aarseth, Espen J. 1997. *Cybertext. Perspectives on Ergodic Literature*. Baltimore: The Johns Hopkins University Press.

Backe, Hans-Joachim. 2008. *Strukturen und Funktionen des Erzählens im Computerspiel. Eine typologische Einführung*. Würzburg: Königshausen & Neumann.

*Cities Skylines*. 2015. Entwickler: *Colossal Order*. Stockholm: Paradox Interactive.

*Cities Skylines. DLC Green Cities*. 2017. Entwickler: *Colossal Order*. Stockholm: Paradox Interactive.

*Dead Synchronicity – Tomorrow Comes Today*. 2015. Entwickler: *Fictiorama Studios*. Hamburg: Daedalic Entertainment.

*Detroit – Become Human*. 2018. Entwickler: *QuanticDream*. Tokyo: Sony Interactive Entertainment.

Engelns, Markus. 2014. *Spielen und Erzählen. Computerspiele und die Ebenen ihrer Realisierung*. Heidelberg: Synchron.

Engelns, Markus. 2019. Aufgenommen, umgewandelt, ausgeschieden – Bild-Ökonomien in Videospielen. In *Ökonomie und Bildmedien. Bilder als Ausdrucksressource zur Konstruktion von Wissen*, Hrsg. E. Gredel, I. Balint, P. Galke-Janzen und T. Lischeid, 170–187. Berlin: de Gruyter.

Frasca, Gonzalo. 2001. Simulation 101. Simulation versus Repräsentation. Ludology.org. http://www.ludology.org/articles/sim1/simulation101.html. Zugegriffen: 26. Febr. 2019.

Huizinga, Johan. 1997. *Homo Ludens. Vom Ursprung der Kultur im Spiel.* Übersetzt von Hans Nachod. Reinbeck: Rowohlt (Erstveröffentlichung 1938).

Link, Jürgen. 2008. Wiederkehr des Realismus – aber welches? Mit besonderem Bezug auf Jonathan Littell. *kultuRRevolution. zeitschrift für angewandte diskurstheorie* 54: 6–21.

Mertens, Mathias. 2004. Computerspiele sind nicht interaktiv. In *Interaktivität. Ein transdisziplinärer Schlüsselbegriff*, Hrsg. C. Bieber und C. Leggewie, 272–288. Frankfurt a. M.: Campus.

Niewerth, Dennis. 2014. Dive! Dive! Dive! Virtuelle (Unter-)Wasserwelten zwischen Beklemmung, Tiefenrausch und Umsetzbarkeit. In *Zwischen|Welten. Atmosphären im Computerspiel*, Hrsg. C. Huberts und S. Standke, 223–266. Glückstadt: VWH.

Pias, Claus. 2004. *Computer Spiel Welten.* Universitätsbibliothek Weimar. https://doi.org/10.25643/bauhaus-universitaet.35. Zugegriffen: 26. Febr. 2019.

Ryan, Marie-Laure. 2004. Will New Media produce New Narratives? In *Narrative across Media The Languages of Storytelling*, Hrsg. Marie-Laure Ryan, 337–360. Lincoln: University of Nebraksa Press.

Theweleit, Klaus. 1980. *Männerphantasien 1. Frauen, Fluten, Körper, Geschichte.* Reinbek: Rowohlt (Erstveröffentlichung 1977).

Thon, Jan-Noel. 2009. Zur Struktur des Ego-Shooters. In *Shooter*, Hrsg. M. Bopp, S. Wiemer und F. Nohr, 21–41. Münster: LIT.

*Unforeseen Incidents.* 2018. Entwickler: *Backwoods Entertainment.* Heidelberg: Application Systems Heidelberg.

Walton, Kendall L. 1990. *Mimesis as make believe. On the Foundations of the Representational Arts.* Cambridge: Harvard University Press.

**Markus Engelns** ist wissenschaftlicher Mitarbeiter im Institut für Germanistik der Universität Duisburg-Essen. Er hat bei Prof. Dr. Rolf Parr zur Frage der Narrativität von Videospielen promoviert. Seine Forschungsschwerpunkte liegen in der Literaturwissenschaft, Medienkulturwissenschaft und ihren Didaktiken, v. a. in der medientheoretischen, diskursanalytischen und narratologischen Untersuchung von digitalen Spielen, Filmen und Comics. Publikationen u. a.: *Spielen und Erzählen. Computerspiele und die Ebenen ihrer Realisierung* (2014); „Dinieren in der Apokalypse. Realitäten des Abendessens in Endzeitfilmen" (2018).

# Sporen, Spuren, Müllhalde

## Zur Auseinandersetzung mit der deutschen Vergangenheit in Marcel Beyers Roman *Spione*

Lorella Bosco

Marcel Beyers Roman *Spione* (2000) kreist – wie der Titel bereits andeutet – um sinnliche Wahrnehmung und um Medien. Das Titelwort bezeichnet nicht nur Geheimdienstagenten, sondern auch Sehdispositive wie die Gucklöcher in Wohnungstüren. Diese Motive werden im Text immer wieder aufgegriffen, um die erzählte Geschichte und Geschichten zu perspektivieren bzw. zu verzerren, sodass sie vor dem Objektiv des Erzählers zugleich greifbar und unscharf erscheinen. Die Handlung, die nur aus hypothetischen Rekonstruktionen eines nie gänzlich erfassbaren Dagewesenen besteht, lässt sich wie folgt beschreiben: Vier Jugendliche, der Ich-Erzähler, seine Cousinen Nora und Paulina und sein Vetter Carl, finden zufällig ein Familienalbum, in dessen Bildern der Großvater und andere Familienmitglieder aufgenommen sind. Die Fotos vermitteln jedoch nur ein fragmentarisches Bild der Familiengeschichte. Dieser Umstand ist einerseits der Unschärfe der Aufnahmen, andererseits dem Verlust einiger Bilder geschuldet, die offensichtlich nachträglich entfernt worden sind. Auch lassen sich die dort abgebildeten Personen nur uneindeutig mit den Familienangehörigen identifizieren und sonst äußerst schwer kontextualisieren. Das Familiengeheimnis betrifft vor allem die Großmutter, von der die Jugendlichen ihre „Italieneraugen" (Beyer 2000, S. 19) haben. Die blinden Flecke im Fotoalbum geben Raum für Spekulationen, Imaginationen, Projektionen, Fiktionen, Vermutungen, konspirative Geschichten oder gar Verschwörungstheorien, die die Lücken in der Familiengeschichte schließen wollen. Dies nicht zuletzt deshalb, weil sich

L. Bosco (✉)
Università degi Studi di Bari „Aldo Moro", Bari, Italien
E-Mail: lorella.bosco@uniba.it

 
D.-C. Assmann (Hrsg.), *Narrative der Deponie*, Kulturelle Figurationen: Artefakte, Praktiken, Fiktionen, https://doi.org/10.1007/978-3-658-27880-9_3

Mutter und Onkel des Ich-Erzählers mit dem Großvater überworfen haben und es keinen Austausch zwischen den Generationen mehr gibt. Der Großvater hat jeden Kontakt zu seinen Kindern abgebrochen und wohnt mit seiner zweiten Frau, die „die Alte" genannt wird, in einer beinah paranoid wirkenden Isolation. Über die Großeltern schweigen sich die Eltern beständig aus und gehen auf die Fragen ihrer Kinder nicht ein. Dialogizität als Mittel transgenerationeller Vermittlung kulturhistorischer und individueller Prozesse (vgl. Horstkotte 2003, S. 276) fällt hier also aus. Stattdessen betreiben die vier Jugendlichen Spionage als „ein voyeuristisches, obsessives Schauen" (Horstkotte 2003, S. 288).

Die Leerstellen der Geschichte sind auf vielfältige Weise mit dem dunklen Schatten der deutschen Vergangenheit verknüpft. War der Großvater Pilot der Legion Condor und während des Spanischen Bürgerkriegs im Einsatz? War er am Wiederaufbau der Luftwaffe in Nazideutschland beteiligt und unterlag er deshalb einer strikten Geheimhaltung – auch seinen Familienangehörigen gegenüber? War seine Frau eine talentierte Opernsängerin und warum wurden ihre Bilder aus dem Familienalbum entfernt? Sind die Verstrickungen des Großvaters in die Taten des Nationalsozialismus Grund für die *missing links* der Familiengeschichte? Die Erzählung lässt hypothetische Interpretationen, aber keine eindeutigen Antworten auf diese Fragen zu und ist deshalb nicht in der Lage, die Brüche in der Familiengeschichte einzuebnen. Die Imaginationskraft des dominierenden (jedoch keineswegs alleinigen) Ich-Erzählers soll durch erfundene Geschichten ergänzen, was die Fotografien verschweigen. An einer Stelle verweist der Ich-Erzähler deshalb explizit auf die metafiktionale Romanebene: „Was ich nicht sehen kann, muss ich erfinden. Ich muss mir Bilder selbst ausmalen, wenn ich etwas vor Augen haben will" (Beyer 2000, S. 66). Hier lassen sich durchaus Ähnlichkeiten mit der schriftstellerischen Tätigkeit festmachen, die Marcel Beyer an anderer Stelle als eine fast detektivische Arbeit am Schnittpunkt von Entbergen und Verbergen beschreibt: Er nennt sie „das Durchgestrichene als das zu Entdeckende, eine Haltung der Welt gegenüber, eine Neugier, ein Antrieb beim Schreiben" (Beyer 2015, S. 56).

Im Folgenden sollen die medialen Konstellationen, die den Roman durchziehen und im Motiv des Sporenlesens zusammenkommen, analysiert und nach der narrativen Funktion der Mülldeponie gefragt werden, auf der die Siedlung der Familie gebaut worden ist. Dabei ist zu zeigen, dass sich zwischen dem fotografischen Dispositiv und der sich als Deponie entpuppenden Heimatlandschaft von *Spione* Analogien und Berührungspunkte einstellen. Die Sporen deuten das Aufkommen des Verborgenen an und weisen auf eine verdrängte, zu Müll gewordene Unterseite des alltäglichen Lebens hin.

## 1 Mediale Konstellationen: Sporen, Film, Geister

Die komplexe Romanstruktur, die sich auf drei Zeitebenen artikuliert, ist durch Korrespondenzen und Leitmotive sorgfältig arrangiert. Der Roman besteht aus zwei Teilen von jeweils fünf Kapiteln, die in umgekehrter Reihenfolge dieselben Überschriften (‚Sporen‘, ‚Anrufe‘, ‚Verschwiegene‘, ‚Boten‘, ‚Spione‘) aufweisen. Bereits im ersten Kapitel, das – wie das letzte – den Titel ‚Sporen‘ trägt, wodurch die gesamte Romanhandlung eingerahmt wird, führt der Erzähler Verborgenheit und Erinnerung mit der Topographie der Landschaft zusammen, schreibt jene in diese ein. Nicht zufällig verweist ‚Sporen‘ durch die Verschiebung des Vokals ‚o‘, auf die Spuren, die die verborgene und geisterhaft herumspukende Vergangenheit hinterlassen hat. Deren unscharfe Konturen will die Aufdeckungsarbeit des Ich-Erzählers und seiner jungen Verwandten erst belichten. Vergeblich, wie sich herausstellen wird, denn die Geschichte lässt sich – trotz oder vielleicht gerade wegen der Fülle der anscheinend zur Verfügung stehenden authentischen Materialien und Zeugnisse (vor allem Bilder) – nicht erschließen. Die beinah detektivische Aufdeckungsarbeit der Jugendlichen führt ins Ungewisse und ins Dunkle. Dort, wo man Aufklärung über Knotenpunkte der deutschen Geschichte und der Familie erwartet hätte, entstehen stattdessen weitere Lücken und Leerstellen. Die Erzählung entfaltet sich deshalb als buchstäbliches Spurenlesen, das jedoch über weite Strecken hinaus nicht zuletzt einem ‚Sporenlesen‘ gleichkommt (zur etymologisch nachweisbaren Verwandtschaft zwischen ‚Sporen‘ und ‚Spuren‘ vgl. auch Georgopoulou 2011, S. 92). Das Spurenlesen erfolgt über die Erzählung zahlreicher Geschichten, die Hypothesen und Interpretationen hervorbringen, um die Spurbildung zu erklären und die dadurch gestörte Ordnung in eine neue zu überführen. Interpretativität, Narrativität und Polysemie hat Sybille Krämer (vgl. 2007, S. 17) in ihrer Studie nicht von ungefähr als wichtige Kennzeichen des Spurenlesens herausgearbeitet, ein Befund, der in Beyers Text mehrfach aufgegriffen wird, wie im Folgenden gezeigt werden soll.

Die Sporen sind Schimmelsporen, die in der Dämmerung auftauchen und sich auf den Hügel – so heißt die Siedlung, die auf der ehemaligen Mülldeponie errichtet wurde – legen. Sie bilden eine wichtige Einnahmequelle für die Kinder, die im Herbst mit dem Entfernen von Schimmel aus den Häusern ihr Taschengeld verdienen.

> Sporen nennen wir sie, weil es sich um Schimmelsporen handeln muß, denn Mücken sind es nicht, auch keine Falter, Pflanzensamen oder Spinnweben. Der Schimmel muß sich so am Hügel verbreiten, in Form von hellen, leichten Flocken,

> die in der Hand zu nichts zerfallen, wenn wir sie einfangen, um sie genauer zu betrachten. Zu nichts als einem zähen, etwas rauhen Film, der haftenbleibt. Niemand kann sagen, ob die Sporen wirklich erst bei Sonnenuntergang erscheinen, oder ob sie nicht doch den ganzen Tag in der Luft sind und erst das Abendlicht sie sichtbar werden läßt. (Beyer 2000, S. 15)

Der explizite Vergleich mit dem Medium Film und die Semantisierung der einzelnen Elemente bei der oben zitierten Beschreibung führen zu jener medialen Konstellation des Sehens und der Fotografie zurück, die dem ganzen Roman zugrunde liegt und als Mittel zur Darstellung postmemorialer Erinnerung dient. Wie Marianne Hirsch überzeugend gezeigt hat, situieren sich Fotos genau im Widerspruchsraum, der zwischen dem Mythos der idealen Familie und der tatsächlich erlebten Wirklichkeit des Familienalltags entsteht (vgl. 1997, S. 8). Deshalb fungieren sie als das geeignetste Medium zur Bildung einer postmemorialen Erinnerung aufseiten der Enkelgeneration, „who grow up dominated by narratives that preceded their birth, whose own belated stories are evacuated by the stories of the previous generation shaped by traumatic events that can be neither understood nor recreated“ (1997, S. 22).

Die Thematisierung des Sehens und dessen mediale Aufzeichnungsformen verknüpfen sich auf sehr komplexe Weise mit der Aufarbeitung der deutschen Geschichte und werfen Fragen nach der Sichtbarmachung und der Archivierung des Vergangenen auf. Die Zergliederung der Darstellung in mehrere Perspektiven und Betrachtungswinkel sowie die verschiedenen Fokalisierungen und Sichtweisen, die sich im Text überlappen (nicht zuletzt die ständigen Zeitsprünge) reflektieren auf erzähltheoretischer Ebene das Spannungsverhältnis zwischen Sehen und Nicht-Sehen, Enthüllen und Verbergen, Spurenlegen und -verwischen, das den Eindruck der Unschärfe (vgl. Weixler 2018, S. 125–129) erzeugt. Die anhand der vorhandenen Materialien erfundenen Familiengeschichten tauchen wie kinematografische Bilder auf, die im Kopf laufen. In diesen Filmen verfängt sich der Erzähler mitunter. Die Arbeit der imaginativen Erzählerfähigkeit, die an der Rekonstruktion der Familiengeschichte sichtbar wird, zeigt sich auch in der oben zitierten Passage: Die durch die Anhäufung von Negationen fortschreitende ‚Lektüre‘ der von den Sporen bedeckten Landschaft ist ihr Resultat. Sie deutet und verbirgt zugleich, ohne zu einer endgültigen Aussage kommen zu können. Das dem Roman zugrunde liegende Paradox beruht auf dem Versuch, durch das Sehen (in seiner vielfachen Ausprägung) Geheimnissen buchstäblich auf die Spur zu kommen. Je näher man Verborgenem jedoch nachspürt, desto schneller verlieren die Fotos und die dort abgelichteten Ereignisse und Figuren an Konturen und Stringenz – wie Sporen, die sich zerstäuben, wenn sie eingefangen werden.

Die Unschärfe der Bilder, die die Familiengeschichte festhalten sollen, lässt die Anwesenheit der einst da-gewesenen Figuren und Ereignisse nur als Spur, nicht als endgültig überprüfbares Geschehen erkennen. Spur etwa im Sinne von Jacques Derrida, der in der *Grammatologie* mit diesem Begriff eine Bewegung benennt, die „notwendig verborgen" bleibt, weil sie „als Verbergung ihrer selbst" (1974, S. 82) entsteht. Die Spur als Denkfigur materialisiert somit eine Abwesenheit, ein Vergangenes, das in seiner Ganzheit unwiederbringlich ist und deshalb nur bruchstückhaft rekonstruiert werden kann. „Die Spur", so stellt Sybille Krämer (2007, S. 15) fest, „macht das Abwesende niemals präsent, sondern vergegenwärtigt seine Nichtpräsenz". Die schlechte Erkennbarkeit des Dargebotenen, die den Augenblick der Bewegung im Bild einspeichert, bürgt jedoch wiederum für die Authentizität des Bildzeugnisses (man denke etwa in diesem Kontext an Roland Barthes' dichotomisches Begriffspaar *punctum* und *studium*, vgl. 1989, S. 36). Ein Schreiben über Erinnerung soll diese Unschärfe, die aus der zeitlichen Distanz zwischen Vergangenheit und Gegenwart und aus dem Spannungsverhältnis zwischen erzählenden und erinnernden Stimmen entsteht, mitdenken und reflektieren. Auch in diesem Sinne fungieren die Fotos als Spuren, denn sie reflektieren die Zeitverschiebung, die zwischen Produktion und Rezeption, Spurenhinterlassen und Spurenlesen entsteht (vgl. Krämer 2007, S. 17).

Die Bilder als offizielles Medium der Erinnerungskultur lösen Verunsicherung aus. Da die Bilder kein überprüfbares Wissen über die Familiengeschichte vermitteln und angeblich dokumentarisches Material nur über hypothetische, im Konjunktiv formulierte Interpretationen Auskunft über die Vergangenheit erteilen kann, wird die durch die Fotos materialisierte Familiengeschichte zur Geisterfotografie. Diese Ähnlichkeit wird im Text vielfach thematisiert. „Bilder von spiritistischen Sitzungen, von übernatürlichen Phänomenen und Geistersehern haben mich immer eigentümlich berührt, vor allem, wenn neben dem Medium auch die Erscheinung eines Verstorbenen abgebildet ist" (Beyer 2000, S. 294). Was die Jugendlichen in ihrer Suche zu verfehlen scheinen, ist die tiefe Verbundenheit der Fotografie mit dem Tod: Fotografie ist rückwärtsgewandt und melancholisch, in ihr stockt die Zeit. In diesem Sinne „ist das Photo seinem Wesen nach niemals Erinnerung [...], es blockiert sie vielmehr, wird sehr schnell Gegen-Erinnerung" (Barthes 1989, S. 102). Bewusst knüpft Beyer an die Ursprünge des fotografischen Mediums an, um dessen phantasmatischen Charakter hervorzuheben. Das Fotografieren, heißt es im Text, versucht „etwas Unsichtbares einzufangen", wie in einer „Suche nach Geistern" (Beyer 2000, S. 218). Ein Erzählen, das anhand von Fotografien versucht, eine Familiengeschichte zu rekonstruieren, konfiguriert sich deshalb als Prozess der Geisterbeschwörung, die bestenfalls nur Vergangenheitsentwürfe aufkommen lässt. Gerade die Unbestimmtheit des

Dargebotenen bildet jedoch eine erste Bedingung des Erzählens, denn sie ermöglicht neue Anschlüsse und Fortsetzungen. Sie regt die Enkelkinder zu immer neuen Versuchen an, die Leerstellen in der Familiengeschichte durch Erzählungen zu decken, sie zu rekonstruieren oder zu imaginieren. Die ‚Wirklichkeit' ist von den technisch-medialen Praktiken, die ihre Beobachtung und Rekonstruktion bedingen, nicht zu lösen. Es gibt keine absolut evidente und überprüfbare Wirklichkeit, die sich aus den Bildern entnehmen ließe.

Wenn man anhand der vorangestellten Überlegungen zu der oben zitierten Beschreibung der Sporen zurückkehrt, so lassen sich mehrere Berührungspunkte zwischen den im Roman thematisierten „visuelle[n] Medialitäten" (Schmitz-Emans 2018, S. 143) und den für die hier behandelten Fragestellungen relevanten ‚Narrativen der Deponie' erkennen. Der in Beyers Text explizit benannte Vergleich mit dem Medium Film legt diese Vermutung nahe. Sporen verfügen wie Bilder über keinen eindeutig definierbaren Status. Beide sind von Unschärfe geprägt und mit Zügen des Phantasmatischen und des Gespenstischen versehen. Sie werden erst ab dem Sonnenuntergang sichtbar und ihre weiße Farbe ruft Assoziationen mit Geistererscheinungen hervor. Zudem findet man in der oben angeführten Textstelle alle Merkmale wieder, die David-Christopher Assmann als konstititutiv für die Diskursivierungen von Müll ab der Moderne herausgearbeitet hat, vor allem den Befund, dass das Verhältnis von Realität und Zeichen ins Schwanken gerät (vgl. 2017, S. 428). Die Sporen sind in ihrem Wesen unkategorisierbar und können – wenn überhaupt – nur *ex negativo* (‚nicht …, nicht …') durch eine Reihe von asyndetisch gereihten Negativbefunden definiert werden: Sie sind keine Mücken, keine Falter, keine Pflanzensamen oder Spinnweben. Der Referenzstatus der Sporen/Spuren gerät daher durch die Negationen ins Schwanken. Aus ihrer heterogenen Formlosigkeit, der die Aufzählung von Negativbefunden nicht beizukommen vermag, soll der Leser sich ein Bild machen, das notwendigerweise nur unbestimmt bleiben kann. Die Sporen sind unklassifizierbar, sind auf keinen Oberbegriff zurückzuführen. Auch in diesem Punkt nähern sie sich den Bildern, die ebenfalls unkategorisierbar sind, „weil es keinerlei Grund gibt, diesen oder jenen Fall ihres Auftretens zu *markieren*" (Barthes 1989, S. 14). Die hier zu beobachtende Strukturierung einer in ihrer Heterogenität nicht fassbaren Stofflichkeit überträgt sich auf das Textverfahren von *Spione*. Allerdings ist es erst die Markierung des Abwesenden durch die Negationen, die mittels einer paradoxen Bewegung das fehlende Objekt ins Gedächtnis aufruft, seiner eingedenk wird (vgl. Weixler 2018, S. 128). Im Text werden hypothetische Rekonstruktionen von Geschichte, Geschichten und Bildern aneinandergereiht, um dann immer wieder revidiert, ergänzt, infrage gestellt zu werden. Bei all diesen Versuchen bleibt ein Rest, vielmehr ein Überschuss, der nicht integrierbar oder reduzierbar ist. Die Erzählung steht unter dem Zeichen der Kontingenz. Von hier aus kann man eine weitere Brücke zur Fotografie schlagen, die – nach Barthes – dieselbe Eigenschaft aufweist: „Sie ist das absolute BESONDERE, die unbeschränkte, blinde und gleichsam unbedarfte KONTINGENZ, sie ist das BESTIMMTE (eine bestimme Photographie, nicht die Photographie), kurz, die TYCHE, der ZUFALL, das ZUSAMMENTREFFEN, das WIRKLICHE in seinem unerschöpflichem Ausdruck" (Barthes 1989, S. 12).

Die in den Bildern eingefangene Unschärfe scheint sich durch die Sporen auf die ganze Landschaftsfläche des Hügels auszubreiten:

> Nie haben wir gehört, die Sporen hätten auch den anderen Hügel und das Tal erreicht. Zuerst sind es nur einzelne milchige Punkte, doch wenn die Sonne den letzten Fabrikschornstein berührt, sind die Telegraphenmasten am Hang von den Sporen eingehüllt. Wie Bodennebel ziehen sie über die Brache, über die Landmaschinen und den Weidezaun in unsere Richtung, und manchmal werden diese trüben Streifen innerhalb weniger Augenblicke so dicht, daß wir die anderen Kinder kaum mehr voneinander unterscheiden können. (Beyer 2000, S. 15)

Sporen hindern den Prozess der Wahrnehmung, sie stören das Sehen, machen die sonst vertraute Umgebung unheimlich und gespenstisch (‚unheimlich' ganz im Sinne von Freuds berühmtem Aufsatz von 1919). Sie bilden eine weiße Fläche, die zu immer neuen Deutungen und Interpretationsversuchen, zu neuen Einschreibungen einlädt. Die im Familienalbum entdeckten Fotos bieten einen mit Sporen vergleichbaren Anblick:

> Die Bildoberflächen werden von Pergamentpapier geschützt, in das ein Muster von Spinnweben geprägt ist. Dadurch bekommen wir die Photographien zunächst wie von einer Patina gedämpft, von einem Schleier verwischt, undeutlich zu Gesicht, bis dann, wenn wir das Zwischenblatt beiseite schieben, Konturen und Kontraste scharf erscheinen. Die Bilder sind so alt wie das Album, gezackte weiße Ränder, und es gibt Kommentare, die selbst Nora nur schwer entziffern kann. (Beyer 2000, S. 33)

An anderer Stelle nennt Beyer die weiße Patina, die sich auf Fotos oder – wie andernorts im Roman – auf der Landschaft, einem Film ähnlich, mit ihrem „klebrigen" Netz legt, die „imaginäre" „SPINNE DER REALITÄT" (Beyer 2014a, S. 96). Mit diesem Begriff bezeichnet der Schriftsteller jene vielfältige, reflexiv und medial vermittelte Erfahrung von Wirklichkeit, die in die Literatur, in den Film oder in das Foto ihren Eingang gefunden hat: „Ein Netz aus einmal untergründig, einmal demonstrativ gesponnenen Reflexionsfäden, ein Reflexionsnetz des Mediums selbst" (Beyer 2014a, S. 96), das eine epistemologische Position des Dazwischen einnimmt: „Jetzt sind die Fäden unsichtbar, und jetzt erscheinen sie, bei entsprechendem Lichteinfall, opak“ (Beyer 2014a, S. 96). Gesponnen werden Fadensorten ganz unterschiedlicher Herkunft, die den Eindruck einer nicht zu erfassenden Heterogenität suggerieren: „Sicherungsfäden, Klebefäden, zähe Seide und feine Seide, einfache Fäden für die nicht klebende Hilfsspirale, Achsenfäden für die Fangspirale, den Klebstoff für die Fangspirale nicht einmal mit eingerechnet“ (Beyer 2014a, S. 96).

Neben der visuellen regen die Sporen auch eine olfaktorische Wahrnehmung an, die sich erst dann einstellt, als die Flocken langsam verschwinden. Sie bildet sozusagen ihre ‚olfaktorische Spur‘. Sie ist ebenfalls schwer und nur *ex negativo* zu bestimmen:

> An manchen Abenden, während die Sporen nach und nach wieder verschwinden, bildet sich ein süßlicher Geruch. Er weht ihnen über die Felder hinterher, doch seine Herkunft haben wir noch nicht ausgemacht. Nicht eine warme, unangenehme Süße, nichts Unentschiedenes zwischen Gestank und Duft, sondern eher etwas Beruhigendes in der Abendkühle, als sollte uns dieser Geruch die Aufregung und Hitze des zurückliegenden Tages nehmen […]. (Beyer 2000, S. 15–16)

Obwohl der Geruch mit den Sporen assoziiert wird, kommt er vermutlich aus einer Schaumzuckerfabrik, die jenseits der Felder liegt. Doch irritiert dieser ebenfalls nicht näher bestimmbare Geruch, der anders als Müll nicht stinkt, die olfaktorische Wahrnehmung – genauso wie Sporen mitunter die Augen blenden. Er hat etwas Betörendes, das über die schlummernde Bedrohung durch die Sporen hinwegtäuscht.

## 2 Abfälle

Die Verborgenheit, die mit einer ungelösten Vergangenheit zusammenhängt, schreibt sich in die Landschaft ein – und nicht nur in Form von Sporen. Die Topographie der Erzählwelt, die die vier Jugendlichen während ihrer Entdeckungsausflüge erkunden, ist nach dem Prinzip der Überlagerung von Zeitschichten strukturiert. Auch mit Blick auf diese geschichtete Struktur ergeben sich – im Sinne von Roland Barthes – Analogien zwischen dem fotografischen Dispositiv und der unheimlichen Heimatlandschaft von *Spione*. Nach Barthes gehören Fotografie, Landschaft und Fenster zu den geschichteten Objekten, die nicht auseinanderzunehmen sind. Es handelt sich um Dualismen, die zwar wahrnehmbar, jedoch nicht fassbar sind (vgl. Barthes 1989, S. 14). In sie einzudringen kommt daher der Ausübung einer archäologischen Tätigkeit gleich, die historische Überlagerungen und diskursive Formationen freilegt. Darin ist freilich eine weitere Gemeinsamkeit mit dem Bilderlesen zu sehen, das die vier Jugendlichen unentwegt beschäftigt. Sein poetisches Verfahren definiert Beyer im Übrigen selbst als ein Schreiben, das sich der „*Überlagerung* von Bildern“ nicht widersetzt, selbst wenn sie „aus unterschiedlichen Erfahrungszusammenhängen, verschiedenen Zeitschichten oder spezifischen medialen Sphären stammen“ (Beyer 2014b, S. 99). Literatur und Welt erscheinen wie ein Palimpsest. Recherche setzt dort ein, „wo ich“, schreibt Beyer „in eine Materie hineingetrieben werde, weit über das von mir anvisierte Ziel hinaus. Wo sich Reibung bemerkbar macht, wo etwas implodiert, oder wo sich mit einem Mal unvermutete Querverbindungen auftun. [...] Hier wird das Stöbern und Wühlen und Abirren zu einer Bewegung, die Motive, Verknüpfungen, ja, Handlungsstränge generieren kann“ (Beyer 2008, S. 363–364).

Woher die Schimmelsporen kommen, stellt sich erst am Ende des Romans heraus: Die Siedlung ist auf einer ehemaligen Mülldeponie entstanden, die in den fünfziger Jahren mit einer Abdeckfolie abgedichtet und mit Erde überschüttet worden war. Ursprünglich war keine Erhebung in der Landschaft zu sehen, aber irgendwann haben sich die Abfälle so hoch aufgetürmt, dass aus der Grube eine Anhöhe wurde. Das Anwachsen von Müllbergen, als typischer Begleitumstand des Wandels von Lebensstilen und Konsumformen, der mit der Industrialisierung einsetzt, verändert das Landschaftsbild, zeichnet sich tief darin ein. An der Schanze, einem Gelände im Viertel, wo die vier Cousinen wohnen, stand eine Waffenfabrik, in der die Eltern der Jugendlichen noch gearbeitet haben. Auf der Schanze selbst war ein Schießplatz der Wehrmacht und die Kinder finden immer noch Fußabdrücke und leere Patronenhülsen, jedoch jüngeren Datums. Dass es sich bei dieser Landschaft um eine Topographie der Verdrängung und des Verborgenen handelt, die tabuisierte Bereiche des kollektiven Gedächtnisses markiert, wird durch einen erneuten Hinweis auf den Müll deutlich gemacht. Es geht um die Abfälle in den Papierkörben auf der Schanze. Die Kinder wühlen durch die zerknüllten Blätter auf der Suche nach ‚Spuren‘ und stoßen auf pornographische Blätter, deren obszöne Bilder und Beschriftungen das Verstörende an der im Raum überlagerten und verdrängten Geschichte vor Augen führen.[1] Sie lassen das Skandalon einer unordentlichen und sinnlosen Stofflichkeit eintreten. In ihrer Kopplung von pornographischer Bildlichkeit und Materialität des Papiers sind die weggeworfenen

[1]Zur poetologischen Funktion und literarischen Inszenierung von Fotoalben, die auf einer Mülldeponie gefunden werden, siehe auch den Beitrag von Lis Hansen in diesem Band.

Blätter ‚Abfälle' im Doppelsinn des Wortes (vgl. dazu Assmann 2014, S. 3–4; zum Thema Abfall vgl. auch Moser 2005): Sie deuten auf den Sündenfall hin, den Abfall des Menschen von Gott, der als Folge des damit verbundenen Bewusstseins der Nacktheit die Einheit der Liebe zerstört; zugleich sind sie Überflüssiges, Wegzuwerfendes, das erst mit der Begründung einer kulturellen Ordnung und mit der Ausübung einer (auch im moralischen Sinn) wert- und ordnungsstiftenden Tätigkeit produziert wird. Die einförmigen pornographischen Bilder, die das Geschlecht fetischisieren, ohne in das Auge des Betrachters zu stechen, weil sie kein *punctum* haben, machen zudem die schon eingangs beobachtete voyeuristische Ausrichtung der Erzählung auf drastische Weise anschaulich:

> „Einer ist immer noch dabei, der nicht in den Blick gerät. […] Er hat außerhalb der Photographie gestanden, genau an der Stelle, von wo aus man die Szenerie beobachtet. Wenn wir die Heftchen anschauen, stehen wir auf der Seite eines Unsichtbaren, der bei Liebespaaren in die Wohnung eindringt und sie mit einer Kamera überrascht" (Beyer 2000, S. 27).

Die Eindeutigkeit der pornographischen Bilder konterkariert zugleich die Opazität der Fotos im Familienalbum, deren Geheimnis auch nach mehreren Aufdeckungs- und Rekonstruktionsversuchen unangetastet bleibt. In ihrem Abfallstatus führen die obszönen Bilder jedoch einen weiteren Wesenszug der Fotografie vor Augen, jene Hinfälligkeit nämlich, die mit ihrem materiellen Träger zusammenhängt: Bilder – wie ihre Objekte – werden vergilben, verblassen und schließlich irgendwann in der Mülltonne landen (vgl. Barthes 1989, S. 104; Giesen 2007, S. 108). In Beyers Roman werden alle Medien der Familienerinnerung und -tradierung, darunter auch Fotos, von der „Alten" entsorgt. So legt es zumindest eine der nachträglichen Vergangenheitsrekonstruktionen nahe, die das Buch ausmachen:

> Die Frau hat die Photoalben fortgeworfen. Die Spielsachen, die Zeichnungen und Hefte. Sie hat die Opernprogramme genommen, alle Gegenstände, die sie finden konnte, in den Müll geworfen, oder in den Ofen […].
>
> Die Alte läßt die Photos und die Briefe nicht hinter dem Rücken unseres Großvaters verschwinden, die Gegenstände, die sich nicht verbrennen lassen, wirft die Frau draußen in den Müll, und er schaut zu. […]
>
> Papier fängt Feuer, Photos schrumpeln in der Glut, nur einen Augenblick noch glatt, dann werfen sie Blasen, und dazu eine Hand, die Finger um den Schürhaken geschlossen, oder, unruhig, ungeduldig, um weitere, vielleicht zerrissene Papiere nachzuschieben, rasch. Ein Bild, das niemand sich in sein Familienalbum kleben könnte. Im Wohnzimmer, im Hausflur, bis in die obere Etage, demnach auch in der Küche nun ein eigenartiger Geruch, die Negative. Der Ruß, der Rauch und der Gestank, unser Großvater hat dies alles ausgehalten.
>
> Ich weiß nicht, ob man in der Erinnerung farbig sehen kann, im Dunkeln aber sieht man nur schwarzweiß. (Beyer 2000, S. 90–92; vgl. auch S. 269)

Um zur Landschaft zurückzukehren: Die Schanze wird im Roman als ein Zwischenraum semantisiert, in dem die von den bürgerlichen Ordnungsmustern abgegrenzten Tabuzonen wieder offen und zugänglich werden. Das, was vom Sittenkodex der Gesellschaft aussortiert und vom Geschichtsbewusstsein der Gegenwart eher verdrängt wird, kehrt hier wieder in sichtbarer Form zurück. Die Schanze markiert zudem eine Kontaktzone: nicht nur weil sonst gesetzte Bürger auf der Suche nach pornographischem Material zum Hügel laufen, um in den Papierkörbe zu wühlen, sondern auch weil auf ihr – aufgrund der geschichteten Topographie – die unaufgearbeitete deutsche Vergangenheit wieder erfahrbar wird. An diesem Ort wird die Wechselwirkung von individueller und kollektiver Erinnerung auf unerwartete und irritierende Art wieder sichtbar.

Durch die Kanalisationsarbeiten gerät die Müllhalde erneut ins öffentliche Bewusstsein und ihre Bindung mit der verdrängten deutschen Geschichte kommt wieder an den Tag. Pauline erklärt dies dem Ich-Erzähler:

> Es ist ein Pilz. Ein riesiger Pilz unter der Erde, ein einziger Organismus, der schon sehr alt sein muß und sich inzwischen über den gesamten Hügel ausdehnt. Von derartigen Pilzen hatte ich noch nie gehört. Man schätzt, daß dieses unterirdische Geflecht mit der früheren Müllhalde zu tun hat, vielleicht wegen der Plastikplane, der Pilz kann sich unter der Abdeckfolie gebildet haben, und die hat sich langsam zersetzt.
>
> Bei Nacht sieht man alles nur schwarzweiß, aber ich wüßte gern, ob dieser Pilz bei Tag eine bestimmte Farbe hat. Paulina schüttelt den Kopf, das Zeug ist grau, unterscheidet sich farblich nicht vom restlichen Erdreich, sonst wäre es viel früher aufgefallen. (Beyer 2000, S. 210)

Die Müllhalde wurde nach dem Krieg nur notdürftig versiegelt: ein Hinweis auf den Wunsch, die Vergangenheit bald zu entsorgen, sie wegen ihrer buchstäblichen Obszönität (im etymologischen lateinischen Sinn von *ob-scoenus,* ‚das, was im Theater nicht gezeigt werden darf', vgl. Art. ob-scoenus 1999) aus der Sicht verschwinden zu lassen. Merkwürdig genug erinnert sich der Ich-Erzähler an die Sporen nicht mehr, als seine Schwester Paulina ihm ungefähr 23 Jahre nach ihren jugendlichen Entdeckungsausflügen das Geheimnis um die weißen Flecken in der Landschaft enthüllt, mithin zu einer Zeit als beide längst keine Kinder mehr sind (vgl. Beyer 2000, S. 235). Dieser Umstand weist abermals auf die Unzuverlässigkeit von Erinnerung hin.

Die Ausdünstungen des Pilzes sind schädlich und eigentlich sollten alle Anwohner nur noch mit Mundschutz vor die Tür gehen. Aber sie halten sich kaum an diese Vorschrift. Das ganze Gelände ist unbewohnbar geworden. Die Sporen deuten auf das Aufkommen des Verborgenen an der Oberfläche. Sie weisen auf eine vergessene, verdrängte, verdeckte und zum gefährlichen Müll gewordene Unterseite des alltäglichen Lebens hin. Sie visualisieren das Unsichtbare, das man lieber aus den Augen entfernen möchte, machen das Bedrohlich-Verdrängte wieder erfahrbar und wahrnehmbar. Sie präsentieren ohne zu repräsentieren. Auf der Müllhalde bilden sich die Spuren sowohl einer kollektiven Vergangenheit als auch individueller Verstrickungen, die sonst nur latent vorhanden sind. Der unsichtbare Untergrund, die schmutzige Unterwelt der Geschichte kommt wieder ans Tageslicht. Das, was unter der Erde verbannt war und den Blicken entzogen wurde, macht sich in all seiner bedrohlichen Gegenwart wieder bemerkbar. Wie Bernhard Giesen (vgl. 2007, S. 103) bemerkt hat, weist der Wandel eines verwendbaren, funktionstauglichen Gegenstands in Müll, der entsorgt und scheinbar vernichtet werden muss, Parallelen mit dem Prozess des Vergessens auf. Denn durch diesen werden Vergänglichkeit und der unaufhaltsame Vorgang des Zerfalls durch die Sinneskanäle unmittelbar erfahrbar. Doch ist eine Wiederkehr des Vergessenen und Verschwundenen immer möglich – in Form von gespenstischen Spuren/Sporen, welcher Art auch immer –, die wie Wiedergänger in ihrer rätselhaften Weiße an die Vergänglichkeit erinnern und die Lebenden mit diesem Wissen heimsuchen. Eine ähnliche Funktion kommt der Großmutter zu, die aus dem Familienalbum verbannt und somit aus der Familiengeschichte entsorgt worden ist, um in den fingierten Erinnerungen ihrer Enkelkinder noch unheimlicher zu spuken.

Sporen sehen schließlich Ascheflocken ähnlich, welche wiederum auch als eine weitere Art von Spuren – Feuerspuren – lesbar sind. Sie rufen Assoziationen – mit Auschwitz und mit der Judenvernichtung – beim Leser auf. Die schädlichen Ausdünstungen des Pilzes zeigen aber auch, wie sehr die Enkelgeneration von der Last der Vergangenheit verseucht ist – nicht zuletzt durch die Verschwiegenheit, die sich freilich auch auf die vier Jugendlichen überträgt. Die Deponie und der Müll fungieren – ihrer Heterogenität wegen – als verlässlichste Träger „eines inoffiziellen, unerwünschten Gedächtnisses" im Sinne Aleida Assmanns (1999, S. 215). Deshalb bietet die Entdeckung des Pilzes die Möglichkeit, sich von nun an mit dem ‚Müll' der unaufgearbeiteten deutschen Geschichte erneut auseinanderzusetzen. Von den Verantwortungen und Schwierigkeiten, die mit diesem nie ganz erfüllten Auftrag verbunden sind, zeugt Beyers Roman. Hier wird die ambivalente Funktion von Literatur als Träger und Auslöscher, kurzum: als Medium von Erinnerung durchgehend thematisiert. Literatur avanciert im Roman zur spiritistischen Tätigkeit – mit all den damit verbundenen Risiken und Nebenwirkungen:

> Wenn die Rede davon ist, ein Mensch besitze magische Fähigkeiten oder eigne sich als Medium, dann hat man stets absonderliche Rituale vor Augen: mit Püppchen, Nadeln, Blut und Fingernägeln. Bilder von spiritistischen Sitzungen, das Zimmer

abgedunkelt, das Medium in Trance, alles nur fauler Zauber. Aber vielleicht sind allein die Worte ausschlaggebend. Wer sich darauf versteht, Untote vom Bann zu befreien, wer die Fähigkeit hat, Geister von Verstorbenen zu rufen, ist darauf angewiesen, daß alle Beteiligten seinen Worten Glauben schenken. Rauch, Hühnerfedern oder Ahnenpüppchen sollen möglicherweise nur dafür sorgen, daß es nicht zu einer verstörenden, in ihrer Konsequenz schwer erträglichen Erkenntnis kommt: Wer Tote wecken oder Lebende verschwinden lassen will, braucht nicht anderes als Worte. (Beyer 2000, S. 85)

## Literatur


Art. ob-scoenus. 1999. In *Wahrig Fremdwörterlexikon*, Hrsg. R. Wahrig-Burfeind, 2. Aufl. München: Bertelsmann.

Assmann, Aleida. 1999. *Erinnerungsräume Formen und Wandlungen des kulturellen Gedächtnisses*. München: Beck.

Assmann, David-Christopher. 2014. Müll literarisch – zur Einleitung. *Zeitschrift für deutsche Philologie* 133 (Sonderheft): 1–18.

Assmann, David-Christopher. 2017. Müll! Selbstbeschreibung und Textverfahren einer Skizze von Marie Netter. *Deutsche Vierteljahrsschrift für Literaturwissenschaft und Geistesgeschichte* 91 (4): 411–429.

Barthes, Roland. 1989. *Die helle Kammer. Bemerkungen zur Photographie*. Übersetzt von Dietrich Leube. Frankfurt a. M.: Suhrkamp.

Beyer, Marcel. 2000. *Spione*. Köln: DuMont.

Beyer, Marcel. 2008. Recherche und ‚Recherche'. *Sichtungen. Archiv, Bibliothek, Literaturwissenschaft* 10/11: 363–371 (Erstveröffentlichung 2007).

Beyer, Marcel. 2014a. Wirkliches Erzählen. *Wespennest. Zeitschrift für brauchbare Texte und Bilder* 168: 92–103.

Beyer, Marcel. 2014b. Blatt, Baracke, Borke, Bordell. Claude Simon in Mühlberg an der Elbe. *Sinn und Form* 66 (1): 91–100.

Beyer, Marcel. 2015. *XX. Lichtenberg-Poetikvorlesungen*. Göttingen: Wallstein.

Derrida, Jacques. 1974. *Grammatologie*. Aus dem Französischen von Hans-Jörg Rheinberger und Hanns Zischler. Frankfurt a. M.: Suhrkamp.

Freud, Sigmund. 1919. Das Unheimliche. In *Studienausgabe*, Bd. IV: *Psychologische Schriften*, Hrsg. A. Mitscherlich, A. Richards und J. Strachey, 241–274. Frankfurt a. M.: Fischer.

Georgopoulou, Eleni. 2011. *Abwesende Anwesenheit. Erinnerung und Medialität in Marcel Beyers Romantrilogie* Flughunde, Spione *und* Kaltenburg. Würzburg: Königshausen & Neumann.

Giesen, Bernhard. 2007. Der Müll und das Heilige. In *Arbeit am Gedächtnis. Für Aleida Assmann*, Hrsg. Michael C. Frank, 101–110. München: Fink.

Hirsch, Marianne. 1997. *Family frames. Photography, narrative and postmemory*. Cambridge: Harvard University Press.

Horstkotte, Silke. 2003. Literarische Subjektivität und die Figur des Transgenerationellen in Marcel Beyers *Spione* und Rachel Seifferts *The Dark Room*. In *Historisierte*

*Subjekte – Subjektivierte Historie. Zur Verfügbarkeit und Unverfügbarkeit von Geschichte*, Hrsg. S. Deines, S. Jaeger und A. Nünning, 275–293. Berlin: de Gruyter.

Krämer, Sybille. 2007. Was also ist eine Spur? Und worin besteht ihre epistemologische Rolle? Eine Bestandsaufnahme. In *Spur. Spurenlesen als Orientierungstechnik und Wissenskunst*, Hrsg. S. Krämer, W. Kogge und G. Grube, 11–33. Frankfurt a. M.: Suhrkamp.

Moser, Christian. 2005. „Throw me away". Prolegomena zu einer literarischen Anthropologie des Abfalls. *Archiv für das Studium der neueren Sprachen und Literaturen* 157 (2): 318–337.

Schmitz-Emans, Monika. 2018. Blicke in ein Bilderalbum. Zu Metaphern der Erinnerung und des Erzählens in Marcel Beyers Roman *Spione*. In *Marcel Beyer. Perspektiven auf Autor und Text*, Hrsg. Christian Klein, 143–155. Stuttgart: Metzler.

Weixler, Antonius. 2018. „Verwischt, wie ein Schleier, eine leichte Trübung." Über Unschärfe und Rauschen als Prinzipien sinnlicher Wahrnehmung in den Erzähltexten Marcel Beyers. In *Marcel Beyer. Perspektiven auf Autor und Text*, Hrsg. Christian Klein, 123–141. Stuttgart: Metzler.

**Lorella Bosco** ist Professorin am Dipartimento LELIA (Lettere Lingue Arti) der Università degli Studi di Bari, Italien. Forschungsschwerpunkte: Avantgarde Studies; deutsch-jüdische Literatur; deutsche Antike-Rezeption; Orientalismus in der deutschsprachigen Literatur. Publikation u. a.: „Anthropozän und Klimawandel in der zeitgenössischen deutschen Literatur: Ilija Trojanows *EisTau*" (2019).

# Bituminöse Bilder

## Zur materiellen Semiotik von Industriegewässern und ihrem bildästhetischen Darstellungsversuch

Florian Auerochs

*Das Öl ist tückisch, weil es den Himmel wiederspiegelt.*
*Das Öl versucht, wie Wasser auszusehen.*
Werner Herzog, *Lektionen in Finsternis*

*I read that men are exploring ways of turning the earth around toxic waste dumps into glass by the insertion of high-temperature electric probes. A woman would never think of something like that.*
Joy Williams, *Rot*

## 1 Wasseroberfläche: Toxische Landschaft

Die Müllverbrennungsanlage und die Mülldeponie – dem französischen Anthropologen Cyrille Harpet zufolge verweisen die beiden Archetypen industrieller Müllbeseitigung über ihre ökonomisch-ökologische Komponente in der materiellen Realität hinaus auf ein für die Psychohygiene des kollektiven Imaginären existenzielles Moment: nämlich auf die Dualität von Erlösung und Verdammnis, kathartisches Durcharbeiten und kontaminierendes Verdrängen, eingefangen in der Dichotomie des sublimierten, ‚erhabenen Mülls', *déchet sublimé,* und des nicht zu genüge bewältigten, ‚gefallenen Mülls', eines *déchet déchu.* Während die Müllverbrennungsanlage kathartische Reinigung verspricht,

F. Auerochs (✉)
Universität Vechta, Vechta, Deutschland
E-Mail: florian.auerochs@mail.uni-vechta.de

 
D.-C. Assmann (Hrsg.), *Narrative der Deponie,* Kulturelle Figurationen: Artefakte, Praktiken, Fiktionen, https://doi.org/10.1007/978-3-658-27880-9_4

stellt die Deponie den Ort einer langsamen, langwierigen Arbeit dar und es gäbe, so Harpet, „tout lieu de croire qu'elle incline à ‚ressasser' nos viles actions, nos actes manqués et nos ‚trous' de mémoire par cette longue ‚macération' des ordures" (Harpet 1999, S. 466). Während die hier nicht näher spezifizierte Deponie die intermediäre Raumzeit einer eher unbequemen materiellen und imaginären Verdauung konsumatorischer Sünden verkörpert, sind es die Ofenräume und die radikale und wirkungsvolle Tätigkeit ihres alles verspeisenden Feuers, die eine energetisch realisierte ‚restlose Beseitigung', die vollständige Auflösung von Materie und der an ihr haftenden Erzählungen, versprächen: „L'énergie serait le vecteur d'une ‚épuration', d'une ‚sublimation' de notre monde livré à la corruption, de notre ‚immonde'. Par le feu, les matières deviennent vapeur, fumées, chaleur et sont transcendées, sublimées même si un résidu rappelle l'incomplète dissolution de la matière et en livre les ‚excréments'" (1999, S. 467) – und Harpet benennt auch, um welche Art der ‚Ausscheidung' es sich im Falle der trügerischen Sublimationsprozeduren der Müllverbrennung handelt, nämlich um Fumarolen von Dämpfen und Rauchgasen als Spuren – und sicherlich verzeihliche Zeichen – eines äußerst unreinen Vorgangs, der, in die Lüfte steigend, für die Deponie eine Entsprechung in entgegengesetzter Richtung findet, im tellurischen Abströmen von Sickerwasser. Hier stellt sich die Frage nach dem Phantasma des abgeschlossenen (Körper-)Raumes, das in den ingenieural-managerialen Entsorgungs-Archetypen versiegelt sei, denn, so Harpet:

> „D'un point de vue épistémologique, il est alors notable que l'analyse d'une décharge se veut globale et portera essentiellement sur les sorties des éléments et donc sur ce qui échappe au système de la décharge à travers les divers fluides que sont l'eau et l'air principalement. Le ‚métabolisme intrinsique', le fonctionnement interne de ce ‚ventre' putride restera quelque peu ‚occulte'. Autrement dit, il s'agit de se poster toujours en dehors du système, que ce soit par le biais des analyses des ‚écoulements' et èmanations, que ce soit dans l'application des techniques de ‚revêtment' du site, donc de son ‚habillement' qui l'isole ainsi de l'environnement" (1999, S. 470).

Das Begehren, Kontingenzphänomene abzuwehren, den *Körper* der Deponie weder porös noch permeabel vergestaltet zu lassen, betrifft auch den Gegenstand dieses Beitrags, die Flüssigdeponie, genauer: die Absetzteiche der kanadischen Ölsandindustrie, die eben jene Furcht vor dem Ein- und Austretendem mehr noch befeuern als ‚trockene' Entsorgungsanlagen. Doch auch hier kann gefragt werden, wo sich der Absetzteich, dessen Hauptelement Wasser ist, in das die mineralischen und chemischen Rückstände der Bitumen- und Erdölgewinnung geleitet werden, zwischen *déchet sublimé* und *déchet déchu* verorten lässt, zwischen entlastender Läuterung und lastender Verdrängung toxischer Altlasten.

Wie das Feuer konnotiert Wasser aufgrund seiner Formlosigkeit das Flüchtige, Unbeständige und Unterschiedslose, „water resists inscription […,] always on its way to becoming something else" (2017, S. 271), so Janine Macleod, womit das flüssige Element begehrliche bis bedrohliche Auflösungsphantasien ebenso nährt wie dem Feuer zugeschriebene Phantasien der restlosen Lösung dessen, was in das Wasser eingegangen ist. Doch ist das Wasser selbst nicht nur *sublimé,* sondern auch *déchu,* einer Dialektik von Fäulnis und Erhabenheit ausgesetzt. So verweist etwa Elisabeth Bronfen nicht nur auf die vivikatorischen, sondern eben auch thanatologischen Zeichenwerte des Elements:

> Die[] lebensspendende Kraft des Wassers läßt sich zudem als mythopoetisches Bild für Reinigung, für ein Wegspülen von Schmutz, und somit als Voraussetzung von Wiedergeburt grundsätzlich verstehen. Daraus ergibt sich der Umstand, der mit der ambivalenten Kodierung des Weiblichen immer wieder kulturell in Umlauf gesetzt wird: Das Wasser kann sowohl als schöpferische, lebensspendende, dem Weiblich-mütterlichen verbundene Kraft erscheinen, wie auch als bedrohliche, zerstörende Wirkung (Bronfen 2005, S. 2).

Als Kehrseite der phantasmatisch-lösenden Wirkung von (Deponie-)Gewässern lässt sich ein konservierender, kontaminierender Stoffwechsel mitdenken, der das Eingeleitete materiell und semiotisch ‚kasteit', aufhebt, eben nicht er-*löst.* Die petrochemisch affizierte Flüssigdeponie ist in besonderer Weise Figuration dieser Ambiguität, treffen doch hier die gegensätzlichen kulturellen Kodierungen von Wasser und hydrophoben Petrochemikalien wie Benzol, Formaldehyd oder Bisphenol aufeinander. Deren sensorische bis strukturelle Unwahrnehmbarkeit schlägt in die langwierige Zeitlichkeit ökotoxikologischer Persistenz um, verbinden sich diese erst einmal mit anderen an-/organischen Agentien auf unterschiedlichen skalaren Ebenen bio-, geo- oder hydrosphärisch: „These materials are simulataneously ephemeral and persistent, productive of screamingly high velocities and millennial longevity. They excite both desires for stability and longings for lightness and impermanence. By contrast, water is a medium of erasures; it erodes, fades, and washes away the marks made by human histories" (Macleod 2017, S. 265).

Die gigantischen, künstlich angelegten Absetzteiche (‚tailings ponds') bilden toxische Landschaftselemente im Umfeld jener anthropogenen Stoffmobilisierung, die während des Teersandabbaus zur Gewinnung von Bitumen und dessen Weiterverarbeitung zu Rohöl anfällt. Angelegt zum Auffangen und Klären von mineralischen oder chemischen Rückständen (‚tailings' oder ‚oil sands process materials'), die beim wasserintensiven Tiefenbohren nach Ölsand und den anschließenden chemischen Trenn- und Säuberungsverfahren anfallen, eignet sich der Absetzteich recht wenig zur Darstellung einer Abgeschlossenheit des Deponiekörpers. Denn die toxischen Spuren seiner volatilen Reststoffe – polyzyklische aromatische Kohlenwasserstoffe und Naphthensäuren, um nur wenige Stoffgruppen zu nennen – verlaufen sich im Grundwasser oder in anderen umliegenden Gewässern und Feuchtgebieten: „Water is that substance that has always seemed to carry no scars", doch „[w]ith varying longevity, many hydrocarbon by-products are able to make marks on the waters of the world" (Macleod 2017, S. 267). Fernab davon, wie das Feuer der Müllverbrennungsanlage schmutzige Materie in einem quasi-exorzistischen Beseitigungsverfahren zu transzendieren, wird das Wasser selbst schmutzig, vulnerabel, es widersteht eben nicht der Einschreibung.

Wenn dieser Beitrag im Folgenden nach den visuellen Kulturen feuchter Deponielandschaften insbesondere Kanadas fragt, geht es vor allem um die Visualisierungsstrategien dieser imaginären Immobilisierung petrochemischer Risikosubstanzen in den stehenden, nur anscheinend immobilen Gewässern des petro-industriellen Komplexes. Wie ihre Bestandteile scheinen sie in einem Zwischen- und Schwebezustand erstarrt zu sein; insbesondere dann, wenn sie das dokumentarische (Bewegt-)Bild betreten. Anhand seiner medienontologischen Verfasstheit lässt sich nach der trügerischen Optik nicht nur anthropogener Landschaften, sondern des umweltdokumentarischen Bildes selbst fragen: nach dessen (Un-)Vermögen, den latenten Gifthaushalt chemisch fossiler Energieregime bildästhetisch zu bergen, ob fotografisch oder audiovisuell. In einem letzten Schritt weitet sich der Fokus auf Katharina Hagenas Roman *Das Geräusch des Lichts* (2016), der in einem invertierten Thriller-Narrativ um eine kanadische Ölsandgewinnungsanlage die Umweltbelastung durch Absetzteiche mit dem Indizienparadigma der Fotografie kombiniert, um an diesem einen ‚toxischen' Erinnerungsdiskurs anzulegen.

## 2 Pits, Ponds, and Pipes: Kanadische Teersande und visueller Diskurs

Der kanadische Ölsandtagebau entlang des Flusses Athabasca in der Provinz Alberta, „das größte Industrieprojekt des Planeten" (Greenpeace 2010, S. 1), ist Ausdruck des kontagiösen Vordringens zu ‚unkonventionellen' Erdöllagern, deren Ausbeute besonders kostspielig, energieintensiv und umweltschädigend ist.[1] Es handelt sich um das Symptom eines Schwindens konventioneller terrestrischer Lagerstätten. Jedoch: „[T]he problem isn't that we're running out of oil, but that we're not" (2014, S. 3), so Stephanie LeMenager. Denn noch enkodiert die Erde einen petroleumgeologisch zwar exzentrischen, aber reichhaltigen und sich dem extraktiven Begehren der Fossilwirtschaft öffnenden Energievorrat. Ölsande sind ein unterirdisches Gemisch aus „Ton, Sand, Wasser und Bitumen" (Schellnhuber 2015, S. 201), wobei letzteres eine teerartige Substanz aus langkettigen Kohlenwasserstoffen darstellt, die sich durch ein chemisch-thermisches Trennverfahren zu synthetischem Rohöl veredeln lässt. Öldurchtränkte Schichten, die sich nur wenige Meter unter der Erdoberfläche befinden, werden im Tagebau ausgehoben, während eine in-situ-Tiefenbohrtechnik bituminösen Sand, der bis zu 200 m im Inneren des Planeten lagert, erbohrt, mit chemisch versetztem Wasserdampf erhitzt, verflüssigt und abpumpt. Die übrigen Wassermassen werden mit jenen, die für das Trenn- und Aufbereitungsverfahren in der Raffinerie benötigt wurden, in die anlagernden Absetzteiche geleitet: „These large open bodies of polluted water probably represent the most disturbing aspect of mining in tar sands from an ecological as well as an aesthetic point of view" (Nikiforuk 2010, S. 85).

Die Absetzteiche stellen die thanatogenen Doppelgängerfiguren des Athabascaflusses dar, schließlich landen in ihnen die faulen Residualien jener 435 Mrd. Liter Wasser, die jährlich dem Fluss entrissen werden (vgl. Greenpeace 2010, S. 1). Und wie dem Fluss, eignet auch seinen residualen Wiedergängerstrukturen eine für das Deponiegewässer symptomatische „alien agency"; „[t]here is life" (2016, S. 167), um Iovinos Giftmantra zu bemühen, denn: „The ponds leak so routinely, in fact, that they are surrounded by medieval-looking moats equipped with pumping stations to return the seepage to the ponds" (Nikiforuk 2010,

[1]„Üblicherweise müssen 1 bis 2 Tonnen Ausgangsmaterial verarbeitet werden, um ein Barrel (= 159 L) Öl zu gewinnen, ein Umstand, der die Produktion mit hohen Kosten und beträchtlichen Auswirkungen auf die Umwelt belastet" (Schellnhuber 2015, S. 201). Zur mickrigen Energiebilanz gesellen sich die verheerenden Umweltauswirkungen durch expandierende Abbaugebiete wie Waldzerstörung (Habitats- und Biodiversitätsverlust), hoher Wasser- und Energieverbrauch, giftige Abwässer, gesundheitliche Gefahren insbesondere für die First Nations (Fischfang im vergifteten Mündungsdelta des Athabasca) sowie ein desaströses Ausmaß an $CO_2$-Emissionen (dreimal so hoch wie bei der herkömmlichen Ölförderung) (vgl. Greenpeace 2010, S. 1–2).

S. 89).[2] Die berauschenden Wassermengen dieses fluvialen Giftmetabolismus, die vom Athabasca in Böden, Raffinieren und Absetzteiche fahren und von diesen – notorisch unvorhergesehen – zurück in Flüsse und Feuchtgebiete sickern, durchwandern nicht nur ebenso transkorporal wie transspeziär Körper- und Lebensräume, sondern auch Bild- und Symbolysteme. Zur ökologisch-ingenieuralen gesellt sich die visuelle Krise, und zwar nicht nur phänomenal landschaftsästhetisch, denn auch bildkünstlerisch stellt sich die Frage: How to contain bitumen waste?

Anwortversuche fotoästhetischer Natur müssen unweigerlich skalar erfolgen und wurden im Kontext kanadischer Umweltfotografie vielfach als „narrative of failure" (Banita 2017, S. 440) klassifiziert.[3] „[E]ither oil is so contained within the quotidian landscape of modernity that it does not present itself to view", so Szeman und Whiteman, „or it is so omnipresent, equivalent to global capitalist modernity itself, that it is hidden in plain sight" (2012, S. 55). Während Erdöl und der aus ihm extrapolierte petrochemische Unterbau des Kulturellen sich im Rahmen einer infrastrukturellen Unbewusstmachung dem (fotografischen) Blick entziehen, liegen doch gerade die in moribunden Posen erstarrten, extraktiv affizierten Landschaften und leckenden Absetzteiche auf obszöne Weise offen. In erschöpfender Redundanz machen sich dies die skopologischen Einverleibungsversuche der „aerial oil photography" (Banita 2017, S. 444) zunutze. Neben Peter Essicks Fotoessay *Scraping Bottom* (2009) für den *National Geographic* wurden mit *Oil* (Edward Burtynsky 2009), *Beautiful Destruction* (Louis Helbig 2014) und *Industrial Scars* (J Henry Fair 2016) einander verdoppelnde Fotobücher hervorgetrieben, deren sublime Ästhetik der Luftbildaufnahme in buchstäblicher ‚Selbstüberhebung' wertschöpfenden Abstand zu den ausgebeuteten

[2]So wenig wie der Fluss ist der Absetzteich ein passiver „stummer und stiller Gegenstand" (Soentgen 2014, S. 275). Seine Substanzen ‚dissipieren', womit Jens Soentgen „den geteilten inneren Drang" der Stoffe beschreibt, „sich über die Welt zu zerstreuen". Er listet: „Pullover fusseln, Textilien stauben, radioaktiver Staub, $CO_2$ und Treibgase verteilen sich in der Atmosphäre, Chemikalien (zum Beispiel Hormone) ‚gelangen' mit dem Abwasser in Bäche und Flüsse, Öl verteilt sich usw." (2014, S. 276–277). Bei anthropogen verursachten Dissipationsbewegungen, wie im Fall der kanadischen Absetzteiche, spricht Soentgen von einer industriellen „Stoffmobilisierung" (2014, S. 279), die zunehmend apunktuell und diffus verläuft.

[3]Zu den Problemen der visuellen Darstellung von Deponien siehe auch den Beitrag von Markus Engelns in diesem Band.

**Abb. 1** Renaturierte Scheinidylle: *Remediated* aus Allison Rowes Fotoserie *Postcards from Fort McMurray* (2010). (Quelle: Rowe, Allison. 2010. *Postcards from Fort McMurray.* O. O.)

Landschaften einnimmt und dabei die extraktivistische Beziehung zwischen Industrie und Umwelt optisch wiederholt, „the sublime gothic decay […] crumbl[ing] into the ruin porn of a present fascinated by its own image persisting through eternity" (Carlson et al. 2017, S. 410). Doch welche Möglichkeit hat der ‚menschlich'-mesosphärische Maßstab von „alternative, on-the-ground, view[s]" (Lozowy und Patchett 2012, S. 140), die karzinogenen Nebenprodukte der Ölsandproduktion zu visualisieren? Dazu ein Beispiel.

Die Landschaftstotale *Remediated* der kanadischen Fotografin und Künstlerin Allison Rowe ist Bestandteil des Postkartenprojekts *Postcards from Fort McMurray* (2010) und der mobilen Wanderausstellung *The Tar Sands Exploration Station* zugehörig (vgl. Abb. 1).[4] In einem das Projekt begleitenden Essay heißt es zu dieser:

[4]In einer E-Mail-Korrespondenz des Verfassers mit der Künstlerin heißt es: „[T]he image is from a series of free, mailable postcards that I distribute through a mobile museum about oil called the Tar Sands Exploration Station and which is housed in a 1982 Dodge camper van. The postcard is one of four cards, all of which are colourized to resemble 1970 s postcards of Canadian landscapes."

> I came across a surprisingly beautiful, lush green field and a calm, quiet lake. I pulled my van into a small parking lot and got out. A fence separated me from the seemingly pristine landscape, and a sign nailed to a post informed me that although this parcel of land had been ‚remediated' it was still unsafe for the general public – that is, for human use (Rowe 2017, S. 501).

Was sich innerhalb der schein-unberührten Ansicht einer erst fossilindustriell genutzten und dann ‚renaturierten' Seenlandschaft als größtenteils unverfügbar erweist, ist die toxische Latenz der Szenerie, und dies, obwohl der Darstellungswert des Bildes zweifellos in seinem Giftwert zu beruhen hat, der lediglich vom ikonischen Supplement des Warnschildes am rechten Bildrand angezapft werden kann. Dieser mitfotografierte Text stellt sich als Agens einer semiotischen Verabgründung dar, spiegelt und wiederholt er doch innerbildlich jene Bildunterschrift, die die Postkartenlandschaft überhaupt erst als eine toxische zu erkennen gibt: „Despite asserting that this landscape has been remediated Syncrude does not allow the public to walk in this area" (Rowe 2017, S. 502), heißt es in der rückseitigen Beschriftung.[5] Die Frage, wie das Deponiegewässer fotografisch verwirklicht ist, ist eng mit der Frage verbunden, wie Toxizität visuell hergestellt werden kann; denn auf den ersten Blick wiederholt die Fotografie skopologisch eine fetischistische Spaltung, wie sie etwa Žižek in der leugnenden Optik ökologischer Auswüchse erkennen will, zwischen dem, was sichtbar ist, ein intakter See, und dem, was unsichtbar ist, industrielle Stoffflüsse, nach dem Schema: „Du sprichst vom Ozonloch – aber wie sehr ich auch in den Himmel schaue, ich sehe es nicht; ich sehe immer nur denselben Himmel, mal blau und mal grau!" (Žižek 2009, S. 295). Wie für fotografische Ansichten kontaminierter Landschaften exemplarisch, stellt Rowes Fotografie ein Kippbild dar: sie zeigt eine

[5] Der Fototheoretiker Reinhard Matz beschreibt die fotografische Exegese als „strukturelle Durchwirkung eines Lochs" und führt aus: „Im Zentrum jeder Fotografie befindet sich dieses unfassbare Loch, das sich Festlegungen und eindeutigem Verstehen widersetzt, das wie jedes Loch nur von außen zu bestimmen ist, weshalb die Fotografie so dringend einer Kontextuierung, einer Beschriftung bedarf" (Matz 2017, S. 112). Bei dem obigen Bildbeispiel sowie bei vielen anderen Fotografien kontaminierter Landschaften fallen das fotografische Bild und die Chimäre der toxischen Flüssigdeponie ineinander, verabgründet und verdoppelt sich doch in ihnen jene von Matz angerufene Beschriftung der Fotografie, die den Mangel an gegenständlicher Objektinformation kompensieren soll, in der bildimmanenten ‚Beschriftung' der Deponie. So ist es die Schrift, die, um das Bildfeld weiterzuführen, sowohl die Deponie als auch die Deponiefotografie symbolisch deckelt und versiegelt.

Landschaft, die nur durch ihre paratextuelle Rahmung zu ‚kippen' vermag, denn: Die gezeigte Landschaft ist bereits durch einen vergiftenden Rohstoffkreislauf gegangen, ist ab- und ausgeworfenes Wasser, *déchet déchu.*[6] Auch darin besteht ihre Latenz. Das giftige Feuchtgebiet lässt sich trotz etlicher Renaturierungsbemühungen weder in den Natur-, noch in einen extraktiv konnotierten Rohstoffzustand zurückbefördern. Für den visuellen Diskurs signalisiert dies auch die epistemologische Verwandschaftsrelation von Toxizität und Textualität: „To see toxicity as textuality is to admit to the contested, unknown, and indeterminate qualities of toxic effects, which we are not able to identify effectively with any real foresight, to measure with complete accuracy, or to interpret reliably with total validity" (Luke 2000, S. 239–240).[7] Lukes Gifthermeneutik beschreibt dabei den fotografischen Lektüreprozess sehr gut, der die Bildbetrachter*innen als jene „lay readers" (2000, S. 252) konstruiert, die versuchen, die landschaftliche Hieroglyphik toxischer Stoffkreisläufe zu dechiffrieren.

Die Deponiegewässer und Absetzteiche der kanadischen Fossilwirtschaft haben als toxische Landschaften eine Doppelstellung inne: „[I]n a political-economic view of ecological destruction, or ecological disorganization, there are two primary types of green harms: those related to ecological additions and those related to ecological withdrawals" (Barrett et al. 2017, S. 72). Die nekrotischen Abwasserhalden Albertas schillern in dieser Unentschiedenheit, sind nicht nur Produkt eines gewaltsamen Aushubs, sondern auch Stimulans einer gewaltvollen Freisetzung von Petrochemikalien und verkörpern darin die letale Gleichzeitigkeit von Kontamination und Containment: Gerade der Versuch, die übrig

---

[6]Diese fotografische Form ikonischer Toxizität lässt sich auch anhand der Fotografien von Flüssigdeponien in Richard Misrachs und Kate Orffs Fotobuch *Petrochemical America* studieren (vgl. Misrach und Orff 2014, S. 80–87).

[7]Das *tertium comparationis* der Analogie zwischen materieller Toxizität und Landschaftssemiotik (als materiellen Texten) liegt im Moment der Latenz; Lukes Textbegriff ist damit symptomatologisch: „A text is whatever can be read or reinterpreted beyond some recognized conventional meaning, and textuality marks anything that evokes, or is seen, as capable of generating, many successive rereadings and interpretations" (Luke 2000, S. 239). Wenngleich Stacy Alaimo einwirft, dass „[t]he emphasis on textuality may detract from, rather than contribute to, the sense that we are all materially interconnected with the rest of the world" (Alaimo 2010, S. 102), stellt die materielle Analogie doch wertvolle Perspektiven für die Auseinandersetzung mit ‚buchstäblichen' (Medien-)Texten dar, insbesondere, wenn diese sich Giftereignissen imaginativ annähern.

bleibenden Flüssigkeiten zu verwahren, stellt sich als Geste einer verheerenden Dissipationsbewegung dar. Anhand der Mikrolektüre von Texten unterschiedlicher Medialität soll im Folgenden die materielle Semiotik des Absetzteichs zwischen Verschluss und Verlust nachgezeichnet werden.

## 3 Alles, was fließt: Peter Mettlers *Petropolis: Aerial Perspectives on the Alberta Tar Sands* (2009)

Nicht im historisch-politischen, sondern im psychophysischen Sinne sind die in Peter Mettlers dokumentarischem Filmessay *Petropolis* abgefilmten Landschaften post-faschistisch: ‚Post-', weil das mal plätschernde, mal brandende Territorium des Teersand-Komplexes einen fulminanten Strukturverlust darbietet, das Scheitern „der unbewussten Notwendigkeit des Faschisten, sein veräußerlichtes Ich [hier eine Landschaft; F.A.] zu strukturieren und zu versteifen" (Littell 2009, S. 107). Die von nervösen Helikopteraufnahmen und fräsenden Megamaschinen annektierten Räume können mit jenem ‚eingefleischten' Gegensatzpaar beschrieben werden, das nach Theweleit und Littell das faschistische Imaginäre, ja den faschistischen Körper überhaupt strukturiert, das ‚Trockene' und das ‚Feuchte':[8] die (Flut-)Katastrophe des soldatisch Geformten besteht darin, „dass der Körper im Wesentlichen ein Sack voll Flüssigkeiten ist […] und dass diese, wenn er geöffnet wird, überall hinausfließen. Und der Gedanke an dieses Verfließen, diese Verflüssigung des Körpers, macht den Faschisten wahnsinnig" (Littell 2009, S. 57). Als phantasmatische Erhaltungsstrategie muss „die dem Tod […] innewohnende Verflüssigung auf den Körper oder vielmehr Kadaver des Feindes proijzier[t]" (Littell 2009, S. 57) werden. In den chronisch nässenden Tagebauminen Albertas mag dies nicht mehr gelingen. Durch die Dissoziativfigur des ‚Feuchten' gelesen, inkarniert sich in den brackigen Gruben, Gräben und Absetzteichen, die Mettlers wirre und virtuose Kamerafahrten so gewissenhaft

[8]In dem Essay *Das Trockene und das Feuchte* setzt Jonathan Littell Klaus Theweleits historisch-psychoanalytische Studie *Männerphantasien* (1977/1978) über den Faschismus als Produkt männlicher Trieborganisation für ein Close Reading der autobiographischen Schrift *La Campagne de Russie* (1949) des belgisches Faschisten Léon Degrelle ein. Ich beziehe mich hier auf Littell, der die materielle Metaphorik des ‚Feuchten' als Verflüssung von Körper- und Landschaftsgrenzen sehr dicht reinszeniert.

**Abb. 2** Das Feuchte: Filmstill aus Peter Mettlers *Petropolis* (2009). (Quelle: *Petropolis.* Canada 2010. Regie: Peter Mettler. DVD Dogwood 2010)

abschleichen, das Dilemma, dass die Erhaltung des ‚infrastrukturierten' Industriemenschen[9] unweigerlich auf dem routinierten Öffnen umweltlicher Körper im fossilen Extraktivismus beruht.[10] Damit jener in seinem automobilen „Körperpanzer" (Theweleit 2002, S. 206) und die klebrigen Ölsande in Kipplastern, Hydraulikbaggern und Schürfzügen verschalt bleiben können, muss das extraktivistische Begehren die eigenen Körperfunktionen imaginativ-instrumentell auf eine Landschaft übertragen und diese fossilindustriell penetrieren. Gegen die Angst vor Versumpfung wird die stabilisierende Vertikalität einer „Zivilisation der Türme" (Littell 2009, S. 36), Raffineriesilhouetten aus Fackelrohr, Industriekolonne und Drehbohrgerät aufgeboten. Doch, dies zeigt *Petropolis,* die bituminösen Kraterlandschaften lassen sich nicht mehr schließen (vgl. Abb. 2). Nicht der Körper löst sich auf, die Landschaft tut es.

---

[9]Bereits Erich Fromm attestiert dem technikaffinen Industriemenschen eine latent nekrophile und damit faschistische Tendenz, die über die lebensfeindliche Begeisterung für Autos, Fotoapparate und andere „mechanische, nichtlebendige Artefakte" (Fromm 1977, S. 385), die das Interesse für die lebendige Umwelt verdrängen, zum Ausdruck komme.

[10]„Extraktivismus ist eine einseitige, herrschaftsbasierte Beziehung zur Erde, bei der es nur ums Nehmen geht. […] Mit ihm wird Lebendiges zum Objekt der Nutzung durch andere gemacht, ohne ihm eigene Integrität oder Wert in sich zuzugestehen – der Extraktivismus macht aus lebendigen, komplexen Ökosystemen ‚natürliche Ressourcen', aus Bergen ‚Abraum'" (Klein 2015, S. 209–210).

Unter Mettlers hektisch-hypnotischen Plansequenzen drehen die unkontrolliert wuchernden Schlammebenen und industriell ausgebissenen Mooraugen die faschistische Logik um, den Zustand der Außenwelt dem eigenen sklerotischen Körperzustand anzugleichen. Denn nicht nur der Faschist, auch die Kamera ist ein „Realitätsproduzent" (Theweleit zitiert nach Littell 2009, S. 125), und dieser ist Agens des Feuchten: Spätestens, wenn während eines Topshots auf die Schlieren ziehende Oberfläche eines Absetzteichs aus dem Off zu vernehmen ist – „we fly a machine powered by the combustion of petroleum" –, wird klar, dass der kadavröse Schlamm[11] längst Teil der eigenen (schein-)entkörperlichten Kamerasituation ist. Die extraktiven Auslassungen stecken den Kamera-Körper an und setzen sich in den visuellen Unschärfen mäandernder Bewegungsmuster fort. Der vertiginöse Drill der Kamera versucht im zwanghaften Registrieren jeder noch so marginalen Fraktur, Aus- und Abwurfstelle die Giftexzesse eines disziplinierten, dressierten Tiefenbohrens (‚drilling') optisch hinunterzuwürgen.

Die Petroleum-Pathologien[12] lädierter Deponiegewässer fluten das Idol des ‚Trockenen' und ‚Starren' faschistischer Psychopathologie mit dem Traum, „es mit dem All-Flüssigen aufzunehmen und es auszutrocknen" (Littell 2009, S. 103). Erdöl und Bitumen sind biogeochemische Produkte der „Porösität aller Gesteine" (Blumer 1922, S. 78) und der „Durchlässigkeit von Gesteinsschichten" (Blumer 1922, S. 78);[13] einmal abgebaut, verhängen sie diese unruhige Substanzialität über dem ‚steinernen' Körper des Industriemenschen – der umgekehrte Ressourcenfluch, dass „all creatures, as embodied beings, are intermeshed with the dynamic, material world, which crosses through them, transforms them, and is transformed by them" (Alaimo 2018, S. 435).

[11] „Der Bitumengehalt besteht hauptsächlich aus umgewandelten Tierresten, sowie aus Resten jener einfachsten und niedersten einzelligen Pflanzen, die noch nahe dem gemeinsamen Ausgangspunkt des Tier- und Pflanzenreiches stehen. In chemischer Hinsicht umfaßt das Bitumen eine lange Reihe von Übergangsstufen von der lebenden organischen Substanz, besondern den Fetten, bis zu reinen Kohlenwasserstoffen" (Blumer 1922, S. 7).

[12] Zu dem Reigen an „rare cancers" (Nikiforuk 2010, S. 100) in und um die kanadische Boom-Town Fort McMurray und in den anlagernden Gemeinden der First Nations vgl. Nikiforuk, S. 96–101.

[13] Durchlässigkeit aufgrund ursprünglicher Porung ist die strukturelle Eigenschaft aller ölführenden Sedimentgesteine (vgl. Blumer 1922, S. 78–88).

**Abb. 3 und 4** Fort McMurray, Kanada: Exkrementelle Aquarellität in J. Henry Fairs *Industrial Scars* (2016). (Quelle: Fair, J. Henry. 2016. *Industrial Scars: The Hidden Costs of Consumption*. Winterbourne: Papadakis)

## 4 Spuren verlaufen im Sand: J. Henry Fairs *Industrial Scars: The Hidden Costs of Consumption* (2016)

Die titelgebende Metapher von J. Henry Fairs Fotobuch *Industrial Scars* impliziert zweierlei: die kanadischen Teersande als „single largest industrial scar" (McKibben in Fair 2016, S. 21) und die Furche der Fotografie, denn „[s]o wie die Form einer Narbe eine bestimmte Verwundung indiziert, stehen Fotografien in einem kausalen Verhältnis zu ihren Gegenständen" (Matz 2017, S. 116). Unter dem Blickregime der Vogelperspektive versandet diese ursächliche Bezugshaftigkeit in „abstract expressionist photographs of waste" (Fair 2016, S. 25), in Schaubildern amorpher Texturen, die mangels Figuralität nur noch durch supplementierende Bildunterschriften als Absetzteiche identifizierbar sind (vgl. Abb. 3 und 4).

Als „photographic indexes of indexes to economic activity" (Emery 2011, S. 125) sind Fairs aufsichtige Objektspuren toxischer Abfälle auch in einen ‚Abbau' optischer Gewissheiten involviert.[14] „Fair's landscapes are molded and

[14]Laschinger analysiert die Text-Bild-Beziehungen in Fairs erstem Fotobuch *The Day after Tomorrow* (2011) und stellt fest: „In Fair's photobook the external thematic framing is empowered and the dependence of image on text is displayed as the eco-photographer

diffused by human interference, yet without showing these human actors they illustrate maximal human impact through minimal human presence. Resorting to utmost abstraction, Fair's eco-photography consequently can be classified either as landscape with(out) figure, or as the end of landscape“ (Laschinger 2019, 224). Mit der suggestiven Emblematik der Narbe hingegen übersetzt sich diese Abwesenheit in eine symptomatische Anwesenheit. Jene Entstellung, die bereits von Menschenhand an der Landschaft vorgenommen wurde, wird fotografisch wiederholt. Es handelt sich um eine nunmehr optische Deformation zweiter Ordnung mit dem Ergebnis, dass die Geo- und Hydroglyphen, die die perspektivische Ferne erzeugt, der titelgebenden Körpermetapher entsprechend in anatomische Abweichungen übersetzt werden können. Der zählflüssigen Opulenz des Absetzteichs als irrealer Präsenz eines inkrementellen Abströmens und exkrementellen Auslaufens kommt hier der ontologische Status einer vornachträglichen Extimität oder „intimen Exteriorität“ (Lacan 1996, S. 171) zu: ein Ding, dass sich sowohl innerhalb als auch außerhalb des Körpers befinden wird.

„Das Bindegewebe, das die von der Fotografie festgehaltenen Gegenstände zusammenhält“, so Rosalind Krauss, „ist eher das der Welt selbst als das eines kulturellen Systems“ (2000, S. 267). Mit dem ‚Bindegewebe‘, das Ding und Abbild zusammenhalte, bewegt sich Krauss interessanterweise im gleichen dermatologischen Bildfeld wie J. Henry Fair. Es sind nun aber diese verwundeten Landschaftsarabesken, die ein jedes ikonisches Ähnlichkeitsverhältnis mit dem indexikalisch aus der materiellen Wirklichkeit gestanzten Gegenstand, dem Absetzteich, aufkündigen.[15] Die deformierende Abstraktionsleistung der

almost exclusively employs aerial views to create abstract images. However, the narrative that supplements the images comes as episodic snippet, information, data, table, figures, etc. *The Day After Tomorrow* is less a phototext, but rather an exemplary ‚imagetext‘ in W. J. T. Mitchell's sense, because it foregrounds the composite parts, while relying completely on a mixing of media“ (Laschinger 2019, 222). In *Industrial Scars* beschränkt sich die paratextuelle Rahmung auf akribische Bildunterschriften, die die sensorisch wahrgenommenen, abstrakten Muster diskursiv-symbolisch nachkorrigieren und in extraktive Prozesse übersetzen. Analytische (diagrammatische und tabellarische) Darstellungsformen weichen der Möglichkeit einer ausgedehnten Text- und Bildlektüre, da jedes eine bestimmte Rohstoffindustrie porträtierende Kapitel von eingehenden Essays der Journalisten und Umweltautoren Lewis Smith und Bill McKibben begleitet wird.

[15]Krauss deutet den fotografischen Index einer essenzialistischen Deutungstradition entsprechend als Berührungsverhältnis zwischen fotografischer Oberfläche und natürlicher Welt: „Jede Fotografie ist das Ergebnis eines physikalischen Abdrucks, der durch Lichtreflexion auf eine lichtempfindliche Oberfläche übertragen wird. Die Fotografie ist also eine Form des Ikons, das heißt einer visuellen Ähnlichkeit, die eine indexikalische Beziehung zu ihrem Gegenstand hat. Ihr Unterschied zum Ikon wird in der Absolutheit dieser physikalischen Genese erfahrbar“ (Krauss 2000, S. 257).

Luftaufnahme scheint Ausdruck dessen, dass durch die extraktive Erzeugung ‚industrieller Narben' eben jenes ‚Bindegewebe' abgebaut wird, welches einst ein semiotisches Kontinuum und damit visuelle Ähnlichkeit zwischen Abbild und körperhafter Dinglichkeit errichtet hat. Fotografisch setzt sich der Raubbau als Auskratzen ikonischer Präsenz fort, was Stephanie LeMenagers Einschätzung entspricht, extraktive Stukturen würden auf materieller und semiotischer Ebene entkodieren: „The logic of extractivism is an emphatic ‚Do not sediment!' – fail to become embodied, refuse to matter – to be matter, in time. Under the sign of extraction, sediment can only be an abstract noun, the standing reserve that must be dug out of the ground" (LeMenager 2017, S. 175). Der Abbau der Landschaft setzt sich als Abbau fotografischer Ähnlichkeit fort und in der Unmöglichkeit des Ikon, sich im Bild abzulagern, zu sedimentieren.

## 5 Stoffströme, Vogelzüge: Brenda Longfellows *Dead Ducks* (2012)

Während die Interferenz von toxischer Latenz und extraktiver Luftbildfotografie den ikonischen Bund der Ähnlichkeit und darüber auch die zeitliche, räumliche und kausale Bezeugungsfunktion des fotografischen Index schwächt, scheint eben dieser auf den beschädigten Tierkörper zu wandern: Denn kaum eine (dokumentar-)ästhetische Inszenierung der Absetzteiche kommt ohne das Narrativ der ökologischen Prekarisierung heimischer Vogelarten aus: Sowohl bei Allison Rowe als auch bei J. Henry Fair muss der in den Bildunterschriften akkumulierende Vogelleib den Mangel physischer Präsenz im Foto kompensieren (vgl. Rowe 2017, S. 501; Fair 2016, S. 27).

Der generisch hybride Kurzfilm *Dead Ducks* der kanadischen Regisseurin und Filmwissenschaftlerin Brenda Longfellow verarbeitet als „documentary opera" (Longfellow 2017, S. 29) die Katastrophenmeldung von 1600 Stock- und Büffelkopfenten, die im April 2008 während eines Vogelzugs verendet sind, als sie auf einem Absetzteich des kanadischen Ölunternehmens Syncrude landeten, der für die Tiere von einem ‚gesunden' Gewässer nicht zu unterscheiden war.[16] Durch Amateurfotografien und -videoaufnahmen von Ölarbeitern und einem ansässigen Wildbiologen, die in den Nachrichten weltweit zirkulierten, konnten die Enten im globalen Maßstab zu Ikonen eines ‚offenen' Deponiekörpers avancieren.

[16]Zur Darstellung von Deponien im Dokumentarfilm siehe auch den Beitrag von Benjamin Bühler in diesem Band.

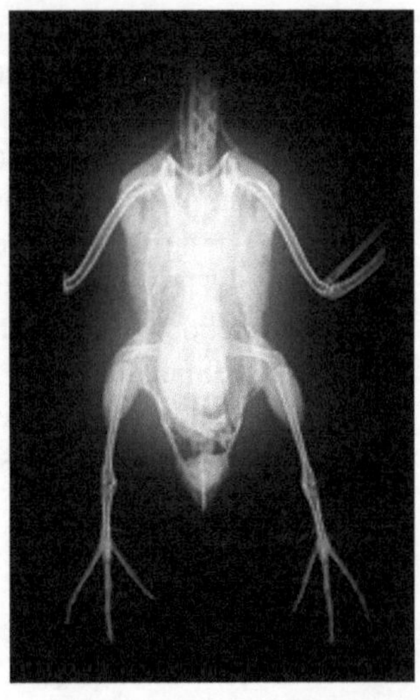

**Abb. 5** Aviane (Gift-) Sonde: Filmstill aus Brenda Longfellows *Dead Ducks* (2012). (Quelle: *Dead Ducks*. Canada 2012. Regie: Brenda Longfellow)

Longfellows dokumentarische Filmerzählung des avianen Massensterbens nimmt die industriefotografische Optik der ‚Vogelperspektive' wörtlich – anthropogene Landschaft hier aus Entenperspektive – und verleiht ihr eine morbide Wendung: Die diffuse Metapher der landschaftlichen Narbe, die Fairs Werk trägt, wird hier auf den Kollektivkörper einer moribunden Vogelpopulation verlegt. Hyperrealistische Sequenzen von animierten, unkontaminierten Filmtieren in ihrem natürlichen – aber künstlich dargestellten – Lebensraum wechseln mit Amateur-Footage und dokumentarischen Sequenzen sterbender und toter Tiere, die sich der Film einverleibt und wiederholt. Der petrochemisch affizierte Vogelkörper wird schließlich zum radiologischen Leuchtkörper – auch dies eine fotografische ‚Lichtschrift' –, dessen Fragmentieren und Transparentieren auf der Tonspur von den Ergebnissen des toxikologischen Berichts begleitet wird, der die multiplen Wirkungen des deponierten Abwassergemischs auf die Enten erläutert: Das Durchleuchten des Vogels greift zu einem Durchleuchten der (petro-)chemischen Zusammensetzung der Flüssigdeponie aus sowie der Vogel zum Index ihrer Unabgeschlossenheit gerinnt, zum ‚Fossil' beinahe fossiler Extraktionskultur (vgl. Abb. 5).

## 6 „Überall tropfte, leckte und dampfte es“: Katharina Hagenas *Das Geräusch des Lichts* (2016)

Katharina Hagenas multiperspektivisch angelegter Roman *Das Geräusch des Lichts* nimmt motivisch und atmosphärisch Anleihen beim Öl-Thriller, ein industrienbezogenes Subgenre des Ökothrillers.[17] Das fünfte Kapitel thematisiert die Suche einer namenlosen Schriftstellerin, die Ich-Erzählerin, die von Deutschland in die westkanadische Ölstadt Fort McMurray reist, um auf eigene Faust im Mordfall an ihrer Freundin, der ausgewanderten Krankenschwester Bianca, zu ermitteln. Diese wurde Opfer eines offiziell zum Suizid erklärten Autobrands. Wie sich herausstellt, war Bianca in einen Umweltskandal der fiktiven Ölsandgesellschaft *Sabuline* (fiktiver Doppelgänger von *Syncrude)* verwickelt, an dessen Aufklärung sie arbeitete. Dabei akkumuliert der Roman sämtliche umweltliche Topoi, die im kritischen Diskurs um die kanadischen Teersande zirkulieren, interessanterweise eben auch das Aufeinandertreffen von Fotografie und Flüssigdeponie, die der Roman rigoros narrativ einreiht und deren toxische Materialität die Erzählsprache über Bezeichnungen wie „Giftsee“ (Hagena 2018, S. 248) und „Chemoteiche“ (Hagena 2018, S. 253) klar artikuliert. Zentrales Objekt detektivischer Entzifferung werden schließlich die als Bilddateien hinterlassenen Fotografien der verstorbenen Protagonistin.[18] Zu deren Inhalt lesen wir:

> Es waren Luftaufnahmen. Beide zeigten denselben großen Bergeteich, der mehr oder weniger von der gleichen Position aus aufgenommen worden war, wenngleich zu unterschiedlichen Jahreszeiten. Obwohl auf dem einen Bild Winter herrschte, war das Wasser aufgrund seiner chemischen Zusammensetzung nicht gefroren. Ich schob die beiden Bilder hin und her, doch mir fiel nichts auf. Außer vielleicht, dass der Teich auf dem einen Foto erstaunlich nah an einem Flussarm lag. Auf dem Sommerbild war er längst nicht so nah (Hagena 2018, S. 269);

---

[17]Siehe zu Programm und Verfahren des Ökothrillers auch den Beitrag von Elena Agazzi in diesem Band.

[18]Siehe zum Zusammenhang von Fotografie, Spurensuche und Deponie auch die Beiträge von Lorella Bosco und Lis Hansen in diesem Band.

sowie:

> Bianca wusste, was Sabuline mit dem Athabasca-Fluss macht. Sie hatte Fotos von den toten Enten und den buckligen Fischen, vor allem besaß sie Aufnahmen des immer größer werdenden Giftsees und des stetig wachsenden Abbaugeländes (Hagena 2018, S. 266).

Der Roman ist in seinem (industrie-)fotografischen Diskurs bezeichnend: Nicht nur wiederholt der Roman die Schauanordnung der Luftaufnahme bzw. der „Vogelperspektive" (Hagena 2018, S. 247), die hier einer verletzlichen fotografischen Autorinnenschaft zuzuordnen ist, auch verweist er auf das Moment der toxischen Latenz, schließlich seien die Fotos nur „brisant für Leute, die Bescheid wissen" (Hagena 2018, S. 247). Da das Handlungspersonal weiß, dass es sich nicht nur um einen See, sondern um einen ‚Giftsee' handelt, führt Biancas Luftbildfotografie nicht zu einer toxikologischen Sehens- oder Wahrnehmungskrise. Dem generischen Deutungsrahmen des Kriminalnarrativs entsprechend wird das fotografische Aufzeichnungsverfahren hier nicht dokumentarästhetisch, sondern unter dem Indizienparadigma rezipiert, dessen Medium die Fotografie schlechthin ist (vgl. Wolf 2016, S. X). Als ‚zeigendes Zeichen' (vgl. Eder 2018, S. 179) ist das fotografische Indiz frei von grafischen Störmomenten, ist weniger Latenz denn Manifestation eines petrochemischen Affizierungsvermögens. Die beiden beschriebenen Fotos, die zeitlich divergieren, perspektivisch konvergieren, Index und Indizie sind, weisen nicht nur auf, sie beweisen, sind Medium einer Einschreibung des Realen und können eben deshalb Beweis werden und Indiz einer Einschreibung von Petrochemikalien in die materielle Realität der fotografierten Landschaft.[19] Zeichenlogisch schmiegt sich die Deponie förmlich an das fotografische Medium, indem sie seine immer schon unvollkommene „Evidenz des Augenscheins" (Matz 2017, S. 23) mit toxischer Latenz unterlegt. Aus Hagenas Roman geht das indizierende Medium der Fotografie jedoch gestärkt hervor, vom epistemischen ‚Loch', der interpretatorischen Offenheit der Fotografie, ist nichts mehr übrig.

Doch fügt der Roman der Fotografie und dem Absetzteich ein drittes Deponierendes hinzu, nämlich das Gedächtnis: „Hier in Fort McMurray werden

[19]Eben weil das Abgebildete, indexikalisiert und indizierend zugleich, keiner skalar und perspektivisch verfremdenden Repräsentationsform unterliegt (wie bei J. Henry Fair), darf es materielle Deformation beweisen. Das Foto deponiert, in dem es immer wieder zeichenlogisch auf- und beweist, und zwar jenes, was nicht zu genüge deponiert: die Flüssigdeponie.

viele irre“ (Hagena 2018, S. 236), lesen wir an einer Stelle und zuletzt befindet sich die – womöglich unzuverlässige – Ich-Erzählerin aufgrund eines neurodegenerativen Leidens im Wartezimmer eines Psychiaters. Die Diagnose lässt der Roman jedoch offen:

> Den verschlossenen Umschlag mit meinem Gutachten zerreiße ich im Gehen und werfe die Schnipsel in einen roten Mülleimer. Dann gebe ich eben selbst auf mich acht. Es wird ohnehin noch dauern bis sich der Abbau meines Gehirns über eine so große Fläche verteilt, dass alles einbricht, nichts mehr wächst und meine Erinnerungen in irgendwelchen Giftseen verenden (Hagena 2018, S. 268).

In *Das Geräusch des Lichts* hat sich die Deponie als unheimliches Strukturprinzip von der Fotografie gelöst, ist abgesunken, um sich in den psychischen Apparat zu schieben, der ihr permeables Schema teilt. Das Bildfeld fossiler Extraktionskultur, die langsame Gewalt eines durchlöchernden „Abbau[s]“ von Landschaften, wird hier auf ein Zersetzen mentaler Erinnerungslandschaften, auf denen „nichts mehr wächst“, übertragen. Es ist nicht die Medialität der fotografischen Oberfläche unfähig, ihr latentes Material manifest zu machen, sondern das Gedächtnis selbst, das wie der abgeholzte, ausgehöhlte Erdboden unter Kanadas borealen Nadelwäldern zusammenzustürzen droht. Es ist diese petrochemische Psychosphäre, in der die Flüssigdeponie vom archivierenden Ort der Fotografie zum anarchivierenden Ort des Vergessens wandert, in den das Erinnerte abfließt.[20]

## 7 Abfall, Archivübel, Gifttrieb: ein Fazit

Hagenas metaphorischer Einsatz der Flüssigdeponie erlaubt es, die klandestinen Deponien der Petrochemie und das ‚deponierende‘ Unbewusste fossilchemischer Energieregime sowie verletzte Landschaft und verletzliches Gedächtnis übereinander zu lagern. Angestoßen von Hagenas petrochemischem Ausfall des Erinnerns lässt sich einer weniger ontologischen, eher kulturpoetischen

[20]Dem mnemonischen ‚Giftsee‘ im vorliegenden Textauszug ist eine gewisse destruktive Finalität eigen; davon, dass das Erinnerte Eingang in eine deponierende Psychodynamik findet, ist nicht die Rede. Dazu passt auch, dass der hier genannte metaphorische „Abbau [des] Gehirns“ – spinnen wir das Bildfeld weiter – nicht in eine Förderung psychischer Ressourcen eingebunden erscheint, eher scheint es sich um eine Verminung von Erschöpfung zu handeln.

Überlegung folgend *in analogiam* die (Flüssig-)Deponie als der psychische Apparat – der eben auch ein Archiv ist – denken.

In seiner Schrift *Dem Archiv verschrieben* (1997) konzipiert Derrida eine psychoanalytische Archivlehre, die dem Prinzip der Memorisierung und Verwahrung eine selbstvernichtende Tendenz, Formen archivarischer Autoaggression, einschreibt.[21] Er nennt diese *mal d'archive,* als „Archivübel" (Derrida 1997, S. 40) eine Variation des Todestriebs, der „sowohl das lebendige wie das tote Gedächtnis aus[streicht], er löscht das Archiv und das, wovon dieses Archiv ist" (Därmann und Thiel 2002, S. 129). Derrida führt aus:

> [D]er archiviolithische Trieb ist niemals in persona gegenwärtig, weder in sich selbst noch in seinen Wirkungen. Er hinterlässt kein Monument, er vermacht kein Dokument, das ihm eigen wäre. Er hinterläßt als Erbe nur sein erotisches Trugbild, sein gemaltes Pseudonym, seine sexuellen Idole, seine verführerischen Masken: schöne Eindrücke. Diese Eindrücke sind vielleicht der eigentliche Ursprung dessen, was man so dunkel die Schönheit des Schönen nennt. Gleichsam Weisen, des Todes zu gedenken (Derrida 1997, S. 24).

Der archiviolithische – das Archiv umgrabende, unterhöhlende, zum Einsturz bringende – Trieb ist das extraktive Begehren nach dem Öl selbst; eine Substanz, die als organischer, infrastrukturalistischer Subtext kaum je *in persona,* immer aber in ihren „verführerischen Masken", als „schöner Eindruck" erscheint, sublimiert zu Strom, Wärme, Geschwindigkeit, Plastik – oder aber als Gift, Geschwür, Tierkadaver, als „*Lithos,* Stein[-öl], Grabstein" (Därmann und Thiel 2002, S. 129) – codiert vom Zeichenregime einer Energievergessenheit oder eines petrochemischen Anarchivs, in dem es nie vollständig gezeigt werden oder verschwinden kann.[22] Die „archivgräberische" (Därmann und Thiel 2002, S. 129) Tendenz des Erdöls eignet dabei keineswegs einer natürlichen Ordnung, seiner Ontologie. Vielmehr charakterisiert sie eine kulturelle Ordnung, die Rohstoffe und – so Hagena – psychisches Leben aufzehrt, wird also von einer Gesellschaftsform, die auf der gewaltsamen Inbesitznahme von Umwelten, beruht, künstlich erzeugt. Das Archiviolithische/Archivgräberische taucht in *Das Geräusch des Lichts* als ‚Abbau des Gehirns', als Versinken oder Vergiften der Erinnerung auf, mit der Hagena metaphorisch die Zerstörung von (Gedächtnis-)Landschaften evoziert. Diesen memorativen Abbau verstehe ich als Frage des

[21]Siehe dazu auch den Beitrag von Magnus Wieland in diesem Band.

[22]Zum Erdöl in seiner kulturellen Doppelstellung als Absenz/Präsenz siehe Barrett und Worden 2014.

Romans nach dem Einbruch einer psychischen Archivier- und Repräsentierbarkeit von Landschaften selbst, ihrem mentalen und sensorischen Unverfügbar- oder Unzuverlässig-Werden. Auf semiotischer Ebene kündigt sich die destruktive Vehemenz des extraktiven „Verlusttrieb[s]" (Derrida 1997, S. 22) als Prozess des schleichenden Unähnlich-Werdens an, etwa in der emblematischen Konturlosigkeit von Mettlers und Fairs bildhaften Obduktionen. In diesem Sinne lassen sich die (audio-)visuellen Inszenierungen von Absetzteichen als doppelte Erinnerungsbilder verstehen: als ikonischer Rest materiell und visuell verschwindender Landschaften und geotischer Archive sowie auch als reparatives Vermögen einer imaginativen Wiederherstellung derselben.

Der australischen Kultur- und Medientheoretiker McKenzie Wark denkt das Ende der Menschenzeit unter anderem in seiner (a-)visuellen Epistemik, und zwar im Bewusstsein einer ausweglosen Verformbarkeit der Physis:

> Our permanent legacy will not be architectural, but chemical. After the last dam bursts, after the concrete monoliths crumble into the lone and level sands, modernity will leave behind a chemical signature, in everything from radioactive waste to atmospheric carbon. This work will be abstract, not figurative (Wark 2012, S. 40).

Als visuelle Umsetzung eines Verlusts und als symbolische Resonanz toxischer Überschüsse scheinen die sich hier versammelten Texte unterschiedlicher Medialität zwischen Figürlichkeit und Defigurierbarkeit, Präsenz und Latenz, Zeichenhaftigkeit und Materalität zu zerreiben.[23] Vielfach werden somatische Register angerufen – das Feuchte, die Narbe, das Tier, die prekäre Materialität der Erinnerung –, die es erlauben, in den petrochemischen Ausuferungen physiologische Ausfallerscheinungen zu erkennen. Diese Symptome eines infamen Materials, eines *déchet déchu,* sind dem Abstraktionswillen des extraktiven Blicks unbedingt entgegenzusetzten.

## Literatur

Alaimo, Stacy. 2010. *Bodily natures. Science, environment, and the material self.* Bloomington: Indiana University Press.

Alaimo, Stacy. 2018. Trans-corporeality. In *Posthuman Glossary*, Hrsg. R. Braidotti und M. Hlavajova, 435–438. London: Bloomsbury.

[23]Siehe zu diesen Effekten der Darstellung von Deponien auch den Beitrag von David-Christopher Assmann in diesem Band.

Banita, Georgiana. 2017. Sensing oil: Sublime art and politics in Canada. In *Petrocultures. Oil, politics, culture*, Hrsg. A. Carlson, I. Szeman und S. Wilson, 431–457. Montreal: MCGill-Queen's University Press.

Barrett, R., und D. Worden. 2014. Introduction. In *Oil culture*, Hrsg. R. Barrett, D. Worden und S. Wilson, xvii–xxxiii. Minneapolis: University of Minnesota Press.

Barrett, K.L., M.A. Long, M.J. Lynch, und P.B. Stretesky. 2017. *Green criminology. Crime, justice, and the environment*. Oakland: University of California Press.

Blumer, Ernst. 1922. *Die Erdöllagerstätten und übrigen Kohlenwasserstoffvorkommen der Erdrinde. Grundlagen der Petroleumgeologie*. Stuttgart: Enke.

Bronfen, Elisabeth. 2005. Frauen kommen aus dem Wasser, Frauen gehen ins Wasser zurück. Eine Einleitung. http://www.bronfen.info/index.php/archive/48-archive2005/112-frauen-kommen-frauen-gehen.html. Zugegriffen: 7. März 2011.

*Dead Ducks*. Canada 2012. Regie: Brenda Longfellow. http://www.cultureunplugged.com/documentary/watch-online/play/12118/Dead-Ducks. Zugegriffen: 28. Febr. 2019.

Carlson, A., I. Szeman, und S. Wilson. 2017. Petroscape Aesthetics. In *Petrocultures. Oil, Politics, Culture*, Hrsg. A. Carlson, I. Szeman, und S. Wilson, 407–410. Montreal: MCGill-Queen's University Press.

Därmann, I., und D. Thiel. 2002. Gespenstergespräche. Über einige Archive des Vergessens und Institutionen der Psychoanalyse. In *Interarchive. Archivarische Praktiken und Handlungsräume im zeitgenössischen Kunstfeld*, Hrsg. B. Bismarck, H.-P. Feldmann und H.-U. Obrist, 126–136. Köln: König.

Derrida, Jacques. 1997. *Dem Archiv verschrieben. Eine Freudsche Impression*. Übers.: Hans-Dieter Gondek und Hans Naumann. Berlin: Brinkmann & Bose.

Eder, Antonia. 2018. Indiz/Indizienprozess. In *Handbuch Kriminalliteratur. Theorien – Geschichte – Medien*, Hrsg. A. Bartl, S. Düwell, C. Hamann und O. Ruf, 178–182. Stuttgart: Metzler.

Emery, Jacob. 2011. Art of the industrial trace. *New Left Review* 71:117–133.

Fair, J.Henry. 2016. *Industrial scars. The hidden costs of consumption*. Winterbourne: Papadakis.

Fromm, Ernst. 1977. *Anatomie der menschlichen Destruktivität*. Reinbek bei Hamburg: Rowohlt.

Greenpeace e. V. 2010. *Ölsandabbau in Kanada. Dramatische ökologische und klimatische Auswirkungen*. Berlin: Greenpeace.

Hagena, Katharina. 2018. *Das Geräusch des Lichts*. Köln: Kiepenheuer & Witsch.

Harpet, Cyrille. 1998. *Du Déchet. Philosophie des Immondices. Corps, Ville, Industrie*. Paris: L'Harmattan.

Iovino, Serenella. 2016. Pollution. In *Keywords for environmental studies*, Hrsg. J. Adamson, W. Gleason und D.N. Pellow, 167–169. New York: New York University Press.

Klein, Naomi. 2015. *Die Entscheidung. Kapitalismus vs. Klima*. Frankfurt a. M.: Fischer.

Krauss, Rosalind E. 2000. Anmerkungen zum Index: Teil 1. In *Die Originalität der Avantgarde und andere Mythen der Moderne*, Hrsg. Herta Wolf, 249–264. Amsterdam: Verlag der Kunst (Erstveröffentlichung 1977).

Lacan, Jacques. 1996. *Die Ethik der Psychoanalyse. Das Seminar*. Buch 7, Hrsg. Jacques-Alain Miller. Übers.: Norbert Haas. Weinheim: Quadriga.

Laschinger, Verena. 2019. On Photography in the Anthropocene: Surface Views and Image-texts by J. Henry Fair and Tom McCarthy. In *Anglophone Literature and Culture in the Anthropocene*, Hrsg. C. Rosenthal und G. Comos, 214–230. Newcastle Upon Tyne: Cambridge Scholars Publishing.

LeMenager, Stephanie. 2014. *Living oil. Petroleum culture in the American century*. New York: Oxford University Press.

LeMenager, Stephanie. 2017. Sediment. In *Veer ecology. A companion for environmental thinking*, Hrsg. J.J. Cohen und L. Duckert, 168–182. Minneapolis: University of Minnesota Press.

Littell, Jonathan. 2009. *Das Trockene und das Feuchte*. Übers.: Hainer Kober. Berlin: Berlin Verlag.

Longfellow, Brenda. 2017. Extreme oil and the perils of cinematic practice. In *Petrocultures. Oil, politics, culture*, Hrsg. A. Carlson, I. Szeman, und S. Wilson, 27–35. Montreal: MCGill-Queen's University Press.

Lozowy, A., und M. Patchett. 2012. Reframing the Canadian oil sands. *Imaginations. Journal of Cross-Cultural Image Studies* 3 (2): 140–169.

Luke, Timothy. 2000. Rethinking Technoscience in Risk Society: Toxicity as Textuality. In *Reclaiming the environmental debate. The policies of health in toxic culture*, Hrsg. Richard Hofrichter, 239–254. Cambridge: MIT Press.

Matz, Reinhard. 2017. Gegen einen naiven Begriff der Dokumentarfotografie. In *Fotografien verstehen*, Hrsg. Bernd Stiegler, 15–25. Köln: König.

Matz, Reinhard. 2017. Fotografien verstehen. Parameter zu einer Poetik des ersten neuen Mediums. In *Fotografien verstehen*, Hrsg. Bernd Stiegler, 110–141. Köln: König.

Macleod, Janine. 2017. Holding water in times of Hydrophobia. In *Petrocultures. Oil, politics, culture*, Hrsg. S. Wilson, A. Carlson und I. Szeman, 264–286. Montreal: MCGill-Queen's University Press.

Misrach, Richard, und K. Orff. 2014. *Petrochemical America*. New York: Aperture.

Nikiforuk, Andrew. 2010. *Tar sands. Dirty oil and the future of a continent*. Vancouver: Greystone Books.

*Petropolis*. Canada 2010. Regie: Peter Mettler. DVD Dogwood 2010.

Rowe, Allison. 2010. Tar Sands Exploration Station. https://allisonroweart.com/section/239922-Tar-Sands-Exploration-Station.html. Zugegriffen: 24. November 2019.

Rowe, Allison. 2017. The Tar sands exploration station: A self-directed artist residency. In *Petrocultures. Oil, politics, culture*, Hrsg. A. Carlson, I. Szeman und S. Wilson, 498–505. Montreal: MCGill-Queen's University Press.

Schellnhuber, Hans Joachim. 2015. *Selbstverbrennung. Die fatale Dreiecksbeziehung zwischen Klima, Mensch und Kohlenstoff*. München: Bertelsmann.

Soentgen, Jens. 2014. Dissipation. In *Stoffe in Bewegung. Beiträge zu einer Wissensgeschichte der materiellen Welt*, Hrsg. K. Espahangizi und B. Orland, 279–287. Zürich: Diaphanes.

Szeman, I., und M. Whiteman. 2012. Oil Imag(e)inaries: Critical realism and the oil sands. *Imaginations. Journal of Cross-Cultural Image Studies* 3 (2): 46–67.

Theweleit, Klaus. 2002. *Männerphantasien 1+2*. München: Piper (Erstveröffentlichung 1977/1978).

Wark, McKenzie. 2012. An Inhuman Fiction of Forces. In *Leper Creativity. Cyclonopedia Symposium*, Hrsg. N.M. Keller und E. Thacker, 39–43. New York: punctum books.

Wolf, Herta. 2016. Einleitung: Zeigen und/oder Beweisen. In *Zeigen und/oder Beweisen? Die Fotografie als Kulturtechnik und Medium des Wissens*, Hrsg. Herta Wolf, VII–XXVII. Berlin: de Gruyter.

Zizek, Slavoj. 2009. *Auf verlorenem Posten*. Übers.: Frank Born. Frankfurt a. M.: Suhrkamp.

**Florian Auerochs** ist Doktorand an der Fakultät für Geistes- und Kulturwissenschaften der Universität Vechta. Seit 2018 wird sein Promotionsprojekt *Dissipation imaginieren: Szenen der Verschmutzung im Petro-Text aus literatur- und medienkomparatistischer Perspektive* von der Studienstiftung des Deutschen Volkes gefördert. Forschungsschwerpunkte: Energy Humanities, Environmental Humanities und Ecocriticism, deutschsprachige und nordamerikanische Literaturen der Gegenwart. Publikationen u. a.: „Silent Offspring: Aviane Figurationen der Petrokultur im gegenwärtigen US-amerikanischen Umweltfilm“ (2018).

# Müll und Kontingenz

## Die Deponie als *locus terribilis* und poetischer Fundort

Lis Hansen

> Mülldeponien sind wohl die bedeutsamsten Orte unserer Zeit. In ihnen liegen unsere Schuldgefühle gegenüber der Vergangenheit und unsere Zukunftsängste verborgen. Sie sind die Orte, die uns verbinden. […] Die Mülldeponie ist der Friedhof des gesamten westlichen Unterbewußtseins. (Gora und Bandolin 1996, S. 69, zitiert nach Hauser 2001, S. 115)

Diese Einschätzung von Monika Gora und Gunilla Bandolin zur gesellschaftlichen Bedeutung von Mülldeponien zeigt wesentliche Punkte auf, die ebenfalls für literarische Darstellungen von Deponien charakteristisch sind. Mit der Inszenierung von Deponien wird das Prinzip ‚Aus den Augen aus dem Sinn', welches eng mit der kulturellen Praktik des Wegwerfens verbunden ist, konterkariert. Die aussortierten und weggeworfenen Dinge, die doch eigentlich im imaginären Raum des ‚Weg' verschwinden sollten, werden wieder ins Blickfeld gerückt. Die Deponie zeigt sich so als Symbol für die psychischen wie physischen Verdrängungspraktiken westlicher Gesellschaften. Aleida Assmann zufolge können Abfälle als ein „‚negativer Speicher'" und als ein „neues Bild für das Latenzgedächtnis" (Assmann 2010, S. 22) betrachtet werden. Der Raum des Abfalls wird folglich als ein Erinnerungsraum, als ein Ort des materiellen Unterbewusstseins einer Kultur lesbar.[1] Die materielle Präsenz, der eigentlich

[1] Siehe dazu auch den Beitrag von Lorella Bosco in diesem Band.

L. Hansen (✉)
Westfälische Wilhelms-Universität Münster, Münster, Deutschland
E-Mail: lishansen@uni-muenster.de

 
D.-C. Assmann (Hrsg.), *Narrative der Deponie,* Kulturelle Figurationen: Artefakte, Praktiken, Fiktionen, https://doi.org/10.1007/978-3-658-27880-9_5

entsorgten Dinge lässt die Deponie dementsprechend als Raum der Latenz erscheinen. Die etymologische Herkunft des Begriffs Latenz, von der lateinischen Bezeichnung *latēre* (‚verborgen sein', ‚versteckt sein') abgeleitet (vgl. Art. Latenz 2011, S. 561), zeigt sich darüber hinaus als äußerst passend zur tatsächlichen topografischen Struktur von Deponien. Denn diese werden meist möglichst unsichtbar im Umland, abseits von bewohnten Gegenden ‚verborgen'.[2]

Ferner werden literarische Darstellungen der Mülldeponie häufig mit der Inszenierung von Schuldgefühlen und Zukunftsängsten in Beziehung gesetzt. Dabei wird die Deponie, verstanden als Raum der Gegenwart (vgl. Marquardt und Schreiber 2012), der die Objekte der Vergangenheit verwahrt und so die Zukunft prägen wird, vor allem in Hinblick auf ökologische Diskurse und im Sinne eines negativen Erbes inszeniert. Die Müllmassen einer Deponie veranschaulichen so eine Verbindung von Vergangenheit, Gegenwart und Zukunft.

Deponien, so hieß es bei Gora und Bandolin, sind Orte, die uns verbinden. Dies tun sie nicht nur in Bezug auf die zeitlichen Dimensionen, die mit der Deponie verknüpft sind, sondern auch ganz konkret und materiell. Der Müll-Archäologe William Rathje beobachtet die konnektive Eigenschaft von Deponien im Zusammentreffen der zu Müll gewordenen Objekte an diesem Ort. Er untersucht daher die Müllkippe mit seinem Forschungsteam als Wissensquelle (vgl. Rathje und Murphy 1994, S. 18), denn dort begegnen sich unabhängig von der sozialen Hierarchie einer Stadt die Dinge aus wohlhabenden und ärmeren Vierteln. Die teuren, exquisiten Objekte und die mit weniger kulturellem Wert bemessenen *No-name-* oder *Discounter*-Produkte treffen an diesem Ort gleichwertig zusammen. Dieses egalitäre Moment beschreiben auch Gora und Bandolin: „Eine Deponie unterscheidet nicht zwischen öffentlich und privat: Hier verrotten unsere privaten Reste neben den Banalitäten der Gesellschaft" (Gora und Bandolin 1996, S. 69, zitiert nach Hauser 2001, S. 115). In den literarischen Texten, die ich im Folgenden untersuche, geht es nicht nur um das Zusammentreffen von verschiedenen Zeitkonzepten und Objekten, sondern vor allem um die Verbindung von Figuren mit dem Ort der Deponie, um ihr Suchen und Finden im Müll. Die Mülldeponien erfüllen dabei eine besondere Funktion, die sich nicht nur auf der diegetischen Ebene, sondern auch in der Struktur der Texte selbst zeigt.

---

[2]Darüber hinaus gibt es meist vielfältige Sicherheitsvorrichtungen (Zäune, Wälle etc.), die einen Zugang Unbefugter auf die Deponien ebenso verhindern sollen wie das ‚Ausbrechen' der zu Müll gewordenen Dinge. Anselm Wagner vergleicht die Struktur von Deponien daher mit einem „Hochsicherheitsgefängnis". Vgl. Wagner 2012, S. 85.

In Dea Lohers Theaterstück *Deponie* (2001)[3] fungiert die Müllkippe als Raum, in dem sich die Wege von zwei ungewöhnlichen Figuren kreuzen, sich Konzepte von Natur und Kultur überschneiden und zur Disposition stehen. In Wolfgang Herrndorfs Roman *Tschick* (2010) gelangen zwei jugendliche Ausreißer während eines Roadtrips zu einer Deponie. Diese wird nicht nur als wesentliche Station ihrer Reise dargestellt, sondern sie fungiert auch als poetischer Fundort. In ähnlicher Weise wird die Deponie in Herrndorfs Roman *Bilder deiner großen Liebe* (2014) inszeniert. In den drei Texten sind unterschiedliche, geradezu gegensätzliche Darstellungen und Funktionen von Mülldeponien zu beobachten. Zum einen als Ort des Verlusts und zum anderen als ‚produktives' poetisches und poetologisches Reservoir. Die Darstellung von Mülldeponien, das Suchen und Finden der Figuren im Müll, hängt dabei jedoch in allen Texten eng mit der Inszenierung von Zufällen, mit der Erfahrung von Kontingenz zusammen.

## 1 Kontingenz und Müll: Von Teufeln und Monstern

Zufälle oder Kontingenz, entweder als Zeichen einer „göttlichen Schickung" oder als „banale[r] Glückstreffer" (Schmitz-Emans 1994, S. 288) bewertet, beschreiben unvorhergesehene und überraschende Ereignisse. Die meist synonym verwendeten Bezeichnungen haben eine lange, bis auf Aristoteles zurückgehende Begriffsgeschichte.[4] Da es im Folgenden um die konkrete Inszenierung von Kontingenz in der Literatur, das heißt um die literarische Darstellung eines Phänomens, und nicht um den Begriff und seine Begriffsgeschichte selbst gehen soll, werden diese Entwicklungen ebenso wie die Frage nach dem Verhältnis der Begriffe von Kontingenz und Zufall bewusst methodisch ausgeklammert.[5] Bezugspunkt für die folgende Darlegung wird die minimale Definition in Metzlers *Lexikon für Literatur- und*

[3]Als ein Teil des Theaterstückes Magazin des Glücks. Vgl. Loher 2001.

[4]Die Tradition reicht weiter über die Scholastik zu Leibniz und Kant. Insbesondere der Begriff ‚Kontingenz' hatte in den letzten Jahrzehnten in den Geisteswissenschaften Konjunktur, sodass sich die Verwendung des Begriffs und seine Begriffsgeschichte durch den zunehmenden Einfluss von diskursanalytischen, medientheoretischen oder systemtheoretischen Einflüssen im 20. Jahrhundert weiter ausdifferenzierten. Vgl. Dillmann 2011, S. 5.

[5]Ferner stellt die Klärung der semantischen Differenzierung von Zufall und Kontingenz eine philosophische Frage dar. Vgl. dazu Vogt 2011.

*Kulturtheorie* sein. Darin wird der Begriff vom lateinischen *contingere,* der Bezeichnung für ‚sich ereignen', abgeleitet. Kontingenz „wird den Ereignissen, Aussagen oder Sachverhalten zugesprochen, die weder notwendig noch unmöglich sind. Kontingent ist das, was auch anders oder überhaupt nicht sein könnte."[6]

Kontingenz wurde in der Literaturgeschichte einerseits als defizitäre Form von Sinn, Kohärenz und finaler Ordnung bewertet (vgl. Dillmann 2011, S. 5).[7] Andererseits wurde das Mögliche und nicht Notwendige als Spielraum der freien Gestaltung erkannt und damit vornehmlich als Domäne der Poesie betrachtet (vgl. Schmitz-Emans 1994, S. 300).[8] Besonders in der klassischen Moderne ist Dillmann zufolge ein entscheidender Paradigmenwechsel in Bezug auf den Begriff der Kontingenz zu konstatieren (vgl. Dillmann 2011, S. 14).[9] Kontingenz diene in dieser Zeit vor allem als Ausdruck für eine programmatische Absage an einen übergeordneten Sinn (vgl. Dillmann 2011, S. 14).

[6]Dabei könne Kontingenz weder allein als Gegensatzbegriff zur Notwendigkeit noch allein als Kontradiktion der Unmöglichkeit bestimmt werden. Vgl. Wolf 2013, S. 402.

[7]In normativen poetologischen Programmen, so Martin Dillmann in seiner Studie zu *Poetologien der Kontingenz. Zufälligkeit und Möglichkeit im Diskursgefüge der Moderne,* stehe Kontingenz einer erwünschten und erwarteten Vorstellung von Ordnung, Logik und Kohärenz entgegen (vgl. Dillmann 2011, S. 2). Da eine Kausalität des Geschehens und eine an rationalen Kriterien orientierte Exaktheit der Darstellung erwünscht gewesen seien, habe Kontingenz folglich als marginal gegolten (vgl. Dillmann 2011, S. 2).

[8]Vor allem in der Romantik wurde die Unbegründbarkeit von Zufällen, als „Skandalon für den Verstand" Schmitz-Emans (1994, S. 289), daher Gegenstand literarischer Imaginationen. Als Gegenpol zu den Idealen der Aufklärung, der Vernunft und Rationalität, wurde der Zufall in dieser Zeit als schöpferisch betrachtet. Die zufällige Inspiration, der Einfall, das Unberechenbare, ist auch Anfang des 20. Jahrhunderts als „Subversivkraft" (Schmitz-Emans 1994, S. 288) ein zentrales poetisches Thema (vgl. Schmitz-Emans 1994, S. 289). Der Zufall wird in dieser Zeit ‚autorisiert' und durch die Zurücknahme des planenden individuellen Willens in den Schaffensprozess einbezogen (Schmitz-Emans 1994, S. 288) – in besonders intensiver und konkret materieller Art etwa bei den Dadaisten oder Surrealisten.

[9]In ästhetischen Diskursen einer emphatischen Moderne des 20. Jahrhunderts sei sogar eine Omnipräsenz des Zufälligen zu beobachten. Das Interesse der Dadaisten am Zufall konvergiert laut Schmitz-Emans mit dem, was Musil als „Möglichkeitssinn" gegen den „Wirklichkeitssinn" ausgespielt hat. Vgl. Schmitz-Emans 1994, S. 300.

In dieser verknappten Darlegung des komplexen Verhältnisses von Literatur und Kontingenz[10] ging es wesentlich darum, das mit Kontingenz verbundene Verhältnis zu Vorstellungen von Ordnung in der Welt *und* im Text aufzuzeigen. Ernst Nef fasst dies in seiner Auseinandersetzung zum *Zufall in der Erzählkunst* wie folgt zusammen:

> Das bedeutet, dass mit dem Zufall zugleich die Darstellbarkeit von Totalität, von Welt als einem organischen Ganzen problematisch wird. Die Problematisierung des erzählerischen Zufalls ist gleichzeitig die Problematisierung der Darstellbarkeit einer alle Partikularität aufhebenden Sinnerfülltheit des Ganzen. (Nef 1970, S. 115)

Kontingenz wird folglich als Zweifel an einem höheren Sinn von Welt und Wirklichkeit verstanden und dient so als Gegenpol zu Ordnungsvorstellungen. Dies erklärt, warum Kontingenz häufig mit diabolischen Referenzen in Verbindung gebracht wird – bemerkenswerterweise ebenso wie Abfall und Müll.

Kontingenz habe kultursemantisch eine „diabolische Signatur" (2011, S. 4), so Dillmann in seiner Studie zu *Poetologien der Kontingenz.* Er führt aus, dass in der biblischen Tradition der Ordnung der Wirklichkeit ein göttlicher Charakter

[10]Trotz der Relevanz des Zufälligen in der Literatur sind bis in die 1970er Jahre hinein literaturwissenschaftliche Auseinandersetzungen mit der Verteidigung von Kontingenz als ästhetisches Verfahren befasst (vgl. Dillmann 2011, S. 8). In diesen Arbeiten wird betont, dass der Zufall eben nicht als künstlerischer Mangel, sondern als „legitimes Mittel der Erzählkunst" (Nef 1970, S. 5, zitiert nach Dillmann 2011, S. 8) zu betrachten sei. In dem Band *Historismus und literarische Moderne* von Moritz Baßler, Christoph Brecht und anderen aus dem Jahr 1996 wird im Hinblick auf „Poetiken der Kontingenz" ebenfalls festgestellt, dass Kontingenz in traditionellen Erzählweisen nur insoweit „zugelassen" werde, „als sie mit dem prozessual gedachten Ganzen der Erzählung vermittelt wird" (Baßler et al. 1996, S. 56). Die Norm, so an gleicher Stelle zu diesem Thema, dass „alle,s was zunächst zufällig erscheint, am Ende doch notwendig gewesen sein wird" (Baßler et al. 1996, S. 56), präge bis in die Moderne – und darüber hinaus – die Produktion und Rezeption literarischer Texte (vgl. Dillmann 2011, S. 1). Das Zufällige müsse sich also am Ende „‚aufheben' oder zumindest interpretatorisch ‚aufheben lassen'" (Baßler et al. 1996, S. 59). Inwieweit sich dies auf literarische Deponiedarstellungen übertragen lässt oder dieser Raum gerade eine Ausnahme darstellt, in dem Kontingenz begründet bzw. geradezu erwartet wird, soll im Folgenden untersucht werden. Für eine ausführlichere literaturwissenschaftliche Auseinandersetzung vgl. Dillmann 2011; oder den letzten *Poetik und Hermeneutik*-Band zum Thema ‚Kontingenz' (von Graevenitz 1998).

und dem Zuwiderlaufen derselben, der Unordnung, ein teuflischer Charakter zugesprochen wird. Diese oppositionelle Konnotation habe sich gegenüber der Säkularisierung als relativ immun erwiesen (vgl. Dillmann 2011, S. 4). Monika Schmitz-Emans stellt ebenfalls fest, dass der Zufall „ein – oftmals dämonisch anmutendes – Faszinosum" sei und dass der „*säkularere* Zufallsbegriff, die Kontingenz [...] jenen Beiklang von Dämonie nie ganz verloren" (Schmitz-Emans 1994, S. 289) habe. Diese semantische Assoziation der binären Gegensatzpaare ‚Notwendigkeit/Gott' und ‚Kontingenz/Teufel' sei, so Dillmann, bis in die Moderne und darüber hinaus wirksam.[11] Auffällig ist, dass bei der Beschreibung von Kontingenz eine ganz ähnliche kulturelle Semantik aufgerufen wird wie bei Abfällen und Müll.[12] In klassischen Mülltheorien stehen Abfall und Müll für die Unordnung, das ‚Andere' einer Ordnung und werden ebenfalls als diabolisch, als Teufel oder Monster beschrieben. Theodor M. Bardmann etwa schreibt in seiner soziologischen Studie *Wenn aus Arbeit Abfall wird* dem Abfall die mythische Figur des Teufels zu.[13] Er erklärt, dass er auf den Teufel als kulturell tradierten Mythos zurückgreife, da sich in ihm „ein Problem ausdrückt, das jedem Reden über eine Einheit zugrunde liegt" (1994, S. 11). Es bedürfe eines Außerhalbes einer Ordnung oder eines Systems, um das Innerhalb zu konstituieren.[14] Die mit

[11]Daher werde laut Dillmann in der Literatur die Auseinandersetzung mit Zufall und Kontingenz und deren desemantisierender Wirkung nicht zuletzt mithilfe prominenter Teufelsfiguren geführt. Figuren mit satanischen Attributen würden einen Widerstand gegen das Ordnungs- und Rationalitätsideal der Aufklärung personifizieren. Vgl. Dillmann 2011, S. 4.

[12]Der Begriff ‚Abfall' leitet sich zunächst vom Ab-Fall von einer religiösen oder politischen Instanz ab und etabliert sich erst im Zuge von Industrialisierung und zunehmendem Warenverkehr für materielle Reste der Produktion oder des Konsums. Mit der steigenden Menge der vor allem städtischen Abfälle Ende des 19. Jahrhunderts wird zudem der Begriff ‚Müll' geläufig. Vgl. Kuchenbuch 1988.

[13]Das Wesen des Teufels sei durch ein Bestreben bestimmt, Differenzen zu schaffen: „Teuflische Agenten wollen Grenzziehungen verletzen, Identitäten verwirren, Orientierungen irritieren und Einheiten entzweien" (Bardmann 1994, S. 10).

[14]Diese Argumentation findet sich ebenfalls bei Mary Douglas, die Abfall als systemkonstituierend beschreibt. Sie betrachtet Schmutz und Abfälle als Indikatoren für ein System: „Wo es Schmutz gibt, gibt es auch ein System. Schmutz ist das Nebenprodukt eines systematischen Ordnens und Klassifizierens von Sachen, und zwar deshalb, weil Ordnen das Verwerfen ungeeigneter Elemente einschließt" (Douglas 1985, S. 53). Somit ist laut Douglas das Verhalten einer Kultur gegenüber ihren Abfällen und ihrem Schmutz eine Reaktion, die all die Dinge verdammt, die die geltende Ordnung durcheinanderbringen oder gefährden

dem Abfall verbundene diabolische Sinndimension[15] zeigt sich ferner in der Architektur zu seiner ‚Bändigung‘ bzw. zur Vernichtung des unerwünschten Materials. Sonja Windmüller arbeitet in ihrer Studie zur *Kehrseite der Dinge* die Ähnlichkeit der ersten Verbrennungsanlagen mit Sakralbauten heraus. In diesen Gebäuden sollten die diabolischen Dinge in der reinigenden Flamme des Feuers geläutert werden (vgl. Windmüller 2004, S. 145). Das Feuer hat Windmüller zufolge eine Entlastungsfunktion (vgl. 2004, S. 140). Sie sieht daher im Verbrennen des Mülls keinen ökonomischen Grund, sondern vielmehr eine psychologische Motivation (vgl. Windmüller 2004, S. 145). Zugleich werden in frühen Diskursen über die thermische Verwertung von Abfällen Bezüge zum christlich-mythischen Bildrepertoire von Apokalypse und Inferno hergestellt. Das Verbrennen des Mülls wird als Höllen- oder Fegefeuer mit entsprechender Teufelsmetaphorik imaginiert (vgl. Windmüller 2004, S. 145–152). Der von religiöser Symbolik geprägte Beginn der systematischen Abfallverbrennung (vgl. Windmüller 2004, S. 149) verweist somit ebenfalls auf eine kulturelle Semantik, die den Müll als den ‚anderen‘, störenden, ‚diabolischen‘ Teil im Gegensatz zu einer etablierten bzw. zu erhaltenden Ordnung versteht. Auch in einer der ersten und wirkungsmächtigsten theoretischen Auseinandersetzungen mit Müll, in Michael Thompsons *Rubbish Theory,* findet sich diese Zuschreibung. Bei der Abfallentsorgung geht es Thompson zufolge eben um das „Ausschließen von Monstern“ (Thompson 1981, S. 192).

Die diabolischen oder monströsen Referenzen beziehen sich vornehmlich auf ältere Mülltheorien. In gegenwärtigen theoretischen Auseinandersetzungen, etwa im *Material Criticism* oder den Ansätzen der *Discard Studies,* werden solche Grenzziehungen von einer ‚Ordnung‘ und dem ‚Anderen‘ nicht mehr in

könnten. Aufgrund dieses Gefährdungspotenzials können die Elemente ‚Schmutz‘ und ‚Abfall‘ als essenzieller Teil des gesellschaftlichen Systems gesehen werden. Die Abstoßung von etwas aus dem System oder der Ordnung wird so zur notwendigen Bedingung ihrer jeweiligen Konstitution. Julia Kristeva zeigt in *Powers of Horror* ebenfalls auf, wie sich ein Individuum oder eine Gesellschaft darüber konstituiert, dass es bzw. sie etwas von sich weist, das so zum ‚Abjekt‘ wird (vgl. Kristeva 1982). Der Begriff ‚Abjekt‘, der aus dem Lateinischen (lat. *abicere* = wegwerfen) abgeleitet werden kann, impliziert bereits einen Bezug zu Abfall und Müll.

[15]Die negative Bewertung von Abfällen steht in Bezug zur Etymologie des Begriffs. So zeigt Kuchenbuch in seiner Auseinandersetzung mit den Bezeichnungen ‚Abfall‘ und ‚Müll‘ wie der Begriff ‚Abfall‘ sich zunächst vom Ab-Fall, einer Abkehr von einer religiösen oder politischen Instanz, herleitet. Vgl. Kuchenbuch 1988, S. 159.

dieser Weise betrachtet.[16] Es werden vielmehr die kulturelle Konstruktion von Entitäten sowie ihre Interdependenzen und Abhängigkeitsverhältnisse in den Blick genommen.[17] Die Gemeinsamkeit in der kulturellen Semantik von Müll und Kontingenz ist jedoch bemerkenswert und für die Betrachtung der Deponie als Müll-Raum wesentlich. In dieser Lesart wird auf der Mülldeponie das ‚Andere' eines Systems verwahrt. Der Müll steht, zumindest in den klassischen Mülltheorien, theoretisch ebenso wie Kontingenz offenbar auf der Gegenseite einer – wie auch immer gearteten – Ordnung, ob nun einer metaphysischen, göttlichen Weltordnung oder der eines restelosen Warenkreislaufes. Die literarische Inszenierung von Mülldeponien stellt einen Schnittpunkt dar, wo beide – um diese Beschreibungsmuster aufzugreifen – diabolischen oder monströsen Elemente, der Müll und der Zufall, aufeinandertreffen und poetisch wie textuell wirksam werden.

## 2 Dea Lohers *Deponie* als *locus terribilis*

Der nur etwa zweieinhalb Seiten lange Text *Deponie* von Dea Loher ist ein Teil des Theaterstücks *Magazin des Glücks* aus dem Jahr 2001. In diesem Beispiel steht das Suchen im Müll im Vordergrund. Es ist jedoch kein Suchen nach einem bestimmten Ding, etwa nach einem abhandengekommenen Objekt. Die namenlose Frau, um die es in dem Text geht, hat ihre Familie bei einer Gasexplosion ihres Hauses verloren. Sie muss davon ausgehen, dass ihre sterblichen Überreste, gemeinsam mit dem Schutt des Hauses, auf der Mülldeponie gelandet sind. Die Frau berichtet dem Müllwagenfahrer, dass die Leichen ihrer Familie nicht gefunden wurden: Sie „sind dringeblieben" (Loher 2001, S. 41).

Neben der Darstellung der Verluste der Frau wird in Lohers Text anhand der Deponie das Verhältnis von Natur und Kultur thematisiert. Auf der Deponie

[16]Nach theoretischen Einflüssen des Poststrukturalismus, der Dekonstruktion oder Ansätzen des Material Criticism gelten diese oppositionelle Struktur und entsprechende Zuschreibungen an Kohärenz oder Ordnung zwar in aktuellen theoretischen Arbeiten als überholt. Das heißt jedoch nicht, dass es in der kulturellen Semantik keine Kontinuitäten zu beobachten gäbe.

[17]Insbesondere die Handlungsmacht von Dingen, die „material agency" oder die „vitality of matter" (Benett 2010, S. ix) stehen dabei im Fokus. Vgl. dazu auch die Ansätze zu ‚material recalcitrance' und ‚vibrant matter' (Jane Bennett), ‚waste matter' (Gay Hawkins) oder ‚storied matter' (Serenella Iovino).

werden von der Frau und dem Müllwagenfahrer einige Waldtiere beobachtet. Sie drängen sich am Zaun, der den Raum der Deponie vom Umland abgrenzt, vorbei. Der Müllwagenfahrer malt sich ihren Mageninhalt aus, der in seiner Imagination „faulige Windeln, zernagte Schaumstoffteile, halbe Schuhe, Splitter von Plastikflaschen, versupptes Obst" (Loher 2001, S. 40) enthält. Die mit Müll vollgestopften Tiere sind in mehrfacher Hinsicht Grenzgänger. Sie übertreten nicht nur topografisch eine liminale Zone, sondern werden auch in ihrer körperlich-materiellen Verfassung als Hybride imaginiert. Der Müllwagenfahrer konstatiert in dieser Hinsicht: „das sind keine Tiere mehr, das sind zum Platzen gestopfte Rundmatratzen mit braunen Haaren" (Loher 2001, S. 40). Somit werden kulturelle Konstruktionen der Entitäten ‚Tier' und ‚Objekt', von ‚Natur' und ‚Kultur' infrage gestellt bzw. die fragile Grenze zwischen diesen Polen inszeniert. Der Ort der *Deponie* wird semiotisch als *Assemblage* von Natur und (Konsum-) Kultur lesbar.[18] Auf der Deponie, als einem Grenzbereich von Kultur und Natur, geht es in diesem Text jedoch nicht um produktive *Metamorphosen des Abfalls,* wie sie etwa Susanne Hauser beschreibt (vgl. 2001). Es erfolgt keine einfache Umnutzung des Abfall(raums) zu Natur.[19] Anhand der Tiere wird vielmehr eine problematische Verbindung von Materiellem und Lebendigem dargestellt. Der Verlust von Konturen und die Verschmelzung von Entitäten bringen in dem Text die Grenzen von Natur und Kultur ins Wanken. Diese Konstellation wird zugespitzt, als sich die Frau selbst ‚entsorgt'. Sie wirft sich vor eines der Müllfahrzeuge und geht auf diese Weise in die Müllmassen ihres Hauses und somit

---

[18]Diese Beobachtungen lassen sich gewinnbringend mit theoretischen Ansätzen verknüpfen, die vor allem seit den 1990er Jahren im Zuge von posthumanistischen Perspektiven wie dem Material Criticism und Ecocriticism signifikant wurden. Diese problematisieren eine Gegenüberstellung von Natur und Kultur und betonen die Abhängigkeitsverhältnisse und den Netzwerkcharakter von Entitäten. Zudem heben sie die Handlungsmacht von nicht-menschlichen Akteuren hervor. Diese materiell-organischen Konstellationen könnten mit einer Perspektivierung durch die Actor-Network-Theory weiter gedacht werden, wie sie u. a. Bruno Latour im Hinblick auf eine materielle Semiotik entwickelte (vgl. Latour 2005). Im Rahmen eines diskursiven Naturbegriffs (vgl. Dingler 2005, S. 31) und vor diesem theoretischen Hintergrund werden menschliche und nicht-menschliche Entitäten, also die Tiere und der Müll, folglich als Produkte diskursiver Konstruktionen gesehen, allerdings auch selbst als aktive Akteure in diesem Konstruktionsprozess betrachtet und in dieser Weise in Lohers Text inszeniert.

[19]Wie etwa Deponien zu Parkanlagen vgl. dazu Hauser 2001, S. 285.

in die Deponie ein.[20] Diese wird dementsprechend nicht nur zum Friedhof des westlichen Unterbewusstseins, sondern auch zur letzten Stätte der Frau und ihrer Familie.

Die Deponie wird folglich in mehrfacher Hinsicht als Raum der Auflösung bzw. Transgression gezeigt. Sie wird für die Frau zum Ort der Trauer um ihre Familie und dient der Inszenierung der Transformation von Natur- und Kultùrkonzepten. Die Müllkippe wird bei Loher als ein trauriger, erschreckender, in jedem Fall unangenehmer Ort inszeniert, der in Verbindung mit Tod und Trauer steht. Dabei weisen die Elemente und Eigenschaften der Mülldeponiedarstellung trotz der kulturhistorischen Distanz entscheidende deskriptive und funktionale Parallelen zum Topos des *locus terribilis* auf.[21]

Der *locus terribilis,* der „wüste, öde und wilde" (Garber 1974, S. 240) Ort liegt „abseits von den von Menschen aufgesuchten oder bewohnten Stätten" (Garber 1974, S. 242), ebenso wie die topografische Verortung des *waste land*[22] der Mülldeponien in der Gegenwart.[23] Neben dem Aspekt der Abgelegenheit

[20]Diese Konstellation der lebendigen Frau, die sich in die Masse der Dinge wirft und so sich und ihren Körper ‚verdinglicht' und mit der Masse des Mülls verschmilzt, zeigt ein gegensätzliches Spiegelbild zum Bild der Tiere, die den Kunststoffmüll im Magen tragen, also den Lebewesen mit inkorporierten Dingen. Ferner stellt aus anthropozentrischer Sicht der menschliche Körper auf der Deponie, der durch diese topografische Platzierung zu einem wertlosen Ding, zu Müll wird, einen Skandal dar.

[21]Dieser hat laut Garber als erschreckender Ort vor allem in der Literatur des 17. Jahrhunderts Konjunktur. Unter dem Einfluss der Empfindsamkeit im 18. Jahrhundert wandelt sich die Naturerfahrung und damit auch die Deutung des *locus terriblilis.* Er wird nicht mehr ausschließlich negativ bewertet. Vgl. Garber 1974, S. 303.

[22]Die Bezeichnung von Mülldeponien als ‚waste land' findet sich ebenfalls im Titel des Films *Waste Land* (2010) von Lucy Walker über die Mülldeponie Jardim Gramacho bei Rio de Janeiro und zeigt einen Bezug auf T.S. Eliots berühmtes Gedicht *The Waste Land.* Siehe dazu den Beitrag von Benjamin Bühler in diesem Band. T.S. Eliot wiederum entnahm den Titel für sein Gedicht dem Werk *From Ritual to Romance* von Jessie Weston, der sich mit dem ‚Wasteland' als Motiv für eine unfruchtbare, verfluchte Landschaft in der keltischen Mythologie befasst. Die Beschreibung der Mülldeponien als ‚waste land' thematisiert somit eine kulturhistorische Kontinuität in den Darstellungsformen und Funktionen von negativ konnotierten Landschaftskonzepten.

[23]Deponien entstehen häufig am Rande von Städten oder in Gebieten, die eine soziale Dimension aufzeigen. Die zugemutete Abfallkonfrontation und die aufgebürdete Nähe zum Müll machen soziale bzw. gesellschaftliche Macht- bzw. Ohnmachtsverhältnisse und Wertvorstellungen sichtbar. Zu sozialen Topografien, die mit Abfällen verbunden sind, vgl. Hauser 2001, S. 28; Windmüller 2004, S. 235; oder für den anglo-amerikanischen Raum Nagle 2013 und Reno 2016.

werden „Dunkelheit und Unheimlichkeit" (Garber 1974, S. 258) als Charakteristika eines *locus terribilis* betont. Steht der literaturwissenschaftlich weit besser erforschte *locus amoenus* für einen poetischen Ort, der ein „Maximum an Annehmlichkeiten" bietet, vereinigt der *locus terribilis* dagegen ein „Maximum an Unannehmlichkeiten, Gefahren und Schrecken" (Garber 1974, S. 230). So wird der *locus terribilis* bei Garber als „Gegentyp" zum *locus amoenus* beschrieben (vgl. Garber 1974, S. 225). Gefährlichkeit und Ekelhaftigkeit (vgl. Garber 1974, S. 257) stellen weitere Merkmale dar, die ebenfalls in den Mülldeponiedarstellungen im 21. Jahrhundert zu beobachten sind. In der Literatur des 17. Jahrhunderts gehört giftiges zum Teil fantastisches Getier und Ungeziefer zum Repertoire (vgl. Garber 1974, S. 257). In Bezug auf die Mülldeponie der Neuzeit äußern sich diese Aspekte profaner, etwa in Ekel und Furcht vor Ratten, giftigen Gasen und chemischen Substanzen. Nichtsdestotrotz bleibt eine Angst vor den von diesem Ort ausgehenden Gefahren für Gesundheit und Körper. In Lohers Text wird die Deponie in eben dieser Weise inszeniert und so als *locus terribilis* lesbar. Die Müllllandschaft wird als düster beschrieben und diese Darstellung bezieht sich nicht nur auf die tatsächlichen Lichtverhältnisse am Abend, sondern hat symbolischen Wert. Es wird mehrfach wiederholt, dass es überall „stockfinster" (Loher 2001, S. 40) sei. Der Müllwagenfahrer beschreibt: „man kann von hier aus in der Dunkelheit nicht das Ende sehen, eine weite Müllebene, aus der die Scheinwerfer erdverschmierte Landschaften aus entzündeter Abfallakne herausschneiden" (Loher 2001, S. 41). Die Thematisierung von Entzündungen, Akne und der „Schwall der methangetränkten Luft" (Loher 2001, S. 41) verweisen auf Hygiene- und Reinlichkeitsdiskurse. Die grundsätzlich mit Schmutz und Abfall verbundene Angst vor einer Ansteckung oder Übertragung von Krankheiten charakterisieren diesen Ort als unwirtlich und gefährlich. Dieser Eindruck wird durch Aussagen des Müllwagenfahrers unterstrichen. Er erklärt: „niemand von uns steigt freiwillig aus den Fahrzeugen aus" und „niemand von uns geht da hinaus" (Loher 2001, S. 41).

Bei der Frage nach den Gründen für einen Aufenthalt an solch unwirtlichen Orten zeigen sich ebenfalls signifikante Ähnlichkeiten zwischen gegenwärtigen Deponiedarstellungen und dem Topos des *locus terribilis.* In der Literatur des 17. Jahrhunderts wird eine Abkehr von der Welt, eine Bewährungsprobe oder Bestrafung (Garber 1974, S. 268), als Motivation für den Aufenthalt an diesem Ort dargelegt.[24] Es ist jedoch ein Aspekt, den bereits Opitz als zentral herausstellt,

[24]Für die Mülldeponiedarstellungen der Gegenwart gibt es zudem eine berufliche Motivation. Doch das Arbeiten im und mit Müll ist sozial negativ bewertet. Vgl. Nagle 2013 S. 16 und Reno 2016.

der auch für die Deponiedarstellungen wesentlich ist: Der *locus terribilis* wird als „Klageort“[25] funktionalisiert. Als allegorische Chiffre für Verlassenheit, Qual, Pein und Trauer sei er bereits laut Opitz besonders „angemessen […] für Klage und Tod“ (Opitz zitiert nach Garber 1974, S. 242). Die Dunkelheit des Ortes dient so der Verdeutlichung des seelischen Zustandes. Garber betont ebenfalls den Zusammenhang „zwischen Trauer und Finsternis, der dazu zwingt, die Dunkelheit als räumliche Chiffre seelischer Verfassungen zu entziffern“ (Garber 1974, S. 291). Der *locus terribilis* dient folglich im 17. Jahrhundert ebenso wie in Lohers Text als „angemessene Kulisse“ (Garber 1974, S. 235) der Klage. Im 20. und 21. Jahrhundert fungiert die Deponie als *locus terribilis* jedoch nicht als Ort für eine reine Liebesklage,[26] sondern vornehmlich als Raum für eine kulturkritische Reflexion. Dabei gibt der Ort selbst Anlass zur – meist kulturpessimistischen – Klage. In Lohers Text wird diese Klage oder Trauer um den Verlust etablierter Ordnungen von Natur und Kultur mit der Trauer um menschliche Verluste sowie mit einem persönlichen Schicksal verbunden. Der Aspekt der Kontingenz wird in Lohers Text folglich in unterschiedlicher Weise semantisiert. Zum einen als plötzlicher Einbruch des Unvorhergesehenen: der Gasexplosion, dem Unfall. Zum anderen wird Kontingenz als langsame Transformation der Ordnungsstrukturen von ‚Natur‘ und ‚Kultur‘ gezeigt. Beide Lesarten, die plötzliche, wie die eher schleichende, werden in Bezug zur Mülldeponie dargestellt.

Der Text über die formlose Masse der Dinge auf der Deponie adaptiert dabei die Eigenschaften seines Gegenstandes typografisch.[27] Er illustriert so nicht nur das materielle Chaos, das einer kollektiven wie individuellen Katastrophe folgt.

[25]Nach Opitz vgl. Garber 1974, S. 242.

[26]Der *locus terribilis* wurde in der Literatur des 17. Jahrhunderts in der Nachfolge Petrarcas vor allem als Ort der Liebesklage inszeniert. Vgl. Garber 1974, S. 230.

[27]Zunächst gibt es keine unmittelbare Überschrift. Der Titel wird auf einer Seite zuvor angekündigt, dann ist plötzlich ein klar formatiertes Textfeld, das in Blocksatz gestaltet ist, zu sehen. Die anderen Teile des Stücks sind nicht prosaisch, sondern wie für dramatische Texte üblich in dialogischer und freierer Form gestaltet. Neben diesem Kontrast zum Rest des ‚Magazins‘ gibt es im gesamten Deponie-Text keinen Punkt. Folglich gibt es außer der Kommata keine ordnungsgebende Interpunktion im Textfeld. Die Sätze sind ohne hierarchische Strukturen, einer Sprach- oder Zeichenkette gleich, aneinandergereiht. Es lässt sich hier eine Parallele des Textes mit seinem Gegenstand konstatieren, in dem gerade die mit dem Müll und besonders einer Deponie assoziierte Unordnung der Dinge und das bereits genannte egalitäre Prinzip der Dinge in der Masse erkennbar sind. Vgl. Hansen 2018, S. 147. Siehe darüber hinaus den Beitrag von David-Christopher Assmann in diesem Band.

Der Müll und die Deponie stehen vielmehr semiotisch ganz grundsätzlich für den Verlust von Form und Ordnung.[28] Während die Deponie somit bei Loher als ein *locus terribilis,* als Ort des Verlusts und der Transgression inszeniert wird, hat der Raum der Deponie in Herrndorfs Roman *Tschick* eine gänzlich andere Ästhetik und Funktion.

## 3 Die Deponie als Fundort in Herrndorfs *Tschick* und *Bilder deiner großen Liebe*

In Wolfgang Herrndorfs Roman *Tschick* sind die zwei Jugendlichen Maik Klingenberg und Andrej Tschichatschow, genannt Tschick, mit einem geklauten Lada auf einem Roadtrip durch die Republik unterwegs. Was bringt sie auf die Mülldeponie? Es ist keine existenzielle Ausnahmesituation des Lebens wie in Lohers Text, sondern eine recht profane Motivation diesen Ort aufzusuchen: Die zwei minderjährigen Jungen haben kein Benzin mehr und können aufgrund ihres Alters nicht tanken. Sie wollen daher Kraftstoff aus einem anderen Auto klauen und benötigen dafür einen Schlauch. Da sie diesen nicht in ihrem Umfeld auftreiben können, brauchen sie eine alternative Bezugsquelle. Tschick erinnert sich, dass er vor kurzem auf ihrem Weg eine Müllkippe gesehen hat und so machen sich die Jungen auf, um eben jene Deponie zu suchen. Das fällt nicht allzu schwer, denn schon von weitem sind die Müllberge sichtbar: „Riesige Berge, ganz von Wald und Autobahn umgeben" (Herrndorf 2014, S. 149).

Die Beschreibung von Mülldeponien mit Referenzen auf Landschaften und Naturräume, hier der Berglandschaft, ist charakteristisch. Die Häufung des Wortes ‚Berg' oder ‚Berge' für die Darstellung der Deponie kommt in der Beschreibung Herrndorfs jedoch auffallend häufig vor. Es werden wahrlich „riesige Müllberge" (Herrndorf 2014, S. 148) geschildert. Auf der Deponie wird von Kluften zwischen den Müllbergen gesprochen, die „steil" (Herrndorf 2014, S. 152) abfallen. Maik fürchtetet an einer Stelle mehrere Meter abwärts zu stürzen. Zudem erfordert die überdimensional inszenierte Berglandschaft des Mülls bestimmte Bewegungsmuster. Der Ort bestimmt die Fortbewegung der Figuren, die die Müllberge besteigen (vgl. Herrndorf 2014, S. 150) und auf ihnen „rumkraxel[]n" (Herrndorf 2014, S. 149). Maik „rutschte" einen Berg hinunter, während ein Mädchen, das die Jungen dort treffen, auf den Müllbergen „kletterte […] wie ein kleines, schnelles

[28] Diese Transformationen sind mit Implikationen für die nachfolgenden Generationen und entsprechenden Zukunftsvorstellungen verknüpft und werden insbesondere im Hinblick auf Kunststoffmüll thematisiert. Vgl. Hansen 2018, S. 147.

Tier“ (Herrndorf 2014, S. 150). Die kulturelle Semantik der Berge als spirituelle Orte,[29] aber vor allem als erhabener Naturraum, wird in den unheiligen Bergen (vgl. Schmieder 2013) des Abfalls fortgeführt. Die Deponie wird als imposante Berglandschaft inszeniert[30] und zeigt sich als ein alteritärer Erfahrungsraum der Jungen, der nahezu im Sinne eines ‚Abenteuerlandes‘ lesbar wird. So sitzen die Jungen, kurz bevor sie das Mädchen Isa treffen, auf der Spitze eines Müllberges, auf einer Waschmaschine und blicken in die untergehende Sonne (vgl. Herrndorf 2014, S. 151). Das geradezu romantisch anmutende Motiv der zwei Jungen ‚auf Wanderschaft‘, die auf der Spitze eines Berges in den Sonnenuntergang blicken, wird dadurch gebrochen, dass es sich um einen Müllberg handelt und bei ihnen im Hintergrund nicht der Eichenwald rauscht, sondern die Autobahn.

Die abenteuerliche Berglandschaft des Mülls, die Deponie im Roman *Tschick,* wird vor allem als ein Fundort und Verbindungsraum inszeniert. Was finden die Jungen auf der Deponie? Zunächst einmal nicht den benötigten Schlauch, dafür jede Menge andere Dinge. In *Tschick* ist eine mit Mülldarstellungen meist verbundene Freude an der Darstellung von materiellen Exotika, des Zusammenbringens von heterogenen Dingen und eine Poetik der Aufzählung zu beobachten. Ausgelöst von einem Zufallsfund im Durcheinander des Mülls kommt es zu einer entscheidenden Erinnerung, die wie eine *Mémoire involontaire,* bei Maik zu einer Reflexion der eigenen Situation führt:

> Ich hatte einen Berg mit Haushaltsmüll zu fassen und sammelte zwei Fotoalben ein, die ich Tschick zeigen wollte. *In dem einen war eine Familie, lauter Aufnahmen von Vater, Mutter, Sohn und Hund, und auf jedem Bild strahlten sie alle, sogar der Hund. Ich blätterte das Album durch, aber am Ende warf ich es doch wieder weg, weil es mich deprimierte. Ich musste an meine Mutter denken und wie schlecht es ihr ging und welchen Kummer ich ihr wahrscheinlich verursachte, wenn das alles hier rauskam.* Dann rutschte ich auf einer schmierigen Holzplanke aus und fiel in einen Haufen mit vergammeltem Obst. (Herrndorf 2014, S. 150; Hervorhebung von L.H.)

[29]Vgl. zur kulturellen Bedeutung von heiligen Bergen Weidner 2013.

[30]Die Ästhetik der Mülldeponie in Fatih Akins Verfilmung des Romans weist in dieser Hinsicht große Unterschiede auf. Die Beschreibungen der riesigen Müllberge der Deponie in der literarischen Vorlage werden im Film eher zu einer Art wilden Müllkippe mit einem deutlich geringeren Grad von Wildheit oder Erhabenheit. Dieser Umstand ist überraschend, da der Film im Ganzen eine deutlich ökokritischere Stoßrichtung hat als der Roman. Vgl. Akin 2016.

Der Müll, das gefundene Fotoalbum initiiert eine Erinnerung an die Mutter und beendet diese durch das Ausrutschen auf einer Holzplanke. Der Protagonist landet selbst im Müll.[31] Die von dem Fundstück ausgelösten Gedanken Maiks sind nicht nur im Hinblick auf die Gefühlswelt des Protagonisten relevant, sie offenbaren zudem eine tiefe Verbindung zu dem Mädchen, das Tschick und er auf der Müllkippe treffen. Die Begegnung mit Isa ist das Wesentliche der Deponie-Episode in *Tschick*. Isa und die Jungen beschimpfen sich bei ihrer ersten Begegnung zwar zunächst, doch schließlich zeigt Isa ihnen, wo sie den benötigten Schlauch auf der Deponie finden können. Tschick ist das ungepflegte Mädchen unangenehm, doch Maik zeigt sich an ihr interessiert und verliebt sich in sie. Bevor sich Maik und Isa jedoch näher kennenlernen, wird bereits eine Verbindung zwischen ihnen ersichtlich und das bemerkenswerterweise über den Müll. Ihre Zusammengehörigkeit wird über die Objekte in der Deponie vermittelt. Diese erschließt sich jedoch nur, wenn *Tschick* mit dem letzten Roman Herrndorfs *Bilder deiner großen Liebe* zusammengelesen wird. Darin wird Isas Begehung der Mülldeponie mit erstaunlich ähnlichen Worten beschrieben, wie mit denen von Maik. So heißt es, als Isa auf die Deponie kommt:

> Ich steige über Berge von Haushaltsmüll. Einige Beutel reiße ich auf, und ich finde verschimmeltes Obst und eine braune Banane. Ich finde außerdem ein pelziges Brot, reiße die Kruste ab und esse die Mitte. Ich finde einen Beutel voller Salat und einen Klumpen Spaghetti mit getrockneter roter Soße. Wie Gummi ist das. Ich beiße auf einen Stein. *Ich finde auch zwei Fotoalben. In dem einen ist eine Familie, lauter Aufnahmen von Vater, Mutter, Sohn und Hund, und auf jedem Bild strahlten sie alle, sogar der Hund. Ich blättere das Album durch, aber am Ende werfe ich es doch wieder weg, weil es mich deprimiert.*
>
> *Ich muss an meinen Vater denken und wie schlecht es ihm geht und welchen Kummer ich ihm wahrscheinlich verursache, wenn das alles hier rauskommt.* Ich steige weiter hinauf. Ich keuche und schwitze. (Herrndorf 2017, S. 11)[32]

[31]Die Tatsache, dass der Müll die durch ihn initiierte Erinnerung auch beendet, lässt sich produktiv mit Ansätzen zur Handlungsmacht, zur *Agency* von Dingen, verknüpfen. Die „active powers issuing from nonsubjects" (Bennett 2010, S. ix) zeigen sich auf der Mülldeponie dabei offenbar in besonderem Maße. Nicht zufällig nutzt Jane Bennett in ihrem Buch *Vibrant Matter* die Müllkippe als Beispiel, um die aktiven Kräfte von Dingen zu verdeutlichen (vgl. Bennett 2010, S. vii).

[32]Kursivierung von L.H., um die gleichlautende Passage im Roman *Tschick* hervorzuheben.

In der Heterogenität der Dinge auf der Deponie finden Maik und Isa beide zufällig dasselbe Fotoalbum, heben es auf und haben *wortwörtlich*[33] die gleichen Gedanken und Gefühle. Der Müll – die Deponie – wird hier als Vermittlungsraum dieser zwei Figuren auf der Reise jenseits von konventionellen Räumen und Erwartungen wirksam. Zur Unterschiedlichkeit und dem Durcheinander der Dinge auf der Deponie stehen kontrastiv dieselben Worte und Gedanken der zwei Figuren. Sie stellen eine Brücke zwischen den Figuren und zugleich zwischen den beiden Romanen dar.[34] Zudem setzt sich das bereits thematisierte Motiv des Berges in diesen Textstellen fort, bzw. bildet sich durch die Bewegungen der Figuren am Ende ihrer gleichlautenden Gedanken ab. Während Maiks Gedanken durch den Müll selbst ein Ende finden – er rutscht auf einer Holzplanke aus, fällt und landet selbst im Abfall –, zeigt sich bei Isa am Ende der Passage dagegen eine Aufwärtsbewegung. Sie steigt den Müllberg weiter hinauf. Die Müllberge werden so zur Verbindungsstelle zwischen den Romanen und Figuren.

Während in Lohers Text auf den verschiedenen Ebenen Verluste verhandelt werden, fungiert in Herrndorfs Romanen die Mülldeponie als Fundort. Dies wird durch die häufige Verwendung des Verbes ‚finden' vermittelt. Im Roman *Bilder deiner großen Liebe* wird es allein auf eineinhalb Seiten sieben Mal verwendet (vgl. Herrndorf 2014, S. 118–119). Diese Wiederholung kennzeichnet die Deponie als ertragreichen Ort. Sie wird für die Figuren, die auf Wegen jenseits gesellschaftlicher Konventionen unterwegs sind, zu einer Fundgrube. Es werden zwar überwältigende Müllmassen beschrieben, jedoch nicht in einer diabolischen oder dystopischen Art, sondern vielmehr als ein Bild für eine ‚Wildnis', die sich für die Ausreißer als ein Möglichkeitsraum darstellt. Gemeinsam ist dieser Inszenierung mit der von Dea Loher, dass auch hier Kontingenz ein zentrales Thema ist.

---

[33]Einzig die Zeitform stellt einen Unterschied dar. Der Roman *Tschick* wird im Präteritum erzählt, *Bilder deiner großen Liebe* im Präsens. Außerdem wurde in *Tschick* kein Absatz zwischen den Gedanken zur Familie auf dem Foto und denen der eigenen Elternteile gesetzt.

[34]Neben den gleichlautenden Gedanken zum Fotoalbum gibt es in den zwei Romanen weitere verbindende Elemente. Maik fragt sich im Roman *Tschick* mehrfach, was Isa in dem kleinen Kästchen verwahrt, das sie bei sich trägt. In *Bilder deiner großen Liebe* erfahren die Leser*innen, dass Isa das Kästchen auf der Deponie gefunden hat und es als Schutz für ihr Tagebuch und eine Waffe verwendet. Das Geheimnis um den Inhalt des Kästchens wird im Roman *Tschick* nicht offenbart, sondern ebenfalls nur über den Roman *Bilder deiner großen Liebe* gelöst.

Das erste zufällige Fundstück im Müll, das Fotoalbum, wird zwar sowohl von Maik als auch von Isa wieder in den Müll geworfen,[35] aber es initiiert bei beiden ein Reflexionsmoment und offenbart eine tiefe mentale wie emotionale Gemeinsamkeit zwischen den Figuren. Den wichtigsten ‚Fund' für den Plot des Romans *Tschick* stellt das Mädchen Isa dar. Isa verfügt über eine ausgeprägte Ortskenntnis auf der Mülldeponie und hilft den Jungen, den für den Fortgang ihrer Reise benötigten Schlauch zu finden. Das Mädchen von der Müllkippe vermittelt den Jungen nicht nur den wichtigen Gegenstand, sondern hat außerdem das nötige Wissen. Sie weiß, im Gegensatz zu den Jungen, wie der Schlauch angewendet werden muss, um Benzin aus einem anderen Auto zu gewinnen. Nur durch Isa kann der Roadtrip fortgesetzt werden und folglich kommt sie, obwohl sie wie der Müll stinkt, ein Stück des Weges mit. Sie sichert fiktionsintern den Fortgang des Roadtrips in *Tschick* und stellt einen wichtigen Entwicklungsschritt des Protagonisten Maik dar. Darüber hinaus initiiert das „Müllmädchen",[36] wie Herrndorf selbst Isa in seinen Notizen nennt, einen weiteren Text. Sie ist die Protagonistin seines letzten Romans *Bilder deiner großen Liebe*.

Isas Wesen und ihre enge Verknüpfung mit dem Müll und der Deponie wirken sich außerdem auf die Struktur des Romans *Bilder deiner großen Liebe* aus. Diese ist nicht bindend, kohärent oder linear. Die einzelnen Szenen folgen scheinbar willkürlich aufeinander. Geografische und klimatische Umstände sowie Zeitangaben sind widersprüchlich. Dies ist kein Resultat der traurigen Entstehungsgeschichte des Textes, der aufgrund einer schweren Krebserkrankung

[35]Zu Narrativen über Müll gehört wesentlich die Darstellung von Funden im Müll. Fotoalben, wie hier in den zwei Romanen von Herrndorf, zählen ebenso wie schriftliche Zeugnisse (Tagebücher, Briefe etc.) dabei zu den häufigsten Fundstücken. Diese Dinge erzählen offensichtlicher über ihre ehemaligen Besitzer*innen als Objekte, denen ihre Biografie nur über Gebrauchsspuren abzulesen ist. Häufig werden über die Fundstücke im Müll Verbindungen zwischen verschiedenen Figuren offenbar oder initiiert, die dann wiederum Auslöser oder Gegenstand einer Erzählung sind. Neben diesen Fundstücken sind es, vor allem im medialen Bereich, Sensationsfunde, bei denen der Gegensatz von wertlosem Müll und wertvollem Objekt im Vordergrund steht. Dabei handelt es sich meist um ‚Schatzfundnarrative', bei denen der Fund von wertvollen Dingen (Diamanten, Schmuck, wichtige Informationen, Dokumente etc.) im vermeintlich wertlosen Müll beschrieben werden.

[36]So in Herrndorfs Notizen, laut Nachwort in *Bilder deiner großen Liebe*. Vgl. Herrndorf 2017, S. 133.

in die letzten Lebenswochen Herrndorfs fällt und von Katrin Passig und Markus Gärtner für eine Publikation bearbeitet wurde, sondern diese Struktur ist programmatisch angelegt. Sie scheint von seiner Protagonistin, dem „Müllmädchen" selbst auszugehen. In dem als Buch erschienenen Blog *Arbeit und Struktur* heißt es über den Text: „Mit etwas Rumprobieren einen Ton gefunden, schreibt sich wie von selbst. Und praktisch: kein Aufbau. Man kann Szene an Szene stricken, irgendwo einbauen, irgendwo streichen, irgendwo aufhören" (Herrndorf 2014, S. 316).

Der Roman hat also nicht aufgrund der gesundheitlichen Umstände Herrndorfs eine solch lose und zum Teil widersprüchliche Struktur, sondern diese ist intendiert.[37] Der Text über das „Müllmädchen" verlangt keinen bindenden, kohärenten Aufbau. Die Szenen bzw. Kapitel stehen in lockerer, unverbindlicher Form nebeneinander. Die Struktur ist – um mit der Kontingenzdefinition aus dem Metzler Literatur-Lexikon zu sprechen – möglich, aber nicht notwendig. Es lässt sich folglich bei Herrndorf wie bei Loher eine textuelle bzw. strukturelle ‚Spiegelung' der Charakteristika der Deponie (die egalitäre Beziehung der Elemente, die ungewöhnliche Nachbarschaft von Dingen etc.) als Textverfahren erkennen.

## 4 Vom Suchen und Finden im Müll

Mülldeponien, so hieß es eingangs, „sind die Orte, die uns verbinden". In Dea Lohers Text wird eine Figur gezeigt, die aufgrund des Einbruchs der Kontingenz in ihr Leben, eines Unfalls, auf der Mülldeponie nach ihrer Familie sucht. Auf die traurigste Weise findet sie aufgrund der Struktur der Deponie eine Möglichkeit, sich über die Masse des Mülls mit ihrer toten Familie zu verbinden. Sie kann zumindest körperlich in dieselbe Masse eingehen und dadurch, dass sie selbst Teil der Deponie wird, einen direkten Bezug herstellen. In Lohers Text wird die Deponie als *locus terribilis,* als poetischer Klageort lesbar.

Im Roman *Tschick* dagegen finden die zwei Jungen auf der Mülldeponie, die als wilde Berglandschaft inszeniert wird, nicht nur den für ihre Weiterfahrt benötigten Schlauch, sondern auch das „Müllmädchen" Isa. Maik verliebt sich in sie und die Zusammengehörigkeit von Maik und Isa wird über die Mülldeponie vermittelt. Sie treffen sich an diesem unkonventionellen Ort, finden zufällig dieselben Dinge auf der Deponie und haben wortwörtlich die gleichen Gedanken

[37] Herrndorf wollte den Roman allerdings nicht als Fragment verstanden wissen. Er erscheint daher, wie es im Untertitel heißt, als „unvollendeter Roman".

und Gefühle dazu. Das Mädchen von der Müllkippe ist für den Fortgang des Roadtrips wesentlich und wird darüber hinaus poetologisch wirksam. Sie ist die Protagonistin des Romans *Bilder deiner großen Liebe.* Die mit Müll verbundene Zuschreibung ‚des Anderen' wird in den Darstellungen bei Herrndorf nicht als negativ oder diabolisch gezeigt, sondern der Müll-Ort ermöglicht den Jugendlichen auf der ‚Flucht' vor konventionellen Erwartungen und normativen Vorstellungen vielmehr einen Treffpunkt und wird als ein Fundort inszeniert.

Mit der Darstellung der Deponie – dem Suchen und Finden im Müll – wird in diesen drei Texten auf unterschiedliche Weise nicht nur das Verhältnis der Menschen zu ihrem Müll thematisiert, sondern ferner ein soziales Personal gezeigt, das zu einem spezifischen Zeitpunkt der Geschichte diesen gesellschaftlichen ‚Nicht-Ort' aufsucht. Die Inszenierung von zufälligen Begegnungen zwischen Figuren und Dingen stellt einen wesentlichen Aspekt der Deponie-Narrative dar. Der literarische Ort der Mülldeponie offenbart dabei seinen besonderen Bezug zur Kontingenz.

Mülldeponien stellen üblicherweise den Endpunkt von Objektbiografien dar und führen die Konsequenzen von Handlungen, von Konsum, vor Augen. An diesem Ort geht es gemeinhin um die Verwaltung und Beseitigung der ausgesonderten Dinge. Müll, das sind eigentlich alles Gegenstände, die verbraucht oder kaputt sind, die aussortiert und weggeworfen wurden. Die zu Müll gewordenen Dinge sollen möglichst nicht mehr existieren. ‚Deponie' ist daher eine merkwürdige Bezeichnung für diesen Ort. Suggeriert der Begriff doch etymologisch (vgl. Art. Depot 2011, S. 191), dass der Müll hinterlegt und bewahrt wird und in einer Art Depot für eine weitere Verwendung zur Verfügung steht. Abgesehen von Versuchen ihn verschwinden zu lassen, und ihn ggf. wie Susanne Hauser herausarbeitet, in *Metamorphosen des Abfalls* zu Natur zu transformieren, kommt es zu dieser Weiterverwendung üblicherweise jedoch nicht.[38] Die Bezeichnung ‚Depot' für die tatsächlichen Mülldeponien scheint daher ein unpassender Begriff zu sein – für die Deponie-Darstellungen in der Literatur dagegen passt die Bezeichnung ausnehmend gut. Gerade weil die Deponie als Nicht-Ort im Abseits der kulturellen oder sozialen Geografie westlicher Kulturen liegt, scheint er mit Grenzsituationen des Lebens verknüpft. In einer geordneten Gegenwart scheint die Mülldeponie aufgrund der topografischen Marginalisierung ein narrativer Möglichkeitsraum

[38]Diese Aussage betrifft die konventionelle Praxis auf Mülldeponien. Aufgrund der Rohstoffknappheit und ökologischer Aspekte kommen gegenwärtig in neueren Ansätzen Mülldeponien wieder produktivere Funktionen zu, wie etwa beim Urban Mining. Grundlegend ist der Gedanke, aus den Unmengen an Abfällen wieder Rohstoffe zu gewinnen.

zu sein, ein soziales, materielles und poetisches Reservoir für Geschichten, Verbindungen und Begegnungen.

Für die realen wie literarischen Mülldeponien scheint Ähnliches zu gelten, was Michel Foucault auch für Heterotopien beschreibt: Sie befinden sich abseits der geltenden Ordnung, erfüllen aber dadurch für die Gesellschaft – und in diesem Fall für die Literatur – eine besondere Funktion. Besonders das Konzept der Abweichungsheterotopie, unter der Foucault „Orte, [versteht; L.H.] an denen man Menschen unterbringt, deren Verhalten von der geforderten Norm abweicht" (Foucault 2006, S. 322), lässt sich, wenn man diese Definition auf Dinge ausweitet, gewinnbringend auf Mülldeponien übertragen. Die Deponie und die als monströs oder diabolisch konnotierten Dinge, der Abfall der Konsumkultur, der an diesem Ort gebändigt, verwaltet und möglichst vergessen werden soll, evozieren und begründen in der Literatur in besonderem Maße zufällige Erlebnisse, Begegnungen und Funde. So wird der Ort des Abfalls als Raum der sozialen Wertschöpfung und darüber hinaus als poetisches Reservoir bzw. poetischer Fundort inszeniert. Die Mülldeponie, der eigentliche Endpunkt der als wert- und funktionslos markierten Dinge, wird literarisch als ein Raum für Kontingenzerfahrung inszeniert und zu einem narrativen Fundus für Alteritätserlebnisse – topografischer, materieller, sozialer wie psychischer Art.

## Literatur


Art. Depot. 2011. *Kluge Etymologisches Wörterbuch der deutschen Sprache*. Berlin und Boston: de Gruyter.

Art. Latenz. 2011. *Kluge. Etymologisches Wörterbuch der deutschen Sprache*. Berlin und Bosten: de Gruyter.

Assmann, Aleida. 2010. *Erinnerungsräume. Formen und Wandlungen des kulturellen Gedächtnisses*. München: Beck.

Baßler, Moritz, C. Brecht, D. Wunberg, und G. Wunberg. 1996. *Historismus und literarische Moderne*. Tübingen: Niemeyer.

Bardmann, Theodor M. 1994. *Wenn aus Arbeit Abfall wird. Aufbau und Abbau organisatorischer Realitäten*. Frankfurt a. M: Suhrkamp.

Bennett, Jane. 2010. *Vibrant Matter. A political ecology of things*. Durham: Duke University Press.

Dingler, Johannes. 2005. Natur als Text: Grundlagen eines poststrukturalistischen Naturbegriffs. In *Natur – Kultur – Text. Beiträge zu Ökologie und Literaturwissenschaft*, Hrsg. C. Gersdorf und S. Mayer, 29–52. Heidelberg: Winter.

Dillmann, Martin. 2011. *Poetologien der Kontingenz. Zufälligkeit und Möglichkeit im Diskursgefüge der Moderne*. Köln: Böhlau.

Douglas, Mary. 1985. *Reinheit und Gefährdung: Eine Studie zu Vorstellungen von Verunreinigung und Tabu*. Übersetzt von Brigitte Luchesi. Berlin: Reimer.

Foucault, Michel. 2006. Von anderen Räumen. In *Raumtheorie. Grundlagentexte aus Philosophie und Kulturwissenschaften*, Hrsg. J. Dünne und S. Günzel, 317–330. Frankfurt a. M.: Suhrkamp.

Garber, Klaus. 1974. *Der Locus amoenus und der Locus terribilis. Bild und Funktion der Natur in der deutschen Schäfer- und Landlebendichtung des 17. Jahrhunderts*. Köln: Böhlau.

Gora, M., und G. Bandolin. 1996. Das Müllmuseum. *Schweden*. In *Topos. European Landscape Magazine* 14:66–71.

Hansen, Lis. 2018. Kunst-Stoffe Der Zauber und Fluch materieller Persistenz am Beispiel von Dea Lohers ‚Deponie'. In *Die Grenzen der Dinge. Ästhetische Entwürfe und theoretische Reflexionen materieller Randständigkeit*, Hrsg. L. Hansen, K. Roose und D. Senzel, 139–164. Wiesbaden: Springer VS.

Hauser, Susanne. 2001. *Metamorphosen des Abfalls. Konzepte für alte Industrieareale*. Frankfurts a. M.: Campus.

Herrndorf, Wolfgang. 2014. *Tschick*. Hamburg: Rowohlt Taschenbuch (Erstveröffentlichung 2010).

Herrndorf, Wolfgang. 2015. *Arbeit und Struktur*. Hamburg: Rowohlt Taschenbuch (Erstveröffentlichung 2013).

Herrndorf, Wolfgang. 2017. *Bilder deiner großen Liebe. Ein unvollendeter Roman*. Hamburg: Rowohlt Taschenbuch (Erstveröffentlichung 2014).

Kristeva, Julia. 1982. *Powers of Horror. An Essay on Abjection*. New York: Columbia University Press.

Kuchenbuch, Ludolf. 1988. Abfall. Eine Stichwortgeschichte. In *Kultur und Alltag*, Hrsg. Hans-Georg Soeffner, 155–170. Göttingen: Schwartz.

Latour, Bruno. 2005. *Reassembling the social. An introduction to actor-network-theory*. Oxford: Oxford University Press.

Loher, Dea. 2001. *Magazin des Glücks*. Frankfurt a. M.: Verlag der Autoren.

Nagle, Robin. 2013. *Picking up. On the Streets and Behind the Trucks with the Sanitation Workers of New York City*. New York: Farrer Straus Giroux.

Nef, Ernst. 1970. *Der Zufall in der Erzählkunst*. Bern: Francke.

Marquart, N., und V. Schreiber, Hrsg. 2012. *Ortsregister. Ein Glossar zu Räumen der Gegenwart*. Bielefeld: transcript.

Rathje, W., und C. Murphy. 1994. *Müll. Eine archäologische Reise durch die Welt des Abfalls*. Aus dem Amerikanischen übertragen von Ariane Böckler und Petra Hölzle. München: Goldmann.

Reno, Joshua. 2016. *Waste away. Working and Living with a North American Landfill*. Oakland: University of California Press.

Schmieder, Falko. 2013. Unheilige Berge. Über den Abfall des Menschen. *Trajekte* 26: 47–51.

Schmitz-Emans, Monika. 1994. Poesie als Antimechanik. Zur Modellfunktion des Zufälligen bei Hans Arp. *Jahrbuch der deutschen Schillergesellschaft* 38: 283–310.

Thompson, Michael. 1981. *Die Theorie des Abfalls. Über die Schaffung und Vernichtung von Werten*. Klett-Cotta: Stuttgart.

*Tschick*. Deutschland 2016. Regie: Fatih Akin. DVD Studiocanal GmbH 2017.

Vogt, Peter. 2011. *Kontingenz und Zufall. Eine Ideen- und Begriffsgeschichte*. Berlin: Akademie.

von Graevenitz, G., und O. Marquard, Hrsg. 1998. *Kontingenz*. München: Fink.

Wagner, Anselm. 2012. Deponie. In *Ortsregister. Ein Glossar zu Räumen der Gegenwart*, Hrsg. N. Marquart und V. Schreiber, 83–88. Bielefeld: Transcript.

Weidner, Daniel. 2013. Heilige Berge. Editorial. *Trajekte* 26:1–2.

Windmüller, Sonja. 2004. *Die Kehrseite der Dinge. Müll, Abfall, Wegwerfen als kulturwissenschaftliches Problem*. Münster: LIT.

Wolf, Philipp. 2013. Kontingenz. In *Metzler Lexikon Literatur- und Kulturtheorie. Ansätze – Personen – Begriffe*, Hrsg. Ansgar Nünning. Stuttgart: Metzler.

**Lis Hansen** ist Doktorandin an der Graduate School Practices of Literature der Westfälischen Wilhelms-Universität Münster. In ihrer Dissertation befasst sie sich mit poetischen Müllszenen in der Gegenwartsliteratur. Ihre Forschungsschwerpunkte sind: Müll in der Literatur, Kunststoffe, Natur-Imaginationen und das Verhältnis von Literatur und Ausstellungen. Publikation u. a.: „Kunst-Stoffe. Der Zauber und Fluch materieller Persistenz am Beispiel von Dea Lohers ‚Deponie'" (2018).

# Teil II
# Herausforderungen des Anthropozäns

# Lokalisierung, Simplifizierung, Fokussierung von Praktiken

## Mülldeponien in Dokumentarfilmen von Candida Brady, Fatih Akin und Lucy Walker

Benjamin Bühler

## 1 Ökologische Probleme im Dokumentarfilm

Der Dokumentarfilm scheint ein besonders geeignetes Genre für die Darstellung ökologischer Probleme und damit auch der Müllproblematik zu sein. Schließlich zeigen die Bilder in aller (vermeintlichen) Evidenz das, was tatsächlich ist und was in der realen Welt geschieht. Allerdings setzen auch Dokumentarfilme rhetorische, narrative, visuelle und technische Strategien ein, um ihr Material zu formen und zu organisieren, wie der Filmtheoretiker Bill Nichols schreibt: „Documentary direct us towards *the* world but they remain texts. Hence they share all of the attendant implications of fiction's constructed, formal, ideologically inflected status" (Nichols 1991, S. 110). Nichtsdestotrotz bleibe ein grundlegender Unterschied zu fiktionalen Filmen bestehen: „Documentary directs us toward the world of brute reality even as it also seeks to interpret it, and the expectation that it will do so is one powerful difference from fiction" (Nichols 1991, S. 110). Dokumentationen beziehen sich demnach auf die wirkliche Welt, stellen sich aber auch selbst als Repräsentationen und Interpretationen dieser Realität aus. Die Doppelstruktur von Faktizität und Fingiertheit als Interpretation dieser vorgeführten Faktizität wird in Dokumentarfilmen sehr unterschiedlich realisiert. Das Spektrum in der Geschichte dieses Genres reicht

B. Bühler (✉)
Universität Konstanz, Konstanz, Deutschland
E-Mail: benjamin.buehler@uni-konstanz.de

 
D.-C. Assmann (Hrsg.), *Narrative der Deponie*, Kulturelle Figurationen: Artefakte, Praktiken, Fiktionen, https://doi.org/10.1007/978-3-658-27880-9_6

von explizit erklärenden Filmen mit belehrenden Hintergrundkommentaren über beobachtende Filme bis zu solchen, die die Interaktionen zwischen Filmemachern und dargestellten Personen ausstellen (vgl. zum Beispiel Nichols 1991, 2010; Barnouw 1993; Hohenberger 2012; Winston 2013). Demgemäß hat die Forschung in den letzten Jahren vor allem die Verfahren in den Blick genommen, „die im Rahmen unterschiedlicher Institutionen und Praktiken, Diskurse und Ästhetiken auf je spezifische Weise bild-, text- und tonmediale Elemente so arrangieren, dass ein Wirklichkeitseffekt attestiert werden kann" (Balke und Fahle 2014, S. 10).

Für ökologische Dokumentarfilme ist der Wirklichkeitseffekt ein zentraler Aspekt, geht es ihnen doch darum, die Faktizität von Umweltproblemen aufzuzeigen, zumal diese häufig unsichtbar sind oder weitgehend ignoriert werden – wie zum Beispiel die Verbreitung von Giftstoffen oder Mikroplastikpartikel in der Umwelt. Zugleich sind sie aber auch ‚Texte', zumal sie meist ihr Material in eine narrative Ordnung bringen und eine Erzählinstanz aufweisen. Mit Nichols formuliert: Ökologische Dokumentarfilme führen uns zur realen Welt, die sie aber auch interpretieren, das heißt, sie zielen auf Änderungen von Einstellungen, das Ergreifen von Handlungen und politischen Aktionen (vgl. dazu auch Willoquet-Maricondi 2010).

Wichtige Verfahren zur Erfüllung dieser zweifachen Funktion sind Personalisierung – man lässt betroffene Personengruppen selbst zu Wort kommen – und Emotionalisierung – man zeigt besonders drastische oder tragische Fälle. In dem Dokumentarfilm *An Inconvenient Truth* (2006) zum Beispiel wird der Autounfall von Al Gores sechsjährigem Sohn zum Anlass für einen fundamentalen Wandel seines Lebens, wobei die Verantwortung für seinen Sohn zu einer Verantwortung für die kommenden Generationen wird. Der Film setzt solchermaßen auf Affekte im Sinne automatischer Reaktionen und auf Emotionen im Sinne kognitiver Bewusstheit solcher Reaktionen (vgl. von Mossner 2014, S. 1). Wie Adrian Ivakhiv in seiner Studie *Ecologies of the Moving Image* von 2013 ausführt, entfalten ökologische Filme gerade wegen der Verknüpfung der „visceral experience" mit der sequenziellen Erzählung ihre Wirkungskraft auf die Zuschauer (zitiert nach von Mossner 2014, S. 3). Wie im Folgenden anhand der Filme *Trashed* (2012) von Candida Brady, *Im Garten Eden* (2012) von Fatih Akin und *Waste Land* (2010) von Lucy Walker gezeigt wird, finden sich diese Strategien auch in Dokumentarfilmen zu Mülldeponien. Darüber hinaus konstituiert die Spezifität des Gegenstandes ‚Mülldeponie' weitere Verfahrensweisen, nämlich Lokalisierung, Vereinfachung und Fokussierung von Praktiken:

Erstens wird ein bestimmter Ort zu einem Schauplatz mit verschiedenen Akteuren, an dem sich ökologische Dramen abspielen. Es geht um konkrete Deponien, um ihre Geschichte sowie diejenige der Bewohner und Arbeiter, die von der Deponie betroffen sind. Eine solche räumliche Fokussierung ist ein wichtiges Merkmal des Ecocriticism, wie Cherryl Glotfelty in ihrer berühmten Einleitung zur Anthologie *The Ecocriticism Reader* schrieb. Demnach ist der Ort, „place“, neben „race, class, and gender“ eine zentrale Kategorie im Ecocriticism (Glotfelty 1996, xix). Dabei ist zu beachten, dass Glotfelty nicht vom ‚Raum‘ (*space),* sondern vom ‚Ort‘ bzw. der ‚Örtlichkeit‘ (*place)* spricht. ‚Place‘ meint nämlich einen räumlichen, lokalisierbaren Ort, während ‚space‘ eine geometrische oder topographische Abstraktion darstellt (vgl. Buell 2005, S. 63). Definiert ist ein ‚Ort‘ nach Buell daher sowohl durch physische Markierungen als auch soziale Übereinstimmungen: Einerseits ist er untrennbar an eine konkrete Region gebunden, andererseits ist er ein Gebiet, in dem sich soziale Beziehungen konstituieren und mit dem sich Menschen identifizieren. Buell spricht von *place-attachment,* denn ein Ort könne gesehen, gehört, gerochen, imaginiert, geliebt, gehasst oder gefürchtet werden (Buell 2005, S. 63). Eine solche ‚Verortung‘ zeigt sich besonders deutlich in Fatih Akins Film *Müll im Garten Eden,* der sich mit der Deponie in dem Dorf Çamburnu beschäftigt.

Das zweite Verfahren der ‚Vereinfachung‘ ist gewissermaßen unvermeidlich, denn ökologische Phänomene sind stets hochkomplexe Phänomene, weshalb der Ausdruck ‚Ökologie‘ zur Metapher für Komplexität schlechthin werden konnte (vgl. zum Beispiel Bühler 2018, S. 32–36). Die Dokumentarfilme aber adressieren ein möglichst großes und breites Publikum, dem die komplexen Sachverhalte verständlich gemacht werden sollen. Im Fall der Deponie ergibt sich die Komplexität aus ihrer Struktur: Erstens gibt es ‚den‘ Müll nicht, vielmehr eröffnet sich hier eine Typologie gesellschaftlicher Objekte, das Spektrum reicht vom Papierschnipsel über Plastiktüten bis zum Sondermüll. Zweitens handelt es sich um ein politisches, ökonomisches und soziales System: Die Regierungsinstitutionen müssen den Müll beseitigen, Unternehmen verdienen mit ihnen ihr Geld, und die Menschen produzieren den Müll, der dann wieder auf sie zurückwirkt. Daraus ergibt sich drittens, dass Müllprobleme auf verschiedenen Ebenen auftauchen – lokale, regionale, nationale, internationale, globale – und zugleich diese Ebenen verbinden. Ursula Heise (2008) spricht vom „sense of place“ und „sense of planet“, und Donna Haraway (2016) hat solche vielfältigen Beziehungsnetze mit dem Begriff ‚tentacular thinking‘ gefasst. Um solche Beziehungen darstellen zu können, zerlegen Dokumentarfilme sie in Teilprobleme, führen anschauliche Exempel, Karten und Diagramme an und lassen Experten in einfachen Worten die wissenschaftlichen Sachverhalte schildern. Die ökologische Problematik wird mithin in eine (in der Regel) linear erzählte Geschichte gefasst: *Müll im Garten Eden* schildert die Geschichte von der Planung über den Bau bis zur Ausweitung der Deponie sowie den Kampf der Bevölkerung gegen sie, in *Trashed* folgt man Jeremy Irons auf seiner Reise durch die ganze Welt und *Waste Land* verfolgt das Kunstprojekt von Vic Muniz von der ersten Idee bis zur Verwendung des Erlöses für die Kunstwerke.

Drittens betreiben diese Filme ganz im Sinne der *garbage studies* eine Archäologie des Mülls, indem sie aus den Dingen die Konsumgewohnheiten ablesen (vgl. dazu Rathje und Murphy 1992). Sie betreiben aber auch eine Archäologie der Zukunft, indem sie alternative Wege des Umgangs mit Konsumgütern aufzeigen oder einzelne Projekte vorstellen, die metonymisch auf eine Zukunftsgesellschaft verweisen, die nicht mehr im Müll zu ersticken droht. Mit einer solchen Fokussierung der Praktiken verknüpfen sie die Materialität der Dinge mit den Formen des Umgangs mit ihnen: Sie zeigen, dass Müll eine sinnliche Präsenz hat, er ist klebrig und stinkt, ist eklig und auch gefährlich, was ihn zum genuinen Gegenstand der Erforschungen der ‚Materiellen Kultur' bzw. des *material ecocriticism* macht, wobei es beiden Forschungsrichtungen gerade nicht allein um die Materialität als solche geht, sondern auch darum, wie sich Bedeutungen aus dem Umgang mit Dingen ergeben (Hahn et al. 2014, S. 11) bzw. wie Natur-Kultur-Interaktionen als „material narratives" (Iovino und Oppermann 2014, S. 6) gelesen werden können.[1] Demnach ist Abfall, wie Michael Thompson (1979) in der ersten Theorie des Müllls ausgeführt hat, keine ‚intrinsische' Eigenschaft von Dingen, sondern Effekt sozialer Praktiken. Eine solche Praktik ist unter anderem das Recycling, das die Abfalldinge in den ökonomischen Kreislauf zurückführt, womit es ihnen wieder einen Wert zuweist (vgl. Bühler 2015).[2] Wie diese Praxis aber auch als eine Ästhetisierungsstrategie eingesetzt werden kann, die Müll in Kunst transformiert, zeigt Lucy Walkers Film *Waste Land*.

Die verschiedenen genannten Strategien finden sich in allen genannten Filmen, sie alle lokalisieren die ökologische Problematik, vereinfachen ihre Komplexität und nehmen Praktiken in den Blick. Aber in jedem der im Folgenden vorgestellten Filme bildet eine dieser Verfahren die dominante Strategie.

## 2 Lokalisierung: Mülldeponie und Bürgerprotest

Der Ort in Fatih Akins Dokumentarfilm *Müll im Garten Eden* (2012) ist in mehrfacher Hinsicht mit Bedeutung aufgeladen: In dem Dorf Çamburnu, in dem der Film spielt, hatte Akins Großvater gelebt, was ein Grund dafür war, dass er dort

[1]Siehe dazu auch den Beitrag von Christa Grewe-Volpp in diesem Band.

[2]Siehe dazu auch die Beiträge von Carmen Concilio und Silvia Ulrich in diesem Band.

die letzten Szenen seines Films *Auf der anderen Seite* (2007) drehen wollte. Akin plante sogar, dort ein Haus zu kaufen, zumal das Dorf direkt am Schwarzen Meer in einer geradezu idyllischen Landschaft liegt. Während der Dreharbeiten erfuhr er allerdings, dass in der Nähe des Dorfes der Bau einer Mülldeponie geplant war, die den Müll von über 80 Gemeinden aufnehmen sollte. Die Dreharbeiten, die fünf Jahre, von 2007 bis 2012, dauerten, schildern die Planung, den Bau und den Betrieb der Deponie und ihre Folgen für die Dorfbewohner.

Im Zentrum des Films stehen die Einwohner des Dorfes, die der Deponie ausgesetzt waren und sind: Als der erste Müll in der Deponie gelagert wurde, roch es wie nach verwesenden Leichen, der Gestank überzog das Dorf, selbst Fischer auf dem Meer rochen ihn. Als Maßnahme dagegen ließen die Betreiber der Deponie Parfüm versprühen, was natürlich nichts half. Es kam immer wieder zu Lecks, durch die das Abwasser in den Bach und damit in das Dorf und das Meer gelangte, und bei dem in dieser Region typischen starken Regen konnten die Rohre ohnehin das Wasser nicht mehr aufnehmen, weshalb die Deponie regelmäßig überflutete. Wegen des Mülls kam es außerdem zu einer extremen Zunahme von wilden Hunden, Wildschweinen und Vogelschwärmen, die wiederum die Teeplantagen durch ihren Kot zerstörten.

Doch Akins Film geht es nicht alleine um die sozialen und ökologischen Folgen der Deponie, vielmehr stellt er den Protest der Dorfbewohner in sein Zentrum, wie bereits der Anfang des Films zeigt, wobei die ersten Sekunden erst einmal den Titel des Films, *Müll im Garten Eden,* veranschaulichen. Die Landschaft mit ihren weiten Wäldern und grünen Teepflanzen sowie das harmonisch dargestellte Dorfleben inszenieren eine regelrecht klassische Idylle. Dieser ‚Garten Eden' wird dann mit dem Müll kontrastiert, in der Eingangsszene verweist eine Plastiktüte inmitten der Teefelder metonymisch voraus auf die noch kommenden Müllmassen – sie kann aber auch als ironisches Zitat der berühmten Plastiktüte in Sam Mendes' Film *American Beauty* (1999) gesehen werden: Während sie hier von einem Protagonisten gefilmt wird, der seine Aufnahme als das Schönste ansieht, was er je gefilmt habe, verweist sie in Akins Film auf das, was außerhalb des Gesichtskreises der in *American Beauty* dargestellten Konsumgesellschaft liegt – und dezidiert liegen *soll.* Akins Film visualisiert die Plastiktüte als ‚Sündenfall' im Garten Eden, um dadurch die verleugneten Konsequenzen der Konsumgesellschaft hervorzuheben und Handlungsoptionen aufzuzeigen. Denn von der Plastiktüte inmitten grüner Pflanzen springt der Film über zur protestierenden Dorfbevölkerung, deren Engagement, Empörung und Wut den Film strukturiert. Sie erscheinen nicht als Opfer, erdulden nicht passiv, was ihnen geschieht, sondern gehen von vornherein aktiv dagegen vor. So möchte der Bürgermeister die Genehmigung für den Bau der Deponie nicht erteilen, solange nicht bestimmte Missstände beseitigt sind, zum Beispiel können seiner Meinung nach Drainagen durch die Belastung der Bagger reißen. Eine andere Kritik lautet, dass die Region für ihren starken Regen bekannt sei und die Kapazitäten der Anlage nicht groß genug für die Niederschläge seien. Obwohl sich der Bürgermeister auf ein Gutachten stützen kann, das den Ort als ungeeignet ausweist, wird er von der Regierung verklagt und gezwungen, den Bau der Deponie zu genehmigen.

Trotz aller Rückschläge und obgleich ab einem gewissen Punkt alle rechtlichen Möglichkeiten ausgeschöpft sind, setzen die Bewohner ihren Protest fort. Der Film verzichtet dabei völlig auf einen Hintergrundkommentar, vielmehr stellt er Authentizität her, indem er die Bewohner, die Mitarbeiter der Deponie sowie auch den Gouverneur der Region und den türkischen Umweltminister, die das Dorf besuchen, aber keinen Handlungsbedarf sehen, selbst sprechen lässt. Und indem die Dorfbewohner selbst ihre Wut, ihre Argumentation und die Konsequenzen für ihr Leben im Dorf schildern, ermöglicht der Film den Zuschauern eine Identifikation mit ihnen, denn von ökologischen Problemen sind wir alle betroffen.

Der Widerstand bleibt am Ende erfolglos, die Deponie wird gebaut und sogar vergrößert, das Grundwasser vermischt sich immer wieder mit dem Abwasser der Deponie.[3] Nach starkem Regen fließt Abwasser ins Meer, wo Müll, darunter medizinischer Sondermüll, landet. Versuche, Anzeige beim zuständigen Staatsanwalt zu stellen, scheitern, zunehmend verlassen Menschen das Dorf, als die Einwohnerzahl unter 2000 sinkt, verliert der Ort den Status einer Gemeinde. Der Film über die Deponie bei Çamburnu zeigt somit zum einen exemplarisch, wie an einem kleinen, abgelegenen Ort an der Schwarzmeerküste eine ökologische Katastrophe stattfindet und wie politische Vertreter, die Industrie und Ingenieure diese Katastrophe in Kauf nehmen. Zum anderen ist der Film eine Erzählung vom Widerstand einfacher Menschen, wobei Akin diesen Widerstand auf das Medium Dokumentarfilm selbst zurückbezieht: Die Bewohner möchten ausdrücklich die Missstände fotografisch dokumentieren und schließlich ist der Kameramann des Films niemand anderer als der Dorffotograph.

[3]Zur visuellen Darstellung von Flüssigdeponien siehe den Beitrag von Florian Auerochs in diesem Band.

## 3 Vereinfachung: Mülldeponie im apokalyptischen Narrativ

Die klassische Struktur eines ökologischen Dokumentarfilms, der eine breite Masse ansprechen will, verdeutlicht der Film *Trashed* aus dem Jahr 2012, bei dem Candida Brady Regie führte und dessen Protagonist der Schauspieler und Oscar-Preisträger Jeremy Irons ist. Bevor aber Irons seinen Auftritt hat, bauen die ersten Szenen die Grundproblematik und auch die Grundstimmung des Films auf, indem sie die Deponie zum materiellen Träger einer Erzählung machen. Der Film beginnt mit dem klassischen ökologischen Topos: dem Zoom vom Blick auf die gesamte Erde aus dem Weltall auf einen bestimmten Ort, nämlich eine Mülldeponie. Sie wird inszeniert als eine apokalyptische Landschaft mit Müll, Menschen und Tieren, die eingebettet sind in ein düsteres Licht, die Sonne dringt wegen der Dämpfe nicht durch, später verschwindet sie sogar hinter dem Rauch der Feuer. Unterstützt wird dieser Eindruck durch die düstere Musik, die die Endzeitstimmung auf einer affektiven Ebene vermittelt und die Zuschauer in eine Gefühlslage der Bedrohung versetzt – so könnte auch ein dystopischer Spielfilm beginnen.

Im Anschluss an diese Szene erscheint mit Jeremy Irons eine prominente Persönlichkeit, die die Zuschauer mit Kommentaren aus einer persönlichen Perspektive durch die gesamte Geschichte leitet. Man sieht, wie er über einen Strand im Libanon spaziert und erzählt, dass er früher so gerne entlang von Sandstränden gelaufen sei, nun aber befindet er sich an einer völlig vermüllten Küste, was ihn offensichtlich schockiert. Von ihm erfährt man nun auch, dass es sich bei der Deponie um eine ‚wilde Mülldeponie' in einem Vorort von Sidon handelt, der viertgrößten Stadt im Libanon. Irons persönliche Erfahrung motiviert den Film, denn er will herausfinden, was es mit dem Müll auf sich hat, wofür er sehr einfache Fragen stellt: Weiß jemand, was mit seinem Müll geschieht? Welche Auswirkungen hat Müll auf den Boden, die Luft, den Menschen?

Diese einfachen Fragen sind in doppelter Hinsicht wichtig: Erstens bieten sie die Möglichkeit, mit den schockierenden Bildern, die man gerade gesehen hat, umzugehen, man muss sich also nicht überwältigen lassen, die Strategie heißt vielmehr: Stelle Fragen und mache dich auf die Suche nach Antworten. Zweitens sind die einfachen Fragen wichtig, weil sie die Komplexität der Thematik erst einmal auf ein einfaches Niveau herunterbrechen. Diese Komplexität verdeutlicht Irons dann Schritt für Schritt, immer mit Blick auf den Müll: Giftige Flüssigkeiten gelangen in den Boden und damit in das Grundwasser, Methandämpfe ziehen über die Stadt, herabstürzender Müll landet im Meer, wodurch Fische sterben, was den Fischfang an der Küste und damit die Einkommensquelle vieler Einwohner zerstört, der Müll gelangt an andere Küsten wie Italien, Zypern oder die Türkei, und irgendwann landet der Plastikmüll im Atlantik mit den bekannten Folgen. Die ‚wilde Deponie' in Sidon wird solchermaßen zum Exempel für die Komplexität ökologischer Probleme, für die Vergiftung von Lebensgrundlagen wie Trinkwasser, die Zerstörung ökonomischer Grundlagen, die Auswirkung lokaler Ereignisse auf entfernte Gebiete und damit die Internationalität ökologischer Probleme.

Die globale Dimension der Müllproblematik zeigt sich dann im weiteren Verlauf des Films. Der Übergang zu einem neuen Ort wird immer über eine Landkarte eingeleitet, die eine einfache Orientierung ermöglicht und zugleich die weltweite Verbreitung der Müllproblematik verdeutlicht: Irons reist vom Libanon zu Giftmülldeponien in England, von dort zu Verbrennungsanlagen in Island und Frankreich, in eine Klinik in Vietnam, in der Opfer von Agent Orange behandelt werden, und an viele weitere Orte mehr: Dabei kommen immer wieder Betroffene zu Wort, wichtig sind aber auch verschiedene Experten, die die jeweiligen Phänomene mit wissenschaftlicher Autorität erklären. Die letzten Etappen zeigen schließlich Projekte, wie man alternativ mit Müll umgehen kann. Irons besucht etwa eine Biogasanlage in einem englischen Gefängnis und stellt die Zero Waste Initiative in San Francisco vor.

Der Film weist somit eine für ökologische Dokumentarfilme klassische Struktur auf. Er zeigt am Anfang die existenzielle Gefährdung des Planeten Erde und damit der Menschheit, liefert Erklärungen und Erläuterungen der ökologischen Problematik und zeigt am Ende Auswege aus der gegenwärtigen Situation auf, deren Möglichkeit und Wirksamkeit sich an konkreten Projekten belegen lassen, womit die narrative Form von ‚Problem und Lösung' realisiert ist. Ganz am Ende steht dann der Appell an die Zuschauer: Er habe, so Irons, Leute gezeigt, die ihre Gewohnheiten geändert haben, heute stünden wir aber an einem Wendepunkt *(tipping point),* weshalb wir *alle* unsere Gewohnheiten ändern müssten, denn: „We are trashing the world!"

## 4 Fokussierung von Praktiken: Materialität der Mülldeponie

Eine leitende Überlegung der Arbeiten des brasilianischen Künstler Vik Muniz lautet, dass Materialien eine eigene Bedeutung haben, so arbeitete er mit Diamanten, Zucker, Draht oder Schokosoße. Dabei zielt Muniz auf die Verbindung konkreter Realität mit der Transformation von Materialien in Ideen, zum Beispiel baute er in einer Parallelveranstaltung zur Konferenz der Vereinten Nationen über nachhaltige Entwicklung die Stadt Rio de Janeiro ausschließlich aus von Teilnehmern abgegebenem Müll nach. Auch das Projekt, das seinen Niederschlag in dem Film *Waste Land* fand, verbindet ästhetische und soziale Aspekte solch einer Materialität: In dem im Jahr 2010 auf dem Sundance Film Festival gezeigten Film begleitet die Regisseurin Lucy Walker Muniz bei einem fast drei Jahre lang dauernden Projekt auf der damals größte Mülldeponie der Welt am Rande von Rio de Janeiro: Jardim Gramacho. Dort suchen die sogenannten *Catadores,* ‚Müllpflücker', nach wiederverwertbaren Dingen, die sie dann getrennt sammeln und an Recyclingfirmen verkaufen, da es in Brasilien kein System der Mülltrennung gibt, allererst die Pflücker holen verwertbare Dinge aus den Müllbergen heraus, also Plastik-Flaschen, Papier, Dosen usw. Die *Catadores* verstehen sich selbst als Arbeiter, die mit dem Sammeln von wiederverwertbaren Materialien ihren Lebensunterhalt verdienen und damit eine Alternative zur Drogenkriminalität oder Prostitution haben. Allerdings sind die Arbeits- und Wohnbedingungen mehr als schlecht, und von der Bevölkerung werden sie abwertend behandelt.

Aus der Begegnung mit den *Catadores* heraus entwickelte Muniz ein Kunstprojekt: Er porträtierte einige der Müllpflücker, und zwar bewusst in gestellten Positionen, und vergrößerte die Fotos anschließend. Auf diesen vergrößerten Vorlagen ‚malten' die jeweiligen *Catadores* ihre eigenen Porträts mit Müll in einer Halle. Diese Müllbilder fotografierte Muniz dann nochmals. Die Bilder ließ er versteigern und der Erlös ging an die ‚Müllpflücker'.

In Lucy Walkers Film führt Muniz aus, dass es ihm darum geht, mit seiner Kunst, die er auch als eine Art Sozialarbeit versteht, Denkweisen zu ändern. Die Umsetzung dieses Kunstverständnisses gelingt Muniz in doppelter Weise: Das erworbene Geld kommt den Arbeitern zugute, und das Projekt führt die Vorurteile gegenüber den *Catadores* vor. Dabei bildet Muniz das Leben auf der Mülldeponie und das Recycling nicht einfach ab, vielmehr setzt er sie als künstlerische Strategie ein, womit er die Ästhetisierung des Recyclings und zugleich die politisch-ökologische Formierung der Kunst be- und vorantreibt. Entsprechend komplex ist die Funktion der Deponie in diesem Zusammenhang: In Erscheinung tritt mit ihr die desaströse Umwelt- und Sozialpolitik Brasiliens, die konkreten Lebensgeschichten der *Catadores,* die sie selbst erzählen, die Geschichten ihrer sozialen Ausgrenzung und auch diejenigen über das harte Leben auf der Deponie. Muniz' Film thematisiert aber nicht nur die begriffliche und ideologische Seite dieser Thematik, sondern ebenso die materielle, sinnliche Präsenz des Mülls. Eine Reihe von Szenen zeigen den alltäglichen Umgang der *Catadores* mit dem Müll, mit tropfenden Tüten und Dosen, dreckigen Verpackungen, Glasscherben,

Pflanzenresten, Knochen u. a. Dabei erweist sich der Müll auch als gefährliche Materie, Müllpflücker verletzten sich an scharfkantigen Gegenständen, werden immer wieder unter Müllbergen begraben, stürzen Abhänge hinunter oder werden krank.

An solchen Szenen zeigt sich nochmal besonders deutlich der spezifisch *dokumentarische* Zugriff auf ökologische Thematiken. Einerseits leisten sie eine Transformation von Materialien in Ideen, sie betten Deponien ein in Argumentations- und Erzählzusammenhänge, es geht um Globalisierung, um die Ignoranz der Industrie und politisches Unvermögen, um die Zerstörung unserer Lebensgrundlagen, um das Selbstverständnis sozial ausgegrenzter Menschen oder einer der behördlichen Willkür ausgelieferten Dorfbevölkerung, aber auch um die Wahrung der Würde trotz schwieriger Arbeits- und Wohnbedingungen und den möglichen Widerstand gegen die verschiedenen Institutionen.

Gleichwohl neigen Dokumentarfilme gerade nicht zu einer Immaterialisierung des Mülls. Eine solche Tendenz zur „physischen Verflüchtigung“ und „Abstraktion“ hat Sonja Windmüller der kulturwissenschaftliche Abfallforschung vorgeworfen, weshalb sie dafür plädiert, die präsenzkulturellen Aspekte des Abfalls zu berücksichtigen (Windmüller 2005, S. 238 und 240). Genau diese Aspekte sind aber ein wesentlicher Bestandteil des dokumentarischen Zugriffs. In ihnen ist der Müll immer auch in seiner materiellen Form präsent. Denn die Objekte erscheinen visuell mit ihren stofflichen Eigenschaften, ihrer Konsistenz und Form, weshalb ihre Wahrnehmung durch die Akteure und der Umgang mit ihnen eine wesentliche Rolle spielen, so stochert Jeremy Irons mit einem Stock im Müll am Strand herum und schaufelt Kompost, bei Fatih Akin ist der Geruch ein Leitmotiv und Lucy Walker widmet sich dem täglichen Umgang mit Mülldingen, die dann aber auch in die Kunstwerke als ästhetisches Material integriert werden.

## 5 Schluss

Die angeführten Dokumentarfilme befinden sich im Kern einer aktuell prekären Problematik. Zum einen präsentieren sie reale ökologische Probleme: Dokumentarfilme fungieren als Medien der Beobachtung, Aufklärung und Zeugenschaft. Zum anderen fordern sie (zwar nicht immer, aber häufig) einen technologischen und gesellschaftlichen Wandel, weshalb sie rhetorisch und narrativ strukturierte Medien der Argumentation, Erzählung und immer wieder auch der Propaganda sind, und zwar Propaganda im Sinne John Griersons, eines der ersten Theoretikers des Dokumentarfilms: Nach Griersons in den 1920er Jahren entwickelter politisch-pädagogischer Position dienten Dokumentarfilme nämlich der Erklärung der komplexen Wirklichkeit und damit der Orientierung in ihnen, der Inspiration und der Erziehung zur Demokratie. Ihre Bestimmung sei es, „to bring the citizen's eye in from the ends of the earth to the story, his own story, of what was happening under his nose ... the drama of the doorstep" (zitiert nach Barnouw 1993, S. 85). Diese Formulierung bringt pointiert auf den Punkt, was die hier vorgestellten Dokumentarfilme auszeichnet, dass nämlich unser Hausmüll auf die gesamte Welt verteilt wird, um irgendeines Tages in transformierter Form wieder unsere Türschwelle zu überschreiten – ob als Giftstoff oder als recyceltes Objekt.

Dieses Dilemma zwischen der Zeugenschaft ökologischer Katastrophen, die auch stets soziale Katastrophen sind, und der politischen Forderung nach einem Wandel lösen die drei analysierten Filme dadurch, dass sie das Reale nicht nur zeigen, also auf seine visuelle Präsenz setzen, sie fügen es vielmehr in Prozesse und Geschichten ein: in die Forschungsreise von Jeremy Irons, den Protest eines Dorfes gegen den bürokratischen Apparat und die verschiedenen Regierungsinstanzen, die Lebensgeschichte von Menschen, die auf der Deponie leben, wohnen, arbeiten und tagtäglich mit Müll umgehen. Darüber hinaus untersuchen sie die Entstehungsbedingungen, die Funktionsweise, die sozialen und politischen Dimensionen und natürlich die Folgen der Müllproblematik. Sie führen somit anhand konkreter Deponien vor, dass ökologische Probleme erstens nicht gegeben, sondern *gemacht* sind, woraus sich zweitens ergibt, dass sie *vermeidbar* gewesen wären, wenn man in der Vergangenheit anders gehandelt hätte, und drittens, dass man in der Gegenwart etwas gegen sie *tun* und somit eine bessere Zukunft *erzeugen* kann. Ihrem Selbstverständnis nach sind sie demnach Medien der Aufklärung sowie Medien des Handelns.[4] Sie folgen der Idee, dass Einsicht zum richtigen, hier: ökologisch bewussten Handeln führt. Aus intellektueller und emotionaler Betroffenheit soll somit ein Verantwortungsgefühl für ökologische Probleme in ihren lokalen, regionalen, nationalen und globalen Dimensionen entstehen. Der Müll als Resultat und Effekt verschiedener sozialer Praktiken, gleichermaßen Abjekt wie auch Hyperobjekt im Sinne Timothy Mortons, wird damit zu einem Material, aus dem unsere Welt sowohl gemacht ist als auch gleichzeitig etwas zu machen hat.

[4]Sie zu diesem Aspekt und mit Blick auf die soziale Funktion literarischer Texte die Beiträge von Elena Agazzi und Serenella Iovino in diesem Band.

## Literatur

Balke, F., und O. Fahle. 2014. Dokument und Dokumentarisches. Einleitung in den Schwerpunkt. *Zeitschrift für Medienwissenschaft* 11 (2): 10–17.

Barnouw, Erich. 1993. *Documentary. A history of non-fiction film*. New York: Oxford University Press.

Buell, Lawrence. 2005. *The future of environmental criticism. Environmental crisis and literary imagination*. Malden: Blackwell.

Bühler, Benjamin. 2015. „Alles muss irgendwo bleiben.". Recycling und die Frage nach dem Rest in Wissenschaft und Kunst. In *Ökologie und die Künste*, Hrsg. D. Hahn und E. Fischer-Lichte, 223–243. München: Fink.

Bühler, Benjamin. 2018. *Ökologische Gouvernementalität. Zur Geschichte einer Regierungsform*. Bielefeld: Transcript.

Glotfelty, Cheryll. 1996. Introduction. Literary studies in an age of environmental crisis. In *The ecocriticism reader. Landmarks in literary ecology*, Hrsg. C. Glotfelty und H. Fromm, xv–xxxvii. Athens: University of Georgia Press.

Hahn, H.P., M.K.H. Eggert, und S. Samida. 2014. Einleitung: Materielle Kultur in den Kultur- und Sozialwissenschaften. In *Handbuch materielle Kultur. Bedeutungen, Konzepte, Disziplinen*, Hrsg. S. Samida, M.K.H. Eggert und P. Hahn, 1–12. Stuttgart: WBG.

Haraway, Donna. 2016. Tentacular thinking. Anthropocene, capitalocene, chthulecene. In *Staying with the Trouble. Making Kin in the Chthulecene*, Hrsg. Donna Haraway, 30–57. Durham: Duke University Press.

Heise, Ursula. 2008. *Sense of place and sense of planet. The environmental imagination of the global*. Oxford: Oxford University Press.

Hohenberger, Eva, Hrsg. 2012. *Bilder des Wirklichen. Texte zur Theorie des Dokumentarfilms*. Berlin: Vorwerk 8.

Iovino, S., und S. Oppermann. 2014. Introduction. Stories come to matter. In *Material ecocriticism*, Hrsg. S. Iovino und S. Oppermann, 1–17. Bloomington: Indiana University Press.

Müll im Garten Eden. Deutschland 2012. Regie: Fatih Akin. DVD Pandora Film 2013.

Nichols, Bill. 1991. *Representing reality issues and concepts in documentary*. Bloomington: Indiana University Press.

Nichols, Bill. 2010. *Representing reality. Issues and concepts in documentary*. Bloomington: Indiana University Press.

Rathje, W.L., und G. Murphy. 1992. *Rubbish! The Archaeology of Garbage*. New York: HarperCollins.

Thompson, Michael. 1979. *Rubbish theory. The creation and destruction of value*. Oxford: Oxford University Press.

*Trashed*. USA. 2012. Regie: Candida Brady. DVD Sunfilm 2013.

von Mossner, Alexa Weik. 2014. Ecocritical Film Studies and the Effects of Affect, Emotion, and Cognition. In *Moving environments: Affect, emotion, ecology, and film*, Hrsg. Weik Alexa von Mossner, 1–19. Waterloo: Wilfried Laurier University Press.

*Waste Land*. UK, Brasilien. 2010. Regie: Lucy Walker. DVD Realfiction 2012.

Willoquet-Maricondi, Paula. 2010. Shifting paradigms: From environmentalist films to ecocinema. In *Framing the World. Explorations in ecocriticism and film*, Hrsg. Paula Willoquet-Maricondi, 43–61. Charlottesville: University of Virginia Press.

Windmüller, Sonja. 2005. Kultur, Müll, Wissenschaft Bewegungen im Grenzbereich. In *Reste Umgang mit einem Randphänomen*, Hrsg. A. Becker, S. Reither und C. Spies, 233–250. Bielefeld: Transcript.

Winston, Brian. 2013. Introduction: The documentary film. In *The documentary film book*, Hrsg. Brian Winston, 1–29. London: Palgrave MacMillan.

**Benjamin Bühler** ist Privatdozent am Fachbereich Literaturwissenschaft der Universität Konstanz. Forschungsschwerpunkte u. a.: Politische Ökologie, literarische Prognostik, Literatur und Wohnen. Publikationen u. a.: *Ecocriticism. Grundlagen – Theorien – Interpretationen* (2016); *Ökologische Gouvernementalität. Zur Geschichte einer Regierungsform* (2018).

# Zeichen des Anthropozäns auf den Gehwegen Turins

## Überlegungen zu Abfall und Widerstand

Serenella Iovino

Vor etwas mehr als zehn Jahren hat ein Notfall die Grenzen Italiens überschritten und der Welt ein äußerst unangenehmes Bild gezeigt: die Müllkrise in Neapel. Im Juni 2008 ist die Stadt von 400.000 Tonnen Müll heimgesucht worden. Berge entsorgter Dinge, die sich in den Straßen stapeln, Haufen verbrannten Abfalls, ausgedehnte Deponien und eine Vielzahl gesundheitlicher und politischer Probleme waren die Bilder, die aus Süditalien um die Welt gingen. Eine der ältesten und zivilisiertesten Städte der Welt versank buchstäblich in ihrem Müll (vgl. Iovino 2009).

In der Zwischenzeit hat sich einiges geändert: die Art und Weise, mit der wir Abfall wahrnehmen. Das Anthropozän ist in die öffentliche Debatte getreten und steht endlich im Mittelpunkt der Environmental Humanities. Das Zeitalter des Menschen, das von Wissenschaftlerinnen und Wissenschaftlern in allen Aspekten unseres Planeten verfolgt wird – vom Boden bis zu den Ozeanen, vom Klima und der biologischen Vielfalt bis zur Gesellschaft –, zeigt, wie tiefgreifend menschliche Aktivitäten die Systeme der Erde beeinflusst haben. Abfall und die Art und Weise, wie er produziert und entsorgt wird, stellen neben der Atmosphäre, der Lithosphäre und der Biosphäre zu Recht eine jener ‚Schichten' dar, an der diese epochalen Veränderungen abgelesen werden können (vgl. Zalasiewicz 2017).

Obwohl für uns Europäerinnen und Europäer sehr beunruhigend, ist die Müllkrise in Neapel im Vergleich zu anderen Fällen – hauptsächlich in den ehemaligen Kolonialstaaten – eine Kleinigkeit. Ein Beispiel: Die Lixao Estrutural in Brasilia, die als größte Mülldeponie der Welt gilt, war seit den 1960er Jahren bis

S. Iovino (✉)
University of North Carolina, Chapel Hill, NC, USA
E-Mail: serenella.iovino@unc.edu

 
D.-C. Assmann (Hrsg.), *Narrative der Deponie,* Kulturelle Figurationen: Artefakte, Praktiken, Fiktionen, https://doi.org/10.1007/978-3-658-27880-9_7

Januar 2018 in Betrieb und hat fünfzig Jahre lang illegal Müll angesammelt. Am Ende war sie so groß wie eine Kleinstadt und so hoch wie 55 Stockwerke. Vielleicht weil sie die Vorliebe für Auflösung und Zerfall auf den alten Kontinent zurückspringen ließ, war die Erfahrung von Neapel für die Environmental Humanities so einschneidend. Ausgehend von der neapolitanischen Müllkrise sprechen Marco Armiero und Massimo De Angelis vom ‚Wasteocene': vom Zeitalter des Abfalls. In Anlehnung an das ‚Capitalocene' von Jason Moore betont das ‚Wasteocene' „the contaminating nature of capitalism and its perdurance within the socio-biological fabric, its accumulation of externalities inside both the human and the earth's body" (Armiero und De Angelis 2017, S. 348). Dieses Bild ist hilfreich, um noch einmal zu betonen, inwiefern Abfall eine *Figur* (im Sinne Erich Auerbachs) der kapitalistischen Gesellschaft ist. Eines der Merkmale des Wasteocene ist Armiero und De Angelis zufolge der Widerstand, den es auslösen kann: der Widerstand von Bürgern, deren Körper und Ländereien durch „capitalist violence" (Armiero und De Angelis 2017, S. 348) verseucht worden sind – durch eine Gewalt, in der Abfall ein epochaler Aspekt ist.

Ausgehend von diesen Überlegungen ist der Fokus dieses Beitrags ein doppelter: Erstens gibt es – neben der visuellen Bedeutung riesiger Müllkrisen – Formen des Abfalls, die zwar weniger ‚dramatisch' erscheinen, aber nicht weniger gefährlich sind: Tatsächlich besteht einer der Tricks des Anthropozäns darin, dass Abfälle bedrohlich sein können, auch wenn sie nicht unbedingt spektakulär erscheinen. Zweitens müssen wir, wollen wir effektiv mit Abfällen umgehen, über Widerstand sprechen und zwar über die sozialen und politischen Bedingungen des Diskurses hinaus.

## 1 Ein Schlüsselbegriff des Anthropozäns

‚Widerstand' ist der Schlüsselbegriff des Anthropozäns. Um besser zu verstehen, wie zutreffend dies ist, hilft ein Blick ins Wörterbuch. Neben spezifischen Anwendungen in Geschichtswissenschaft, Medizin und Physik erscheinen mir drei Definitionen als die illustrativsten. Die erste lautet: „The refusal to accept or comply with something."[1] Das könnte nicht erschütternder sein. Das Anthropozän ist etwas, mit dem man konfrontiert ist, dem man sich aber auch widersetzen muss. Es ist ein Kampf sowohl *gegen* als auch *für* etwas: *gegen* das „derangement"

[1]Ich habe den *Oxford Living Dictionary for English* konsultiert. Vgl. Art. „resistance".

(Ghosh 2016), das es repräsentiert, und *für* die Wesen und Dinge, die von ihm bedroht werden. In einer Zeit, in der die Macht des „Too Big" – sei es das Capitalocene, das Plantationocene oder eher das Chthulucene – dominiert, ist, wie Donna Haraway in *Staying with the Trouble* schreibt, ein „tentacular thinking" notwendig, das es erlaubt, „inventing new practices of imagination, *resistance, revolt,* repair, and mourning, and of living and dying well" (2016, S. 51; meine Hervorhebung, S. I.). Gut leben und sterben: Ja, denn für diejenigen, die in ihm wohnen, ist das Anthropozän auch eine Zeit des Verlusts, des radikalen Verschwindens. Die Art und Weise, wie wir auf das Massenaussterben reagieren und ihm *Widerstand* leisten, könnte ethische und anthropologische Konsequenzen haben, wie Ursula Heise andeutet: „public grief over what most societies have not normally considered worth mourning becomes an act of *political resistance*" (2016, S. 8; meine Hervorhebung, S. I.).

Wir müssen dem Anthropozän nicht nur wegen seiner Auswirkungen auf das Leben auf der Erde als Folge des „anthropocentric colonization protocol" (Morton 2016, S. 10–11) begegnen und ihm *Widerstand* leisten, sondern auch wegen seiner diversen Auswirkungen auf die verschiedenen sozialen Schichten, vor allem auf die Schwächsten, die Armen der Welt . Während der Begriff den Menschen als Ganzes ungerechtfertigt homogenisiert, ist das Anthropozän in Wirklichkeit eine Reifikation von Machthierarchien und sozialen Beziehungen. Es handelt sich um eine Frage der Klasse, der Rasse und des Geschlechts (vgl. Armiero 2015, S. 53). Nicht zufällig spricht man von Capitalocene oder *Manthropocene.*[2] Genau an dieser Stelle können wir das Echo jener Theoretiker und akademischen Aktivisten[3] der Umweltgerechtigkeit hören, die eine strategisch-anthropologische Frage stellen: „Wer ist der *anthropos* des Anthropozäns?"[4] Und in der Tat: Wie viel des Problems geht verloren, wenn man „under the sign of the human the average twenty-first century Liberian and the average American as agents of planetary change" fasst und zusammenbringt? Mit anderen

[2] Zum ‚Capitalocene' siehe Moore (2015, 2016) sowie Haraway (2015). Zum ‚(M)anthropocene' siehe Grusin (2017). Zum Zusammenhang von Rassenfragen und Klimagerechtigkeit im Anthropozän siehe Pulido (2017) und die monographische Ausgabe von *Critical Philosophy of Race* (Tuana und Bernasconi 2019) zu „Race and the Anthropocene", insbesondere Tuana (2019). Für eine allgemeine Diskussion siehe Barca (2018).

[3] Aus Gründen der besseren Lesbarkeit werden hier und im Folgenden nicht immer sowohl die männliche als auch die weibliche Form genannt, wo diese auch gemeint ist (Anmerkung des Übersetzers, D.-C.A.).

[4] Siehe dazu (Alaimo 2016, S. 143–168; Adamson 2017). Für den italienischen Kontext vgl. Gilebbi (2017).

Worten: „We may all be in the Anthropocene but we're not all in it in the same way" (Nixon 2014, S. XX). Das revolutionäre Potenzial dieser Situation wird im Missverhältnis der Zahlen evident: 75 % der Weltbevölkerung zahlen den höchsten ökologischen Preis. Die Notwendigkeit, die damit verbundene radikale Anklage durch konterrevolutionäre Maßnahmen – sowohl durch aktivistische als auch durch wissenschaftliche Praktiken – zu unterstützen, hat daher zu einer dringenden Aufforderung geführt: „occupy the Anthropocene, before someone also places armed guards at the gate of our academic debate" (Armiero 2015, S. 53). Dies ist ohne Frage eine Aufforderung, sich zu widersetzen: Widerstand zu leisten gegen all die Katastrophen und Umwälzungen, die Migrationen, die Kriege – und Widerstand zu leisten gegen rassistische und soziale Ziele in der Kartographie von Mülldeponien. Noch einmal: Indem sie ihr Konzept des ‚Wasteocene' an der Reaktion der Aktivisten auf die Müllkrise in Neapel ausrichten, erinnern uns Armiero und De Angelis daran, dass „strata of toxins have sedimented into the human body" und dass der menschliche Körper nicht nur der Ort ist, an dem soziale Ungleichheiten geschrieben werden. Auch „revolutionary subjects are *produced*" (2017, S. 352) – im Grunde ist der Körper eine Kreuzung aus Abfall und Widerstand.

Im Zusammenhang mit dieser ersten Definition finden wir eine weitere Bedeutung von ‚Widerstand' in unserem Wörterbuch. Diese lautet: „The ability not to be affected by something, especially adversely." Dieser Satz ist, so wie ich ihn verstehe, zweischneidig. Denn „the ability not to be affected by something" kann, wenn wir über Umweltfragen, insbesondere über Umweltpolitik sprechen, sowohl negativ als auch positiv gelesen werden. Den negativen Weg haben wir leider vor Augen: Zu denken ist hier insbesondere an die „ideology of climate change denial" in den Vereinigten Staaten (und nicht nur dort). Mehr als anderswo sind die Leugner der globalen Erwärmung in Amerika außerordentlich wirksam gewesen, um wissenschaftliche Daten zu mystifizieren und die Öffentlichkeit zu verwirren. Durch die Besetzung von wichtigen Positionen in der Finanzwirtschaft und den Zugang zu bedeutenden Machtmaklern in Washington haben die Leugner der globalen Erwärmung die Aufmerksamkeit der Medien katalysieren und politische Maßnahmen behindern können. Die Verkörperung dieser Ideologie ist Präsident Trump, dessen Entscheidung, die Pariser Abkommen zu beenden und die Weltklimakonferenz COP24 in Katowice 2018 zu boykottieren, die Quintessenz des Widerstands im Sinne der „ability not to be affected by something" ist, auch wenn dieses „something" die Wissenschaft ist. In Kauf genommen werden so imminente globale Katastrophen, die nationale (und internationale) Sicherheit oder das Recht jüngerer und zukünftiger Generationen auf ein sicheres und lebenswertes Leben gefährden. Die Fähigkeit, nicht von etwas betroffen zu sein, das den Interessen der großen fossilen Brennstoffkonzerne widerspricht, ist eine Form des Widerstands, mit dem der im ersten Punkt befürwortete Widerstand auf dramatische Weise kollidiert – und etwas, das auch noch mehr Widerstand auslöst: einen Widerstand gegen den Widerstand von politischem Aktivismus.

Der positive Weg, um diese Bedeutung zu interpretieren, besteht darin, Widerstand als Fertigkeit, als Handlung, als *performance* und Aktivität/Aktivismus zu betrachten. Widerstand ist Kunst und kann Kunst sein. In meinem Buch *Ecocriticism and Italy* (Untertitel: *Ecology, Resistance, and Liberation*) habe ich diese Art von Widerstand untersucht. Als Reaktion auf Unglücke wie Erdbeben, Vulkanausbrüche, Ökomafia, Fehlentwicklungen und schlechte Politik, Asbest und Verschmutzung von Dingen und Ideen ermöglichen Kunst, Literatur und politischer Aktivismus einen kreativen Widerstand, der in der Lage ist, die vielen Wunden, die Italien zeichnen, in sinnvolle Narrative und Werkzeuge zur Befreiung umzuwandeln.

Ob positiv oder negativ, Widerstand ist in allen bisher genannten Fällen der Wille, eine Barriere gegen eine Gegenkraft zu errichten, „something which acts adversely". Widerstand ist aber auch noch etwas anderes. Und hier kommt die letzte Bedeutung, die wir im *OED* finden und die im Diskurs des Anthropozäns besonders wichtig ist, zum Tragen. Sie lautet: „The impeding or stopping effect exerted by one material thing on another." Nach den beiden auf Aktivität abzielenden Bedeutungen ist an dieser Stelle nun eine Verschiebung erkennbar. Wir bewegen uns weg von der „refusal to accept or comply with something" (eine Bedeutung mit starken emotionalen Konnotationen, die zudem eng mit einem negativen Willen verbunden ist) und der Fähigkeit, von etwas nicht beeinträchtigt zu werden (eine Eigenschaft, die menschliche kulturelle Bestimmungen mit den widerstandsfähigen Fähigkeiten des Lebens teilen), zum „stopping effect" eines physischen Materials gegen ein anderes. Dieser Aspekt von Widerstand ist für mich entscheidend, um das Anthropozän und den Abfall im Anthropozän zu verstehen.

Die Auswirkungen menschlicher Aktivitäten auf die Erdzyklen erzeugen widerstandsfähige Effekte, die zeitlich fortbestehen. Was ist die Geologie des Anthropozäns anderes, wenn nicht das Erschaffen von Schichten, die der Zeit *widerstehen?* Hier schwankt der Fokus eindeutig zwischen menschlicher Intentionalität und der Fähigkeit der Materie, *unserem* Willen eine „hartnäckige Widersetzung" entgegenzusetzen. Hier kommt es eindeutig zu einer Verlagerung von der menschlichen zur materiellen *agency.*

## 2 Materie, Abfall und Agency: mit Primo Levi denken

„[H]artnäckige Widersetzung“ ist ein Ausdruck, den ich von Primo Levi übernehme, einem Schriftsteller, der es vermochte, mit den skizzierten Dimensionen des Widerstands umzugehen – dem Bioexistenziellen und dem Material. Es ist leicht, Levi und die existenziell-performativen Bedeutungen von Widerstand in Verbindung zu bringen. Er ist auf der ganzen Welt als *der* Zeuge des Holocausts bekannt, dessen Schrecken er durch sein gesamtes Œuvre hinweg erzählt.[5] *Ist das ein Mensch* – vielleicht sein bekanntestes Werk – spricht bereits im Titel die Möglichkeit einer Nach-Auschwitz-Anthropologie an. Es geht um eine Verbindung zwischen dem Einzelnen und dem Ganzen, zwischen einer einzelnen Parabel und allgemeinen Konzepten: „Ich bin ein normaler Mensch mit gutem Gedächtnis, der in einem Wirbel geraten und mehr aus Glück als aus eigenem Verdienst wiederherausgekommen ist und der seitdem eine gewisse Neugierde für Turbulenzen hegt, für große und kleine, metaphorische und materielle“ (Levi 1992, S. 9–10). Schreiben und Erinnern waren für Levi eine Form des Widerstands, der Ursprung eines „Drang[s] zu erzählen“ (1999, S. 151), angeregt durch den Wunsch, die radikale Verletzlichkeit der Menschheit durch die eines Menschen zu bezeugen und gleichzeitig die Verletzlichkeit selbst in all ihren Formen zu hinterfragen. Mit anderen Worten: Levi war „simultaneamente vittima e testimone, persona che patì l’annientamento e indagatore spregiudicato dell’annientamento“ (Scarpa 2014a, S. 11).

Primo Levi war jedoch auch Chemiker und ein Erzähler chemischer Geschichten. Die Chemie war für ihn der Schlüssel zum Verständnis des Menschen und zu dessen Einordnung in einem größeren Horizont von *agencies* und Ereignissen. Darüber hinaus war die Chemie – zugleich ein technischer, kognitiver und auch ethischer Apparat – entscheidend für seinen *persönlichen* Widerstand und sein Überleben. Im Kern war sie schließlich auch politisch: „Die Chemie […] führte zum Herzen der Materie, und die Materie war unser Verbündeter, weil der dem

[5]Der Ausdruck findet sich in der Erzählung „Zink“ in *Das Periodische System* (Levi 2016, S. 39). Mit seinen in unzähligen Sprachen verfügbaren Texten ist Levi einer der wenigen Autoren, deren literarischer Korpus vollständig ins Englische übersetzt worden ist. Siehe dazu Scarpa (2014b), (2015). Vor dem Hintergrund, dass Levi die deutsche Übersetzung von *Ist das ein Mensch* persönlich betreut hat, schreibt ein Kritiker: „La dimensione universalistica della sua visione del Lager e dell’uomo gli imponeva come necessità inderogabile la ricerca di un pubblico senza confini“ (Fabio Levi 2015, S. 16).

Faschismus so teure ‚Geist' unser Feind war" (2016, S. 59). Die Chemie gab Levis Politik die Methodologie: den Empirismus. „From the ‚resistance' of matter philosophers of science derive one of the key methodological principles of scientific knowledge, ‚empirical verification'" (Antonello 2007, S. 100).

Levi verwendete die chemischen Elemente immer, um die Spannungen der Geschichte als solche und einzelner, individueller Geschichten zu verstehen und zu beschreiben. Die Elemente sind aktiv, sind kreativ, sie gleichen menschlichen Verhaltensweisen. Sie sind irgendwie humanisiert, aber das Umgekehrte trifft auch zu: Levi zufolge verhalten sich Menschen wie Elemente – und vielleicht ist dies eine Möglichkeit, um zu betonen, dass wir denselben Regeln folgen wie die Realität als Ganzes.

Wie diese Überlegungen nahelegen, ist es für Levi vom ‚existenziellen' Widerstand zum Widerstand der Materie nur ein kleiner Schritt. Aber worin besteht die Verbindung zwischen Levi, Abfall und dem Anthropozän? Diese Verbindung wird deutlich, wenn wir bedenken, dass Widerstand im Anthropozän auch bedeutet, dass wir Kräften folgen müssen, die unserer Kontrolle entzogen sind – dem nicht-humanen Element, der Materie. Und dass wir dies mit einer guten Portion Demut tun müssen, wissend, dass Materie, *einschließlich Abfall,* Macht und Gedächtnis hat – dass sie ihre Regeln hat, gleichzeitig aber unvorhersehbar ist; dass sie kein passives Substrat ist, der wir – von außen – Aktivität einflößen, sondern ‚lebhaft' und ‚widerspenstig' ist: ein Feld der *„congregational force"* (Bennett 2010, S. 34), das die Menschen mit unzähligen nicht-menschlichen Akteuren in einer Choreographie emergenter Aktionen teilen, die das Gewebe der Ereignisse konstituiert.[6] Vor allem jedoch ist Materie, *einschließlich Abfall,* kein ‚leeres Blatt'. In ihrem Agieren und Sich-Manifestieren hat sie eine intrinsische semiotische Kraft, mit der wir interagieren. Mit anderen Worten, die Materie ist voller Zeichen, die wir unweigerlich interpretieren und die wir als Geschichten zu lesen lernen können; und nur wenn wir diese Zeichen verstehen, wie es die Chemiker tun, könnten wir unsere „empirical verifications" (Antonello 2007, S. 100) in ethische Erzählungen verwandeln, die dabei helfen, die eigenartige Epoche, in der wir uns befinden, zu überleben (und ihr *Widerstand* zu leisten).[7]

[6]Pickering (1995, S. 21) spricht von „dance of agency". „Recalcitrant" stammt von Bennett (2010, S. 3). Im Hintergrund dieses Diskurses steht die Debatte des *New Materialism,* die nachverfolgt werden kann in Coole und Frost (2010) sowie in Dolphijn und van der Tuin (2012).

[7]In diesem Zusammenhang ist ein Verweis auf das Konzept des Material Ecocriticism notwendig. Siehe Iovino und Oppermann (2014). Der Material Ecocriticism ist eine Bezeichnung für die Untersuchung der Materie *im* Text und *als* Text. Auf den Punkt

## 3 Gehwege lesen

Levi schlägt genau das in *Segni sulla pietra* („Zeichen auf Stein")[8] vor, einem Kurzprosastück über seine materiell-semiotischen Begegnungen mit Turins Gehwegen. In dem Text liegt der Akzent – ironisch, aber auch sehr überzeugend – auf den geologischen Auswirkungen einiger eigenartiger Produkte, sodass auf unerwartete Weise ein neues Stratum des Anthropozäns vor unseren Augen erscheint. Auf den Steinen der Gehwege lesen wir, sagt Levi, vergangene Ereignisse: Einkerbungen, unzählige menschliche und nicht-menschliche Schritte, manchmal sogar die Spuren von Luftangriffen aus dem Zweiten Weltkrieg. Diese Zeichen können wir aber auch nach vorne projizieren: Anhand der Spuren auf dem Gehwegasphalt kann Levi die Fossilien von morgen vorhersagen. Es handelt sich um die Elemente einer Archäologie in der Entstehung: „Die zukünftigen Archäologen werden in ihm – wie die Insekten des Pliozäns in Bernstein – Flaschendeckel von Coca Cola und Abreißringe von Bierdosen finden und somit Daten über die Qualität und Quantität unserer Lebensmittelauswahl erhalten".[9] All diese Dinge werden, genau wie die Haushaltsabfälle der Antike, zu „aussagekräftigen Fossilien".[10] Es sind aber noch andere Zeichen, die Levis Aufmerksamkeit erregen:

> Überall, in den am meisten frequentierten Abschnitten jedoch zahlreicher, sind auf den Platten runde Flecken von wenigen Zentimetern Durchmesser zu sehen, weißlich, grau oder schwarz. Es sind Gummis zum Kauen, unzivilisiert auf den Boden

---

gebracht kann er definiert werden als „the study of the way material forms – bodies, things, elements, toxic substances, chemicals, organic and inorganic matter, landscapes, etc. – interact with each other and with the human dimension, producing configurations of meanings and discourses that we can interpret as ‚stories'" (Iovino 2015, S. 71). Zur Untersuchung materieller Geschichten vgl. Iovino (2015, 2016). Die Philosophin und Physikerin Karen Barad (2007, *passim*) spricht von der Materie als einem Ort der „intra-action" zwischen *agency* und semiotisch-diskursiven Praktiken. Die Formulierung, der zufolge die Materie keine tabula rasa („*blank slate*") ist, stammt von ihr. Zur Ausdruckskraft der Materie siehe Oppermann (2019). Zu Levis Empirismus vgl. Antonello (2007, S. 100).

[8]Die Übertragung der Zitate aus dieser Erzählung ins Deutsche stammt hier und im Folgenden vom Übersetzer, D.-C.A. Das italienische Original ist jeweils als Fußnote angegeben.

[9]„[I] futuri archeologi vi troveranno incastrati, come gli insetti del pliocene nell'ambra, i tappi-corona della Coca Cola e gli anellini a strappo della birra in lattina, ricavandone dati sulla qualità e quantità delle nostre scelte alimentari" (Levi 1998, S. 59).

[10]„fossili illustri" (Levi 1998, S. 60).

> gespuckt, und sie zeugen von den hervorragenden mechanischen Eigenschaften des Materials, aus dem sie bestehen: In der Tat, wenn sie nicht beseitigt werden [...] sind sie praktisch unzerstörbar [...]. Sie sind ein gutes Beispiel für ein Phänomen, das in der Technik häufig auftritt: Die Anstrengung, die danach strebt, die Festigkeitseigenschaften eines bestimmten Materials zu optimieren, kann zu ernsthaften Schwierigkeiten führen, wenn es darum geht, das Material selbst zu eliminieren, nachdem es seine Funktionen erfüllt hat.[11]

Ja, Kaugummi: Kaugummi als Inbegriff für materiellen Widerstand und (für uns) als weitere kleine, aber unnachgiebige Schicht des Anthropozäns – eine Abfallschicht.

In theoretisch-abstrakter Hinsicht mag es seltsam erscheinen, Kaugummi als Beispiel für Widerstand im Anthropozän zu betrachten – dem würde ich zustimmen. Praktisch ist es jedoch nicht ganz so. Einige historische Daten verdeutlichen das. Kaugummi entspricht einer alten – typisch holozänischen – Gewohnheit des *Anthropos,* die aus dem Neolithikum stammt und durch 9000 Jahre alte Klümpchen aus honigsüßem Birkenharz mit Zahnabdrücken bestätigt worden ist. Gefunden wurden diese von Archäologen auf der schwedischen Insel Orust (vgl. Art. Chewing Gum 2005). Und auch die Griechen, Mayas und Azteken waren allesamt nicht nur die Vorläufer der modernen Population, sondern auch formidable Kauer – von Mastix, Birkenrindenteer, Chicle und anderen natürlichen Harzen. Während angenommen wurde, dass diese natürlichen Harze antiseptische Eigenschaften haben, lässt sich das vom heutigen Kaugummi, dessen Auswirkungen auf unsere Gesundheit umstritten sind, nicht mehr sagen. Einigen Studien zufolge kann Kaugummi zwar beispielsweise unsere kognitiven Funktionen und insbesondere das Arbeitsgedächtnis, das episodische Gedächtnis und die Wahrnehmungsgeschwindigkeit verbessern (auch wenn Tests gezeigt haben, dass diese kognitiven Verbesserungen nur 20 Minuten andauern, bevor sie wieder abnehmen) (vgl. Onyper et al. 2011). Was jedoch weniger ‚natürlich' und definitiv weniger vorteilhaft an modernen Kaugummis

[11] „[D]appertutto, ma più numerose nei tratti più frequentati, si notano sulle lastre delle macchie rotonde, del diametro di pochi centimetri, biancastre, grigie o nere. Sono gomme da masticare, incivilmente sputate a terra, e testimoniano delle eccellenti proprietà meccaniche del materiale di cui sono costruite: infatti, se non vengono rimosse [...] sono praticamente indistruttibili [...]. Costituiscono un buon esempio di un fenomeno che si presenta spesso nella tecnica: lo sforzo che tende a rendere ottime le proprietà di resistenza di un determinato materiale può condurre gravi difficoltà quando si tratta di eliminare il materiale medesimo dopo che ha adempiuto alle sue funzioni" (Levi 1998, S. 61–62).

ist, ist ihre Zusammensetzung und vor allem ihre Hauptzutat (25–35 %): Gummi. Die Gummibasis besteht aus natürlichen und synthetischen Bestandteilen. Zu den letzteren zählen von Erdöl abgeleitete Substanzen, deren Anteile in den Geheimformeln der einzelnen Marken variieren: Butadien-Styrol-Kautschuk, Isobuten-Isopren-Kautschuk, Copolymer (Butyl-Kautschuk), Paraffin, Petroleumwachs, Polyethylen, Polyisobutylen und Polyvinylacetat.[12]

Als industrielles Produkt wurde die Kaugummi-Basis offensichtlich im Laufe der Jahre gezielt ‚entwickelt'. So bemerkt Levi:

> Die Nachfrage nach einem Gummi, das der Qual des Kauens aus Druck, Feuchtigkeit, Hitze und Enzymen standhält, sich verformt, ohne sich zu zerstören, hat zu einem Material geführt, das gegen Getrampel, Regen, Frost und Sommersonne zu gut Widerstand leistet.[13]

Das Material ist daher nicht nur ‚widerstandsfähig', sondern auch ein wenig *zu* widerstandsfähig: „praktisch unzerstörbar".[14] Die Folge dieses unerwünschten Widerstands ist eine Form der weit verbreiteten städtischen Umweltverschmutzung: Nach Zigarettenkippen gilt Kaugummi als die weltweit am häufigsten vorkommende Abfallform. Wir können das empirisch überprüfen, indem wir Bürgersteige als unsere Labore nutzen. Studien zu diesem Thema sind reichlich vorhanden: So hat beispielsweise eine Umfrage aus dem Jahr 2000 gezeigt, dass allein auf dem Bürgersteig der Oxford Street in London mehr als eine Viertelmillion Klümpchen oder Flecken gezählt werden können (vgl. Emsley 2004, S. 189–190). Wie andere Untersuchungen belegen, ist diese klebrige Präsenz auch kostspielig: 2008 beliefen sich die Kosten einer ‚organischen' Technologie für die Entfernung von Kaugummis in Großbritannien geschätzt auf etwa 150 Mio. Pfund pro Jahr. Eine ‚traditionelle' Reinigung kostet die Kommune in Rom, wo täglich 15.000 Kaugummis weggeworfen werden, einen Euro pro Exemplar (vgl. McKie 2008; Rubino 2015). Einige Länder haben Kaugummis deshalb sogar verboten. Ein berühmter Fall ist der von Singapur, wo man ein Rezept des Zahnarztes benötigt, um – ausschließlich in einer Apotheke – die störenden Bonbons

---

[12]Für eine umfassende, sowohl auf historische als auch auf technische Aspekte eingehende Studie zu Kaugummi siehe Fitz (2008).

[13]„La richiesta di una gomma che resista, deformandosi ma senza distruggersi, al tormento della masticazione, fatto di pressione, umidità, calore ed enzimi, ha condotto ad un materiale che resiste fin troppo bene al calpestio, alla pioggia, al gelo ed al sole d'estate" (Levi 1998, S. 62).

[14]„praticamente indistruttibil[e]" (Levi 1998, S. 62).

zu kaufen. Und Verschmutzung beschränkt sich nicht nur auf unsere Bürgersteige: Besorgniserregend sind die Auswirkungen von Kaugummi auch mit Blick auf Fragen der Umweltverschmutzung. Der kanadische Öko-Filmmacher Andrew Nisker prangert dieses Phänomen und seine Größe in seiner Dokumentation *The Dark Side of the Chew* (2014) an.[15] Das Problem ist umfangreich und trägt zur Verschmutzung der Ozeane durch Kunststoffe ebenso bei wie Polyethylen – eine andere problematische Substanz, die Levi in *Das Periodische System* als eine jener Substanzen bezeichnet, „die sich nicht zersetzen" (2016, S. 151).

Zu bedenken ist an dieser Stelle Folgendes: Einer der Parameter des Anthropozäns ist die planetare Skala, in stratischer Hinsicht, seine erkennbaren Merkmale (vgl. beispielsweise Zalasiewicz 2017). Wenn das so ist, ist es dann wirklich so ungewöhnlich, die weit verbreitete Präsenz der feinen, aus Öl abgeleiteten Polymere, die von unseren Gehwegen weggespült und über Abwasserleitungen und -kanäle zu Wassersammelstellen und Ozeanen transportiert werden, als ein ‚Zeichen' unserer Epoche zu betrachten? Und die Reise endet hier keineswegs: Einmal in den Ozeanen dringt der polymere Schatten mit seinen Giftstoffen in die Nahrungskette ein und gelangt schließlich – über Fische – auf unsere Tische, um unseren Körper in weitere geologische Proben zu verwandeln. Wenn wir das alles bedenken, wird das auf den ersten Blick ironisch erscheinende Beispiel des Kaugummis immer weniger als Provokation und immer mehr als konkrete düstere Realität erkennbar.[16]

## 4 Eine neue Schicht des Anthropozäns?

Natürlich gehe ich nicht davon aus, dass wir uns wegen Kaugummi im Anthropozän befinden. Dass unsere Epoche aber die des Anthropozäns ist, weil wir Substanzen herstellen können, die ebenso widerstandsfähig sind wie Kaugummi, ist eine Tatsache – und dasselbe gilt für Polyethylen, die Levis Gott – selbst ein „Meister der Polymerisation" – vernünftigerweise nicht „patentier[t]" (2016,

[15]Weitere Informationen finden sich zusammen mit der Möglichkeit, aktiv zu werden, auf der Webseite des Films: http://www.darksideofthechew.com. Zugegriffen: 10. Juli 2017.

[16]Ich denke hier insbesondere an Stacy Alaimos Studie über die ozeanischen Dimensionen von Transkorporalität, brillant entwickelt im dritten Teil von *Exposed: Environmental Politics and Pleasures in Posthuman Times* (2016, S. 111–168). Für unseren Kontext ist vor allem Alaimos Überlegung, dass Kunst und Aktivismus körperliche Verflechtungen dadurch widerspiegeln, dass sie sich auf die Unheimlichkeit von Alltagsgegenständen beziehen, interessant.

S. 151) hat. Außerdem ist es kein Zufall, dass Levi in *Segni sulla pietra* Kaugummi in Verbindung mit Asphalt, Beton und allen gefertigten Dingen erwähnt, die „praktisch unzerstörbar" sind. Das ist eine entscheidende Eigenschaft vieler Arten von Abfällen, die aufgrund der technischen Eigenschaften ihrer Materialien unsere Existenz bei weitem überdauern werden, genau wie die „things" im Gedicht *Las cosas* von Jorge Luis Borges:

> How many things,
> Files, doorsills, atlases, wine glasses, nails,
> Serve us like slaves who never say a word,
> Blind and so mysteriously reserved.
> They will endure beyond our oblivion;
> And they will never know that we are gone. (1999, S. 277)[17]

All diese Dinge – Atlanten, Tassen, Nägel, Türbretter… – werden der Zeit widerstehen. Der große Unterschied zwischen ihnen und Kaugummi besteht jedoch darin, dass Moleküle des letzteren noch für eine Ewigkeit bestehen bleiben werden. Im Gegensatz zur „mysteriously reserved" Präsenz der stummen „slaves" wird Kaugummi unsichtbar und allgegenwärtig anzutreffen sein.

Was Primo Levis Geschichte eindrucksvoll betont, ist die ethische Verantwortung des Menschen in Bezug auf alle möglichen zukünftigen Sedimente. Wir könnten diese Dimension „responsibility" nennen – eine „Verantwortung", die in die Arbeit jedes „streitbar[en] Chemiker[s]" (Levi 2016, S. 68) eingebettet ist, wie Levi sagen würde. Bei Verantwortung geht es darum, die Auswirkungen unseres Handelns zu berücksichtigen, gegebenenfalls auf sie reagieren zu können und mit den Unterschieden zwischen den Dingen umgehen zu können – zum Beispiel mit dem Unterschied zwischen einer nützlichen Form des Widerstands und einer schädlichen, weil „the differences matter – in ecologies, economies, species, lives" (Haraway 2016, S. 116). Und tatsächlich schreibt Levi mit Blick auf die „explosive[n]" Ähnlichkeiten zwischen Natrium und Kalium: „Die Unterschiede mögen gering sein, aber sie können grundlegend andersartige Auswirkungen haben, wie die Zungen einer Weiche; das Geschäft des Chemikers besteht zum großen Teil darin, von diesen Unterschieden auf der Hut zu sein, sie zu erkennen

[17]Leicht von mir (S. I.) veränderte Übersetzung der Ausgabe von Penguin (in diesem Fall von Stephen Kessler). „¡Cuántas cosas,/láminas, umbrales, atlas, copas, clavos,/nos sirven como tácitos esclavos,/ciegas y extrañamente sigilosas!/Durarán más allá de nuestro olvido;/no sabrán nunca que nos hemos ido".

und ihre Wirkungen vorauszusetzen.“ Und er schließt mit Nachdruck: „Nicht nur das Geschäft des Chemikers“ (2016, S. 68).

Der Kern *dieser* Arbeit besteht jedoch nicht nur in Verantwortung. Es ist vielmehr, um Haraways Formulierung zu verwenden, *Response-ability,* eine Fähigkeit zu antworten, „that cultivation through which we render each other capable“, „the capacity of response in the context of living and dying in worlds for which one is for, with others“ – eine Praxis, die „irreducibly collective and to-be-made“ ist (Haraway 2015, S. 256–257). Mit anderen Worten: *Response-ability* beruht darauf, aktiv, emotional und kognitiv Teil der Ontologie von Dingen und Wesen zu sein – und das jenseits eines vereinfachten Verständnisses von „accountability“ im Sinne menschlicher Entscheidungsfreiheit gegenüber einer passiven Welt. *Response-ability* impliziert das Bewusstsein, dass mein Widerstand auf den diesen zugleich ermöglichenden wie bedrohenden Widerstand der Welt in all ihren materiellen/mütterlichen Formen stößt. Und manchmal ist dieser materielle/mütterliche Widerstand stark und hartnäckig. Der Widersacher ist „das Nicht-Ich, der ‚Krumme‘, die Hyle: die dumme Materie, feindselig-träge wie die menschliche Dummheit und wie diese stark in ihrem passiven Stumpfsinn“ (Levi 2016, S. 166). Trotzdem ist diese Materie unser agentieller Partner beim Erzeugen von Realität; es ist das Universum, das *uns* auf halbem Wege trifft.[18]

Ein wesentlicher Teil dieser *Response-ability* liegt daher in der Erkenntnis, dass Materie Macht, Autorität und Verlangen hat: dass Blei, um erneut Levi zu zitieren, ein Metall ist, „das sich matt anfühlt, weil es vielleicht müde ist, da es sich wandeln muß, sich aber nicht mehr wandeln möchte“, und dass sein Gewicht „das Bestreben zu fallen“ (2016, S. 96) zum Ausdruck bringt, oder dass Holz „nach Oxidation“ verlangt, „das heißt nach seiner Selbstzerstörung“ (2004, S. 104). Und dass die Grenze zwischen Stabilität und Instabilität, die von Chemikern als „Metastabilität“ bezeichnet wird, äußerst fragil ist – etwas, das nicht nur für chemische Substanzen gilt, sondern auch für soziales Verhalten „in einer Welt […], in der alles stabil scheint und es doch nicht ist, in der furchtbare Energien (und ich spreche nicht nur von den nuklearen Arsenalen) in einem nur leichten Schlummer liegen“ (2004, S. 106). Der Anthropomorphismus von Levis Elementengeschichten ist daher nicht nur eine stilistische Strategie. Im Gegenteil: Es ist ein Weg, um Symmetrie und Isomorphie zwischen widerstrebender Materie zu betonen, ob sie nun menschlich ist oder nicht. Es ist eine „Strategie“, um

[18]Ich paraphrasiere hier den Titel von Karen Barads *Meeting the Universe Halfway* (2007).

das „Interface" zwischen unserem Gesicht und den Gesichtern der Materie zu erkennen (Duckert 2015, S. 259).[19]

Nach Auschwitz beginnt Levi mit Erzählungen des Widerstands, die Erinnerung, Sichtbarkeit und Menschlichkeit aus dem Abfall, mit dem sie bedeckt wurden, wieder herausholen. Seine Erzählungen versteht er als ethische Antwort und Reaktion auf den Abweg der Menschheitsgeschichte. Im Anthropozän brauchen wir diese Erzählungen von Widerstand und *Response-ability* auf einer planetarischen Ebene, um daran zu erinnern, dass die Widerständigkeit der Materie die Gefahren und Grenzen unseres Handelns und gleichzeitig die Zerbrechlichkeit der terrestrischen Systeme aufdeckt.

Um zusammenzufassen: Was bedeutet Widerstand im Anthropozän? Es handelt sich um einen Diskurs, könnten wir sagen, der folgende Schichten zusammenhält: aktiven Widerstand, Revolte, Meuterei, Ausdauer, Unternehmenspolitik, Kreativität, Kunst auf der einen Seite; scheinbar passiven Widerstand – die Widerspenstigkeit – der Materie, der jedoch tatsächlich Ausdruck der agentiellen Kraft und des ‚Verlangens' der Materie ist, auf der anderen Seite. Als „streitbar[er]" Geschichtenerzähler der Chemie wusste Levi dies alles und er wusste, dass „Hyle" – Substanz, Materie – diejenige ist, die regiert und entscheidet. Sie ist es, die sich unseren Manipulationen oft widersetzt und auf ihre eigene Weise darauf reagiert. Daher werden wir die Geschichten über menschlichen Widerstand, die politischen Auswirkungen der Reaktion der Aktivisten auf die „waste dumps of capitalism" solange nicht schätzen können, bis wir nicht auch die unvermeidlich materielle Dimension berücksichtigen.

Diese Überlegungen veranlassen schließlich auch zur Frage, was ‚Abfall' in der skizzierten größeren Verflechtung von Dingen und Bedeutungen ist. Abfall im Anthropozän bedeutet materieller Konsum von Landschaften; es bedeutet auch Konsum von Gerechtigkeit, Konsum der Menschheit, Konsum von Erinnerung und – wie wir jeden Tag in Sachen ‚alternativer Fakten' sehen – Konsum von Diskursen und Kategorien, die die politische Verfassung der Realität prägen. Angesichts dieser Abfallproduktion ist der Widerstand, den wir benötigen, nicht nur eine Wiederherstellungspraxis oder ein „refusal to accept or comply with something". Es ist vielmehr der kreative Widerstand neuer Narrative – Narrative voller Klarheit und *Response-ability;* die Fähigkeit, Teil einer Welt von mehreren Wesen zu werden, seien es Arten, Individuen oder Kräfte.

[19]„Strategic anthropomorphism" ist ein Begriff von Cohen und Duckert: „Through strategic anthropomorphisms – speaking of the elements as if we could know the elements, allying with air, water, fire, and earth to comprehend what exceeds us in scale – real entities that too often vanish into abstraction become tangible, urgent" (2015, S. 11–12).

Es gibt viele Kräfte im Anthropozän, denen man widerstehen kann: kapitalistischer Gewalt und schlechter Politik, aber auch der „hartnäckigen Widersetzung", die in jedes Material eingebettet ist, vor allem im Abfall, den wir hinter uns liegen lassen. Der Widerstand im Anthropozän muss sowohl politisch als auch wissenschaftlich, sowohl ethisch als auch technisch sein. Es war der Chemie zu verdanken, dass Primo Levi, der sicherlich das überzeugendste Symbol eines modernen ‚Humanismus' war, den Holocaust überlebt hat. Wir sollten von ihm lernen, das alte Klischee von den ‚zwei Kulturen' zu verwerfen und realistischere Wege zu finden, um mit dem Planeten umzugehen, der in unseren Ozeanen, in unseren Mülldeponien und unter unseren Füßen auf den klebrigen Gehwegen unserer Städte atmet.

*Aus dem Englischen von David-Christopher Assmann*

## Literatur


Adamson, Joni. 2017. We have never been ‚anthropos': From environmental justice to cosmopolitics. In *Environmental humanities. Voices from the Anthropocene*, Hrsg. S. Oppermann und S. Iovino, 155–173. Lanham: Rowman & Littlefield.

Alaimo, Stacy. 2016. *Exposed: Environmental politics and pleasures in posthuman times*. Minneapolis: University of Minnesota Press.

Antonello, Pierpaolo. 2007. Primo Levi and ‚Man as Maker'. In *The Cambridge companion to Primo Levi*, Hrsg. Robert S. Gordon, 89–104. Cambridge: Cambridge University Press.

Armiero, Marco. 2015. Of the Titanic, the Bounty, and other shipwrecks. *Intervalla* 3: 50–54.

Armiero, M., und M. De Angelis. 2017. Anthropocene: Victims, narrators, and revolutionaries. *The South Atlantic Quarterly* 116 (2): 347–362.

Art. Chewing Gum. 2005. *The Hitchhiker's Guide to the Galaxy: Earth Edition* (23. Juni 2005). https://h2g2.com/edited_entry/A172342. Zugegriffen: 11. Juli 2017.

Art. „resistance". https://en.oxforddictionaries.com/definition/resistance. Zugegriffen: 30. Juni 2017.

Barad, Karen. 2007. *Meeting the universe halfway. Quantum physics and the entanglement of matter and meaning*. Durham: Duke University Press.

Barca, Stefania. 2018. L'Antropocene: una narrazione politica. 10. Oktober 2018. http://www.iaphitalia.org/stefania-barca-lantropocene-una-narrazione-politica/. Zugegriffen: 19. Juli 2019.

Bennett, Jane. 2010. *Vibrant matter. A political ecology of things*. Durham: Duke University Press.

Borges, Jorge Luis. 1999. The Things. In *Selected poems*, Hrsg. Alexander Coleman. Penguin: New York.

Cohen, J.J., und L. Duckert. 2015. Introduction: Eleven principles of the elements. In *Elemental ecocriticism: Thinking with earth, air, water, and fire*, Hrsg. J.J. Cohen und L. Duckert, 1–26. Minneapolis: Minnesota University Press.

Coole, D., und S. Frost, Hrsg. 2010. *New materialisms. Ontology, agency, and politics*. Durham: Duke University Press.

Dolphijn, R., und I. van der Tuin. 2012. *New materialism. Interviews and cartographies*. Ann Arbor: Open Humanities Press.

Duckert, Lowell. 2015. Earth's Prospect. In *Elemental ecocriticism: Thinking with earth, air, water, and fire*, Hrsg. J.J. Cohen und L. Duckert, 237–267. Minneapolis: Minnesota University Press.

Emsley, John. 2004. *Vanity, vitality, and virility: The science behind the products you love to buy*. New York: Oxford University Press.

Fitz, Douglas, Hrsg. 2008. *Formulation and production of chewing and bubble gum*. Essex: Kennedy's Publications.

Ghosh, Amitav. 2016. *The great derangement: Climate change and the unthinkable*. Chicago: Chicago University Press.

Gilebbi, Matteo. 2017. Who is the Anthropos of the Anthropocene? Paper presented at the AAIS & CSIS Joint Conference, Columbus, Ohio, April 2017. Web. https://www.academia.edu/32673214/Who_is_the_Anthropos_of_the_Anthropocene. Zugegriffen: 29 Apr. 2019.

Grusin, Richard, Hrsg. 2017. *Anthropocene feminism*. Minneapolis: Minnesota University Press.

Haraway, Donna. 2015. Anthropocene, Capitalocene, Chthulucene: Donna Haraway in Conversation with Martha Kenney. In *Art in the anthropocene. Encounters among aesthetics, politics, environments and epistemologies*, Hrsg. H. Davis und E. Turpin, 255–270. London: Open Humanities Press.

Haraway, Donna. 2016. *Staying with the trouble. Making Kin in the Chthulucene*. Minneapolis: Minnesota University Press.

Heise, Ursula. 2016. *Imagining extinction. The cultural meanings of endangered species*. Chicago: University of Chicago Press.

Iovino, Serenella. 2009. Naples 2008. Or, the waste land: Trash, citizenship, and an ethic of narration. *Neohelicon* 36 (2): 335–346.

Iovino, Serenella. 2015. The living diffractions of matter and text: Narrative agency, strategic anthropomorphism, and how interpretation works. *Anglia. Journal of English Philology* 133 (1): 69–87.

Iovino, Serenella. 2016. *Ecocriticism and Italy. Ecology, resistance, and liberation*. London: Bloomsbury.

Iovino, Serenella, und Serpil Oppermann, Hrsg. 2014. *Material ecocriticism*. Bloomington: Indiana University Press.

Levi, Primo. 1998. *L'altrui mestiere. Con una nota di Italo Calvino*. Turin: Einaudi.

Levi, Primo. 1992. Vorbemerkung. In *Die dritte Seite. „Liebe aus dem Baukasten" und andere Erzählungen und Essays*. Aus dem Italienischen übersetzt von Hubert Thüring und Michael Kohlenbach, 9–10. Basel: Stroemfeld/Roter Stern.

Levi, Primo. 1999. *Gespräche und Interviews*, Hrsg. M. Belpoliti, Übers. Joachim Meinert. München: Hanser.

Levi, Primo. 2004. *Anderer Leute Berufe. Glossen und Miniaturen*, Übers. Barbara Kleiner, München und Wien: Hanser.

Levi, Fabio. 2015. Il suo pubblico. *L'Indice dei libri del mese* 10 (2. November): 16.

Levi, Primo. 2016. *Das Periodische System*, Übers. Edith Plackmeyer. München: dtv.

McKie, Robin. 2008. Scientists target £150m chewing gum menace with organic salt solution. *The Guardian*, 4. Mai. https://www.theguardian.com/environment/2008/may/04/waste.pollution. Zugegriffen: 29 Apr. 2019.

Moore, Jason. 2015. *Capitalism in the web of life. Ecology and the accumulation of capital*. London: Verso.

Moore, Jason, Hrsg. 2016. *Anthropocene or capitalocene? Nature, history, and the crisis of capitalism*. Oakland: PM Press.

Morton, Timothy. 2016. *Dark ecology. For a logic of future coexistence*. New York: Columbia University Press.

Nixon, Rob. 2014. The Anthropocene: The Promise and Pitfalls of an Epochal Idea. *Edge Effects*. 6 November. http://edgeeffects.net/anthropocene-promise-and-pitfalls/. Zugegriffen: 29 Apr. 2019.

Onyper, Serge V., et al. 2011. Cognitive advantages of chewing gum. Now you see them, now you don't. *Appetite* 57 (2): 321–328.

Oppermann, Serpil. 2019. How the material world communicates: Insights from material ecocriticism. In *Routledge handbook of ecocriticism and environmental communication*, Hrsg. S. Slovic, S. Rangarajan, und V. Sarveswaran, 108–117. London: Routledge.

Pickering, Andrew. 1995. *The mangle of practice. Time, agency, and science*. Chicago: University of Chicago Press.

Pulido, Laura. 2017. Racism and the Anthropocene. In *Future remains. A cabinet of curiosities for the anthropocene*, Hrsg. G. Mitman, M. Armiero, und R.S. Emmett, 116–128. Chicago und London: The University of Chicago Press.

Rubino, Monica. 2015. Quanto ci costano gomme e cicche a terra: un euro alla volta. *La Repubblica* 1. Oktober. https://www.repubblica.it/ambiente/2015/10/01/news/gettare_a_terra_gomme_da_masticare_e_mozziconi_costa_caro_ai_cittadini-124071766/. Zugegriffen: 29 Apr. 2019.

Scarpa, Domenico. 2014a. Il terzo incomodo: Un invito a frequentare Primo Levi. *Quaderns d'Italià* 19:11–27.

Scarpa, Domenico. 2014b. Il vero Primo, in americano. *Domenica – Il sole 24 ore*, 26 October.

Scarpa, Domenico. 2015. Senza precedenti, di generazione in generazione. *L'Indice dei libri del mese* 10 (2): 15.

Tuana, Nancy. 2019. Climate apartheid: The forgetting of race in the anthropocene. *Critical Philosophy of Race* 7 (1): 1–31.

Tuana, N., und R. Bernasconi, Hrsg. 2019. *Race and the Anthropocene*, Special Issue *Critical Philosophy of Race* 7 (1).

Zalasiewicz, J. 2017. The extraordinary strata of the anthropocene. In *Environmental humanities. Voices from the anthropocene*, Hrsg. S. Oppermann und S. Iovino, 115–131. Lanham: Rowman & Littlefield.

**Serenella Iovino** ist Professorin für Italian Studies und Environmental Humanities an der University of North Carolina in Chapel Hill, USA. Sie war Stipendiatin der Humboldt-Stiftung und des Rachel Carson Center for Environment and Society (LMU München) und ist Autorin bzw. Mitherausgeberin u. a. von *Filosofie dell'ambiente* (2004), *Ecologia letteraria* (2006, 2015), *Material Ecocriticism* (2014), *Environmental Humanities. Voices from the Anthropocene* (2017), *Italy and the Environmental Humanities* (2018) und *Ecocriticism and Italy. Ecology, Resistance, and Liberation* (2016, ausgezeichnet durch die American Association for Italian Studies und die MLA).

# Geschändete Natur, verdorbene Menschheit

## Der italienische Eco-Thriller zwischen fiktionalem Krimi und umweltpolitischem Engagement

Elena Agazzi

Dieser Beitrag hat nicht nur das Ziel, über den italienischen Eco-Thriller der Nuller- und Zehnerjahre nach der Jahrtausendwende zu informieren. Er will auch die Initiativen der Erkundung und Bekämpfung von Umweltzerstörungen in den Blick nehmen, die sich einer Art Tauziehen zwischen dem Schutz des nationalen Territoriums und der Ausübung krimineller mafiöser Machenschaften in Italien ausgesetzt sehen. Der Verlag *Edizioni Ambiente* (mit Sitz in Mailand) wurde 1993 mit dem Ziel gegründet, den Bedarf der italienischen Leseöffentlichkeit nach Fiktion in Bezug auf diese Probleme zu decken. Außerdem möchte er eine verlässliche Dokumentation der Umweltkatastrophen erstellen: und zwar mittels Recherchen von Journalisten und Autoren, die Umweltprobleme zum Schwerpunkt ihrer Fiktion machen. Letztere vermischen Realität und Imagination miteinander, um eine kommunikative Form zu etablieren, die es erlaubt, umweltpolitische Missstände in Italien aufzudecken und anzuprangern. Wie eine vielköpfige Hydra nimmt die Unterwelt der Umweltzerstörung dabei immer wieder andere Gestalten an: in der Entsorgung von Giftmüll auf dem Land und im Meer, in der mangelnden Kontrolle von Umweltbelastungen bei der industriellen Produktion chemischer Substanzen, im fehlenden Müll-Recycling usw.

Im Mai 2007 hat *Edizioni Ambiente* in Zusammenarbeit mit Legambiente (einer italienischen Umweltschutz-Organisation) die Reihe *VerdeNero* vorgestellt. Einige der besten italienischen Krimiautoren haben zu dieser Initiative

E. Agazzi (✉)
Università degli Studi di Bergamo, Bergamo, Italien
E-Mail: elena.agazzi@unibg.it

 
D.-C. Assmann (Hrsg.), *Narrative der Deponie,* Kulturelle Figurationen: Artefakte, Praktiken, Fiktionen, https://doi.org/10.1007/978-3-658-27880-9_8

beigetragen. Um nur einige Namen zu nennen: Loriano Macchiavelli, Carlo Lucarelli, Massimo Carlotto, Giancarlo De Cataldo und Simona Vinci. Im Jahr 2009 erschien erstmals die Reihe *Tascabili dell'Ambiente* (‚Umwelttaschenbücher'), in der auf pragmatische Weise konkrete und ‚alltägliche' Umweltthemen allgemeinverständlich behandelt werden. Dazu zählen ökologische Fragen mit Blick auf Arbeit, Unternehmen, Lebensstile und Konsumverhalten. Unter den Titeln mit dem größten Erfolg sind *Guida ai green jobs* von Marco Gisotti und Tessa Gelisio (2012), *La corsa della green economy* von Antonio Cianciullo und Gianni Silvestrini (2010) und *Meno 100 chili* von Roberto Cavallo (2016).

Das Portal nextville.it, das ebenfalls 2009 eröffnet wurde, ist in sehr kurzer Zeit zu einer zentralen Internetseite zu Themen der Energie-Effizienz und erneuerbaren Energien in Italien geworden und hat für den Verlag ein neues und wichtiges Tätigkeitsfeld geschaffen. Das Portal informiert hauptsächlich über die nationale und regionale Gesetzgebung im Energie-Sektor und über den neuesten Entwicklungsstand der jeweiligen Technologien. In diesem Bereich hat sich auch eine breite und differenzierte Weiterbildung für Unternehmen, Fachleute und Kommunalverwaltungen entwickelt. Infolge der Marktentwicklung und der historischen Krise im Verlagswesen hat *Edizioni Ambiente* schließlich 2011 mit dem Portal freebookambiente.it die erste digitale Bibliothek eingerichtet, die kostenlos ist und sich gänzlich Publikationen zu Umweltthematiken widmet.

In der Zwischenzeit ist die Reihe *VerdeNero* aufgrund des Verdrängungswettbewerbs auf dem Buchmarkt und der damit verbundenen Selektion, mit der die kleinen und mittleren Verlage vom Vertrieb durch Buchhandlungen ausgeschlossen werden, wieder eingestellt worden. Diese Schwierigkeiten halten die Autoren aber nicht davon ab, mit ihrer Sensibilisierungsarbeit in Sachen Umweltprobleme weiterzumachen, auch wenn dies nun sporadischer und weniger geschlossen geschieht.

Der Rapporto Ecomafia wird in Italien von der gemeinnützigen Organisation Legambiente jährlich in Papierform veröffentlicht und liefert „ein präzises Bild von den Umweltdelikten in Italien und der Rolle, die kriminelle Organisationen dabei spielen" (Liguori 2018).[1] Jedes Jahr enthält der Bericht alarmierende Zahlen. 2017 sind zum Beispiel 538 Untersuchungshaftbefehle wegen Umweltdelikten erlassen worden (139,5 % mehr als 2016). Darüber hinaus wurden diesbezüglich 614 Strafverfahren eingeleitet (gegenüber 265 im Vorjahr). 2017 wurden 4,4 Tonnen Müll beschlagnahmt. Während sich Italien für einen immer effizienteren Kampf gegen Umweltverbrechen rüstet, werden auch die Strategien, um den Kontrollen zu entgehen, ständig weiterentwickelt, darunter eine der diabolischsten: nämlich Giftmüll im Meer zu entsorgen.

[1] Diese und alle weiteren Übersetzungen aus dem Italienischen stammen von mir, E.A.

## 1 Ungelöste Fälle und alte Skandale

Aus diesem Grund beginnt unser Streifzug durch den italienischen Eco-Thriller bei Carlo Lucarelli und seinem Text *Navi a perdere* (‚Schiffe ohne Pfand', 2008), der zwar hauptsächlich den gesteuerten Untergang von Giftmüllschiffen behandelt, aber auch einen guten Überblick zu einer Reihe ungelöster Fälle und alter Skandale gibt, die Italien im Verlauf der letzten 50 Jahre überrollt haben. Lucarelli ist ein Meister des italienischen Krimis und hat immer eine besondere Neigung für öffentliche Ermittlungen gehabt. 1998 wurde er durch seine Fernsehsendung mit dem Titel *Mistero in Blu* bekannt, die später *Blu Notte,* dann *Blu Notte – Misteri italiani* und schließlich *Lucarelli racconta* hieß. Zuerst wurde sie zu sehr ungünstigen Sendezeiten ausgestrahlt, hat aber in jüngster Zeit ein breiteres Publikum erreicht, weil das Programm nun regelmäßig in den öffentlich-rechtlichen Programmen der RAI gesendet wird.

Auf der einen Seite hat Lucarelli immer wieder außergewöhnliche Gewalt- oder Sexualdelikte in familiären oder anderen sozialen Dynamiken behandelt. Hinzu kommen Straftaten, die einen politischen Hintergrund haben und dazu dienen, sensible Daten zu vertuschen, die Staatsgeheimnisse bleiben sollen (und es bis heute zum Großteil noch sind). Und auch Mafiadelikte hat Lucarelli verfolgt. *Navi a perdere* gehört in diese Kategorie. Auch in diesem Fall bleibt zu konstatieren, dass die italienische Regierung schneller und transparenter hätte agieren können, um Schaden zu verhindern.

Zunächst soll es aber um die Frage gehen, ob und warum *Navi a perdere* als Eco-Thriller betrachtet werden kann. Niccolò Scaffai hat in seiner Untersuchung *Letteratura e ecologia. Forme e temi di una relazione narrativa* (‚Literatur und Ökologie. Formen und Themen einer narrativen Beziehung', Scaffai 2017) diesbezüglich Kategorien eingeführt. Der vierte Teil des Buchs untersucht die „Mondi sconosciuti: il tema apocalittico e le forme della narrazione" (‚Unbekannte Welten: Das apokalyptische Thema und die Formen der Narration', vgl. Scaffai 2017, S. 101–137) und der fünfte Teil behandelt das Thema „Entropia dei rifiuti: contenere l'incontenibile" (‚Entropie der Abfälle: das Unkontrollierbare eindämmen', vgl. Scaffai 2017, S. 139–166), wobei Beispiele aus der amerikanischen und britischen Literatur wie *The Handmaid's Tale* von Margaret Atwood (1985) und *London Orbital* von Iain Sinclair (2002) angeführt werden. Im Vergleich zum Ausmaß der Katastrophe in *Handmaid's Tale* oder der wechselseitigen Kontamination von natürlicher und künstlicher Welt in *London Orbital* scheinen die Bücher der Reihe *VerdeNero* eine weitaus geringere Bedeutung zu haben. Das heißt aber nicht, dass die italienischen Texte Randwerke sind, sie gehören vielmehr einem dritten Typus an, bei dem die „Literaturkritik […] [und die; E.A.] Literatur selbst" – wie eine

Rezensentin von Scaffais Buch schreibt – „Ökologie“ werden. Sie sind „ein kritischer Diskurs und ein kognitives Instrument, um eine vielseitige und bewusste Perspektive zu unserer Beziehung mit der Umwelt zu finden“ (Peterle 2018). In diesem Sinne handelt es sich bei Lucarellis Texten um hybride Narrationen, in denen literarische Aspekte mit dokumentarischem Material und Nachrichten vermischt werden,[2] ja mehr noch: Durch kontinuierliches Hinterfragen entwickelt Lucarelli nützliche Strategien für das Format seiner Sendungen, die sich manchmal zu gedruckten Büchern umformen, wie im Fall von *Navi a perdere*.

Der Text ist in kurze Abschnitte strukturiert, bei denen in einigen einzelne ‚Eindrücke‘ dominieren, andere hingegen haben einen deskriptiven Charakter. In wieder anderen werden die behandelten Ereignisse in narrativ-literarischer Form ausgearbeitet. Diese Abschnitte werden fast immer von einem kurzen, lapidaren Kommentar begleitet, der die direkte Einschätzung des kommentierenden Beobachters zu den präsentierten Vorfällen wiedergibt – oder wie ein Mantra wiederholt: „halten wir uns aber an die Tatsachen“ (Lucarelli 2008, S. 9, 12, 18, 21, 27 usw.). Durch diese Erzählstrategie bezieht Lucarelli den Leser in die Ermittlungen mit ein und erwirkt in ihm Betroffenheit und Besorgnis. Diese Vorgehensweise schafft einen kontinuierlichen Vergleich zwischen den durch die Medien vermittelten Nachrichten und den Indizienbeweisen, die der Autor bzw. Erzähler selbst sammelt, indem er die einzelnen Puzzleteile der Geschichte zusammenfügt und Unstimmigkeiten darin hervorhebt. Viele einzelne Geschichten, die miteinander verkettet sind, geben so das Bild einer besorgniserregenden Landschaft von Verbrechen und Missetaten.

Die ‚Rosso‘ ist nur eines der zahlreichen Schiffe, die an den kalabrischen oder sizilianischen Küsten gestrandet sind und dann ohne offensichtlichen Grund ihren Kurs wieder aufgenommen haben. 1988 versucht man, eine Dioxinfracht aus Seveso ins Ausland zu befördern, die aber niemand aufnehmen will: weder Venezuela noch Syrien oder der Libanon. Das Schiff mit der tödlichen Fracht muss wieder nach Italien zurückkehren und keiner weiß, was aus ihm wird. Sicher ist nur, dass es seinen Namen geändert hat: Aus ‚Jolly Rosso‘ ist einfach ‚Rosso‘ geworden. Schon viele Jahre zuvor sind andere Schiffe und ihre Besatzungen auf mysteriöse Weise und ohne SOS gesendet zu haben spurlos verschwunden. Lucarelli will seinem Text das Format eines Kriminalromans geben und identifiziert seine Hauptfigur mit der realen Person des Fregattenkapitäns

[2]Zu den Darstellungsstrategien des ökologischen Dokumentarfilms siehe auch den Beitrag von Benjamin Bühler in diesem Band.

Natale De Grazia – ein Offizier, der auf mysteriöse Weise an einem Schwächeanfall stirbt, während er mit zwei Kollegen auf der Autobahn Salerno-Reggio Calabria fährt, um bei der Dienststelle von La Spezia in Ligurien Bericht zu erstatten. Handelt es sich dabei um ein zufälliges Ereignis oder doch um etwas anderes? Lucarelli schreibt: „Es kommt vor, dass Schiffe sinken, so wie es geschieht, dass Menschen plötzlich sterben, während sie etwas Wichtiges machen. Nun gut, das kann passieren. Aber halten wir uns an die Tatsachen" (Lucarelli 2008, S. 21). Der Leser folgt den Vorkommnissen, als handle es sich um eine literarische Erzählung, aber einige Seiten danach zieht Lucarelli selbst einen Strich zwischen Fakt und Fiktion, um gleichzeitig zu suggerieren, dass die Grenzen zwischen dem Realen und dem Imaginären sehr durchlässig sein können. Er schreibt:

> Also, würde es sich um einen Roman handeln, wäre in dieser Geschichte der Kapitän Natale De Grazia *Der Mensch auf der Suche*. Es ist nicht wichtig, dass diese Geschichte kein Roman ist, weil es derartige Menschen zum Glück auch im wirklichen Leben gibt (Lucarelli 2008, S. 31).

Durch dieses „zum Glück" wird eine Bewertung vorgenommen und der Erzählung ein ethischer Akzent verliehen.[3] Die Objektivität des Tatsachenprotokolls wird brüchig und mit der hartnäckigen Ermittlungsarbeit dessen verbunden, der für die Sache der „Menschen auf der Suche" schreibt (Lucarelli 2008, S. 31–32) – ähnlich wie die Figuren von Dostoevskij, Simenon oder Conrad. Unter ihnen sticht in einem anderen Zusammenhang der Name von Staatsanwalt Giovanni Falcone hervor, der zusammen mit seiner Eskorte bei einem Mafia-Attentat am 23. Mai 1992 in Capaci bei Palermo ums Leben kam.

Lucarelli verweilt zwar nicht bei poetischen Besonderheiten in der Erzählung. Und doch öffnet er seine Geschichte für eine ‚unheimliche' ästhetische Dimension, wenn er den Gesang der Walfische im Meer mit den Wehklagen kombiniert, die aus den Blechteilen der auf den Meeresgrund gesunkenen Relikte heraushallen:

> Wie die Walfische, so lassen auch die gesunkenen Schiffe dunkle Geräusche aus ihrem Bauch ab, ein Rasseln und Röcheln wie aus offenem Schlund, langes Stöhnen und Gemurmel, die das Wasser weit trägt und die durch nichts aufgehalten werden […] Gibt es einen Gesang der verlorenen Schiffe? Ich weiß es nicht. Wenn sie aber

[3]Zur ethischen Dimension ökologischer Erzählungen siehe auch den Beitrag von Serenella Iovino in diesem Band.

> singen würden, dann könnten die Forscher, die die Laute der Wale registrieren, auch sie ergründen, denn auf dem Meeresgrund liegen viele verlorene Schiffe, sehr viele (Lucarelli 2008, S. 80–81).

Lucarelli spielt mit dem Ausdruck ‚ohne Pfand', den man für Glas oder andere Behälter benutzt, die nicht dem Hersteller zurückgegeben werden, und bezeichnet diese Schiffe als „navi a perdere" – als ‚Schiffe ohne Pfand' (Lucarelli 2008, S. 85); oftmals sind auch die Menschen, die auf dem Meer treiben und die keiner will (eine prophetische Vorahnung dessen, was einige Jahre später, in unserer jetzigen Gegenwart passieren würde), ‚Leute ohne Pfand' (vgl. Lucarelli 2008, S. 86).

Am Ende der Behandlung des Textes von Lucarelli möchte ich noch daran erinnern, dass Nebenermittlungen zur internationalen Entsorgung von Giftmüll auch den Mord an der Journalistin der Nachrichtensendung TG 3, Ilaria Alpi, in Mogadischu betrafen. Sie war im Rahmen der von der UNO koordinierten Mission ‚Restore Hope' als Berichterstatterin in Somalia und wurde 1994 zusammen mit dem Kameramann Milan Hrovatin getötet. Später kam ans Licht, dass es zwischen Italien und Somalia Vereinbarungen zu illegalem Handel mit Waffen und Giftmüll gab und dass Alpi die wichtige Zeugenaussage des Sultans von Bosaso, Abdullahi Moussa Bogor, erhalten hatte. Dieser hatte ihr über die engen Beziehungen zwischen einigen italienischen Staatsbeamten und der Regierung von Siad Barre berichtet, die Ende der 1980er Jahre bestanden und in die auch der italienische Geheimdienst verwickelt war.

Von Norden bis Süden ist der Schutz der Meere ein bevorzugtes Thema vieler Krimiautoren und Gabriella Genisi, geboren 1965 in Bari, lässt in *Mare nero* (‚Schwarzes Meer'), erschienen 2016, ihre Kommissarin der Mordkommission Lolita Lobosco auf den Spuren von Verbrechern ermitteln, die vor dem Hafen von Bari acht Container mit giftigen Substanzen im Meer entsorgt haben. Ihr eigentlicher Kampf besteht aber darin, dem Polizeipräsidenten klar zu machen, dass auch die Umweltverbrechen unter die Kompetenz der Mordkommission fallen, weil, auch wenn es bisher noch keine Toten gegeben hat, „die Opfer in der Zukunft sehr zahlreich sein werden" (Genisi 2016, S. 152).

## 2 Illegaler Handel weltweit

Wir wechseln die Szene, aber nicht das Thema. Francesco Abate und Massimo Carlotto veröffentlichen im Jahr 2009 einen ‚Ermittlungsroman', wie auf dem Einband des italienischen Originals zu lesen ist, mit dem Titel *L'albero dei microchip* (‚Der Baum der Microchips'). Das Charakteristische dieses Textes ist, dass zwei Geschichten weit entfernt voneinander spielen – in Liberia und im Piemont –, die sich dann aber fast zufällig miteinander verbinden, da ein autistischer Junge und seine Schulkameraden im Boden eines Spielfelds vergrabene elektronische Bauteile entdecken. Die Erzählung hat einen guten Rhythmus, aber die Geschichte entfaltet sich aufgrund der Technik des Kontrapunkts wenig flüssig und nicht perfekt ausbalanciert. Der Blick des Erzählers richtet sich anfänglich vor allem auf die Ereignisse in Liberia, während auf der italienischen Seite das Thema des *bullying* im Vordergrund steht. Die Jungen machen sich über ihren Kameraden mit Handicap lustig und überzeugen ihn davon, dass die in Säcken gefundenen Computerteile Wundersamen sind, die der Pflege eines besonderen ‚Gärtners' bedürften. Erst in einem zweiten Schritt wird das Thema der Finanzspekulation deutlich, in die Manager und Briefkastenfirmen verwickelt sind.

Die Idee der Schikanen gegenüber einem Schwächeren ist der Gegenstand einer parallel laufenden Reflexion von anderem Ausmaß, die die Tragödie der ‚Kindersoldaten' in Liberia sowie deren Ausbeutung als billige Arbeitskraft in hochgiftigen Müllhalden betrifft, die auf verlassenen Minen entstehen. Die von den Autoren erfundenen Figuren sind zwar reine Fantasiegestalten, reflektieren aber Rollen und Tätigkeiten, die von realen Personen ausgeübt werden.[4]

Kimmie Dou, ein Soldat der Uno-Blauhelme, wird von seinem Vorgesetzten, Oberst Johnson Yakobù, damit beauftragt, einen verdächtigen Warenhandel im Hafen von Monrovia zu kontrollieren. Kimmie Dou übernimmt diese Aufgabe mit den nüchternen Augen dessen, der die Korruption meidet und sich von der nur vordergründigen Effizienz der ‚Yes-Men' distanziert. Letztere führen gezielt Strafaktionen durch und ignorieren bewusst die verheerende politische und soziale Lage, in der sich Liberia befunden hat und immer noch steckt: im Mittelpunkt von jahrelangen Kriegen, Waffenhandel und illegaler Warenverschiebung. Kimmie Dou ist kein Zyniker, aber er macht sich auch keine Illusionen; er ist einer, der glaubt, nichts mehr zu verlieren zu haben. Die Bösen und die Ausbeuter sind natürlich nicht nur ‚die Anderen', bzw. ‚die Fremden', die ihre verbotenen Waren in liberianischen Gewässern transportieren konnten, indem sie das Schiffsregisteramt in Monrovia bezahlten. Zu den Bösen zählt auch und vor allem der Staatspräsident von Liberia, Taylor. Dieser wurde aufgrund seiner Beteiligung am Bürgerkrieg in Sierra Leone während seiner Amtszeit für Kriegsverbrechen und Verbrechen gegen die Menschlichkeit beschuldigt. In seinem Land wuchs die

[4]Siehe zu der hier angesprochenen postkolonialen Perspektive auf Müll auch den Beitrag von Carmen Concilio in diesem Band.

Opposition gegen sein Regime, was zum Ausbruch des zweiten Liberianischen Bürgerkriegs im Jahr 1999 führte. Ab 2003 verlor er die Kontrolle über weite Teile des Landes und wurde offiziell vom Sondergerichtshof für Sierra Leone (SCSL) angeklagt. Wegen des erhöhten internationalen Drucks trat er im selben Jahr zurück und begab sich ins Exil nach Nigeria.

Aus Dous Erzählung wird die Rolle der Italiener vor allem im Kontext des Holzhandels deutlich. Mit diesem spekulierte Taylor, indem er über Wälder und natürliche Ressourcen verfügte, die bis 1997 unter Schutz standen.

> Kimmie erklärte, dass die Präsenz der Italiener in Liberia sich vervielfacht hatte. Viele Unternehmen hatten ihre Holzproduktion in das Land verlagert, um den Importkontrollen zu entgehen und in der Zwischenzeit wurden verschiedene italienische Firmen dabei entdeckt, Diamanten abzubauen, trotz des Embargos, aber mit Genehmigung des Ministeriums für Erde und Bergbau. Offiziell sollten sie sich darauf beschränken, die liberianischen Ressourcen zu erforschen, und eine genaue Bestandsaufnahme davon zu geben. So lief es aber nicht, und der Großteil der Edelsteine endete in den Händen der Diamanten-Schleifer in Antwerpen (Abate und Carlotto 2009, S. 43–44).

Kimmie Dous Kontrolle im Hafen führt nicht zur Auffindung von Waffen, aber von Computerladungen, die mit Plaketten versehen sind. Er legt diese ad acta, enttäuscht darüber, dass er die Wette mit Yakobù bezüglich eines großen Funds an Munitionen verloren hat.

Kehren wir aber zu dem vorher erwähnten autistischen Jungen zurück, dessen Schicksal nun plötzlich und unvorhergesehen mit den Ermittlungen in Liberia zu tun bekommt. Valeria Pietrasanta ist eine sensible Lehrerin. Sie beobachtet schon lange das schlimme Mobbing gegenüber Matteo, dem man aufgrund seiner außergewöhnlichen Fähigkeiten in der Informatik den Spitznamen ‚Microchip' gegeben hat. Als Valeria entdeckt, was auf dem Spielfeld vor sich geht, wo elektronische Bauteile vergraben sind, eilt sie zur Dienststelle der Finanzpolizei in Acqui Terme, wo sie auf die Unterstützung eines alten Bekannten zählen kann: ihres ehemaligen Verehrers Nicola Einaudi. Die Verwicklung von Valeria in diese Geschichte ist auch persönlicher Natur, da auf den vergrabenen Computern Registerplaketten der Bank angebracht sind, bei der Primo Fioranzi eine leitende Position hat. Fioranzi ist ihr Ex-Ehemann und ein Mensch, dem Intrigen und Korruption nicht fern sind. Er stützt sich bei seinen persönlichen Interessen auf den Geschäftemacher Sergio Lopresti, der am Ende der Geschichte einen Weg findet, den Giftmüll an anderer Stelle loszuwerden.

Es ist jedoch nicht notwendig, sich bei dieser komplexen und oft schrägen Geschichte in Details zu verstricken. Wichtig ist vielmehr ihre präzise

Beschreibung von Dynamiken, mit denen Kriminelle – gesetzte Unternehmensführer und elegante Stakeholders – es zustande bringen, sich selbst aus der Verantwortung zu stehlen. Sie berufen sich dabei auf Vollmachten von Briefkastenfirmen, die wiederum im Nichts verschwinden, nachdem sie ihre Funktion erfüllt haben. Hinzukommt die fehlende Sicherheit in afrikanischen Ländern, besonders in Liberia, wo Banden von jungen ehemaligen Kämpfern und Kindersoldaten, ‚Issakaba Boys' genannt, auf Lieferwagen durch das Land rattern, immer bereit zu plündern, zu vergewaltigen und zu töten.

Kimmie Dou wird nach Italien gesandt und trifft Einaudi im Hafen von Livorno. Die zwei entdecken, dass sie die gleiche Sicht der Dinge haben. Beide sind ‚freie' Köpfe, die die Suche nach Wahrheit antreibt, trotz der konstanten gewollten und ungewollten Behinderung seitens ihrer Vorgesetzten. Deren Verhalten und besonders das der Justizbehörden lässt am Ende die Ermittlungen zu den verdächtigen Containern scheitern.

Die Geschichte endet aber noch nicht hier. Während Dous Abwesenheit hat der Beamte Onu Yakobù die Bande der kleinen Freunde von Dou kontaktiert. Es sind Kinder, die für ein wenig Geld verdächtige Bewegungen ausspähen und Informationen dazu weitergeben. Einer der liebsten Freunde von Dou ist der kleine Yellow Kid, der entdeckt, gefoltert und ermordet wird. Ein anderer, Teddy Bear, bekommt ein schändliches Angebot von Yakobù, der offensichtlich ein Pädophiler ist. Florence ist Besitzerin eines Lokals und eine Freundin von Dou. Sie befiehlt nun die Beseitigung des Offiziers, um der Schande ein Ende zu machen, bevor Dou von seiner Mission in Italien zurückkehrt. Dort wird in der Zwischenzeit Fioranzi von seiner Geliebten eliminiert. Sie bestiehlt ihn zudem und flieht danach. Lopresti hingegen wechselt das Lager und geht in die Politik, wo er einem Kandidaten seine Dienste anbietet.

Die beiden Autoren auf dem Deckblatt des Buches sind Francesco Abate und Massimo Carlotto. Sie arbeiten mit anderen zusammen und gehören zu einer Gruppe, die sich *Mama Sabot* nennt. Wenn wir nach der Bedeutung von *Mama Sabot* recherchieren, finden wir im Internet diese bemerkenswerte Erläuterung:

> Der Name *Sabot* ist nicht zufällig. Sabot waren die Holzschuhe, die während der Industriellen Revolution in die Getriebe der Maschinen geworfen wurden, um den Produktionsablauf zu blockieren und den entfremdenden und zerstörenden Lebensrhythmus anzuhalten, zu dem die Arbeiter gezwungen waren. Die Mama Sabot haben diesen Namen übernommen und ihn aber vom Arbeitsbereich auf ein literarisches Gebiet übertragen. Ihre Produktion soll den „Lügenmechanismus" sabotieren, der tagtäglich die Bürger überfällt. Ihre Tätigkeit ist also eine Art Brücke zwischen der Schreibweise von Izzo und dem Investigativjournalismus. Die Idee,

> in einer Gruppe zu arbeiten, ist hauptsächlich eine Frage der Teilung des schweren Arbeitspensums. Das Noir ist tatsächlich eine Krimigattung, die einer fast „morbiden" Wahrscheinlichkeit bedarf, um in den Augen der Leser gültig zu sein. (Noir Italiano 2013)

Im Anhang von *L'albero dei microchip,* bei den Anmerkungen zu den Autoren, ist zu lesen, dass auch diese Geschichte aus der Zusammenarbeit von sechs Personen plus den Autoren stammt: die einen dokumentieren, die anderen schreiben.

## 3 Vom Mittelmeerkrimi zum regionalen Krimiroman

*Perdas de Fogu* ist der suggestive Titel eines narrativ-dokumentarischen Buchs aus dem Jahr 2008, das von Massimo Carlotto und den *Mama Sabot* signiert und in dem gegenüber dem Thema des Umweltschutzes immer aufgeschlossenen Verlag *edizioni e/o* erschienen ist (vgl. Carlotto 2008). Die Fiktion überwiegt in der Erzählung, aber die Geschichte würde ohne eine gründliche Ermittlung auf dem Gebiet in sich zusammenfallen. Die Geschichte dreht sich um einen in der Öffentlichkeit wenig bekannten Umweltskandal, der zu einer stark erhöhten Tumorrate auf dem sehr großen Gebiet von Perdasdefogu in Sardinien geführt hat (die Gemeinde erstreckt sich über eine Fläche von 11.600 Hektar im Landesinneren und 1.100 entlang der Küste). Der Schaden wurde wahrscheinlich durch Nanopartikel verursacht, die bei Waffenexperimenten von der internationalen Rüstungsindustrie innerhalb des militärischen Sperrgebiets freigesetzt wurden. Ein Rezensent reiht den Roman in die Sparte „noir mediterraneo" (‚Mittelmeerkrimi') ein und unterstreicht, sein Zweck sei nicht der, „an die Stelle des investigativen Journalismus zu treten, sondern vielmehr den Leser emotional in die Geschichte einzubinden und ihn zugleich über einen dramatisch realen Vorfall zu informieren" (Busnengo 2012). Auch in diesem Fall ist es überflüssig, sich weiter in die Geschichte zu vertiefen. Carlotto verwendet als erfahrener Erzähler geschickt alle Zutaten einer *spy story*: zwischen Denunziationen und Verrat, Auftragsmorden und verzweifelten Fluchten. Er weiß genau, dass er zwar versuchen kann, die Grenzen seiner Fantasie beliebig auszuweiten, diese am Ende aber doch immer noch von der Realität eingeholt und übertroffen wird. Was am Ende für den Autor zählt, ist, seine pessimistische Sichtweise zu unterstreichen, derzufolge es weder ‚Gute' gibt noch die ‚Wahrheit' siegt.

Andere Schriftsteller wie Massimo Marcotullio neigen eher dazu, das Kriminalthema mit deutlich narrativen Strategien zu behandeln. Seine Hauptfigur ist ein etwas ungewöhnlicher Privatdetektiv mit fragwürdigen Ermittlungsmethoden und diskutablem Lebensstil namens Beo Fulminazzi – ein Name, der sich fast als Oxymoron zwischen Gemüt und Bedrängnis präsentiert. Der Name Beo suggeriert einen gewissen Grad an Glückseligkeit, die aus den Ritualen seines Alltagslebens stammt; der Nachname Fulminazzi (‚fulmine' bedeutet ‚Blitz' auf Deutsch) deutet auf das Moment der Plötzlichkeit in der Handlung hin, das ein Privatdetektiv haben muss. Marcotullio behandelt das Thema der Ökomafia auch in zwei weiteren Büchern: in *Il corpo del mondo* (‚Der Körper der Welt', Marcotullio 2006) und *Oro, incenso e mitra* (‚Gold, Weihrauch und Maschinenpistole', Marcotullio 2011) – wobei auf Italienisch die Ersetzung des Wortes ‚mirra' (Myrrhe) durch ‚mitra' (Maschinengewehr) mit der Assonanz spielt –, die jeweils auf einer regionalen Ebene ihre Entwicklung finden. Schauplatz ist die Lombardei, die gelegentlich aber auch der Ort nationaler und internationaler Machenschaften ist, da kriminelle Vereinigungen eine weite Verbreitung von illegalen Aktivitäten auslösen und oft nur schwer lokalisierbar sind.

*Il corpo del mondo* beginnt mit der Untersuchung des Verschwindens eines Mädchens und führt den Leser schließlich in den dunklen Fall der Entsorgung von Gifmüll in einem verlassenen Steinbruch am Ufer des Pos. Zudem werden zwei Mitglieder einer Musikgruppe ermordet und am Ende gibt es eine brutale Abrechnung. Marcotullio bewegt sich im Raum Mailands und den angrenzenden Territorien, ähnlich wie Kriminalgeschichten, die sich in Österreich und Deutschland etabliert haben (der *Tatort* ist ein gutes Beispiel dafür, weil er auf die Verbundenheit der Zuschauer setzt, die es mögen, die verschiedenen Drehorte mit den Städten zu identifizieren, in denen sie geboren sind oder leben). *Il corpo del mondo* zeigt die Handlungsorte auf eine leicht erkennbare Weise und die bekannten topografischen Bezüge bieten viele Gelegenheiten für eine Erinnerungsreise in die Vergangenheit zwischen Metropole (Mailand) und Provinz (Pavia) der 1970er Jahre (die Jahre, in denen die *movida* noch eine rein politische war und nur wenig *happy hour)*. Zugleich wird eine Gegenwart sichtbar, in der der nun reife Fulminazzi sich zu orientieren versucht, während er die Puzzleteile – die Indizien – der laufenden Ermittlung zusammenfügt. Seine Schreibweise gehört zur Strömung des *hard-boiled*; sie inspiriert sich an Autoren wie Chandler oder Hammet, bei denen der Detektiv mehr ‚rennt, schlägt und schießt' als denkt.

So schreiben Stefano Calabrese und Roberto Rossi bezüglich der Strömung *hard-boiled* in einem Buch über *crime fiction*:

> Der Detektiv in diesen *hard-boiled* Romanen […] teilt die Kultur des *business,* bei der alles stark monetisiert ist, und erkennt in Geld und Erfolg einen grundlegenden sozialen Wert. Er folgt dem aber nicht bis zur extremen Konsequenz der gierigen Unterdrückung und der Ausbeutung, von denen sich Verbrechen und Korruption

> nähren. Er lebt und arbeitet in einem Zwischenraum, in dem er sich mühsam und auf Kosten der eigenen Einsamkeit einen Platz geschaffen hat, bei dem die Ausübung von Gewalt und Amtsmissbrauch von einem einzigen Zweck gerechtfertigt wird: die Wiederherstellung irgendeiner Form von Wahrheit (Calabrese und Rossi 2018, S. 69).

Die Elemente in Marcotullios Roman sind: eine reiche und gestörte Familie, ein geld- und machtgieriger Patriarch, ein feiger Schwiegersohn, der nur daran interessiert ist, nicht seine Privilegien zu verlieren, ein verwöhnter, lasterhafter und frustrierter Sohn sowie eine rebellische Enkeltochter, der der Großvater sein kleines Imperium hinterlassen will. Der ungeratene Sohn, der aber seinen Teil davon möchte,

> lässt Kästen aus Stahlbeton in den Boden der Steinbrüche einbauen, in denen die Fässer, oder was zum Teufel auch immer, versteckt werden. Die Fässer werden in den Kästen versiegelt und die dann mit Sand und anderem Material bedeckt (Marcotullio 2006, S. 157).

Fulminazzi beschreibt seine Entdeckungen in einem Bericht. Dort führt er aus

> Niemand, der die Steinbrüche sieht, wird denken, dass auf deren Grund etwas versteckt sein könnte. Wenn der Plan einmal genehmigt ist [Norfin wartet auf die regionale Genehmigung zur Nutzung der verlassenen Steinbrüche; E.A.], wird alles, was sich dort befindet, ob offen oder versteckt, von tausenden Tonnen legalen Mülls bedeckt und bleibt dort bis zum Jüngsten Tag. Das einzige Problem ist, dass die Steinbrüche sich in der Nähe von Flussauen befinden und manchmal von Überschwemmungen betroffen sind. Wenn der Po über die Ufer tritt, wird das ganze Gebiet überschwemmt und die Abfälle bis zur Lagune von Venedig und ins Adriatische Meer fortgespült. Die Folgen kann man sich denken, und das gilt schon für den sogenannten ‚normalen' Müll. Nicht vorstellbar wäre die Katastrophe, wenn zusammen mit den städtischen Abfällen auch der in den Steinbrüchen versteckte Giftmüll in den Fluss und dann ins Meer gelangen würde (Marcotullio 2006, S. 157).

Der Roman von Marcotullio ist 2006 beim Verlag *Todaro* erschienen, ein Jahr vor der Veröffentlichung eines Romans mit ähnlichen Thematiken und Handlungsorten: Dieser erschien in der Reihe *VerdeNero* mit dem Titel *Melma* (‚Morast') und sein Autor ist der aus Ravenna stammende Eraldo Baldini. Das, was die beiden Bücher unterscheidet, ist ihr Register. Marcotullio ist optimistischer und lässt den durch ihre zynische Spekulation entstandenen ‚Schaden' zu einem Boomerang für die skrupellose Familie selbst werden. Die rechte Hand, der Commendatore und Patriarch, weiß nicht, was die linke, also der Sohn, macht. Dieser wünscht vor allem den Tod seiner Nichte, die dazu auserkoren ist, ihm die Erbschaft zu entreißen. Die ‚Bösen' büßen am Ende für ihre Schuld. Der Roman von Baldini ist hingegen in eine relativ nahe Zukunft, das Jahr 2050, verlagert. In dieser Epoche zeichnen sich auf dem Hintergrund der erzählten Geschichte internationale Attentate ab (sie sind prophetisch am 11. September und den darauffolgenden Tragödien inspiriert) und bewirken eine sinistre und apokalyptische Atmosphäre.

Unter den erfolgreichsten Eco-Thrillern sind auch jene nicht zu vergessen, die der Tradition des italienischen neorealistischen Kinos folgen (von Rossellini zu De Sica und Visconti), das auch das Modell für viele italienische Gegenwartsregisseure ist (vgl. Zagarrio 2012, S. 95–111). Ich denke dabei zum Beispiel an *Rovina* (‚Ruin') von Simona Vinci (2007), worüber im Kommentar zum Buch von Elvio Guagnini, ein Italianist und ‚Krimiexperte', zu lesen ist:

> eine Geschichte über Bauspekulation, über Umweltzerstörung, die Verschandelung der Landschaft, um Platz für scheußliche Häuschen, so genannte Wohnanlagen, zu schaffen. Vor allem aber erzählt *Rovina* die Geschichte von leichtgläubigen Menschen, die von gierigen und skrupellosen Unternehmern betrogen werden, von Leuten ohne Bedenken, deren einziges Ziel es ist, ‚Geld zu machen'. Eine Tragödie mit allen Bestandteilen an Betrügereien, Missachtung von Bebauungsplänen, unterbrochenen Bauarbeiten, Schwarzarbeit, Hochmut der Reichen etc. … Spekulationen zu Projekten der Tav (Hochgeschwindigkeitszüge), Arbeitsunfällen […] (Guagnini 2010, S. 149).

Guagnini konstatiert, dass das erzählerische Interesse vieler Autoren sich heute vom traditionellen Krimi zum Thriller verschoben hat – mit den Spezifizierungen *action thriller, thriller bellico* (Kriegsthriller), *thriller catastrofico* (Katastrophenthriller), *thriller apocalittico* (apokalyptischer Thriller), *conspiracy thriller* und dem Noir, deren aller Merkmal es ist, ein Rätsel zu präsentieren, das sich mit Abenteuer und Action ausbreitet und entwickelt: Es gibt kein zu lösendes „Problem", kein aufzulösendes „Rätsel", da die Realität selbst die Angelegenheit ist, die sich als Rätsel darstellt (Guagnini 2010, S. 164).

Diese Meinung bringt uns zu einer allgemeinen Einschätzung, die auch als Schlussfolgerung dienen kann. Der ‚giallo' (Krimi), wie man diese Gattung aufgrund einer Taschenbuchreihe von Krimis, die ab 1929 erschienen und deren Bücher gelbe Einbände hatten, für gewöhnlich in Italien bezeichnet, kann in zwei Strömungen eingeteilt werden. Zum einen haben wir den sogenannten ‚giallo a chiave' (‚Schlüssel-Krimi'). Diese Gattung wurde durch klassische Autoren wie Agatha Christie, Mignon G. Eberhart, Ellery und ihre vielen Epigonen berühmt. Diese Strömung zeigt immer denselben Aufbau und die Kriminalgeschichte ist eine Variation zum Thema: Die friedliche Harmonie einer Gemeinschaft wird durch ein Verbrechen gestört. Der Ermittler findet durch Deduktion und Intuition die Identität des Mörders heraus und stellt den *status quo ante* wieder her. Dieses Konzept setzt natürlich eine statische und konservative Sicht der Welt und der materiellen Beziehungen zwischen den Menschen voraus. Die Habgier ist somit ein individuelles Phänomen und nicht die grundlegende Charakteristik der Gesellschaft. Das Bestehen von sozialen Klassen wird als eine gegebene Tatsache angesehen, als eine natürliche und unveränderliche Ordnung. Die andere Strömung geht hingegen von einer genauen und desillusionierten Untersuchung der Realität aus, um die Kriminalgeschichte zu konstruieren. In diesen Texten gibt es weder Gute noch Böse. Der Held der Geschichte ist ein einsamer, oft geschlagener Mensch, der verzweifelt kämpft, auch wenn er weiß, dass durch sein Agieren nur manches kleine Unrecht wieder gutgemacht, aber sicherlich nicht die marode und bis ins Mark korrupte Gesellschaft saniert werden kann. Jean-Patrick Manchette definiert in seinem hervorragenden Beitrag *Chroniques* (2003) (erschienen in Italien mit dem vielsagenden Titel *Le ombre inquiete. Il giallo, il nero e gli altri colori del mistero* (‚Unruhige Schatten. Gelb, Schwarz und die anderen Farben des Geheimnisses', 2006) diese zweite Strömung als die letzte ethische Literatur, die die zweite industrielle Revolution überlebt hat. Der Krimi ist für Manchette eine soziale Anklage, eine Untersuchung des Sozialen. Delikte und Straftaten sind Bestandteil der Gesellschaft und sind eine gute Methode, um den Menschen die Augen zu öffnen. Der Eco-Thriller gehört sicherlich zu dieser zweiten Kategorie, weil er von realen Vergehen ausgeht, Verhalten und Strategien von Kriminellen untersucht, und letztendlich das Ziel hat, in narrativer Form den der Menschheit heute und in der Zukunft bevorstehenden umweltpolitischen Katastrophen zuvorzukommen.

## Literatur

Abate, F., und M. Carlotto. 2009. *L'albero dei microchip*. Milano: Edizioni Ambiente.

Atwood, Margaret. 1985. *The Handmaid's tale*. Toronto: McClelland & Stewart.

Baldini, Eraldo. 2007. *Melma*. Milano: Edizioni Ambiente.

Busnengo, Alessandro. 2012. Rezension zu: *Massimo Carlotto & Mama Sabot, Perdas de Fogu*. http://www.mangialibri.com/libri/perdas-de-fogu. Zugegriffen: 16. Dez. 2018.

Calabrese, S., und R. Rossi. 2018. *La crime fiction*. Roma: Carocci.

Carlotto, Massimo. 2008. *Perdas de Fogu & Mama Sabot*. Roma: Edizioni e/o.

Cavallo, Roberto. 2011. *Meno cento chili. Ricette per la dieta della nostra pattumiera*. Milano: Edizioni Ambiente.

Cianciullo, A., und G. Silvestrini. 2010. *La corsa della green economy. Come la rivoluzione verde sta cambiando il mondo.* Milano: Edizioni Ambiente.
Genisi, Gabriella. 2016. *Mare nero.* Venezia: Sonzogno.
Gisotti, M., und T. Gelisio. 2012. *Guida ai green jobs. Come l'ambiente sta cambiando il mondo del lavoro.* Edizioni Ambiente: Milano.
Guagnini, Elvio. 2010. *Dal giallo al noir e oltre. Declinazioni del poliziesco italiano.* Formia: Ghenomena.
http://freebookambiente.it. Zugegriffen: 16. Dez. 2018.
http://www.nextville.it/home.php. Zugegriffen: 16. Dez. 2018.
Liguori, Fabiana. 2018. Crimini contro l'ambiente: la lotta continuia. Arpa Campania Ambiente XIV (13), 15. Juli 2018. http://docplayer.it/109695577-Crimini-contro-l-ambiente-la-lotta-continua.html. Zugegriffen: 16. Dez. 2018.
Lucarelli, Carlo. 2008. *Navi a perdere.* Milano: Edizioni Ambiente.
Manchette, Jean-Patrick. 2003. *Chroniques.* Paris: Payot et Rivages.
Marcotullio, Massimo. 2006. *Il corpo del mondo.* Lugano: Todaro Editore.
Marcotullio, Massimo. 2011. *Oro, incenso e mitra.* Lugano: Todaro Editore.
Noir Italiano. 2013. Mama Sabot. Un esperimento di scrittura collettiva. https://noiritaliano.wordpress.com/2013/01/09/mama-sabot-un-esperimento-di-scrittura-collettiva/. Zugegriffen: 16. Dez. 2018.
Peterle, Giada. 2018. (Non) è la fine! Letteratura come ecologia ai tempi della crisi ambientale. https://www.laletteraturaenoi.it/index.php/interpretazione-e-noi/748-non-%C3%A8-la-fine-letteratura-come-ecologia-ai-tempi-della-crisi-ambientale.html. Zugegriffen: 16. Dez. 2018.
Scaffai, Niccolò. 2017. *Letteratura e ecologia. Forme e temi di una relazione narrativa.* Roma: Carocci.
Sinclair, Iain. 2002. *London orbital.* London: Granta.
Vinci, Simona. 2007. *Rovina.* Milano: Edizioni Ambiente.
Zagarrio, Vito. 2012. L'eredità del neorealismo nel New-new Italian Cinema. *Annali di Italianistica.* Sonderheft 30 (*Cinema italiano contemporaneo*): 95–111.

**Elena Agazzi** ist Professorin für Neuere deutsche Literatur an der Università degli Studi di Bergamo, Italien. Forschungsschwerpunkte: transdisziplinäre Studien zu Aufklärung und Romantik, literarische Avantgarde, Gedächtniskultur. Publikationen u. a.: „Psychologie und Verbrechen in Edith Kneifls Kriminalromanen" (2005); „‚Italien wie es wirklich ist'. Rolf Dieter Brinkmanns *Rom, Blicke* als Tagebuch einer schwierigen Zeit in Wort, Bild und Dokument" (2010).

# Teil III
# Praktiken des Archivierens und Recycelns

# Ablagekulturen

## Interdependenzen zwischen Archiv und Deponie

Magnus Wieland

> *Wenn man sagt, daß man etwas der Vergessenheit überliefert, so deutet man damit ja zu gleicher Zeit an, daß es vergessen und daß es dennoch aufbewahrt wird.*
>
> Sören Kierkegaard

> *Erinnerung ist ihm Fundgrube, Müllhalde, Archiv.*
>
> Günter Grass

Die Wochenendbeilage der *Neuen Zürcher Zeitung* zum Thema „Abfall" aus dem Jahr 2009 richtete die Aufmerksamkeit neben dem täglichen Müll auch auf jene ‚Stoffe', „die unauffällig verschwinden oder sogar in Archiven wieder veredelt werden" (Meyer 2009, S. B1). Damit wurde ein Zusammenhang zwischen Abfall und Archiv hergestellt, der – wie Roman Bucheli bemerkt – „sichtlich indezent" ist und von den Vertretern der Zunft auch vehement zurückgewiesen wird:

> Auf die Frage, ob und gegebenenfalls wie in den Dichternachlässen das Unbrauchbare vom Brauchbaren getrennt werde, antwortet Irmgard Wirtz, Leiterin des Schweizerischen Literaturarchivs in Bern, ganz entschieden und resolut: „Es gibt keinen Abfall." (Bucheli 2009, S. B3)

Die scharfe Reaktion mag zusammen mit der absoluten Rhetorik ein gewisses Unbehagen überspielen. Sie überdehnt die Sache aber zugleich, wenn nicht nur die Nähe des Archivs zum Abfall, sondern gleich dessen Existenz geleugnet wird: „Es gibt keinen Abfall." Was hier quasi als ontologische Tatsache behauptet wird, ist als strategische Abwehrhaltung zwar verständlich, besitzt aber eine

M. Wieland (✉)
Schweizerisches Literaturarchiv, Bern, Schweiz
E-Mail: magnus.wieland@nb.admin.ch

 
D.-C. Assmann (Hrsg.), *Narrative der Deponie,* Kulturelle Figurationen: Artefakte, Praktiken, Fiktionen, https://doi.org/10.1007/978-3-658-27880-9_9

intrikate Implikation, zumal die kategorische Negierung von Abfall auch die Differenz einebnet, die erst zwischen wertvollen Dokumenten und belanglosem Müll unterscheidet. Was im Endeffekt bedeutet: Wenn es keinen Abfall gibt, ist alles aufbewahrenswert. In der Fachdebatte zumindest steht just dieser Vorwurf im Raum, dass speziell Literaturarchive – im Unterschied zu kommunen Verwaltungsarchiven – dazu tendieren, unnötigen Abfall anzuhäufen, weil sie ohne Kassationsprinzipien unterschiedslos aufbewahren, „was womöglich zu keinem zukünftigen Zeitpunkt jemals von Interesse" (Lütteken 2018, S. 65) sein wird. Mit anderen Worten: Die Idee des Archivs nähert sich besonders in Literaturarchiven dem Konzept der Deponie an – einem Endlager für kulturelle Abfälle, die gesellschaftlich von keinerlei Bedeutung mehr sind.

Was als Polemik intendiert ist, muss indes nicht zwingend als solche verstanden werden. Anders jedenfalls, nämlich affirmativ, beurteilt Iso Camartin, in seiner damaligen Funktion als Präsident des Vereins zur Förderung des Schweizerischen Literaturarchivs, das Verhältnis von Abfall und Archiv, wenn er das Literaturarchiv per se als eine „nach sinnvoller Manier geordnete ‚Abfalldeponie' für alle von Kreativitätsdrang irgendwie infizierten Dokumente" (Camartin 2001, S. 7) definiert. Natürlich erfolgte diese Aussage mit einem Augenzwinkern, zugleich zeugt sie aber auch von einer weitaus entspannteren Haltung zum Abfall, der nicht als rein negative Kategorie begriffen wird. Wer indes den Vergleich des Archivs mit einer Deponie als provokativ empfindet, für den stellt Abfall grundsätzlich ein Unding dar: etwas das man leugnen, abstreiten und auf alle Fälle entsorgen muss. Eine solche rigide Haltung übersieht jedoch das kulturelle, kreative und auch informative Potenzial des Abfalls, das ihm – ähnlich wie Archivalien – einen dokumentarischen Wert beimisst.[1]

Wie auch immer das Verhältnis zwischen Abfall und Archiv gedacht wird: ablehnend, polemisch oder qualifikativ – allein die hier einleitend angeführten Zitate zeigen, dass sich insbesondere am Literaturarchiv eine der Leitfragen des vorliegenden Bandes zu den Narrativen der Deponie entzündet: Inwiefern das Verhältnis von Archiv und Deponie keine strikte Dichotomie markiere, sondern fließende Übergänge aufweise, was wiederum zur Folgefrage führt, wie die Trennung oder Grenze zwischen Abfall und Archiv kulturell gezogen oder gar inszeniert werde. Der vorliegende Beitrag versucht darauf Antworten zu finden, indem er zunächst die strukturelle Verwandtschaft, aber auch

[1]Siehe dazu auch die Beiträge von Carmen Concilio, Lis Hansen und Silvia Ulrich in diesem Band.

die entscheidenden Unterschiede zwischen Archiv und Deponie hervorarbeitet, um sodann der Frage nachzugehen, inwiefern ein Archiv *auch* (aber nicht nur) nach einer Logik der Deponie fungiert und unter welchen Umständen eine Deponie zum Archiv bzw. ein Archiv zur Deponie werden kann.

Eine theoretische Prämisse ist in der Formulierung der Ausgangsfrage bereits enthalten: Die Tatsache nämlich, dass Abfall kein ontologisches Faktum, sondern ein kulturelles Konstrukt ist. Was als Abfall gilt (und was nicht), was weggeworfen und entsorgt werden soll (und was nicht), darüber entscheiden kulturelle und gesellschaftliche Praktiken im Umgang mit Dingen.[2] Dasselbe gilt auch für das Archiv: Was als aufbewahrenswert gilt (und was nicht), resultiert nicht aus einer den Dokumenten inhärenten Eigenschaft, sondern ist abhängig von bestimmten Bewertungs- und Entscheidungsprozessen, die sich im Laufe der Zeit auch verändern können und nicht zuletzt abhängig von den verfügbaren Ressourcen sind. So entscheidet oft die institutionelle Führungspolitik darüber, ob etwas zum Archivgut oder zum Abfall erklärt wird. Pointiert ausgedrückt: Abfall entsteht erst durch seine Zuweisung in die Deponie wie auch ein Stück Papier erst durch seinen Eingang ins Archiv zum historischen Dokument wird. Es handelt sich in beiden Fällen um kategoriale Zuschreibungen, die ganz wesentlich auch durch den designierten Bestimmungsort (Archiv oder Deponie) katalysiert werden.

## 1 Ablegen und Aufheben

Das polnische Archiv-Lexikon (Warschau 1952) definiert die Aufgabe des Archivs wie folgt:

> Dokumente in Sicherheit zu bringen, zu sammeln, zu klassifizieren, zu konservieren, aufzubewahren und zugänglich zu machen, die ihre frühere Verwendbarkeit eingebüßt haben und daher in den Ämtern und Depots als überflüssig betrachtet werden, nichtsdestoweniger aber der Aufbewahrung wert sind. (zitiert nach Pomian 1988, S. 16)

Deponieren (von lat. *deponere*) bedeutet wörtlich so viel wie ‚ablegen'; ein Depot ist demnach eine ‚Ablage', was zunächst vollkommen wertfrei gemeint ist. ‚Aktendepots' sind behördliche Ablagen von Schriftstücken, die nicht mehr

[2]Siehe dazu auch den Beitrag von David-Christopher Assmann in diesem Band.

aktiv gebraucht werden, die nutzlos geworden sind und eben deshalb ab- oder weggelegt werden. Hierin zeigt sich eine strukturelle Ähnlichkeit zum Müll, der ebenfalls als dasjenige definiert wird, was nutzlos oder obsolet geworden ist. Der entscheidende Unterschied zwischen Abfall und Archivalie liegt in der Bedeutung, die ihnen *pro futuro* zugesprochen wird: Auf die Deponie gelangt, was sowohl gegenwärtig als auch zukünftig als wertlos erachtet wird; ins Archiv hingegen gelangt, was gegenwärtig nicht mehr benötigt, künftig jedoch als potenzielle Informationsquelle gewertet wird.[3]

Dem Archiv und der Deponie entsprechen daher zwei unterschiedliche Bewegungen: Dem Archiv die Bewegung des Aufhebens, der Deponie die Bewegung des Ablegens. Während im Vorgang des Ablegens semantisch das Loslassen und Aus-der-Hand-Geben mitschwingt, ist unter Aufheben wörtlich zu verstehen, dass etwas Abgelegtes wieder in die Höhe gehoben wird. Dazu ist es, worauf Dietmar Scheck hinweist, notwendig, dass man sich bückt, was wiederum Ausdruck einer besonderen Wertschätzung gegenüber den Dingen ist, wenn sie eben nicht wie Abfall behandelt werden: „Im übertragenen Sinne ist dieses Sich-Bücken eine Verbeugung: eine Geste der Demut, eine Bezeugung des Respekts vor dem, was auf elementare Weise aufgehoben zu werden verdient" (Schenk 2013, S. 212). Demjenigen, was aufgehoben wird, wird somit ein sorgsamer Umgang zuteil, während dasjenige, was liegen bleibt, früher oder später ent-sorgt wird: Und das heißt wörtlich, dass sich niemand mehr darum kümmert (im lateinischen Sinn von *curare*). Das Archiv jedoch *kuratiert* – wie jede andere Gedächtnisinstitution – seine Bestände, und dies bedeutet dem ursprünglichen Wortsinn gemäß auch, dass die kuratierten Objekte mit Sorgfalt behandelt werden. Indem etwas sorgsam aufgehoben wird, misst man ihm eine andere (oder überhaupt eine) Bedeutung zu, als wenn es achtlos ab- und zur Seite gelegt wird.

Was als Abfall gilt, ist also weder nützlich noch bedeutungsvoll, während Archivalien mit Pomian als sogenannte Semiophoren bezeichnet werden können. Unter diesem Begriff versteht der franko-polnische Philosoph „Gegenstände ohne Nützlichkeit", die dafür aber „mit Bedeutung versehen" sind (Pomian 1988, S. 50). So sind beispielsweise außer Kraft getretene Verträge nicht mehr nützlich, historisch jedoch weiterhin von Bedeutung, weshalb sie in Archiven aufbewahrt werden. Das gilt mitunter sogar für sogenannte „Nebenakten", zum Beispiel makulierte Vertrags- oder „Entscheidungsentwürfe" (Kemmerer 2016, S. 139),

[3]Siehe zu diesem Aspekt und speziell zum Verhältnis von Deponie und Depot im Zusammenhang von Lese- und Schreibprozessen auch den Beitrag von Sarah Schmidt in diesem Band.

die nie rechtskräftig waren, als historische Quelle aber dennoch aufschlussreich und deshalb archivierungswürdig sein können. Noch deutlicher wird dies am Beispiel von Schriftstellernachlässen, die mitunter unzählige von verworfenen Notizen enthalten, die für den Autor nicht brauchbar waren, aber doch als Zeugnisse einer geistigen Tätigkeit aufbewahrt werden, obwohl sie mit gleichem Recht auch hätten im Papierkorb landen können (vgl. Bülow 2016, S. 150). Was eine Semiophore vom Abfall unterscheidet, besteht darin, dass neben der reinen Materialität, die an sich (wie bei einem Stück Papier mit Tinte) tatsächlich wertlos sein kann, eine symbolische Ebene hinzutritt, welche das Material als kultureller Zeichenträger aufwertet und überhaupt als solchen anerkennt.

Ein anschauliches Beispiel für die Abhängigkeit von kulturellen Zuschreibungen bei der Klassierung eines Objekts als Abfall oder als Semiophore sind annotierte Bücher. Während im Buchhandel und in den Bibliotheken ein bekritzeltes Buch unweigerlich als nicht mehr brauchbare Ware ausgeschieden werden muss, eröffnen dem Historiker solche applizierten Lesespuren einen interessanten Bedeutungshorizont, erst recht, wenn sie von prominenter Hand stammen. Die Kritzelei erscheint dann als wertvolles Archivgut. Ein diesbezüglich aufschlussreiches Beispiel bringt William H. Sherman in seiner Studie über *Used Books*: Es handelt sich um ein Exemplar des *Book of Common Prayer* aus dem elisabethanischen Zeitalter. Während es im Katalog eines Buchantiquars als „rather soiled by use" beschrieben wird, figuriert dasselbe Exemplar nur ein Jahr später in einem Ausstellungskatalog als „well and piously used" von einem „early and earnest owner" (Sherman 2008, S. 151). Während der Buchhändler die Nutzungsspuren als wertmindernd begreift, sind sie unter kulturhistorischer Perspektive gerade von speziellem Aussagewert. Erst dieser kulturhistorische Blick jedoch transformiert das reichlich abgenutzte Exemplar in eine Semiophore – in einen kulturellen Bedeutungsträger.

Diese Transformation von Abfall in Wert gehorcht einer Konjunkturlinie, wie sie Michael Thompson in seiner Abfalltheorie beschreibt. Er begreift dabei Abfall als „dritte verborgene Kategorie" (Thompson 1981, S. 24) zwischen dem Vergänglichen und dem Dauerhaften. Alles Vergängliche tendiert zum Abfall, der zwar temporär mit dem „Wert Null" versehen sei, was aber nicht zwingend eine „Lebensdauer Null" impliziere (Thompson 1981, S. 25). Denn es besteht prinzipiell immer die Möglichkeit, dass ein Objekt aus der Kategorie ‚Abfall' in diejenige des ‚Dauerhaften' aufrückt, sofern es die Schwelle vom Wertlosen zum Wertvollen wie auch die Schwelle vom Verborgenen zum Sichtbaren überschreitet (vgl. Thompson 1981, S. 46). Umgekehrt ist es aber genauso denkbar, dass das dauerhaft Archivierte aus dem Blickfeld verschwindet, in Vergessenheit gerät oder sich im Laufe der Zeit als wertlos entpuppt. So kann Aufheben neben dem physischen Akt des Vom-Boden-Aufnehmens auch bedeuten, dass etwas nicht länger bestehen bleibt, weil es abgeschafft (oder eben: auf-gehoben) wird. Der archivarischen Tätigkeit des Aufhebens steckt zumindest semantisch nicht bloß ein konservatorischer oder kuratorischer, sondern auch ein annullierender Faktor inne. Jedenfalls lässt sich die einfache Gleichung, welche das Archiv semantisch mit Wissen, Tradierung und Gedächtnis verknüpft und die Deponie dagegen mit Vergessen, Verdrängen und Verbergen, in dieser strikt antithetischen Form nicht aufrechterhalten. Vielmehr gilt es, Archiv und Müllhalde in ihrer Interdependenz als „Embleme und Symptome für das kulturelle Erinnern und Vergessen" (Assmann 1999, S. 383) zu verstehen. Und dazu ist es in den folgenden beiden Abschnitten zunächst notwendig, das archivarische Substrat der Deponie und die depositäre Struktur von Archiven aufzuzeigen.

## 2 Abfallarchäologie: Deponien als Archiv

Seit dem sogenannten ‚archival turn' in den Kulturwissenschaften gilt vieles als Archiv: Vom weltweiten Internet bis zur mikrobiologischen Zelle. Der Begriff hat sich also weitgehend von dem traditionellen Archivwesen gelöst und wurde für unterschiedlichste Phänomene verfügbar (vgl. bspw. Gretz und Pethes 2016). Doch breitete sich der Gemeinplatz Archiv lange vor dem ‚archival turn' aus: Bereits der Philosoph Charles Babbages sprach angesichts der Atmosphäre von einer Art ‚Luftarchiv', das alle Worten und Taten dauerhaft speichere (vgl. Babbage 1838, S. 112). Der französische Naturforscher Buffon wiederum erklärte die stratigraphischen Schichten als veritables „archive du monde" (1780, S. 1); und in der Tiefsee-Archäologie spricht man vom „Bodenarchiv" des Meeres, das Schiffswracks und andere gesunkene Kulturgüter berge (Wolf 2013, S. 405). Allen diesen Begriffsbildungen ist die Vorstellung gemeinsam, dass ein Archiv gleichsam durch natürliche Ablagerungen entstehe, die dann mehr oder weniger zufällige Funde erlauben. Weshalb also nicht auch eine Abfall-Deponie als eine Art Archiv betrachten? Auch wenn sich beide Institutionen über dieselben Grundtätigkeiten des Sammelns, Sortierens und Klassifizierens sowie einer sicheren Lagerung der Abfall- bzw. Archivbestände definieren, so besteht doch ein wesentlicher Unterschied hinsichtlich der zweckmäßigen Ausrichtung. Zwar sind Abfälle ein „mit Sortieren und Klassifizieren verbundenes Phänomen" (Weber 2014, S. 159) und Deponien langfristig angelegte, „planvolle" und auch hermetisch abgeschottete Sammelstätten (Viale 1997, S. 64), doch nicht aus konservatorischen Maßnahmen, um die Abfälle zu schützen, sondern zur Schonung der Umwelt vor Schadstoffen (vgl. Viale 1997, S. 65). Demgegenüber dienen Archive gerade dazu, die aufbewahrten Dokumente vor dem Verfall bzw. vor schädlichen Umwelteinflüssen zu schützen. Abfälle werden also allein deswegen deponiert, um sie loszuwerden oder sie zumindest aus dem Gesichtskreis zu verbannen.

Deponien stehen demnach unter dem Paradox, das aus philosophischer Perspektive das Verhältnis zum Müll generell auszeichnet: dass erst einmal aufbewahrt wird, was eigentlich beseitigt werden soll (vgl. Sommer 1999, S. 34). Doch lassen sich Abfälle rascher aus den Augen schaffen als wirklich abschaffen. Entgegen der verbreiteten Ansicht, dass „[i]m Unterschied zum normalen Archivgut" die „materielle Zeitspur, das Verwesen" dem Müll eigen sei (Loyen 2016, S. 102), gilt es als „erstaunlich konstantes, ja sogar vorherrschendes Kennzeichen des Mülls", dass er „biologisch nicht abbaubar ist" (Rathje und Murphy 1994, S. 50). Stratigraphische Bohrungen in Deponien zur Erforschung der Entwicklung und Zusammensetzung des städtischen Mülls haben ergeben, dass man bis in Schichten gelangte, die Anfang des 20. Jahrhunderts entstanden waren (vgl. Viale 1997, S. 43):

> In biologischer und chemischer Hinsicht ist eine Deponie ein weitaus statischeres Gefüge, als allgemein angenommen wird. [...] Gut geplante und geführte Deponien scheinen viel mehr dazu geeignet zu sein, ihren Inhalt für die Nachwelt zu konservieren, als ihn zu Humus oder Mulch zu verwandeln. Sie sind keine Riesenkomposthaufen, sondern eher gewaltige Mumifizierer. (Rathje und Murphy 1994, S. 138)

Insofern sich Abfälle in Deponien mehrheitlich bloß ablagern (und anders als in Müllverbrennungsanlagen: nicht wirklich zersetzen), übernehmen auch Deponien eine – zwar unintendierte – konservierende bzw. archivierende Funktion. Sie entpuppen sich als wahre „Schatztruhen voller Zeitdokumente" (Rathje und Murphy 1994, S. 159). Für die prähistorische Archäologie beispielsweise bildeten Abfälle schon seit jeher eine „sehr wichtige", wenn nicht gar „die wichtigste" Quelle für die Erforschung der menschlichen Entwicklung und Geschichte, lange bevor es schriftliche Zeugnisse gab (Stöckli 2004, S. 141). Die moderne Abfallarchäologie entdeckt auch im städtischen Müll ein gleichermaßen gigantisches wie ergiebiges Wissensreservoir. Sie besichtigt systematisch Mülldeponien und durchwühlt Container mit dem Ziel, kontemporäre Erkenntnisse über die Entwicklung der Konsumgesellschaft zu gewinnen. Anders ausgedrückt werden die „Müllhalden" als eigentliche „Speicher" behandelt, die Auskunft über jüngste Geschichte geben, indem sie die Abfälle und weggeworfenen „Reste" in ein „Monument der Vergangenheit" transformieren (Schmidt 2003, S. 189–190).

Die Deponie kann demnach, obwohl sie nicht als Archiv konzipiert ist, unter Umständen als gleichsam archivarische Wissensquelle dienen, insofern sich in ihren Tiefenschichten Abfälle abspeichern, die relevante historische Informationen enthalten. Es handelt sich jedoch um eine kontingente oder gar inverse Form der Überlieferung, da die Abfälle ursprünglich nicht für diese Form einer späteren Auswertung deponiert worden sind. Der Müll wird bloß in der Semantik „des ‚inversen' Archivs und ‚negativen Speichers' der Kultur greifbar" (Assmann 1999, S. 22). Und darin liegt der entscheidende Unterschied zur institutionellen Archivierung, die auf intendierten und geordneten Formen der Aufbewahrung beruht. Das Archiv ist keine natürliche Ablagerungsstätte, es ist auch kein neutraler Ort, der gewissermaßen von der unsichtbaren Hand der Überlieferung geführt wird, sondern ein Zentrum der gezielten und bewussten Aufbewahrung zum Zweck der historischen Tradierung. Archive besitzen diesbezüglich eine „Konsignationsmacht" (Derrida 1997, S. 12), im Voraus zu versammeln und festzulegen, was künftig als historisch relevant zu gelten hat (Ebeling 2012, S. 730). Hermann Lübbe spricht diesbezüglich von der „Präzeption", womit er die „gegenwärtige Vorausschätzung der Interessen Späterer an derjenigen Vergangenheit, die unsere Gegenwart zukünftig geworden sein wird" (1996, S. 11), versteht. Aufbewahrt im Archiv wird also nur, was auch erinnert werden soll, und dabei wird gleichzeitig alles von der Überlieferung ausgegrenzt, was auf dem Müllhaufen der Geschichte landet. Insofern beruht die primäre Archivarbeit kontraintuitiverweise „vornehmlich" auf „Aus*sonderung,* nicht Aufspeicherung" (Ernst 2007, S. 264).[4]

In umgekehrter Perspektive bedeutet dies jedoch, dass es sich bei Deponien letztlich um die vergleichsweise authentischeren Archive handelt, weil sie nicht durch eine präskriptive Überlieferungsstrategie vorstrukturiert sind, sondern sich in ihnen unmerklich (und daher auch unbewusst) Relikte ansammeln. Als „nicht absichtsvoll überlieferte Spur" lässt der Abfall heuristische „Einsichten zu, die fehlende Schriftquellen substituieren oder die das Wissen aus überlieferten schriftlichen Quellen ergänzen oder korrigieren können" (Weber 2014, S. 159). Der Abfall wird somit zum „Träger einer Geschichte von unten, die niemand zu dokumentieren oder zu schreiben bereit scheint" (Macho 2013, S. 61).[5]

„Man unterschätze die Abfälle nicht." So beginnt ein satirischer gefärbter Kurzessay von Hugo Loetscher, der auf eben jene „Abfallarchäologie" reagiert, gemäß der „Abfallhaufen über Stämme, Völker und ganze Epochen der Frühgeschichte Auskunft geben" (1983, S. 128). Loetscher nimmt diesen Gedanken

[4]Siehe zu diesem Aspekt auch den Beitrag von Christa Grewe-Volpp in diesem Band.

[5]Siehe dazu auch den Beitrag von Lorella Bosco in diesem Band.

auf, führt ihn weiter und treibt ihn schließlich ad absurdum. Vor allem entdeckt er ein Problem im zunehmenden Recycling, in der konsequenten Zweitverwertung von Abfällen, da sie in der Konsequenz zu einem kulturellen Gedächtnisverlust führe:

> So begrüßenswert aber eine solche Wiederverwertung ist, wir werden auf diese Weise mit einem Problem konfrontiert, das wir nicht leichtfertig beiseite schieben dürfen. Sollten unsere Abfälle total beseitigt werden, könnte der Fall eintreten, daß nichts für die Zukunft übrigbleibt. Spätere Forscher würden mit Erstaunen feststellen, daß es in jenen Jahrzehnten jenes zwanzigsten Jahrhunderts Menschen gab, die keine Spuren hinterlassen haben. Wir würden nichts als ein großes, abfalloses Loch bilden, in letzter Konsequenz hätte es uns gar nicht gegeben. (Loetscher 1983, S. 130)

Zur Lösung dieses Problems einer drohenden Geschichtslosigkeit aufgrund eines restlos funktionierenden Recyclingsystems ist Loetscher um konstruktive Vorschläge nicht verlegen:

> Es erhebt sich somit die epochale Forderung, der Gefahr einer solchen zukunftslosen Gegenwart zu begegnen. Es gilt ein neues Abfall-Bewußtsein auszubilden, eines, das nicht auf die Beseitigung der Abfälle aus ist, sondern auf deren Erhaltung – in repräsentativem Rahmen natürlich. (Loetscher 1983, S. 130)

Was Loetscher vorschlägt, ist nichts anderes als ein Abfall-Archiv. Zumindest projiziert er den archivarischen Präzeptionsgedanken zur Sicherung von Zukunftsinteressen auf die Deponie. Damit untergräbt er zugleich das eigentliche Prinzip von Deponien, die weder über eine repräsentative Auswahl noch über eine intentionale Aufbewahrung des Abfalls organisiert sind. Loetschers – freilich satirisch gemeinter – Vorschlag verwischt die institutionellen Grenzen zwischen Archiv und Deponie, indem er letzterer eigentliche archivarische Funktionen zuschreibt und damit dem Abfall gerade seine – für historische Fragestellungen so aufschlussreiche – Zufälligkeit nimmt.

## 3 Aufbewahrungswu(s)t: Archiv als Deponie

Bleiben wir kurz bei Hugo Loetscher: Was er in seinem Essay über die Achtung und Aufbewahrung des Abfalls ironisch vorschlägt, wird für ihn ein knappes Jahrzehnt später wieder aktuell. Nach der Ausstellung zur Eröffnung des Schweizerischen Literaturarchivs konstatiert er, diese habe sein „Verhältnis zum Papierkorb" maßgeblich verändert. In den Vitrinen sah er, was sein Kollege Hermann Burger alles an Papieren, Notizen und Zettel aufbewahrt habe, und dachte dabei „wehmütig" daran, was er „während Jahrzehnten weggeworfen habe" (Loetscher 1997, S. 7). Die Anekdote belegt exemplarisch, dass die Entscheidung, was ins Archiv und was in den Abfall gehört, hochgradig kontingent ist (und keinesfalls immer aus der materiellen Eigenschaft einer Sache hervorgeht). Was Loetscher früher bedenkenlos dem Papierkorb überantwortet hat, erscheint ihm im Lichte einer Literaturausstellung plötzlich als aufbewahrenswert. Die Anekdote zeigt aber auch, dass die Kategorie Abfall im Alltag viel naheliegender ist als diejenige des Archivs, die erst *sub specie aeternitatis* relevant wird: in dem Moment, wo man sich der Historizität einer Sache bewusst wird.

Bevor die Papiere ins Archiv gelangen, lagern sie oft unbemerkt in lokalen Deponie-Orten wie Keller und Dachboden oder in speziellen Behältern des Deponierens wie Kisten, Schubladen oder Wandschränken, bis eines Tages die Entscheidung gefällt werden muss: Entsorgung oder Aufbewahrung im Archiv. Und diese Entscheidung ist keineswegs immer selbstevident, wie Beispiele zeigen, wo Nachlässe buchstäblich aus dem Abfall gerettet werden mussten – oder tatsächlich im Abfall gelandet sind. Den Papieren selbst sieht man ihre Archivwürdigkeit nicht an, da sie sich materiell von alltäglichem Abfall nicht unterscheiden. Am 27. April 1976 versah die Schweizer Boulevard-Zeitung *Blick* einen Beitrag über Ludwig Hohl mit der Schlagzeile: „Schock für genialsten Schweizer Dichter: Lebenswerk vernichtet!" Aus dem Artikel geht dann hervor, dass ein Großteil „seiner Manuskripte aus den letzten Jahren", die sich in der Wohnung stapelten oder verstreut herumlagen, von der Hausverwaltung „kurz und bündig" als „Altpapier" entfernt wurden (Freitag 1976).

Gegenläufig zu dieser Hausverwaltermentalität, die herumliegende Papiere schlicht als Abfall behandelt, fungiert das Archiv als kulturellerer Generator, der Altpapiere in Wertpapiere transformiert, indem er sie mit einer Aura des Besonderen versieht. Was im Alltag als wertlos gelten mag, erscheint im Kontext des Archivs als (wenigstens symbolisch) wertvolles Unikat und Original:

> Eine Kopie etwa wie eine Zeitung, die im täglichen Leben nach ihrer Verwendung, d. h. nach der Lektüre, Gefahr läuft, in einem Mülleimer zu landen, wird, falls sie ins Archiv aufgenommen wird, genauso behandelt wie wertvolle originale Manuskripte und Bilder der Vergangenheit. Man beginnt plötzlich, sich um die Aufbewahrung und Restaurierung dieser Zeitung zu kümmern, als ob sie keine Kopie, sondern ein wertvolles Original wäre. Was aber im Archiv als Original behandelt wird, ist ein Original. (Groys 2004, S. 171)

Der Eingang ins Archiv als eines symbolisch codierten und gesellschaftlich definierten Gedächtnisortes schafft einen institutionellen Rahmen für die spezifische

Visibilität von Dokumenten als wertvolle Originale. Was einstmals achtlos in Zwischen-Deponien lag, überschreitet im Archiv die Grenze vom „Verborgenen" zum „Sichtbaren" (Thompson 1981, S. 46). Dieser Prozess wird zudem unterstützt durch den konservatorischen Aufwand, der selbst den unscheinbarsten Relikten entgegengebracht wird. Anders als auf Deponien, wo das Prinzip der indifferenten Schichtung vorherrscht, zeichnet sich die Archivierung durch eine sorgfältige Ordnung und Lagerung aus.

Doch betrifft diese Form der Konservierung bloß die materielle Dimension der Dokumente, womit ihre Relevanz als Bedeutungsträger und Semiophore noch keineswegs gesichert ist. Wo sich die Deponie in materieller Hinsicht als erstaunlich zeitresistent und damit als veritables Gegen-Archiv erweisen kann, da können umgekehrt Archive auf symbolischer Ebene auch „Orte des Vergessens und darum zu Magazinen des Mülls" (Böhme 2006, S. 132) werden. Um zu verstehen, weshalb Archive auch den Charakter von Deponien annehmen können, ist es notwendig, nochmals auf das Konzept der Präzeption zurückzukommen. Wie oben ausgeführt, markiert der Präzeptionsgedanke (das heißt die Kombination von Überlieferungsantizipation und Aufbewahrung) einen wenn nicht *den* wesentlichen Unterschied zwischen Deponie und Archiv – doch das gilt nur in theoretischer Hinsicht. Denn realiter lässt sich diese Form der Präzeption kaum adäquat umsetzen, wie auch Hermann Lübbe konzediert: „Wir können nicht wissen, was man, wenn unsere Gegenwart Vergangenheit geworden sein wird, von dieser wissen möchte" (Lübbe 1992, S. 206).

Die Auswahl dessen, was für die Zukunft aufbewahrt wird, beruht lediglich auf einer Einschätzung darüber, was künftig als wichtig erachtet werden muss, wobei diese Einschätzung dem gegenwärtigen Denkhorizont verhaftet bleibt. Es handelt sich um Projektionen der bekannten Gegenwart auf eine unbekannte Zukunft – entsprechend spekulativ und unzuverlässig sind die Resultate. Jedenfalls bietet die Präzeption keine Garantie, tatsächlich das Relevante aufzubewahren, denn was heute als relevant erscheinen mag, wird sich später vielleicht als belanglos (als Müll) erweisen. Lübbe gelangt deshalb zum Schluss, dass „die Präzeption künftiger Rezeptionsinteressen grundsätzlich nicht möglich" sei (Lübbe 1992, S. 206). Ungleich schärfer formuliert dieselbe Einsicht auch Pierre Nora und leitet daraus zudem eine Ursache für den grassierenden Aufbewahrungswahn ab:

> Unmöglich läßt sich im voraus beurteilen, woran man sich später einmal wird erinnern müssen. Daher das Verbot, etwas zu zerstören, daher wird alles zum Archiv, wird das Feld des Erinnerungswürdigen unterschiedslos ausgeweitet […] und alle Gedächtnisinstitutionen ausgebaut. (Nora 1990, S. 20)

Die Befürchtung, das Wesentliche zu verpassen, führt gemäß Nora zu einer undifferenzierten Form der Aufbewahrung, bei der sich – entgegen der eigentlichen Intention – die Wahrscheinlichkeit gerade zusätzlich erhöht, auch und vor allem Irrelevantes zu archivieren. Mit anderen Worten: Das Archiv mutiert zur Deponie, in der sich unterschiedslos alles ablagert und so gut wie entsorgt ist, weil dadurch eben auch die Sorge entfällt, etwas sei der Überlieferung entgangen. Der Effekt ist freilich gerade ein gegenläufiger: Je mehr insgesamt aufbewahrt wird, desto desto geringer wird der allgemeine Aufbewahrungswert.

Eine berühmte Erzählung von Jorge Luis Borges läuft just auf diese Kippfigur von Archiv und Abfallhaufen zu: *Das unerbittliche Gedächtnis*. Sie handelt von Ireneo Funes, der nach einem Sturz eine ungeheure mnemotechnische Fähigkeit entwickelt. Er kann sich an alles, sogar die kleinsten Details haargenau erinnern. Schlichtweg alles prägt sich in sein Gedächtnis ein:

> Er kannte genau die Formen der südlichen Wolken des Sonnenaufgangs vom 30. April 1882 – und vermochte sie in der Erinnerung mit der Maserung auf einem Pergamentband zu vergleichen, den er ein einziges Mal angeschaut hatte –, und mit den Linien des Wellenschaums, den ein Ruder auf dem Rio Negro am Vorabend eines Gefechtes aufgewühlt hatte. (Borges 1970, S. 218)

Funes, so beeindruckend auch seine minutiöse Erinnerungsfähigkeit ist, leidet daran, Wichtiges nicht von Unwichtigem unterscheiden zu können, weshalb es ihm auch nicht möglich ist, etwas zu vergessen. Im Gespräch mit dem Ich-Erzähler gesteht er diesem die Schattenseite seiner Gedächtnisakrobatik: „Mein Gedächtnis, Herr, ist wie eine Abfalltonne" (Borges 1970, S. 218).

## 4 Verwahren und Vergessen

Mit Loetschers Essay zur „Abfallarchäologie" sowie mit Borges Erzählung über das „unerbittliche Gedächtnis" sind zwei literarische Gedankenexperimente gestreift worden, welche die Konvergenz von Archiv und Deponie bis zum Extrem ausgestalten: Während Loetscher ein Konzept der Müllhalde entwirft, die nach archivarischen Richtlinien organisiert ist, schildert Borges den Umschlag einer übertriebenen Mnemotechnik in Wissensmüll. Das „unerbittliche Gedächtnis" kann als Parabel gelesen werden auf ein Archiv, das restlos alles aufbewahren will, sich aber gerade dadurch nicht mehr von einer Deponie unterscheidet. So naheliegend die Pointe deshalb wäre, Archiv und Deponie als mutuelle Kehrseiten voneinander zu beschreiben, so würde dies an der zugrunde liegenden Problematik vorbeizielen.

Das Archiv ist nicht einfach „ein umgekehrtes Spiegelbild zur Mülldeponie“ (Assmann 1999, S. 383). Es handelt sich weniger um ein spiegelbildliches als um ein komplementäres Verhältnis, das zudem asymmetrisch verläuft. Die Instanzen Archiv und Deponie stehen sich in der gesellschaftlichen Wahrnehmung nicht gleichwertig gegenüber, vielmehr müssen sie mit Koselleck als ‚asymmetrische Gegenbegriffe‘ verstanden werden, da „in unserer dominanten kulturellen Tradition das Haben von Etwas positiver bewertet“ wird „als dessen Abwesenheit oder Verlust“ (Porath 2001, S. 274). Abfall ist deshalb klar „negativ konnotiert“ (Weber 2014, S. 157). Aus diesem Grund wird die konservierende Dimension der Deponie meistens ebenso ausgeblendet wie die depositäre Tendenz des Archivs. Entsprechend fällt auch das Komplementärverhältnis außer Betracht: Das Archiv ist, um nicht selbst zur Deponie zu werden, auf die Deponie als doppeltes Korrektiv angewiesen. Ohne die Entlastung durch die Deponie wäre es dem Archiv zum einen nicht möglich seine kulturelle Gedächtnisfunktion wahrzunehmen, die wesentlich auf einer Unterscheidung von Erinnerungswertem und unnötigem Abfall beruht, wie umgekehrt die Deponie zum anderen als notwendiges Gegen-Archiv zu den Selektionstendenzen institutioneller Archive fungieren kann.

Auf eine griffige Formel gebracht, könnte man sagen, die Deponie markiere die Utopie des Archivs, was auf zweifache Weise zu verstehen ist: in einer positiven und einer negativen (in welchem Fall dann eher von einer Dystopie des Archivs gesprochen werden müsste). Die Utopie (im Sinne von Wunschbild) des Archivs lag schon immer in der totalen, das heißt restlosen Aufbewahrung (vgl. Richards 1993, vor allem Kap. 1: „Archive and Utopia“, S. 11–44). Die Forderung nach Restlosigkeit impliziert aber, dass *unterschiedslos* alles aufbewahrt wird – und damit auch die Differenz zwischen bedeutsamen und bedeutungslosen Dingen, zwischen Abfall und Wert eingeebnet wird: „Der Drang nach Restlosigkeit raubt demnach die prinzipielle Fähigkeit, überhaupt unterscheiden zu können“ und tendiert dazu, auch „das Überflüssige und das Übrige, ebenso den Dreck und die Hinterlassenschaften zu vereinnahmen“ (Krajewski 2006, S. 297–298). Die Utopie des Archivs würde sich im negativen Sinne nicht mehr von einer Deponie unterscheiden lassen:

> Das aber wäre die absurde Utopie, den Müll zu vernichten, indem man alles musealisiert; ein Albtraum des Archivs. Oder man vernichtet restlos alles, was dysfunktional ist. Das wäre der absolute Gedächtnisverlust. Der Kompromiss liegt zwischen Museum und Verbrennungsanlage: Beides wächst, Museum und Archiv wie Müllkippe und Verbrennungsfabrik. Beider Konjunktur ist ein Effekt des exponentiellen Wachstums des Mülls. (Böhme 2006, S. 133)

Gegen die utopische bzw. eben dystopisch-albtraumhafte Vorstellung vom absoluten Archiv votiert Böhme für einen Kompromiss, in dem die Deponie im positiven Sinne als Utopie des Archivs fungiert, nämlich im Wortsinn als u-topos, als Nicht-Ort oder Non-lieux, wie schon Thompson den Abfall als „zeitlosen und wertfreien Limbo“ (Thompson 1981, S. 25) begriffen hat. In der dominierenden Aufbewahrungskultur markieren Deponien einen Negativraum, der gesellschaftlich dieselbe Funktion einnimmt, wie die Lethotechniken in der Tradition der Gedächtnisdiätetik. Diesen zufolge ist das Vergessen mindestens ebenso wichtig wie das Erinnern. Bereits Thomas Carlyle betont in seinem Essay *On History* (1830) die funktionsökonomische Notwendigkeit des Vergessens: Ein lückenloses und vollständiges Erinnern würde unweigerlich zum Gedächtniskollaps führen (vgl. Assmann 1999, S. 208). In diesem Sinne dienen sowohl Archiv als auch Deponie gleichermaßen der Ökologie des kulturellen Gedächtnisses, das ebenso auf das Bewahren wie auch auf das Vergessen angewiesen ist (vgl. Ricoeur 2004, S. 674).

Im Moment des (kulturellen) Vergessens besteht, so könnte man resümieren, der Konvergenzpunkt zwischen Archiv und Deponie: Denn sowohl im archivarischen Aufbewahrungs- wie auch im depositären Ablagesystem ist der Faktor ‚Vergessen‘ wirksam. Was für die Deponie, deren Zweck in der Entsorgung liegt, evident ist, ist im Archiv, das seinen Auftrag als Gedächtnisspeicher erfüllt, hingegen im Latenzbereich angesiedelt. Friedrich Georg Jünger prägte dafür den Begriff des „Verwahrensvergessens“, den er mit der hegelianischen Doppelsemantik der Aufhebung verknüpft: „Das Aufgehobene ist nicht mehr da, nicht mehr gegenwärtig; zugleich ist es, obwohl es nicht mehr da ist, nicht verloren“ (1957, S. 21). Für Aleida Assmann ist diese Form einer dem Vergessen anheimgegebenen Aufbewahrung äquivalent zum Prozess des Archivierens: „Zwischen dem aktiven Erinnern und dem vollständigen Vergessen gibt es noch eine Zwischenstufe: das ‚Verwahrensvergessen‘, das ich mit der Existenzform im Archiv gleichsetze“ (Assmann 2016, S. 40).[6]

Im Bereich der Digitaltechnologien zeichnet sich die Tendenz einer solchen Kongruenz von Archiv und Deponie im Modus des Vergessens schon länger ab:

[6]So auch Derrida: „That is, the archive – the good one – produces memory, but produces forgetting at the same time. […] Having kept everything in the archive, meaning the libraries, in the hands of remarkable archivists, okay, just let us forget it to go on, to survive. That's what we are doing – just archive against memory“ (Derrida 2002, S. 54).

> Je mehr das Leben in und mittels digitaler Medien stattfindet, umso mehr findet es im Archiv statt. Ob Emails, WhatsApp-Meldungen oder Statusupdates, Kommentare, Likes, und Shares in sozialen Netzwerken: die Grundeinstellung ist immer bewahren. (Simanowski 2017, S. 71)

Die Konsequenz der permanenten Speicher- bzw. Bewahrungsfunktion liegt darin, dass die Informationen mit der automatischen Abspeicherung sowohl abgelegt als quasi auch entsorgt sind. Ähnlich wie Jüngers Terminus vom „Verwahrensvergessen" spricht Simanowski angesichts dieser technologischen Entwicklung von einem „Vergessende[n] Festhalten" (Simanowski 2017, S. 71). In den digitalen Medien sind alle Daten instantan Archivalie und Abfall zugleich, weil sie unterschiedslos ohne vorgängige Selektion oder Präzeption abgespeichert werden: „Zugleich ist das Archiv selbst schon Medium des Vergessens, wenn es die Ereignisse nicht bewahrt, weil sie für uns bedeutsam wären, sondern weil sie sich ereignet haben" (Simanowski 2017, S. 71). Während eine analoge und materiell gebundene Gedächtniskultur auf die Existenz und Interdependenz beider Instanzen von Archiv *und* Deponie angewiesen ist, scheint sich in der digitalen Netzkultur so etwas wie eine Archivdeponie herauszubilden, in der die kategoriale Unterscheidung zwischen Aufbewahren und Entsorgen hinfällig wird. Oder anders ausgedrückt: Im digitalen Zeitalter manifestiert sich viel deutlicher die immer schon latente Verwandtschaft (bzw. Familienähnlichkeit) von Archiv und Deponie. Denn beide sind sie Produkte derselben (abendländischen) Ablagekultur, die sich der Dinge gegenwärtig zwar entledigen, sie aber auf Dauer nicht wirklich entsorgen will (oder kann).

## Literatur

Assmann, Aleida. 1999. *Erinnerungsräume. Formen und Wandlungen des kulturellen Gedächtnisses*. München: Beck.

Assmann, Aleida. 2016. *Formen des Vergessens*. Göttingen: Wallstein.

Babbage, Charles. 1838. *The Ninth Bridgewater Treatise – A Fragment*, 2. Aufl. London: Murray.

Böhme, Hartmut. 2006. *Fetischismus und Kultur. Eine andere Theorie der Moderne*. Reinbek: Rowohlt.

Borges, Jorge Luis. 1970. Das unerbittliche Gedächtnis. In *Sämtliche Erzählungen*, Hrsg. Jorge Luis Borges, 213–221. München: Hanser.

Bucheli, Roman. 2009. Gedächtnisspeicher. In den Archiven verschwindet der Müll von heute und verwandelt sich in die Erinnerung von morgen. *Neue Zürcher Zeitung* 84 (11./12. April): 3.

Buffon, Georges Louis Leclerc Comte de. 1780. *Les Époques de la Nature*. Paris: L'Imprimerie Royale.

Camartin, Iso. 2001. Wo der Weltgeist weht… Das Schweizerische Literaturarchiv (SLA) und seine Bedeutung. *Arbido* 10:6–10.

Derrida, Jacques. 1997. *Dem Archiv verschrieben. Eine Freudsche Impression*. Übersetzt von H.-D. Gondek und H. Neumann. Berlin: Brinkmann + Bose (Erstveröffentlichung 1995).

Derrida, Jacques. 2002. Archive Fever. In *Refiguring the Archive*, Hrsg. Carolyn Hamilton, 38–80. Dordrecht: Kluwer Academic Publishers.

Ebeling, Knut. 2012. *Wilde Archäologien 1. Theorien der materiellen Kultur von Kant bis Kittler*. Berlin: Kadmos.

Ernst, Wolfgang. 2007. *Das Gesetz des Gedächtnisses. Medien und Archive am Ende (des 20. Jahrhunderts)*. Berlin: Kadmos.

Freitag, Annette. 1976. Schock für genialsten Schweizer Dichter. *Blick* (27. April).

Gretz, D., und N. Pethes, Hrsg. 2016. *Archiv/Fiktionen. Verfahren des Archivierens in Literatur und Kultur des langen 19. Jahrhunderts*. Rombach: Freiburg i. Br.

Groys, Boris. 2004. Die Aura der Archive. In *Bürokratische Leidenschaften. Kultur- und Mediengeschichte im Archiv*, Hrsg. Sven Spieker, 163–175. Berlin: Kadmos.

Jünger, Friedrich Georg. 1957. *Gedächtnis und Erinnerung*. Frankfurt a. M.: Klostermann.

Kemmerer, Alexandra. 2016. Akten. In *Handbuch Archiv. Geschichte, Aufgaben, Perspektiven*, Hrsg. M. Lepper und U. Raulff, 131–143. Stuttgart: Metzler.

Krajewski, Markus. 2006. *Restlosigkeit. Weltprojekte um 1900*. Frankfurt a. M.: Fischer.

Loetscher, Hugo. 1983. Abfallarchäologie. In *Der Waschküchenschlüssel oder Was – wenn Gott Schweizer wäre*, 127–133. Zürich: Diogenes.

Loetscher, Hugo. 1997. Was hinterlasse ich? *Quarto. Zeitschrift des Schweizerischen Literaturarchivs* 8: 7–21.

Loyen, Ulrich. 2016. Archivproliferation. In *Handbuch Archiv. Geschichte, Aufgaben, Perspektiven*, Hrsg. M. Lepper und U. Raulff, 99–106. Stuttgart: Metzler.

Lübbe, Hermann. 1992. *Im Zug der Zeit. Verkürzter Aufenthalt in der Gegenwart*. Berlin et al.: Springer.

Lübbe, Hermann. 1996. *Zeit-Erfahrungen. Sieben Begriffe zur Beschreibung moderner Zivilisationsdynamik*. Stuttgart: Steiner.

Lütteken, Anett. 2018. Das Literaturarchiv. Vorgeschichte(n) eines Spätlings. In *Archive für Literatur. Der Nachlass und seine Ordnungen*, Hrsg. P.-M. Dallinger, G. Hofer und B. Judex, 63–88. Berlin: de Gruyter.

Macho, Thomas. 2013. *Keimfrei*. Zürich: Vontobel-Stiftung.

Meyer, Martin. 2009. Abfall. *Neue Zürcher Zeitung* 84 (11./12. April): B1.

Nora, Pierre. 1990. *Zwischen Geschichte und Gedächtnis*. Übersetzt von Wolfgang Kaiser. Berlin: Wagenbach (Erstveröffentlichung 1984).

Pomian, Krzysztof. 1988. *Der Ursprung des Museums. Vom Sammeln*. Übersetzt von Gustav Roßler. Berlin: Wagenbach (Erstveröffentlichung 1986).

Porath, Erik. 2001. Von der Vernunft des Sammelns zum Irrsinn des Wegwerfens. In *Sammeln – Ausstellen – Wegwerfen*, Hrsg. G. Ecker, M. Stange und U. Vedder, 272–280. Königstein: Helmer.

Rathje, W., und Cullen Murphy. 1994. *Müll. Eine archäologische Reise durch die Welt des Abfalls*. Übersetzt von A. Böckler und P. Hölzle. München: Goldmann (Erstveröffentlichung 1992).

Richards, Thomas. 1993. *The Imperial Archive. Knowledge and the Fantasy of Empire*. London: Verso.
Ricoeur, Paul. 2004. *Gedächtnis, Geschichte, Vergessen*. Übersetzt von H.-D. Gondek, H. Jatho und M. Sedlaczek. München: Fink (Erstveröffentlichung 2002).
Schenk, Dietmar. 2013. *„Aufheben, was nicht vergessen werden darf". Archive vom alten Europa bis zur digitalen Welt*. Stuttgart: Steiner.
Schmidt, Dietmar. 2003. „Kommt Zeit, kommt Unrat. Abfallforschung und die Entdeckung der Vorgeschichte im 19. Jahrhundert. In *Müll. Facetten von der Steinzeit bis zum Gelben Sack*, Hrsg. M. Fausa und S. Wolfram, 187–195. Mainz a.R.: von Zabern.
Sherman, William Howard. 2008. *Used books Marking readers in Renaissance England*. Philadelphia: University of Philadelphia Press.
Simanowski, Roberto. 2017. Leben als Archiv. In *Abfall. Das alternative ABC der neuen Medien*, 68–75. Berlin: Matthes & Seitz.
Sommer, Manfred. 1999. *Sammeln. Ein philosophischer Versuch*. Frankfurt a.M.: Suhrkamp.
Stöckli, Werner E. 2004. Abfall als prähistorische Quelle. In *Abfall*, Hrsg. P. P. Rusterholz und R. Moser, 133–143. Bern: Lang.
Thompson, Michael. 1981. *Die Theorie des Abfalls. Über die Schaffung und Vernichtung von Werten*. Übersetzt von Klaus Schomburg. Stuttgart: Klett-Cotta.
Viale, Guido. 1997. *MegaMüllMaschine. Über die Zivilisation des Abfalls und den Abfall der Zivilisation*. Übersetzt von Michaela Wunderle. Hamburg: Rotbuch.
von Bülow, Ulrich. 2016. Nachlässe. In *Handbuch Archiv. Geschichte, Aufgaben, Perspektiven*, Hrsg. M. Lepper und U. Raulff, 143–152. Stuttgart: Metzler.
Weber, Heike. 2014. Abfall. In *Handbuch Materielle Kultur. Bedeutungen, Konzepte, Disziplinen*, Hrsg. S. Samida, M.K.H. Eggert und H.P. Hahn, 157–161. Stuttgart: Metzler.
Wolf, Burckhardt. 2013. *Fortuna di mare. Literatur und Seefahrt*. Zürich: Diaphanes.

**Magnus Wieland** ist wissenschaftlicher Mitarbeiter am Schweizerischen Literaturarchiv in Bern, Schweiz. Forschungsschwerpunkte u. a.: Archivtheorie, Kulturen und Praktiken des Sammelns, Materialität des Lesens und Schreibens. Publikation u. a.: „Werkgenesen. Anfang und Ende des Werks im Archiv" (2019).

# „Keeping is not safe"

## Zur kulturellen Bedeutung von Saatenbanken am Beispiel von Ruth Ozekis *All Over Creation* und Margaret Atwoods *The Year of the Flood*

Christa Grewe-Volpp

In Anwesenheit des norwegischen Staatspräsidenten sowie internationaler Repräsentanten und Pressevertreter wurde im Februar 2008 im Norden Norwegens, auf der Insel Spitzbergen, der Svalbard Global Seed Vault eröffnet, die größte von 1400 Saatenbanken weltweit. 130 m über dem Meeresspiegel und tief im Permafrost gelegen, sollen die dort gespeicherten Saaten bei einer konstanten Temperatur von -18 Grad Celsius vor natürlichen wie gesellschaftlichen Katastrophen geschützt sein, vor den Folgen der globalen Erderwärmung, vor nuklearem Fallout, vor einer nicht aufhaltbaren Ausbreitung von Schädlingen und Krankheitserregern. 2016 lagerten dort 5103 Pflanzenarten und 865.000 Samenproben (vgl. Marek 2016), 2018 waren es bereits eine Million Samenproben (vgl. Svalbard Global Seed Vault 2019), und zwar allesamt Duplikate von Saaten, die in den Herkunftsländern ebenfalls gelagert werden müssen.

Die große Anzahl weltweit existierender kleinerer Saatenbanken ist bislang kaum auf mediales Interesse gestoßen; sie sind keine mit hohem technologischen Aufwand betriebenen Großprojekte von globalem Umfang, ihnen fehlt die finanzielle Unterstützung von milliardenschweren Sponsoren, vielleicht auch die Beziehung zur einflussreichen Presse. Einer der bekannteren kleineren Saatenspeicher ist eine 1984 in Indien von Vandana Shivas Umweltorganisation Navdanya aufgebaute Saatenbank, ein anderer die seit 1974 bestehende Seed Savers Exchange in Iowa. Wie in dem großen in Svalbard gebauten Speicher wird auch in den kleineren Tresoren ausschließlich genetisch unverändertes Saatgut

C. Grewe-Volpp (✉)
Universität Mannheim, Mannheim, Deutschland
E-Mail: chgrewe@mail.uni-mannheim.de

 
D.-C. Assmann (Hrsg.), *Narrative der Deponie,* Kulturelle Figurationen: Artefakte, Praktiken, Fiktionen, https://doi.org/10.1007/978-3-658-27880-9_10

aufbewahrt. Trotz dieser Gemeinsamkeit verfolgen sie unterschiedliche politische und wirtschaftliche Ziele und sie offenbaren ein unterschiedliches Verständnis von der Position des Menschen in seiner natürlichen Umgebung.

In diesem Aufsatz werde ich die beiden Typen von Saatenbanken kontrastieren, indem ich sie als aus gegensätzlichen Motiven heraus entstandene Archive betrachte. Nach Thomas Weitin und Burkhardt Wolf sind Archive keine neutralen Speicher. Denn die Entscheidung, was gesammelt und archiviert und was für nutzlos erklärt wird, beruht auf der Ausübung institutioneller Macht sowie auf diskursiven Normen wie auch Gesetzen. Archive sind ferner historisch bedingt und historisch wirkmächtig (vgl. 2012, S. 9, 10).[1] Für mich ergeben sich daraus folgende Fragen: Warum gibt es Saatenbanken? Was genau wird dort gesammelt und archiviert? Wer ist verantwortlich für sie, und wer finanziert sie zu welchen Zwecken? Was verraten Antworten auf diese Fragen über eine Gesellschaft und ihre Kultur? Ihre sozio-politische Haltung, ihre Werte und Zukunftsvorstellungen, vor allem ihr Naturverständnis? Ich werde anhand von zwei Beispielen aus der amerikanischen bzw. kanadischen Literatur untersuchen, wie fiktionale Texte das Thema Archivierung von Saatgut präsentieren und hinterfragen. Es wird sich herausstellen, dass Saatenbanken mit ideologisch geprägten Naturkonzeptionen operieren, die politisch brisant sind. Vor allem aus ökokritischer Perspektive erscheint der Umgang mit Saatgut erhellend, beleuchtet er doch die intrikate Verwicklung von Natur und Kultur und deren soziale Konstruiertheit. Konkret heißt dies, dass manche Saaten als reine Materie sehen, die sie zum Zweck des wirtschaftlichen Ertrags (oder der politischen Macht) konservieren, während andere eine Haltung vertreten, die die jahrtausendealte enge Verbindung von Natur und Kultur stärker berücksichtigt. Das gelagerte Saatgut muss im Sinne der Vertreter des New Materialism wie Serenella Iovino als „storied matter" (2012, S. 57–58) verstanden werden, als Materie also, in die „stories, memories, and meanings" (Iovino 2014, S. 98) eingraviert sind, die es für Literatur- und Kulturwissenschaftler zu interpretieren gilt. Materie als Text zu lesen heißt, sie als das nie abgeschlossene Ergebnis natürlicher Dynamiken, kultureller Praktiken und politischer Machtstrukturen zu erkennen (vgl. auch Iovino 2016, S. 349).[2] Was es bedeutet, archivierte Saaten als solche Texte zu lesen, soll im Folgenden demonstriert werden.

[1]Siehe dazu auch den Beitrag von Magnus Wieland in diesem Band.

[2]Siehe auch den Beitrag von Serenella Iovino in diesem Band.

# 1 Saatenbanken und ihre Geschichten

Saatenspeicher hat es seit dem Aufkommen von Ackerbau immer schon gegeben. Ein so großes Projekt wie der Saatguttresor auf Spitzbergen, der mit hohem technischen Aufwand Saaten aus aller Welt lagert, ist jedoch neu. Seine Notwendigkeit ergibt sich offenbar aus einer im frühen 21. Jahrhundert befürchteten globalen Katastrophe mit desaströsen Konsequenzen für die Ernährung der Weltbevölkerung. Den potenziellen Fällen von Erdbeben, Hochwasser und Vulkanausbrüchen oder von Menschen verursachter Epidemien liegt ein Endzeitszenario zugrunde, was der Svalbard-Saatenbank Bezeichnungen wie „Doomsday Vault," „Arche Noah" oder „Tresor des Jüngsten Gerichts" (LOHASBLOG 2008) eingebracht hat. In den Regalen des „wichtigsten Kühlschranks der Welt" (LOHASBLOG 2008) soll etwas gerettet werden, dessen Verlust der Gesellschaft, wie wir sie kennen, nicht wieder gut zu machenden Schaden zufügen würde. Darüber hinaus befürchtet man aufgrund eines nicht zu stoppenden Trends hin zu Monokulturen eine noch drastischere Reduzierung der Pflanzendiversität. Laut FAO ist auf diese Weise „in den vergangenen 100 Jahren drei Viertel der noch um 1900 verfügbaren Sortenvielfalt verloren gegangen" (Marek 2016), was besonders das Gemüsesaatgut betrifft. Zudem könnte, wie Stefano Mancuso im *Zeitmagazin* behauptete, bereits ein einziger Schädling alle unsere Feldpflanzen vernichten, da genetische Unterschiede nicht mehr existieren (vgl. 2018, S. 25). Der Zweck des Saatguttresors ist also eine Art Versicherung für den Erhalt einer Mindestzahl von Saatkörnern der zur Ernährung wichtigen Lebensmittel wie Reis, Mais, Weizen, Kartoffeln, Früchte, Nüsse und Wurzelgemüse, die im Fall ihrer Vernichtung in ihren jeweiligen Anbaugebieten neu ausgeliefert und nachgezüchtet werden sollen.

Man könnte meinen, dass es sich bei der Lagerung von genetisch nicht verändertem Saatgut um Exemplare ursprünglicher Natur handelt und damit um den Erhalt der natürlichen Vielfalt von Pflanzen. Tatsächlich aber geht es um den Erhalt von Nutzpflanzen. Und so steht nicht der Naturschutz im Mittelpunkt, sondern Kulturschutz (vgl. Baron 2018), denn geschützt werden Naturprodukte, die im Laufe einer jahrtausendealten Geschichte von spezifischen Kulturen auf je spezifische Weise gezüchtet und immer wieder weiter entwickelt wurden zum Wohle des Menschen. Diese Kulturpflanzen sind stärker gefährdet als die von Menschen nicht veränderten Pflanzen. Ohne weitere Kultivierung hätten sie in der freien Natur nur geringe Überlebenschancen (vgl. Baron 2018; Van Dooren 2012, S. 23). Menschen und Pflanzen befinden sich also in einem gegenseitigen Abhängigkeitsverhältnis, ja sie gestalten einander, was Mark van Dooren unter Rückgriff auf Donna Haraways erweiterter Vorstellung von „co-evolution"

(Haraway 2003, S. 30, 31) als „co-shaping“ bezeichnet hat (Van Dooren 2012, S. 24), John Charles Ryan als „co-generating“ (2012) und Michael Pollan als „experiments in coevolution“ (Pollan 2001, S. 186) – alle drei Begriffe, die eine Verknüpfung von Natur und Kultur implizieren. Jens Stoltenberg, der damalige norwegische Präsident, meint deshalb auch nicht die millionenteure Speicheranlage, wenn er von der „Bewahrung der Grundpfeiler der menschlichen Zivilisation“ spricht (LOHASBLOG 2008), sondern die immense Bedeutung der Kulturpflanzen für unsere Lebensweise.

Ein Großprojekt wie der Svalbard Global Seed Vault auf Spitzbergen ist jedoch nicht ohne Kritik geblieben. Zum einen zeigt sich, dass der Eistresor nicht so sicher ist wie ursprünglich angenommen. Bereits im Eröffnungsjahr 2008 stellte sich heraus, dass das ewige Eis nicht ewig ist, sondern dass der Permafrostboden aufgrund der globalen Erderwärmung langsam taut. 2017 drang Wasser sogar durch die Wände des Eingangstunnels. Dieses Problem lässt sich wahrscheinlich technisch lösen, zumindest hat die norwegische Regierung 2018 ca. 10,4 Mio. Euro für ein technisches Upgrade zur Verfügung gestellt (vgl. Svalbard Global Seed Vault 2019).

Zweifel kommen allerdings auch auf ob der Haltbarkeit und Wiederverwertbarkeit des Saatguts. Wenn man bedenkt, dass Organismen in einen ständigen Evolutionsprozess eingebunden sind und sich in ihrer Entwicklung Umweltveränderungen anpassen – Stichwort Klimawandel – oder auf Schädlinge und Pathogene reagieren, dann wird klar, dass eingefrorene Saaten einen deutlichen Nachteil haben, wenn sie wieder in die Umwelt eingepflanzt werden (vgl. Carolan 2007, S. 745). Natürlich kann man argumentieren, dass im Falle einer Katastrophe geschwächtes Genmaterial besser ist als gar keines, doch sollte man sich auch im Klaren darüber sein, dass es keine Garantie für einen problemlosen Neuanfang gibt. Auf keinen Fall sollten wir glauben, wie Catherine Phillips warnt, dass Genbanken Sicherheit gewähren, die „‚business-as-usual‘“ erlaubt, oder dass es nicht nötig sei, „to alter our ways of doing agrifood (or even question them) if back-ups and scientific expertise are at the ready“ (2013, S. 126, zitiert in Man 2017, S. 507).

Brisant werden Projekte wie das in Spitzbergen, wenn man sich die Sponsoren und potenziellen Nutznießer genauer anschaut. Finanziert wird der „größte Kühlschrank der Welt“ von dem sogenannten ‚Global Crop Diversity Trust‘, der die Hälfte der anfallenden Kosten trägt; den Rest zahlt der norwegische Staat (vgl. Marek 2016). Wie F. William Engdahl in einem 2007 erschienenen Artikel feststellte, saßen im Vorstand des ‚Crop Trust‘ damals Persönlichkeiten, die in ihrer bisherigen Laufbahn für Firmen oder Organisationen tätig waren (oder es immer noch sind), die ökologisch kaum vertretbare Ziele verfolgen. Ein Beispiel wäre etwa die Verflechtung des Trust mit dem von Rockefeller gegründeten Bevölkerungsrat, der die sogenannte Familienplanung mit Kampagnen zur Geburtenkontrolle und Eugenik in den Entwicklungsländern vorantrieb; ein weiteres Beispiel ist die Verflechtung mit einem der größten amerikanischen Rüstungskonzerne; andere Vorstandsmitglieder waren maßgeblich an der Entwicklung von gentechnisch manipulierten Pflanzen beteiligt. Zu den Sponsoren, so Engdahl, gehörten Bill Gates, die Monsanto Corporation, die Syngenta-Stiftung (ein Schweizer Großproduzent von GMO-Saatgut), die Rockefeller-Stiftung, die seit den 1970er Jahren die ‚Gen-Revolution' unterstützt; ferner DuPont, eine Firma, die gentechnisch veränderte Produkte entwickelt; und CGIAR, eine unter anderen von Rockefeller und Ford finanzierte ‚Consulting Group of International Agricultural Research', ein Netzwerk von Wissenschaftlern und Beratern, die die Märkte der Dritten Welt für die gentechnische Revolution des US-Agrobusiness öffneten. Wie Engdahl betont, war Rockefeller für die ‚Grüne Revolution' verantwortlich, mit der der Hunger in der Welt angesichts der sogenannten Bevölkerungsexplosion besiegt werden sollte. Diese ‚Grüne Revolution' war aber vor allem ein Instrument des amerikanischen Agrobusiness, um die Kontrolle über die Produktion und Vermarktung von Saatgut weltweit zu erlangen. Hierbei handelt es sich um neues, patentiertes Hybrid-Saatgut, das Eigentum der Konzerne ist, sodass die Bauern jedes Jahr neues Saatgut kaufen müssen und damit schnell von den Großproduzenten, meist amerikanischen Agrobusiness- und Petrochemiefirmen, und deren Preispolitik abhängig werden. Tatsächlich mussten im Laufe der Jahre viele Kleinbauern ihre Höfe aufgeben, was vor allem in Indien zu einer Vertreibung vom Land in die Verelendung in den Städten führte und Tausende von Bauern in den Selbstmord trieb (vgl. Engdahl 2007).

Warum nun finanzieren ausgerechnet die Personen und Organisationen, die für Genmanipulation und Machtkonzentration stehen, die Bewahrung nicht-genmanipulierter Saaten in Spitzbergen? Die Vermutung liegt nahe, dass, sollten die genmanipulierten Saaten einmal eingehen, der Tresor einen der wertvollsten Schätze zur Wiederherstellung neuer/alter Pflanzen birgt, mit denen dann wieder experimentiert werden könnte. Wichtig ist der uneingeschränkte Zugang zum Saatgut, denn, wie Henry Kissinger sagte: „Wer das Öl kontrolliert, der kontrolliert das Land, wer die Nahrung kontrolliert, kontrolliert das Volk" (LOHASBLOG 2008). Doch es gibt neben dem offensichtlichen Verlangen, die Kontrolle und damit die Macht zu erhalten, wirklich düstere Spekulationen, die an Verschwörungstheorien erinnern: Engdahl fragt sich beispielsweise, ob die Entwicklung von patentiertem Saatgut für biologische Kriegsführung genutzt werden könnte, sodass der Zugang zur Saatenbank in Spitzbergen einer infamen Strategie der Welteroberung gleichkäme. Ob dieses Szenario tatsächlich mitgedacht wird, sei dahingestellt. Tatsache aber ist, dass die in Spitzbergen gelagerten Saaten eine Geschichte (‚story') ‚erzählen', die ideologische, ökonomische, ökologische und kulturelle Komponenten enthält. Sie geben nicht nur Aufschluss über die agrarische Entwicklung von Saatgut, sondern auch über seine Kontrolle, über Macht und Zukunftsvisionen.

Ganz anders operiert Navdanya, eine 1984 von Vandana Shiva gegründete NGO, die dafür kämpft, die indischen Kleinbauern vor der Übermacht der Großkonzerne zu schützen. Wie Britta Petersen 2008 dokumentiert hat, werden in Navdanyas Saatenbanken über 1000 verschiedene Reissorten, 31 Getreidesorten, Hülsenfrüchte, Gemüse und Heilpflanzen aufbewahrt. In den inzwischen mehr als 54 von einzelnen Gemeinden betriebenen Saatenbanken werden alte, meist gut an ihre natürliche Umgebung angepasste Saaten gespeichert und von dort aus wieder an die Bauern verteilt. Vandana Shiva setzt sich somit nicht nur für den Erhalt der biologischen Vielfalt ein, sondern vor allem auch für den ökologischen Landbau und die Rechte der Landwirte. Navdanya verhilft ihnen zur wirtschaftlichen Unabhängigkeit, indem sie sie bei der Herstellung des eigenen Saatguts unterstützt, damit sie nicht auf das patentierte Hybrid-Saatgut zurückgreifen müssen. Die NGO unterstützt sie ferner im Betreiben einer nachhaltigen Landwirtschaft und sie bindet sie ein in ein Netzwerk von Fair Trade-Händlern. Das Saatgut muss auch hier als Kulturgut verstanden werden, das über viele Jahre gezüchtet wurde und mit einer bestimmten, traditionellen Lebensweise verbunden ist. Es ist insofern „storied", als in ihm historisch gewachsene, kulturelle Werte und ökonomische Aspekte manifestiert sind, die auf Nachhaltigkeit, Biodiversität und den Fortbestand sehr alten Wissens beruhen. Sie ‚erzählen' eine ganz andere Geschichte als die genmanipulierten Produkte der Biotechnologie-Unternehmen, die patentiert und zum geistigen Eigentum erklärt wurden und somit hauptsächlich dem Profit der Großkonzerne dienen. Kritiker der NGO werfen Shiva zwar vor, sie perpetuiere die Armut der Kleinbauern; diese würden von den modernen Technologien profitieren. Tatsache ist allerdings, dass gerade die Abhängigkeit von den internationalen Konzernen sehr viele Bauern in den Ruin getrieben und die Vielfalt der Saaten drastisch reduziert hat (vgl. Petersen 2008).[3]

Eine ebenfalls anders als die in Spitzbergen angelegte Saatenbank ist die 1974 gegründete Seed Savers Exchange, kurz SSE, eine Nonprofit-Saatenbank in Iowa, die alte Sorten von Früchten, Gemüse und Blumen aufbewahrt und verkauft. Hier gibt es zum Beispiel über 24.000 seltene Gemüsesorten und ca. 700

[3]Nathanael Johnson stimmt Shivas Argumentation zwar im Großen und Ganzen zu, kritisiert aber ihren unpräzisen Umgang mit Fakten im Detail (vgl. Johnson 2014).

(von vormals 8000!) alte Apfelsorten. Das Ziel ist der Erhalt genetischer und kultureller Vielfalt: „Our organization is saving the world's diverse, but endangered, garden heritage for future generations by building a network of people committed to collecting, conserving and sharing heirloom seeds and plants, while educating people about the value of genetic and cultural diversity (Seed Savers 2006)" (Carolan 2007, S. 741). Auch diese Saaten sind Hybride im Sinne biophysikalischer *und* soziokultureller Kreuzungen. Wie Michael Carolan betont, verweist das ihnen zugrunde liegende Naturkonzept auf „interconnections, between nonhuman organisms, culture, and people (of past, present, and future)" (Carolan 2007, S. 743). Dies impliziere auch eine Entwicklung des Saatguts, das nicht wie in Spitzbergen ‚eingefroren' ist, sondern in einen weiteren evolutionären Prozess eingebunden wird. SSE verfolge demnach nicht die Idee einer „‚pure' heritage variety" (Carolan 2007, S. 746). Vielmehr vertrete die Organisation den Standpunkt, dass „[w]hat we call heritage today was simply one gene line out of a diverse gene pool of lines" (Carolan 2007, S. 746). Hier wird eine Haltung deutlich, die sich zum einen gegen Vorstellungen von einer ursprünglichen, reinen Natur wendet und stattdessen die dynamische Entwicklung des Lebens einschließt, die zum anderen jeglichen Alleinanspruch (und damit Machtanspruch) auf die Entwicklung und Verbreitung von Saatgut ablehnt. Konservierung wird von Carolan zu Recht als ein normativer Prozess verstanden, der spezifischen, häufig verborgenen Werten folgt, die meist ökonomischer Natur sind. SSE versuche, dem profitorientierten Aufbewahren von Saatgut eine alternative ‚Geschichte' entgegenzusetzen (vgl. Carolan 2007, S. 747), eine Geschichte, die besagt, dass die gespeicherten Saaten keinem Großkonzern gehören, sondern unser aller genetisches und kulturelles Erbe sind.

## 2 Ruth Ozeki, *All Over Creation*

Die amerikanische Schriftstellerin Ruth Ozeki hat in ihrem 2003 erschienenen Roman *All Over Creation* die unterschiedlichen Einstellungen zu Saatgut, seiner Lagerung und Verbreitung zum Hauptthema gemacht. Die Handlung spielt im frühen 21. Jahrhundert in Iowa, in einer Gegend, in der vorwiegend Kartoffeln angebaut werden. Neben der jungen japanisch-amerikanischen Yumi und ihren drei ethnisch unterschiedlichen Kindern sind die Protagonisten Kartoffelfarmer, Vertreter des Agrobusiness sowie die ‚Seeds of Resistance', eine Gruppe radikaler Aktivisten, die gegen gentechnisch veränderte Nahrungsmittel protestieren. Yumi ist die auf Hawaii heimisch gewordene Tochter des alteingesessenen, konservativen und religiösen Farmers Lloyd Fuller sowie Momokos, der japanisch stämmigen Frau Lloyds. Momoko betreibt einen Garten mit selbst gezüchteten, von Hand bestäubten Früchten und lagert in ihrem Schuppen einen wertvollen Schatz seltener Saaten. Diese Figurenkonstellation gibt Ozeki die Gelegenheit, genau die Ideologien, die hinter den hier vorgestellten Saatenbanken stehen, zu kontrastieren und zu diskutieren. Es geht vorrangig um die Frage, ob genmodifizierte Pflanzen den wachsenden Welthunger stillen können oder ob sie das Ende der Natur, wie wir sie kennen, einläuten und somit moralisch verwerflich sind. Welchen Pflanzen sollte die Zukunft gehören? Und wer bestimmt das mit welcher Motivation? Welche ‚Geschichten' verbergen sich hinter ihrer Lagerung?

Da ist zunächst das mächtige Agrobusiness, hier die an Monsanto angelehnte Korporation Cynako mit ihren zynischen Vertretern. Sie wollen den Farmern gentechnisch veränderte Pflanzkartoffeln verkaufen, die sogenannte NuLife Kartoffel (angelehnt an die NewLeaf Kartoffel von Monsanto), die ihr eigenes Pestizid produziert, sodass die Farmer keine teuren und gesundheitsschädlichen Pflanzenschutz- und Insektenvernichtungsmittel mehr versprühen müssen. Dies erscheint zunächst als eine vernünftige, kostengünstige Lösung. Doch niemand weiß, welche langfristigen gesundheitlichen Folgen die NuLife Kartoffel hat oder was geschieht, wenn die Insekten resistent gegen das neu geschaffene Gen werden. Das Pflanzen der NuLife Kartoffel ist also ein unkalkulierbares Risiko, was die Agrartechnologen wissen, aber verschleiern bzw. nicht thematisieren. Ebenso nachteilig ist, dass die neue Kartoffel patentiert und somit Eigentum von Cynako ist. Farmer dürfen sie nicht lagern und reproduzieren, sondern müssen sie jedes Jahr aufs Neue kaufen, was der Korporation die alleinige Macht über die Pflanzen verleiht. Sie zwingt somit die Farmer, wie Anahita Rouyan zu Recht behauptet, „to change their practice to produce crops that fit the commercial paradigm of American capitalism" (2015, S. 146). Hinzu kommt, dass Firmen wie Cynako die Banken auf ihrer Seite haben, da diese eher denen Kredite geben, die auf dem neuesten technologischen Stand sind. Das Agrobusiness macht die Farmer also abhängig von ihren Produkten, ungeachtet der potenziellen Gefahren, die das Gen birgt. Teil dieses von Vandana Shiva bezeichneten „food totalitarianism" (Stein 2010, S. 182) der Großkonzerne wie Monsanto ist eine Technologie, die tief in die DNA der Pflanze eingreift und ihre Fortpflanzung sozusagen im Keim erstickt und sie steril macht (dieses als Terminator bezeichnete Gen ist allerdings von Monsanto nie eingesetzt worden; vgl. Wallace 2011, S. 164). Geek, der Sprecher der Seeds of Resistance, sieht in der Züchtung steriler Pflanzen den Wunsch nach alleiniger Kontrolle über die Agrarwirtschaft: „‚To protect the corporation's intellectual property rights over the plants. To keep farmers from saving and replanting seeds. To force them to buy new seed every year'" (Ozeki 2004, S. 266).

Die Seeds of Resistance fungieren als vehemente Gegner des Agrobusiness, deren Argumente ein völlig anderes Verständnis von der Kultivierung und Verbreitung von Saatgut offenbaren. Sie sind eine Gruppe bunt zusammengewürfelter Graswurzelaktivisten, die mit einem Bus durch die USA ziehen, um mit clownesken Happenings auf die in ihren Augen verwerflichen Machenschaften der Gentechnologen aufmerksam zu machen. In Iowa protestieren sie gegen die NuLife Kartoffeln und kommen in direkten Kontakt sowohl mit den Vertretern der Gentechnologie als auch mit den Farmern. Ihr Sprecher Geek stellt klar, dass Saaten für ihn keine beliebig zu manipulierende Materie sind und auch nicht einem Großkonzern gehören. Er hat nichts gegen Züchtungen einzuwenden wie sie seit dem Beginn der Agrikultur vorgenommen wurden. Hier sei nämlich eine Grenze beachtet worden, die nicht überschritten werden durfte: „‚A flounder, she [nature; C.G.-V.] said, cannot fuck a tomato'" (Ozeki 2004, S. 124).[4] Hybridisierungen, also Veränderungen innerhalb einer Spezies, nutzen Mensch und Pflanzen. Nicht nur brauchen die Menschen diese Pflanzen, um zu überleben. Auch viele domestizierte Pflanzen könnten in der Wildnis nur schwer überleben, sie sind auf Kultivierung angewiesen (vgl. van Dooren 2012, S. 23). Was die Seeds of Resistance beklagen, ist das Überschreiten der Grenze zwischen den Spezies. Ihre Überzeugung gleicht der Michael Pollans, der behauptet: „Artificial selection is thus a continual local process, each new potato the product of an ongoing back-and-forth between the land and its cultivators, mediated by the universe of all possible potatoes: the species' genome." (Pollan 2001, S. 193) Die neue Biotechnologie jedoch, so Pollan, habe die alten Regeln in der Beziehung zwischen Mensch und Natur missachtet und etwas völlig Neues geschaffen, dessen Konsequenzen nicht bekannt sind (Pollan 2001, S. 194).

Interessanterweise ist Geeks radikale Graswurzelideologie kompatibel mit Lloyd Fullers religiösen Ansichten. Als überzeugter Christ verurteilt er jegliche Manipulation genetischer Strukturen, auch wenn er dies mit anderen Worten begründet als Geek. Die Naturgesetze sind für ihn „‚our Maker's laws, sacred and inviolable'" (Ozeki 2004, S. 301), „‚*God holds the only patent!* He is the Engineer Supreme'" (Ozeki 2004, S. 302). Damit vertritt er eine pastorale Haltung, nach der der amerikanische Farmer uramerikanische Werte verkörpert, indem er Gottes Schöpfung hütet und bewahrt. Diese auf Thomas Jefferson zurückgehende Haltung, die als ‚Jeffersonian agrarianism' in die Geschichte der

[4]Dies ist eine Anspielung auf ein Experiment in der Genforschung, bei dem Fischgene in eine Tomate übertragen wurden, um diese vor kalten Temperaturen zu schützen (vgl. gbsdd.de. o. J.).

USA eingegangen ist, besagt, dass der vom Staat unabhängige kleine Farmer ein autonomer Individualist von überragender moralischer Integrität ist und als Vorbild für die amerikanische Nation dienen kann. Diese rückwärtsgewandte, längst überholte Ideologie verschließt sich moderner Fortschrittstechnologie, was im Fall der NuLife Kartoffeln berechtigt sein mag. Problematisch wird Lloyds Haltung, wenn er sie auf soziale Beziehungen anwendet. Seine radikale Einstellung zum Schutz der Pflanzenintegrität beinhaltet nämlich auch eine radikale ‚Pro-Life-Haltung', was seine Tochter im Alter von 14 Jahren, als sie heimlich eine Abtreibung vornehmen ließ, schmerzlich erfahren musste. Ähnlich problematisch ist Geeks Rhetorik, der Samen als Embryos (vgl. Ozeki 2004, S. 266) bezeichnet und behauptet: „Plants have a right to life, too" (Ozeki 2004, S. 267). Eine solche Einstellung kann Yumi nur entrüstet als „pro-life bullshit" kritisieren (Ozeki 2004, S. 267). Die pastorale Nostalgie Lloyds wie auch Geeks pastorale Utopie, für die die weiblich konnotierte Erde ‚heilig' ist, stößt an ihre Grenzen, wenn sie als Vorbild für moralisches Verhalten eingesetzt wird. Anahita Rouyan sieht gar den tief im westlichen Denken verankerten Wunsch nach der Dominanz über die Natur und über Frauen in Lloyds Pastorale wie auch in Geeks Rhetorik (2015, S. 155).

Eine andere Einstellung zu Saaten und ihrer Nutzung vertritt Momoko, Lloyds Frau, die er nach dem Zweiten Weltkrieg aus Japan mit in die USA gebracht hat. Sie hat über viele Jahre mit ihrer Gartenarbeit eine Saatenbank aufgebaut, für die die reale Seed Savers Exchange im nordöstlichen Iowa Modell gestanden haben könnte. Momoko, an Demenz erkrankt, hat im Unterschied zu den anderen Protagonisten kaum eine Stimme, und doch nimmt sie im Roman eine wichtige Position mit Bezug auf eine ökologisch motivierte Lagerung und Verbreitung von Pflanzensamen ein. Mithilfe Lloyds vertreibt sie einen Katalog, um ihre gezüchteten Samen an interessierte Kunden zu verkaufen, gleichzeitig vertreten die beiden moralische Werte, die man als eine Mischung aus christlichen und ökozentrischen[5] Grundsätzen bezeichnen kann. Sie sind der festen Überzeugung, dass Samen Teil eines ökologischen Kreislaufs sind, an dem Mensch und Natur aktiv beteiligt sind. Nicht das Bewahren *einer* genetischen Art ist für sie sinnvoll, sondern die Einbindung vieler Samenkörner in einen nie abgeschlossenen Prozess, was zur biologischen Diversität beitrage: „Mrs. Fuller and I believe the careful introduction of species into new habitats serves to increase biological variety and health" (Ozeki 2004, S. 67). Ihre vorsichtig in die amerikanischen Gärten

[5]Bei einem ökozentrischen Grundsatz steht der ökologische Kreislauf im Vordergrund aller Überlegungen.

eingeführten „Exotics" (Ozeki 2004, S. 67) stellen angeblich keine Gefahr für endemische Pflanzen dar. Wie ihre Enkelkinder, so Momoko schmunzelnd, sind ihre Züchtungen „all mixed up" (Ozeki 2004, S. 118).[6]

Momokos Schuppen fungiert als Archiv, in dem eine unglaubliche Vielzahl an Saaten gelagert ist, „a gold mine" (Ozeki 2004, S. 150) an biologischer Diversität. Geek bezeichnet diese Saatenbank als eine Bibliothek (vgl. Ozeki 2004, S. 161–162), in der seltene Pflanzen vor dem Aussterben gerettet werden. Jeder einzelne Samen, so Geek, berge, ähnlich wie ein Buch, das Narrativ einer natürlichen wie kulturellen Entwicklungsgeschichte. Zum einen stecke in ihm die Information, wie aus Licht Nahrung und Sauerstoff hergestellt werden können, zum anderen beinhalte er auch das Narrativ der menschlichen Nutzung und Migration. Schließlich waren Samen immer schon mobil, vom Wind, von Tieren oder Menschen fortgetragen in neue Umgebungen, an die sie sich anpassen mussten, während Kulturen gleichzeitig von neuen Pflanzen geprägt wurden, was unter anderem in Peru und Irland am Beispiel der Kartoffel evident wird.[7] Samen archivieren also natürliche *und* kulturelle Informationen. „Vegetables are like a genetic map, unfolding through time, tracing the paths that human appetites and desires have taken throughout our evolution." Man nenne das „mutualism" (Ozeki 2004, S. 124) oder das Gleichgewicht zwischen Natur und Kultur, das durch die Gentechnologie zerstört werde. Menschen sind seit den ersten Züchtungen Teil dieses Kreislaufs, wie Geek feststellt: „„They saved seeds from their harvest, planted them, harvested them, and so it went, on and on, in a perfect, perpetually interconnected wheel of life‘" (Ozeki 2004, S. 268). Momokos Züchtungen mit Samen aus Indien und China zum Beispiel reihen sich ein in ein seit Jahrtausenden stattfindendes und von van Dooren so bezeichnetes ‚co-shaping' von Mensch und Natur. Sie sind das Ergebnis achtsamer, kontrollierter Bestäubung von Hand.

Mindestens so wichtig wie die sorgfältige Züchtung ist die Verbreitung der Saaten, denn, wie Momoko behauptet, „[k]eeping is not safe. Keeping is danger. Only safe way is letting go. Giving everything away. Freely. Freely"

---

[6]Ursula Heise sieht die Parallelisierung von biologischer und kultureller Vielfalt im Roman kritisch: „the introduction of non-native species (during processes of colonization, among others) has arguably led to a great deal more environmental destruction to date than genetically engineered plants" (2010, S. 257).

[7]Michael Pollan hat in seiner Monographie *The Botany of Desire* die gegenseitige Prägung von Pflanzen und menschlicher Kultur veranschaulicht. Für diesen Aufsatz von besonderem Interesse ist das letzte Kapitel, „Desire: Control Plant: The Potato", in dem er die Geschichte der Kartoffel erzählt (vgl. 2001, S. 181–238).

(Ozeki 2004, S. 358). Diese Haltung steht in klarem Gegensatz zu den Methoden der Großkonzerne, die des Profits wegen um die alleinige Kontrolle über das Saatgut bemüht sind und dieses buchstäblich einfrieren, um es für Monokulturen zu nutzen. Eine Co-Evolution oder ein ‚co-shaping' kann hier nicht mehr stattfinden. Da Momoko und Lloyd aus Alters- und Gesundheitsgründen nicht mehr in der Lage sind, ihre Saaten zu lagern und zu vertreiben, übernehmen die Seeds of Resistance diese Aufgabe. Sie erstellen auf einer Website einen virtuellen Garten, sodass die Gärtner ihre Saaten austauschen können, nichthierarchisch, ohne ökonomischen Profit, aus Freude an der Vielfalt der Natur, die sie mit ihren immer wieder neuen Züchtungen weiter bereichern. Momokos materielles Archiv in Iowa wird aufgelöst, die freie Verbreitung des Saatguts (seine ‚dissemination') trägt bei zur Schöpfung vieler neuer „Garden[s] of Earthly Delights" (Ozeki 2004, S. 356).

Die diametrale Gegenüberstellung von Cynako und Momoko spitzt die Debatte um Nahrungsmittelproduktion und die Kontrolle über Gene zu. Cynako wird eindeutig als Übel identifiziert, unsere Lesersympathien liegen bei der japanischen Frau. Dennoch bieten beide Modelle der Saatenverwertung im Roman keine zukunftsfähigen Lösungen. Weder kann Cynako mit seinen Terminatorgenen eine auf Dauer nachhaltige Landwirtschaft ermöglichen, noch kann mit Momokos Saaten der Welthunger gestillt werden. Darüber hinaus ist Lloyds streng christliche und amerikanisch-pastorale Haltung sozial rigide und im 21. Jahrhundert überholt. Ebenso wenig alltagstauglich ist die sozial-utopische Ideologie der Seeds of Resistance, wenn sie technologischen Fortschritt strikt ablehnen. Auch wirkt eine esoterisch angehauchte Aktion der Seeds wie Liliths virtueller Auftritt als Erdmutter lächerlich. Eine im Roman angedachte praktikable Lösung liegt eher bei dem Farmer Will, der Lloyds Farm übernimmt und offen ist für eine biologische Agrarwirtschaft, soweit sie ökonomisch tragbar ist. „,I've got nothing against growing organic, you know. Problem is, you can't eat philosophy'" (Ozeki 2004, S. 411).

## 3 Margaret Atwood, *The Year of the Flood*

Auch in Margaret Atwoods 2010 erschienenem dystopischen Roman *The Year of the Flood* geht es um das Erbe bzw. die Zukunft der genetischen Vielfalt. Auch hier geht es um die Rolle einer Saatenbank für die Gestaltung der Zukunft. Wie in *All Over Creation* versucht eine rebellische Gruppe bunter Aktivisten gegen eine von Großkonzernen dominierte Gesellschaft anzugehen, die zunehmend durch skrupellose Genmanipulation verändert wird. Anders als in Ozekis realistischem

Roman ist die Gentechnologie in Atwoods Sci-Fi-Roman (sie zieht den Begriff „speculative fiction" vor; vgl. z. B. Potts 2003) nicht auf die Agrarwirtschaft beschränkt, vielmehr ist sie zu einem Horrorinstrumentarium geworden, das das Leben, wie wir es kennen, bis zur Unkenntlichkeit ‚optimiert' hat. Alles ist möglich, so die Devise der Gentechniker. Fantasievolle Kreuzungen von Schweinen und Waschbären („pigoons", Atwood 2004, S. 25), Schlangen und Ratten („snats", Atwood 2004, S. 57) oder Wölfen und Hunden („wolvogs", Atwood 2004, S. 43), kopf- und flügellose Hähnchen als „Chickie Nobs" (Atwood 2004, S. 238), ja sogar menschenähnliche Wesen, die sogenannten Crakers, sollen nach den Plänen von machtbesessenen Wissenschaftlern eine zukünftige bessere Welt bevölkern, in der alles Fehlerhafte in der Schöpfung ausgemerzt ist. Die Machenschaften der verrückten Wissenschaftler, ein ruchloser Kapitalismus, die Konsequenzen des Klimawandels und soziale Ungerechtigkeit münden in eine Apokalypse, was das Thema des ersten Romans der Trilogie ist, *Oryx and Crake.*

In *The Year of the Flood* arbeitet eine Gruppe von Widerständlern in dieser genetisch, klimatisch und sozial völlig aus den Fugen geratenen Welt vor der Apokalypse daran, sich selbst und einen Schatz von genetisch nicht veränderten Pflanzen und Menschen vor dem erwarteten Untergang zu retten und wenigstens einen Rest genetischer Vielfalt zu erhalten. Sie nennen sich ‚God's Gardeners' und sind eine skurrile Gruppe freundlicher Fanatiker, die streng nach ökozentrisch orientierten Werten leben, jeder Form von nicht-biologischen Produkten wie Plastik oder Fast Food abhold sind und in ihren versteckten Dachgärten, den „Edencliff Rooftop Gardens" (Atwood 2004, S. 13), versuchen, ‚Gottes Schöpfung' zu erhalten. Um ihre Ideen zu verbreiten und um soziale Kohärenz zu gewährleisten, haben sie eine eigene Religion entwickelt mit Riten, Glaubenssätzen und Hymnen, deren Heilige meist Umweltschützer, Biologen oder Friedenskämpfer des 18., 19. und vor allem des 20. Jahrhunderts sind, zum Beispiel Jane Goodall, Rachel Carson, Mahatma Ghandi, Michel Fabre, Peter Matthiessen, Jacques Cousteau, Sibylla Merian – ein Heiliger für jeden Tag des Jahres. Ihre Religion ist eine phantasievolle Mischung aus christlichen Versatzstücken, Evolutionslehre und Naturwissenschaft, die man mit Hannes Bergthaller schlicht als „silly" bezeichnen kann (2010, S. 739), die aber insofern funktioniert, als sie ihren Anhängern eine von der Tiefenökologie inspirierte holistische, ökozentrische Lebensphilosophie als praktikabel und erstrebenswert vermittelt. Diese bereits 1972 von Arne Naess entwickelte und von ihm, Bill Devall und Robert Sessions in den 1980er Jahren weiter ausformulierte Philosophie will den tieferen Ursachen der Umweltkrise auf den Grund gehen. Ihre Vertreter argumentieren gegen ein anthropozentrisches Selbstverständnis und behaupten, dass die intuitive Erfahrung eines holistischen Weltbildes die in der westlichen Gesellschaft dominante Trennung von Mensch und Natur überwinden kann. Jegliches Leben hat für sie intrinsischen Wert. Der Mensch ist nur Teil eines ökologischen Kreislaufs, was er, indem er sich mit anderen Lebewesen und schließlich mit dem großen biotischen Ganzen identifiziert, als positive Bereicherung erleben kann (vgl. Naess 1972; Devall und Sessions 1985). Wie die Tiefenökologen zelebrieren die Gardeners alle Lebensformen, von den großen Säugetieren bis zu den mikroskopisch allerkleinsten Wesen, mit denen wir verbunden sind, wobei ihre Argumente zum Teil etwas lächerlich klingen: „Where would we be without the Flora that populate the intestinal tract, or the Bacteria that defend against hostile invaders? We teem with multitudes, my Friends – with the myriad forms of Life that creep about beneath our feet, and – I may add – under our toenails" (Atwood 2010, S. 192). Anders als die Tiefenökologen berufen sie sich aber auch auf die Naturwissenschaften. Und sie erklären biblische Geschichten auf recht eigenwillige Weise, etwa wenn ihnen die Paradiesfrucht von Adam und Eva als Beweis dafür dient, dass die Menschen „fruitivores" sind (Atwood 2010, S. 329), oder dass Jesus, als er Menschenfischer suchte, der Schutz des Fischbestandes am Herzen lag (vgl. Atwood 2010, S. 234).

Die Gardeners benutzen die Religion für die Durchsetzung ihrer Ziele, nämlich die Wiederherstellung der Welt vor der dystopischen Manipulation allen Lebens. Der Glaube an eine Religion, so ihre feste Überzeugung, sei evolutionär in uns angelegt und offenbar ein evolutionärer Vorteil. „‚The strictly materialist view' – that we're an experiment animal protein has been doing on itself – is far too harsh and lonely for most, and leads to nihilism. That being the case, we need to push popular sentiment in a biosphere-friendly direction by pointing out the hazards of annoying God by a violation of His trust in our ‚stewardship'" (S. Atwood 2010, S. 287–288). Den Skeptikern raten sie, der Religion in ihren Taten zu folgen, der Glaube käme mit der Zeit von allein. Hier zeigt sich erstens deutlich, dass die Gardeners manipulativ sind, und zweitens, dass sie sich ähnlich wie Lloyd Fuller in *All Over Creation* als Hüter der Erde verstehen. Ihre Hauptaufgabe sehen sie darin, die metaphorisch als Sintflut bezeichnete dystopische Welt zu überleben, um schließlich ganz neu, nach ihren Vorstellungen, beginnen zu können. Zu diesem Zweck bauen sie in ihren Dachgärten Pflanzen und Blumen nach streng ökologischen Vorgaben an und verkaufen ihre Produkte auf Bauernmärkten.

Auch die Gardeners sammeln und archivieren nicht-genmanipuliertes Saatgut in einer Welt, in der ethische Bedenken in der Gentechnologie keine Rolle mehr spielen. Sie glauben, dass die biotechnischen Neuschöpfungen den Untergang herbeiführen werden, dass die wasserlose Flut die neu geschaffene Welt auslöschen wird und dass sie selbst nach der Flut mit ihren archivierten Bioschätzen an eine vorsintflutliche Welt anknüpfen können, um noch einmal von vorn zu beginnen. Um die

Flut zu überleben, lagern sie neben Saatgut auch Nahrungsmittel, getrocknet und in Dosen, in geheimen Depots, die sie nach biblischem Vorbild als Ararats bezeichnen. Ihre Speicher sind allerdings nicht nur materieller Art, vielmehr fungieren die Gardeners selbst als Speicher, indem sie Wissen über die einzelnen nicht-genmanipulierten Spezies bewahren: „they themselves would be their own Arks, stored with their own collections of inner animals, or at least the names of those animals. Thus they would survive to replenish the Earth" (Atwood 2010, S. 56). Die Funktion dieser Ararats liegt folglich in der Bewahrung einer materiellen Schöpfung, die die ‚Gott gegebenen' Grenzen zwischen den Spezies nicht überschreitet. Ihre Funktion liegt auch im Speichern von nicht-materiellem Wissen, etwa in Form der Erinnerung an einen reichen Schatz an Flora und Fauna und ein praktikables Leben in biologischer Vielfalt. Das gelagerte Gut ist somit „storied matter", das die evolutionäre Entwicklung von Pflanzen *und* ihrer Kultivierung beinhaltet, was zukünftige Generationen, so hoffen die Gardeners, zu lesen verstehen.

Doch was bedeutet es, wenn im Roman die Gärtner ihr Ziel nicht erreichen, wenn ihre Ararats geplündert und die meisten von ihnen umgebracht werden? Wenn sie sich selbst spalten in eine gewaltbereite und eine friedliebende Gruppe? Mehrere Gründe sprechen für ihr Scheitern: Zum einen waren sie ganz banal der Sündenbock für radikalere Umweltschützer und mussten ihren Kopf für diese herhalten. Auf einer anderen Ebene des Romans aber signalisiert ihr Scheitern auch die Unhaltbarkeit ihrer überholten Vorstellungen von puritanischem Fanatismus; unhaltbar ist auch ihre Ablehnung individueller Freiheit; kritisch zu betrachten sind ferner ihre Widersprüchlichkeiten, etwa dass sie überzeugt sind von der biologischen Basis menschlichen Verhaltens, gleichzeitig aber auf die Notwendigkeit des Glaubens pochen; oder dass die Erde für sie ein Bild von Gottes Majestät und Schönheit ist, andererseits „a world of useless illusion" (Hoogheem 2012, S. 62). Dass letztendlich diejenigen überleben, die ein gewisses Maß an mentaler und materieller Flexibilität praktizieren, die zum Beispiel die neuen gentechnisch produzierten Tiere für ihre Zwecke nutzen und individuelle Bedürfnisse berücksichtigen, ist ein Hinweis, dass die Zukunft nach Aussage des Romans nicht mit erstarrten Riten und Dogmen gestaltet werden kann, sondern dass sie das nie abschließbare Ergebnis eines dynamischen Entwicklungsprozesses sein wird. Wie die Zukunft letztendlich aussehen wird, lässt Atwood offen. Weder die ruchlosen Gentechniker noch die fanatischen Gottesgärtner mit ihren jeweiligen Vorstellungen von Saatgut- bzw. Genspeichern gehen letztlich als Sieger hervor. Es ist eine sehr gemischte Gruppe von Menschen und menschenähnlichen Wesen, die die wasserlose Flut überlebt. Sie werden in einem neuen Prozess des „co-shaping" oder „co-generating" Natur und Kultur als „natureculture" (Haraway 2003, S. 2) weiterentwickeln.

Die beiden Romane verdeutlichen in ihrer imaginativen Annäherung an die Relevanz von Saatenbanken, dass Saaten eine reiche kulturelle Geschichte enthalten, die auf die intrikate Verbindung von Natur und Kultur verweist. Diese Verbindung ist Teil eines evolutionären Entwicklungsprozesses, der in den Saatenbanken zwar eingefroren werden kann, der aber auch, in einem alternativen Modell, durch ‚dissemination' aktiv vorangetrieben wird. Alle Betreiber von Saatenbanken scheinen zu wissen, dass genmodifizierte Saaten die Zukunft der Menschheit gefährden können und dass ein nicht-modifizierter Genpool überleben muss. Von zentraler Bedeutung ist letztlich, wer die Kontrolle über die Saatenbanken ausübt, diejenigen, die auf ökonomische und politische Dominanz abzielen oder die, die demokratische Ziele verfolgen. Was zählt, so das Fazit nach der Lektüre der beiden Romane, ist das Bewusstsein von der komplexen Verwobenheit von Kultur und Natur und eine daraus gewonnene Verantwortung für unseren menschlichen Anteil am Prozess des „co-shaping".

## Literatur


Atwood, Margaret. 2004. *Oryx and Crake*. London: Virago.

Atwood, Margaret. 2010. *The Year of the Flood.* London: Virago.

Baron, Ulrich. 2018. Samenbank im ewigen Eis nimmt ihre Arbeit auf. https://www.welt.de/wissenschaft/article1709403/Samenbank-im-ewigen-Eis-nimmt-ihre-Arbeit-auf.html. Zugegriffen: 21. Jan. 2019.

Bergthaller, Hannes. 2010. Housebreaking the Human Animal: Humanism and the Problem of Sustainability in Margaret Atwood's *Oryx and Crake* and *The Year of the Flood. English Studies* 91 (7): 728–743.

Carolan, Michael S. 2007. Saving Seeds, Saving Culture: A Case Study of a Heritage Seed Bank. *Society and Natural Resources* 20: 739–750.

Devall, B., und G. Sessions. 1985. *Deep Ecology: Living As If Nature Mattered.* Salt Lake City: Peregrine Smith Books.

Engdahl, F. William. 2007. Der ‚Tresor des jüngsten Gerichts' in der Arktis: Gates, Rockefeller und die GMO-Giganten wissen mehr als wir. http://www.engdahl.oilgeopolitics.net/Auf_Deutsch/Saatgutbank_des_Bill_Gates_in_/saatgutbank_des_bill_gates_in_.HTM. Zugegriffen: 21. Januar 2019.

gbsdd.de. o. J. Genmanipulierte Tomaten – ungeahnte Veränderungen bei bekanntem Gemüse. http://www.gbsdd.de/genmanipulierte-tomaten.html. Zugegriffen: 29. Jan. 2019.

Haraway, Donna. 2003. *The Companion Species Manifesto.* Chicago: Prickly Paradigm Press.

Heise, Ursula. 2010. Postcolonial Ecocriticism and the Question of Literature. In *Postcolonial Green. Environmental Politics & World Narratives*, Hrsg. B. Roos und A. Hunt, 251–258. Charlottesville und London: University of Virginia Press.

Hoogheem, Andrew. 2012. Secular Apocalypses: Darwinian Criticism and Atwoodian Floods. *Mosaic* 45 (2): 55–71.

Iovino, Serenella. 2012. Material Ecocriticism: Matter, Text, and Posthuman Ethics. In *Literature, Ecology, Ethics. Recent Trends in Ecocriticism*, Hrsg. T. Müller und M. Sauter, 51–68. Heidelberg: Winter.

Iovino, Serenella. 2014. Bodies of Naples: Stories, Matter, and the Landscapes of Porosity. In *Material Ecocriticism*, Hrsg. S. Iovino und S. Oppermann, 97–113. Bloomington: Indiana University Press.

Iovino, Serenella. 2016. From Thomas Mann to Porto Marghera: Material Ecocriticism, Literary Interpretation, and Death in Venice. In *Handbook of Ecocriticism and Cultural Ecology*, Hrsg. Hubert Zapf, 349–367. Berlin und Boston: de Gruyter.

Johnson, Nathanael. 2014. Why Vanadana Shiva is so right and yet so wrong. Grist. https://grist.org/food/vandana-shiva-so-right-and-yet-so-wrong/. Zugegriffen: 29. Jan. 2019.

LOHASBLOG. 2008. Weltsamenbank Spitzbergen: Tresor der größten Chemieriesen der Welt und neuer Machtbeweis von US Großbanken? http://www.lohas-blog.de/2008/02/26/weltsamenbank-spitzbergen-sind-wir-dem-tode-naher-als-wir-glauben/ Zugegriffen: 21. Jan. 2019.

Man, Christian R. 2017. Catherine Phillips: Saving more than seeds: practices and politics of seed saving. *Agric Hum Values* 34: 507–508.

Mancuso, Stefano. 2018. Der IQ der Sonnenblume: Sind Pflanzen intelligent? *Zeitmagazin* 13: 19–25.

Marek, Michael. 2016. Das Saatgut-Backup im arktischen Eismeer. https://derstandard.at/2000030254266/Das-Saatgut-Backup-im-arktischen-Eismeer. Zugegriffen: 21. Jan. 2019.

Naess, Arne. 1972. The Shallow and the Deep, Long-Range Ecology Movement. A Summary. *Inquiry* 16: 95–100.

Ozeki, Ruth. 2004. *All Over Creation*. London: Penguin Books.

Petersen, Britta. 2008. Hüterin des Saatguts: Vandana Shivas friedlicher Feldzug für eine ökologische Landwirtschaft. *Internationale Politik* 11: 44–47. https://zeitschrift-ip.dgap.org/de/ip-die-zeitschrift/archiv/jahrgang-2008/november/hüterin-des-saatguts. Zugegriffen: 21. Jan. 2019.

Phillips, Catherine. 2013. *Saving more than Seeds. Practices and Politics of Seed Saving*. London: Routledge.

Pollan, Michael. 2001. *The Botany of Desire: A Plant's Eye View of the World*. New York: Random House.

Potts, Robert. 2003. Light in the wilderness. *The Guardian,* 26. April. https://www.theguardian.com/books/2003/apr/26/fiction.margaretatwood. Zugegriffen: 6. März 2019.

Royan, Anahita. 2015. Radical Acts of Cultivation: Ecological Utopianism and Genetically Modified Organisms in Ruth Ozeki's *All Over Creation*. *Utopian Studies* 26 (1): 143–159.

Ryan, Charles. 2012. Passive flora? reconsidering nature's agency through human-plant studies. *Societies* 2 (3): 101–121. https://www.researchgate.net/publication/276042942_Passive_Flora_Reconsidering_Nature's_Agency_through_Human-Plant_Studies_HPS/download. Zugegriffen: 21. Jan. 2019.

Stein, Rachel. 2010. Imperiled Biological and Social Diversity in Ruth Ozeki's *All Over Creation*. In *Postcolonial Green. Environmental Politics & World Narratives*, Hrsg. B. Roos und A. Hunt, 177–193. Charlottesville und London: University of Virginia Press.

Svalbard Global Seed Vault. 2019. Wikipedia. https://de.wikipedia.org/wiki/Svalbard_Global_Seed_Vault. Zugegriffen: 21. Jan. 2019.

Van Dooren, Thom. 2012. Wild Seed, Domesticated Seed: Companion species and the emergence of agriculture. *PAN. Philosophy, Activism, Nature* 9: 22–28.

Wallace, Molly. 2011. Discomfort Food: Analogy, Biotechnology, and Risk in Ruth Ozeki's *All Over Creation. Arizona Quarterly* 67 (4): 155–181.

Weitin, T., und B. Wolf. 2012. Einleitung: Gewalt der Archive: Studien zur Kulturgeschichte der Wissensspeicherung. In *Gewalt der Archive. Studien zur Kulturgeschichte der Wissensspeicherung*, Hrsg. T. Weitin und B. Wolf, 9–19. Konstanz: Konstanz University Press.

**Christa Grewe-Volpp** ist apl. Professorin für amerikanische Literatur und Kultur an der Universität Mannheim. Ihre Forschungsschwerpunkte sind Ökokritik und Ökofeminismus, Petrofiction und New Materialism. Publikationen u. a.: *„Natural Spaces Mapped by Human Minds". Ökokritische und ökofeministische Analysen zeitgenössischer amerikanischer Romane* (2004); „Ökofeminismus und Material Turn" (2015), „Oil as Matter, Oil as Discourse: Tom McCarthy's *Satin Island*" (2019).

# Kafkas Verwandlungen

## Praktiken intertextuellen Recyclings bei Achmat Dangor, Rawi Hage und Igoni Barrett

Carmen Concilio

Dieser Beitrag ist als Antwort auf jene Fragen gedacht, die das Konzept dieses Sammelbandes aufwirft. Der Titel „Narrative der Deponie" bezieht sich auf die Materialität weggeworfener Dinge: wie sie gesammelt und verwendet, wiederverwendet und entsorgt werden. Im Folgenden lasse ich die materielle Dimension etwas beiseite (vgl. aber Concilio 2015), um mich auf solche Narrative zu konzentrieren, in denen ein Individuum mit Abfall gleichgesetzt wird. Kafka eignet sich wie vielleicht kein zweiter Autor,[1] diese biopolitische und nekropolitische Darstellungsform zu diskutieren (vgl. Mbembe 2003). Daneben möchte dieser Beitrag exemplarisch zeigen und untersuchen, wie Kafkas Texte einen Prozess der Re-Naturalisierung, Wiedereinbürgerung und Re-Generation durchlaufen: einen Prozess des intertextuellen Recyclings, ja der Wiedergeburt in anderen Kulturen, Sprachen, Literaturen und Nationalitäten, insbesondere im Bereich der englischsprachigen postkolonialen Literatur.

Kafkas *Die Verwandlung* (1915) ist in diesem Zusammenhang der am häufigsten genannte Text und er dient auch diesem Beitrag als Fallstudie. Die Erzählung führt bekanntlich ein neues Mythologem in das ein, was man als Kafkas idiosynkratische Gründung der modernen Mythologie bezeichnen kann:[2]

[1]Aus Gründen der besseren Lesbarkeit wird hier und im Folgenden nicht immer sowohl die männliche als auch die weibliche Form genannt, wo diese auch gemeint ist (Anmerkung des Übersetzers, D.-C.A.).

[2]„Kafka is to modernity what classical myth was to traditional society" (Bensmaïa 1986, S. xi).

C. Concilio (✉)
Università di Torino, Torino, Italien
E-Mail: carmen.concilio@unito.it

 
D.-C. Assmann (Hrsg.), *Narrative der Deponie,* Kulturelle Figurationen: Artefakte, Praktiken, Fiktionen, https://doi.org/10.1007/978-3-658-27880-9_11

das Insekt (das ‚Ungeziefer', den ‚Mistkäfer').[3] Das Insekt wird zum „index to the significance straddling two texts" (Riffaterre 1980, S. 638).

Es ist daher kein Zufall, wenn der britische Postkolonialwissenschaftler Paul Gilroy behauptet, dass einige der interessantesten Antworten auf Debatten über Rassismus, Sklaverei und Migration in den Diskussionen über Kafkas Werk zu finden sind. „[M]ore than any other writer, [Kafka; C.C.] placed the human, the infrahuman, and the animal in disturbing relation in order to establish a variety of modernism ‚far away from the continent of Man' (Benjamin 1973, S. 122)" (Gilroy 2014, S. 37). Darüber hinaus schreibt Noam Pines in der Einführung zu seinem Essay *The Infrahuman. Animality in Modern Jewish Literature*: „Instead of depicting a struggle to emancipation, the literature of the infrahuman […] instead of the prospect of integration, acculturation, or assimilation, […] offers an experience of abandonment and degradation" (2018, S. xxix).

Doch nicht erst der Umstand, dass dem Insekt der Status eines ‚absolut Anderen' – der Diskriminierung und Segregation, des Verlassens und der Erniedrigung – zukommt, hat postkolonialen Ansätzen die Tür zu Kafkas Texten und ihren Figuren geöffnet. Bereits Deleuzes und Guattaris Verständnis von Kafka als Vertreter einer ‚kleinen Literatur' ist in diesem Zusammenhang zu nennen. Die beiden definieren bekanntlich: „A minor literature doesn't come from a minor language; it is rather that which a minority constructs within a major language. The first characteristic of a minor literature is that in it the language is affected with a high coefficient of deterritorialization" (1986, S. 16). Zudem weisen Deleuze und Guattari darauf hin, dass die Verwendung der deutschen Sprache durch den tschechischen Juden Kafka mit dem Gebrauch der englischen Sprache durch afroamerikanische Schriftsteller in den Vereinigten Staaten vergleichbar ist (vgl. Deleuze und Guattari 1986, S. 17). Die Parallele zwischen Minderheiten oder Gemeinschaften, die unter Formen rassischer und kultureller Diskriminierung und politischer Verfolgung leiden, wird durch diese Beobachtung noch verstärkt.[4]

[3] „He wakes up to find that he's become a near-human-sized beetle (probably of the scarab family, if his household's charwoman is to be believed)" (Cronenberg 2014, S. 9).

[4] „This book represents a watershed and is invaluable for the modern reader of Kafka" (Bensmaïa 1986, S. xiii). „By proposing the concept of ‚minor literature' – a concept that opens so many new avenues of research in Europe and the United States – Deleuze and Guattari give the modern reader a means by which to enter into Kafka's work without being weighed down by the old categories of genres, types, modes, and style" (Bensmaïa 1986, S. xv).

Diese Rezeption und Einordnung von Kafkas Werk erklären nicht nur dessen große Bedeutung sowohl für postkoloniale Studien als auch für den literarischen Diskurs selbst. Sie sind Autorinnen und Autoren der Gegenwart auch Anlass, sich mit intertextuellen Verweisen, Andeutungen und Anleihen, ja sogar parodistischen Querverweisen immer wieder auf Kafkas Urtext zu beziehen. Dieses Zitationsgeflecht lässt sich ohne Frage mithilfe der etablierten theoretischen Ansätze zur Intertextualität untersuchen, wie sie unter anderen mit den Namen Julia Kristeva, Michael Riffaterre, Gerard Genette oder Linda Hutcheon verbunden sind. Und doch möchte ich im Folgenden Kafkas *Verwandlung* als ein narratives Material behandeln, das einst in das kollektive europäische literarische Bewusstsein geworfen wurde und nun in Übersee wiedergeboren, ja recycelt wird. Wie Mülldeponien, die durch Re-Naturierung wieder in grüne Bereiche verwandelt werden, betrachte ich Kafkas Texte so, als würden sie recycelt und in anderen Ländern wieder eingebürgert werden, um dort neue Formen von Staatsbürgerschaft zu realisieren.[5]

## 1 Kafkas Urtext: *Die Verwandlung*

Gregor Samsa ist ein Mann, der sich in ein schreckliches Insekt verwandelt. In einer ersten Phase verliert er zwar nicht sein menschliches Denken und sein Naturell. In einer zweiten Phase ändert sich jedoch selbst seine Stimme in die eines Tieres, genauso wie seine bevorzugte Nahrung und seine Gewohnheiten. Als seine Familie die Hoffnung auf Normalität aufgibt, versucht sie, alle Möbelstücke aus seinem Zimmer zu entfernen. Als sie alle seine tierischen oder nicht-menschlichen Eigenschaften akzeptiert zu haben scheinen, verwandelt sich Gregor in einer dritten Phase vom Tier in Müll. Denn auch sein Zimmer ist zu einem Abladeplatz für weggeworfene und unerwünschte Gegenstände geworden. Paradoxerweise ist es die Hausdienerin und Putzfrau, die immer wieder schmutzige Dinge in Gregors Zimmer kippt. Als sie ihn schließlich wegfegen will, verhält sie sich eher wie eine Bestatterin denn als jemand, die reinigt:

> Man hatte sich angewöhnt, Dinge, die man anderswo nicht unterbringen konnte, in dieses Zimmer hineinzustellen, und solcher Dinge gab es nun viele […].
>
> Aus diesem Grunde waren viele Dinge überflüssig geworden, die zwar nicht verkäuflich waren, die man aber auch nicht wegwerfen wollte. Alle diese wanderten in

[5] Siehe dazu auch den Beitrag von Silvia Ulrich in diesem Band.

> Gregors Zimmer. Ebenso auch die Aschenkiste und die Abfallkiste aus der Küche. Was nur im Augenblick unbrauchbar war, schleuderte die Bedienerin, […] einfach in Gregors Zimmer. (Kafka 1994, S. 180–181)

Das Detail der „Abfallkiste" in der Küche wurde in einem der im Folgenden etwas genauer untersuchten Texte fast wörtlich zitiert und umgeschrieben. In Rawi Hages Roman *Cockroach* (2008) heißt es:

> The smell of food from the kitchen brought me back to the land of forests and snow. And then all I wished was to crawl under the swinging door and hide under the stove, licking the mildew, the dripping juice from the roast lamb, even the hardened yogurt drops on the side of the garbage bin. With my pointy teeth, I thought, I could scrape the white drips all the way under the floor. (Hage 2008, S. 67)

Bei „kitchen" und „garbage bin" handelt es sich um exakte lexikalische und semantische Anleihen, doch mehr noch: Gegen Ende der zitierten Passage sind in Kafkas Urtext auch die in Hages Roman genannten Zähne vorhanden, nämlich an der Stelle, an der Gregor es bereut, keine richtigen Zähne zu haben:[6] „Als ob damit Gregor gezeigt werden sollte, daß man Zähne brauche, um zu essen, und daß man auch mit den schönsten zahnlosen Kiefern nichts ausrichten könne" (Kafka 1994, S. 183). Hages *Cockroach* stellt sich mithin in ein ‚vertikales', agonisches Verhältnis von „recurrence" und „sameness" zu Kafkas Urtext, den er, wenn überhaupt, als seinen mehrdeutigen Ursprung entwirft.[7] Er erzeugt jedoch auch einen ‚lateralen' Intertext, denn er ‚ergänzt' Kafkas Text, ja ‚kommentiert' diesen beinahe, indem er der *Verwandlung* neue Bedeutungen verleiht und sich nicht auf Nachahmung, Anspielung oder wörtliche Zitate beschränkt (vgl. Riffaterre 1980, S. 627).

Unter den Rezensenten von Rawi Hages Roman gibt es diejenigen, die meinen, dass ein Vergleich mit Kafka bedeutet, Hages Leistung abzuwerten und zu schmälern:

[6]Deuleuze und Guattari kommentieren: „To speak, and above all to write, is too fast. Kafka manifests a permanent obsession with food, and with that form of food *par excellence,* in other words, the animal or meat – an obsession with the mouth and with teeth and with large, unhealthy, or gold-capped teeth" (1986, S. 20).

[7]Der Autor lehnt den Vergleich mit Kafka irritiert ab: „‚It's not about Kafka', he insisted grumbling about the journalists who've already brought up the most obvious literary reference" (Donnelly 2008).

> I don't mean to suggest that everyone who has responded to Hage's work has done so insincerely. But when I see it being compared to Dostoyevsky, Kafka, Genet, Rimbaud and Burroughs – I can't imagine that anyone with a mind believes that. In making such overblown comparisons, these "admiring" critics have respected Rawi Hage far less than I have. (Gaitskill 2009)

> Kafka obviously comes to mind here, but the handling of the idea, often dazzling in its own way, is notably un-Kafkaesque. Where Kafka writes Gregor Samsa's metamorphosis as a passion play of Christ-like suffering and forbearance, Hage works the subject for something much more caustic and defiant. (Lasdun 2009)

Ich denke, dass diese Einschätzungen fehlgehen. Hages Text in eine Beziehung zu Kafkas *Verwandlung* zu stellen, bedeutet nur, eine Bedeutungsschicht – von vielen – aus seinem Text herauszuarbeiten – und das ist eine Praxis, die nur literarische Texte zulassen. Darüber hinaus sind im Falle postkolonialer Umschreibungen „‚writing back', ‚counter discourse', ‚oppositional literature', ‚con-texts', a strategy for contesting the authority of the canon of English literature" (Thieme 2001, S. 1). Gleichwohl betont Helen Tiffin, „that such texts do not simply ‚write back' to an English canonical text, but to the whole of the discursive field within which such a text operated and continue to operate in postcolonial worlds" (1987, S. 23).

In Kafkas Text wird Gregor allmählich so unordentlich und schmutzig wie sein eigenes Zimmer: „war auch er ganz staubbedeckt; Fäden, Haare, Speiseüberreste schleppte er auf seinem Rücken und an den Seiten mit sich herum" (Kafka 1994, S. 184). Der letzte und unvermeidliche Schritt dieser Verwandlung ist der Tod.[8] Was das Schicksal von Gregor ebenso wie das Schicksal von Kafkas *Hungerkünstler* (und von Kafka selbst) kennzeichnet, ist also die Gleichsetzung von Mensch – oder Körper – und Müll. Diese Lesart bietet beispielsweise der bekannte britisch-pakistanische Schriftsteller Hanif Kureishi an. Kureishi schreibt:

> In ‚Metamorphosis', [...] Gregor Samsa, wakes up one morning to find he has become transformed [...] into an insect, a bug, or a large dung beetle, depending on the translation. And in ‚A Hunger Artist' the protagonist, a determined selffamisher, exhibits himself publicly in a cage, where, eventually, he starves himself to death as a form of public entertainment. Like Gregor Samsa in ‚Metamorphosis', at the conclusion of the story he is swept away, having also become ‚nothing', a pile of rubbish or human excrement that everyone has become tired of. (Kureishi 2015, S. 6)

---

[8] „Gregor's metamorphosis was the story of a re-Oedipalization that leads him into death, that turns his becoming-animal into a becoming-dead. [...] all the animals oscillate between a schizo Eros and an Oedipal Thanatos" (Deleuze und Guattari 1986, S. 36).

Demgegenüber erinnert uns der Regisseur David Cronenberg:

> Is Gregor's transformation a death sentence or, in some way, a fatal diagnosis? Why does the beetle Gregor not survive? Is it his human brain, depressed and sad and melancholy, that betrays the insect's basic sturdiness? Is it the brain that defeats the bug's urge to survive, even to eat? What's wrong with the beetle? […] Well, we learn that Gregor has bad lungs – they are „none too reliable" – and so the Gregor beetle has bad lungs as well, or at least the insect equivalent, and perhaps that really is his fatal diagnosis; or perhaps it's his growing inability to eat that kills him, as it did Kafka, who ultimately coughed up blood and died of starvation caused by laryngeal tuberculosis at the age of forty. (Cronenberg 2014, S. 11–12)

Vor diesem Hintergrund sehe ich mich mit einer letzten Überlegung dazu gezwungen zu behaupten, dass es sehr schwierig ist, zwischen der Figur Gregor Samsa und dem Schreiber Franz Kafka überhaupt unterscheiden zu können. Unterstützt wird diese Lesart durch Giuliano Baioni. Dieser argumentiert, dass durch eine kabbalistische Verschiebung die Anzahl der Buchstaben, aus denen die beiden Eigennamen ‚Samsa' und ‚Kafka' bestehen, gleich ist, wobei der Vokal ‚a' des Nachnamens in derselben Position vorkommt und der Konsonant ‚s' das ‚k' perfekt ersetzt (vgl. Baioni 1962, S. 85). Diese Beobachtung erlaubt es mir, im Folgenden von einem möglichen ‚Recycling' Kafkas zu sprechen, anstatt bloß von einem ‚Recycling' Gregor Samsas.[9]

Ein letztes Beispiel dafür, wie Kafkas Text buchstäblich in einen expliziten Intertext übersetzt und gleichzeitig recycelt und transformiert wird, liefert noch einmal Rawi Hages Roman: Diesmal betrifft es das Porträt von Gruppen nervöser, frustrierter Männer, die rauchen und sich auf diese Weise in tierartige Kreaturen verwandeln, fast wie Drachen, die Rauchwolken in die Luft stoßen:

> Fresh immigrants [with; C.C.] tobacco-stained fingers summoning the waiters, their matches, like Indian signals, ablaze under hairy noses, and their stupefied faces exhaling cigarette fumes with the intensity of Spanish bulls on a last charge towards a dancing red cloth. (Hage 2008, S. 7)

> Besonders die Art, wie sie alle aus Nase und Mund den Rauch ihrer Zigarren in die Höhe bliesen, ließ auf große Nervosität schließen. (Kafka 1994, S. 185)

[9]Ich bin dankbar für die Diskussion im Anschluss an meinen Vortrag während der Tagung „Narrative der Deponie", auf dem dieser Beitrag basiert, da ich damit mein Argument klarer habe formulieren können.

## 2 Kafka/Samsa wieder einbürgern

Benjamin showed that Kafka could well have adopted Montaigne's phrase: „Mon livre et moi ne faisons qu'un."
(Bensmaïa 1986, S. xii)

Körper weggeworfen wie Müll – unerwünscht, zurückgewiesen, verachtet: So zeichnet Kafka seine Figuren, mit „superfluity" und „expendability" (Mbembe 2008, S. 38). Es liegt daher auf der Hand, warum Kafka postkoloniale Schriftsteller anspricht. So ist es kein Zufall, dass der südafrikanische Schriftsteller Achmat Dangor, der indisch-muslimische Wurzeln hat, eine vom ‚Kafka-Fluch' betroffene Figur nicht nur ins Zentrum seines Romans stellt, sondern das Syndrom auch zu dessen Titel macht: *Kafka's Curse* (1997).[10] Auch im Roman *Cockroach* (2008) des libanesisch-kanadischen Schriftstellers Rawi Hage wird Kafka mit einem Migranten und Außenseiter aus dem Nahen Osten in Montreal wieder zum Leben erweckt und eingebürgert. Zu guter Letzt hat der nigerianische Schriftsteller Igoni Barrett in seinem Roman *Blackass* (2015) eine metamorphe Figur geschaffen, die ‚weiß spielt'. Das Motto des Romans ist Kafkas *Die Verwandlung* entnommen: „‚And now?' Gregor asked himself, looking around in the darkness."

Bevor ich diese drei anglophonen Texte analysiere, möchte ich jedoch noch ein weiteres theoretisches Konzept vorstellen, das sich ebenso mit Müll und Abfall befasst: *l'écart*. Das italienische Wort ‚scarto', das den englischen Begriff ‚waste' oder ‚rubbish' und den deutschen Begriff ‚Müll' oder ‚Abfall' übersetzt, hat eine zweite Bedeutung, wenn es als Verb verwendet wird. ‚Scartare' bezeichnet im Italienischen eine plötzliche Projektion nach vorne mit einer seitlichen Bewegung, wie sie für Tiere typisch ist (vgl. Zaccuri 2016, S. 6). Im Englischen kann es mit dem Verb ‚to swerve' übersetzt werden, während es sich im Deutschen als ‚plötzlich ausweichen' übersetzen lässt. Darüber hinaus wird der Begriff gewöhnlich auch in der Rhetorik als ‚bildlicher Ausdruck' zur Bezeichnung dessen verwendet, was divergiert, ausweicht und die ‚normative' oder ‚eigentliche Bedeutung' übernimmt. Dies bedeutet, dass das, was Kafka in seiner narrativen Produktion im Sinne neuer Mythologeme in der Literatur verstreut hat, nun geborgen wird und ausweicht, um immer neuen Zwecken zu dienen. Schließlich schlug der französische Philosoph François Jullien das Konzept von *l'écart* vor, um das Konzept der *difference* zu ersetzen, insbesondere dann,

[10] Bei seiner Veröffentlichung wurde der Roman in Südafrika mit dem *Charles Bosman Award* ausgezeichnet.

wenn dieses auf kulturelle Unterschiede verweist. Ihm zufolge ist *l'écart* der offene Raum zwischen den Kulturen, der durch eine Reflexivität zwischen dem Eigenen und dem Fremden gefüllt werden und eher durch relationale als durch essenzialistische Diskurse überbrückt werden kann:

> l'écart ne porte pas à s'arroger une position de surplomb à partir de laquelle il y aurait à ranger des différences. Mais, par la distance ouverte, il permet un dévisagement réciproque de l'un par l'autre: où l'un se découvre lui-même en regard de l'autre, à partir de l'autre. (Jullien 2012, S. 7)

Mit dieser Definition von *l'écart* im Hinterkopf möchte ich nun auf die drei genannten literarischen Texte eingehen. Diese beschäftigen sich mit Kafkas Alterität in einem transformativen Dialog, in dem der Autor Kafka, seine Texte und seine fiktiven Figuren in anderen Kontinenten wieder eingebürgert werden. Sie werden in fremden Literaturen, Sprachen und literarischen *personae* sowohl deterritorialisiert als auch reterritorialisiert. Insbesondere die Erlangung der südafrikanischen, kanadischen und nigerianischen Staatsbürgerschaft spielt hierbei eine wichtige Rolle:

> Stories of magical transformation […] prompt us to wonder if transformation into another living creature would be a proof of the possibility of reincarnation and some sort of afterlife and is thus, however hideous or disastrous the narrative, a religious and hopeful concept. (Cronenberg 2014, S. 15)

Während Cronenberg von „reincarnation" spricht, würde ich sagen, dass die neue Staatsbürgerschaft von Kafka bzw. Samsa auch eine Verwandlung ist, eine Wiedergeburt wie die des mythischen Phönix aus seiner eigenen Asche.

Eines der Paradigmen, die Deleuze und Guattari in Kafkas Erzählungen herausgearbeitet haben, ist das *geopolitische Dreieck*: Deutsche, Tschechen, Juden. Dieses Dreieck entspricht dem Dreieck von Kafkas sprachlichen Entscheidungen: Deutsch, Tschechisch, Jiddisch und Hebräisch.[11] Diese sprachlich-kulturelle Vielfalt hängt mit dem Umstand zusammen, dass Kafka ein Vertreter der deutschsprachigen Minderheit der tschechischen Juden in Prag und

[11] „Kafka's situation is analogous to that of Indian writers who must choose between their regional, Indian tongues, and a pan-Indian, bureaucratic English, or African writers who must decide whether to communicate widely through the colonizer's tongue or reach a more limited audience to a specific tribal language. And Kafka's deterritoralization of German represents a particular strategy for dealing with this widespread postcolonial linguistic dilemma" (Bogue 1997, S. 105).

**Tab. 1** Das geopolitische Dreieck. (Quelle: eigene Darstellung)

| KAFKA | Gregor Samsa | Deutsch, Tschechisch, Jiddisch |
|---|---|---|
| Tschechoslowakei, Prag | Identität | Weißer Jude >>> Schwarzes Insekt |
| DANGOR | Omar/Oscar | Afrikaans, Jiddish, Englisch |
| Südafrika, Johannesburg | Identität | Orientalischer schwarzer Moslem >>> Weißer (europäischer) Jude |
| HAGE | Namenlos | Libanesisch, Englisch/Französisch, ~~Farsi~~ |
| Kanada, Quebec, Montreal | Identität | Arabischer Migrant >>> im weißen Montreal |
| BARRETT | Furo Wariboko/Franc Whyte | Yoruba, Englisch, ~~Igbo, Kalabari,~~ |
| Nigeria, Lagos | Identität | Schwarzer Nigerianer >>> Weißer Nigerianer |

sein Vater ein orientalischer Jude vom Land war, der seine Wurzeln abschnitt, um sich der westlich-urbanen Kultur zu assimilieren. In den hier analysierten postkolonialen Texten finden wir ähnliche Dreiecke (vgl. Tab. 1).

Alle kafkaesken Figuren der drei Texte sprechen mehr als eine Sprache. Manchmal sprechen sie keine der Minderheitensprachen des jeweiligen Landes. Die Sprache, die sie sprechen, macht sie in ihrer Verwandlung mehr oder weniger authentisch und bestimmt ihre Loyalität gegenüber einer spezifischen ‚Souveränität'.

Ein anderes von Deleuze und Guattari eingeführtes Paradigma ist das *becoming-infra-human* oder *becoming-animal.* Dabei handelt es sich um eine Fluchtlinie, die eine Alternative dazu bietet, gehorsam, mit abgesenktem Kopf, zu leben, mithin ein Bürokrat, ein Inspektor, ein Richter oder ein Täter zu bleiben. *Becoming-animal* ist in diesem Sinne eine absolute Deterritorialisierung (vgl. Deleuze und Guattari 1986, S. 12). In den drei anglophonen Romanen verwandeln sich die Figuren jeweils in ein anderes ethnisches/rassisches, religiöses und/oder sprachliches Subjekt. Dieses *becoming-other* – auch wenn auf dieses als ein *becoming-cockroach* nur angespielt wird – impliziert eine reale Deterritorialisierung. Denn die drei Protagonisten werden tatsächlich vertrieben und aus dem Familienkreis, dem Haus, der Stadt, dem Land ins Exil vertrieben (vgl. Tab. 2).

**Tab. 2** Becoming-other. (Quelle: eigene Darstellung)

| | |
|---|---|
| KAFKA | Als Gregor Samsa eines Morgens aus unruhigen Träumen erwachte, fand er sich in seinem Bett zu einem ungeheueren Ungeziefer verwandelt. Er lag auf seinem panzerartig harten Rücken und sah, wenn er den Kopf ein wenig hob, seinen gewölbten, braunen, von bogenförmigen Versteifungen geteilten Bauch, auf dessen Höhe sich die Bettdecke, zum gänzlichen Niedergleiten bereit, kaum noch erhalten konnte. Seine vielen, im Vergleich zu seinem sonstigen Umfang kläglich dünnen Beine flimmerten ihm hilflos vor den Augen. (1994, S. 115) |
| DANGOR | Yes, I took advantage of my fair skin. Like those Jews with blond hair and straight noses who discarded their Jewishness because it was wartime and they were being persecuted. It was a matter of life and death. […] I changed from Omar Kahn to Oscar Kahn, fair-skinned and curly-haired. (2000, S. 33)<br>Omar-turned-Oscar left the townships and moved to the suburbs, […] I was somewhere in between Omar and Oscar, in substance neither one being nor the other. (2000, S. 34) He was a mixture, Javanese and Dutch and Indian and God knows what else (2000, S. 15). |
| HAGE | I lay in bed and let the smoke enter me undiluted. I let it grow me wings and many legs. Soon I stood barefoot, looking for my six pairs of slippers. I looked in the mirror, and I searched again for my slippers. In the mirror I saw my face, my long jaw, my whiskers slicing through the smoke around me. I saw many naked feet moving. (2008, S. 19) |
| BARRETT | Furo Wariboko awoke this morning to find that dreams can lose their way and turn up on the wrong side of sleep. He was lying nude in bed, and when he raised his head a fraction he could see his alabaster belly, and his pale legs beyond, […] He stared at his hands, the pink life lines in his palms, the shell-fish coloured cuticles, the network of blue veins […] His hands were not black but white… same as his legs, his belly, all of him. (2015, S. 3) |

Alle drei Texte enthalten mehr oder weniger wörtlich die entscheidende Szene der Verwandlung. Aber das Wichtige ist hier die Hautfarbe. Zwei Figuren – der südafrikanische Omar und der nigerianische Furo – ‚spielen weiß', das heißt sie gehen für Weiße durch und entkommen daher der Diskriminierung, unter der schwarze Menschen leiden. Im Unterschied dazu ist Hages Figur ein Mann aus dem Nahen Osten in Kanada, wo er sich mit den anderen Migranten, Exilanten und Geflüchteten identifiziert, die jenseits der weißen Mehrheit der Kanadier leben. Dangor hat sich für ein ironisches Verfahren entschieden, um Oskars Wahl, Jude zu werden und sich den Weißen in Südafrika anzugleichen, zu beschreiben: Südafrika, wo Schwarze und Asiaten unter Apartheid diskriminiert wurden. Tatsächlich durchlaufen sowohl

Oscar als auch Furo eine doppelte Verwandlung.[12] Nachdem er seinen Namen geändert hat und ein Jude geworden ist, stirbt Oscar und verwandelt sich in einen Baum, entscheidet sich also, zur Pflanze zu werden (*becoming-vegetal*). Nachdem Furo einen Pass mit einem neuen Bild als weißer Mann erhalten hat, möchte er jedoch einen zweiten erhalten, in dem er auch einen neuen Vor- und Nachnamen hat: Er möchte als erfolgreicher Geschäftsmann, als Franc Whyte, auftreten.

Oscar lehnt seine muslimische Familie, seine Religion und seinen Namen ab, zieht aus der Gemeinde in die Vororte und urbanisiert sich. Der namenlose Protagonist in Hages Roman zieht vom Libanon nach Montreal und verlässt seine Familie, sein früheres Leben und seine frühere Sprache.[13] Barretts Protagonist verlässt seine Familie, wechselt seine Identität und zieht in ein anderes Gebiet von Lagos. In geographischen Hinsichten handelt es sich jeweils um vertriebene Menschen; in sozialer Perspektive sind sie alle drei Außenseiter, körperliche und psychische Hybriden. Letztendlich ist das *becoming-animal* von Kafkas Figuren kein Ausweg aus dem Menschsein, sondern ein Weg, um sowohl Mensch als auch Tier zu bleiben (vgl. Deleuze und Guattari 1986, S. 24).

Wenn das *becoming-animal* von den beiden französischen Philosophen als eine Fluchtlinie betrachtet wird, so wird es als Gregors Möglichkeit erkennbar, sich als Mittelklasse-Mann, Sohn und Angestellter den patriarchalen, rechtlichen, wirtschaftlichen und sozialen Gesetzen der Unterdrückung zu entziehen. Sowohl für Oscar als auch für Furo ermöglicht die Verwandlung in Afrika bessere Arbeitsplätze und höhere soziale Mobilität. Allen drei Figuren ermöglicht die Metamorphose das Aufbrechen von Familienbindungen und emotionalen Verpflichtungen und erlaubt ihnen eine vorübergehende Flucht. Im Gegensatz dazu entwickelt sich Hages Figur vom Außenseiter zum Geächteten und schließt sich damit vollständig aus der Gesellschaft aus.

Ein anderes Paradigma, das von Kafkas Nachfahren offensichtlich übernommen wird, ist das des um die Schwester orientierten Ödipus-Komplexes. Deleuze und Guattari sprechen von ‚Exaggerated-Oedipus' (1986, S. 9–15). Die beiden Philosophen verstehen *die Schwestern* als eine Maschine oder Intrige, die der *der Prostituierten* entgegengesetzt ist und in Kafkas Texten ständig präsent ist (vgl. Tab. 3).

[12] „What happens when you update a classic story by a century, shifting continents along the way? Furo Wariboko, the Nigerian everyman at the centre of Igoni Barrett's first novel, *Blackass*, is plunged into such a situation when he awakes, Gregor Samsa–style, to find he has changed dramatically overnight. In Furo's case, he has not transformed into an insect but into a white man" (Carroll 2016).

[13] Rawi Hage behauptet: „*Cockroach* is about displacement. It's also a reflection on people like me. We are not quite immigrants. We are not quite rooted in this culture. That's why this helplessness comes across in the book" (Donnelly 2008).

**Tab. 3** Um die Schwester orientierter Ödipus-Komplex. (Quelle: eigene Darstellung)

| | |
|---|---|
| KAFKA | **Gregors Schwester:** er wollte ihr dann anvertrauen, daß er die feste Absicht gehabt habe, sie auf das Konservatorium zu schicken, und daß er dies, wenn nicht das Unglück dazwischen gekommen wäre, vergangene Weihnachten – Weihnachten war doch wohl schon vorüber? – allen gesagt hätte, ohne sich um irgendwelche Widerreden zu kümmern. Nach dieser Erklärung würde die Schwester in Tränen der Rührung ausbrechen, und Gregor würde sich bis zu ihrer Achsel erheben und ihren Hals küssen, den sie, seitdem sie ins Geschäft ging, frei ohne Band oder Kragen trug. (Kafka 1994, S. 186) |
| DANGOR | **Die Schwester (Anna und Martin):** Anna saw the quick emergence of the ancient photograph behind her eyes […] Martin much younger, Martin monstrous, Martin pained, Martin doubled up with agony, Martin naked, Martin remorseful, Martin bloated and huge, exploding in the air. (2000, S. 21) |
| | **Der Psychiater:** Perhaps it was a mistake to accept you as my therapist. Funny profession, psychotherapy. A kind of prostitution, getting paid to listen. (2000, S. 59)<br>**Die Prostituierte:** The occasional prostitute, the cleanest on offer, I made certain of this, […] I had to reassure many a nervous young woman. (2000, S. 47) |
| HAGE | **Die Schwester:** Come my sister said to me. Let's play. And she lifted her skirt, laid the back of my head between her legs, raised her heels in the air, and swayed her legs over me slowly. Look, open your eyes, she said, and she touched me. This is your face, those are your teeth, and my legs are your long, long whiskers. We laughed, and crawled below the sheets. […] Let's play underground. (2008, S. 6) |
| | **Der Psychiater:** Perhaps it is time to see my therapist again. […] I put my hand on her knee while she was sitting across from me.<br>**Die Geliebte/Prostituierte:** I am in love with Shohreh. But I don't trust my emotions anymore. (2008, S. 3) |
| BARRETT | **Die Schwester:** 09.10 \| Pls help RT. This is my missing bro Furo Wariboko in the pic. He left home Monday morn & no news of him since. pic.twitter.com/0J9xt5WaW. (2015, S. 79) |
| | **Die Geliebte/Prostituierte:** Furo knew the reason Syreeta had picked him up on that second day of his awakening. […] She was tough enough to endure the moral itches and emotional blows of her fancy prostitution, her Tuesdays-only concubinage. (2015, S. 253) |

Gregors Wunsch, den unverhüllten Hals seiner Schwester zu küssen, wird von Deleuze und Guattari als Anti-Ödipus gelesen. Gleichzeitig wird die Intervention des Vaters, der Äpfel auf Gregor wirft und schließlich seinen Tod verursacht, als Re-Ödipalisierung der Familienbeziehungen verstanden.

In allen drei Texten performieren die Protagonisten einen männlichen, wenn nicht machohaften Trieb, der im Gegensatz steht zu ihrer moralischen Schwäche (sie sind Lügner und Betrüger) und zu ihrem immer hungrigen und sehr dürren Dasein (sie haben kein Geld, leben allein und essen kaum). Sie sind sexuell aktiv und zeigen ein gewisses Maß an Frauenfeindlichkeit. In allen Texten ist die Schwester (oder eine Schwester) von Relevanz. In Hages und Barretts Romanen haben die Protagonisten ihre Schwestern sehr lieb. In Hages Text gibt es darüber hinaus sehr eindeutige Untertöne, die auf eine halb unschuldige, halb inzestuöse Verspieltheit zwischen Bruder und Schwester hindeuten. Die Handlung wird jedoch dramatischer, als der Protagonist seinem Therapeuten gesteht, dass er das Leben seiner Schwester nicht vor einem gewalttätigen Ehemann habe retten können: Als er ihm mit einer Pistole in der Hand gegenüberstand, habe er ihn nicht erschießen können. In Montreal hat er zudem eine Geliebte, Shohreh, eine junge persische Frau, die wie er eine Migrantin ist und sich in einer kleinen Gemeinschaft von Männern aus dem Nahen Osten bewegt. Als Shohreh am Ende des Romans sicher ist, ihren ehemaligen Verfolger und Vergewaltiger in Montreal gesehen zu haben, erschießt ihn der Protagonist, rächt sich also für sie und seine eigene Schwester.

In Dangors Roman ist Anna die weiße Frau des Protagonisten. Ihr mysteriöses Leid liegt an dem Umstand, dass sie von ihrem Bruder Martin belästigt wurde. Dieser leidet unter einer Psychose, die sogar seine eigenen Töchter zu Opfern macht. In diesem Fall ist die inzestuöse Beziehung zwischen Bruder und Schwester explizit, bezieht jedoch nicht den Protagonisten selbst mit ein.

In Barretts Text kommt der Schwester demgegenüber eine geliebte Präsenz zu. Sie schaltet sich sofort ein, als ihr Bruder verschwindet, indem sie ein Bild von ihm auf Twitter postet und um Hilfe bittet. Die Twitter-Beiträge im Roman dienen dabei dazu, eine kafkaeske Szene in unserer Gegenwart zu erzeugen. Sie verdeutlichen die Handlungsmacht der Schwester und deren Relevanz in der Erzählung.

Was die Prostituierten angeht, so sind diese manchmal explizit anwesend, manchmal nimmt der Psychotherapeut eine zweideutige, wenn nicht inzestuöse Rolle ein. Letzteres ist insbesondere der Fall bei Hage und Dangor. In Hage und Barrett werden die geliebten Frauen – Shohreh und Syreeta – auf mehrdeutige Weise als potenzielle Prostituierte dargestellt. Gleichzeitig werden sie aber auch von den Protagonisten geschwisterlich geliebt, erhalten diese doch Unterkunft und Schutz (auch Nahrung) von ihnen. Auch das ödipale Dreieck wird in diesen beiden Romanen übernommen: Einige männliche Figuren intervenieren, um die Beziehung zwischen den Protagonisten und ihren Geliebten bzw. Prostituierten zu stoppen oder zu behindern.

Was den Schluss der Romane angeht, übernimmt offensichtlich nur einer Kafkas skatologisches Ende, bei dem die Leiche des Insekts wie Müll beseitigt wird. Der Roman von Dangor kommt Kafkas Text in dieser Hinsicht am nächsten.[14] Von Oscar Kahns Leiche wissen wir, dass „there wasn't much left of the body to bury. It was as if it had crumbled to dust" (Dangor 2000, S. 27). Sein Bruder „Malik gathered the claylike remains of his brother Omar into the stained and yellowed sheet in which Omar had died" (Dangor 2000, S. 63). Er findet nur „ [t]his body, this blerry body, of which there remained only some matter, a powdery matter that crumbled at the lightest touch" (Dangor 2000, S. 65). Und an Stelle des Körpers erscheint jetzt ein Baum; eine Verwandlung ist vollzogen: „In what had once been the main bedroom, a tree had thrust up through the floor. Flowers sprouted in a profusion of colours from the dark, disinterred earth, green moss covered the walls" (Dangor 2000, S. 28).

In diesem Sinne ‚weicht' Dangors halb kafkaeske, halb ovid'sche Erzählung von ihrem Modell unvermittelt ab. Oscars Verwandlung in einen Baum, die der Handlung unweigerlich ein magisch-realistisches Element verleiht, ist dabei auch ein Bezug auf ein orientalisches Märchen, das Omar gewöhnlich erzählte: über den Gärtner Majnoen und die Prinzessin Leila, die sich ineinander verlieben. Aber ihre Liebe ist verboten. Sie beschließen, gemeinsam zu fliehen, aber Leila wird erwischt und Majnoen wartet so lange auf sie, dass er sich in einen Baum des Waldes verwandelt, in dem die beiden sich immer getroffen haben. Ganz ähnlich ist Oscar bettlägerig und wartet auf Anna, die nicht wiederkommen wird. Majnoen ist zudem der Name einer Form des Wahnsinns, eines Syndroms: „An insanity that strikes those who dare to stray from their ‚life's station'" (Dangor 2000, S. 31).

Majnoen ist ein anderer Name für Kafkas Fluch. Nach Oscars Tod sagt sein Psychiater, dass er gelitten hat unter

[14]„In Oscar's shocking metamorphosis there is a nod to Kafka – and also an echo of an old Arabian fairy tale about a poor gardener who fell in love with a princess, and paid for his temerity much as Oscar does. But his symptoms are normal. In South Africa, what was laughably called ‚reality' was always effortlessly stranger than fairy tales. And every bit as odd as Kafka" (Hope 1999).

> anxiety and severe paranoia. Got worse when his wife left him. Thought he was degenerating. Returning to vegetable matter. No, it was not a case of a man thinking he was a carrot. He was wasting away. Refused to eat, or could not eat, though doctors could find nothing physically wrong with him, except for some peculiar problem with his breathing. (Dangor 2000, S. 209)

Sowohl Omars/Oscars Vater als auch sein Großvater hatten Selbstmordgedanken und beide starben unter seltsamen Umständen. Die Polizei befragt jedoch Amina Mandelstam, die Psychiaterin, denn alle männlichen Gestalten, die ihr begegnen, sterben auf rätselhafte Weise.

In Bezug auf Gattungsfragen kann Dangors Roman als eine Neufassung von Kafkas *Die Verwandlung* betrachtet werden: Es handelt sich um eine magisch-realistische Geschichte, einen medizinischen Fall von Alzheimer und Lungenkrankheit (ein Echo von Kafkas/Samsas Lungenschwäche), von Demenz oder schwerer Psychose und um einen Krimi mit einer verführerischen Psychiaterin, die wahrscheinlich eine verdeckte Serienmörderin ist.

In Rawi Hages Fall handelt es sich bei dem Protagonisten um einen potenziellen Selbstmörder, weshalb er in einer psychiatrischen Klinik behandelt wird. Er ist ein verarmter Migrant, ohne Wurzeln, ein Kleinverbrecher, ein Drogensüchtiger und ein Dieb, der in einem persischen Restaurant einen Job als Putzmann findet, aber am Ende einen Mann tötet, der aus der turbulenten Vergangenheit des Nahen Ostens kommt. Es handelt sich um eine Geschichte der Gewalt, der Bürgerkriege und Diktaturen, die die Migranten sogar in ihrem Gastland verfolgt. So wird der Protagonist auf den letzten Seiten des Romans zum Mörder, zum Gesetzlosen. Sein Austritt aus der Szene wird als Rückzug einer Schabe ins Abwasser beschrieben:

> Then I crawled and swam above the water, and when I saw a leaf carried along by the stream of soap and water as if it were a gondola in Venice, I climbed onto it and shook like a dancing gypsy, and I steered it with my glittering wings towards the underground. (Hage 2008, S. 305)

Hages Figur scheint sich als Müll in Müll zurückzuziehen: Der Protagonist ist für immer von der Menschheit ausgeschlossen, die ihm nie echten Zugang ermöglicht, ihm nie Gastfreundschaft und Anerkennung hat zuteilwerden lassen und ihm Bedürfnisse erlaubt hat. Ganz gleich, ob wir annehmen, dass das Töten real, nur eine Halluzination oder als Ausdruck seines Wunsches nach Taten und Rache und ohne die Möglichkeit, es umzusetzen, imaginiert ist: Die Handlung nimmt einen Dreh zum Krimi mit Elementen des *Gothic Novel.*

Igoni Barrett entscheidet sich für ein Ende, das eine Versöhnung zwischen seinem Protagonisten und seiner Familie vorsieht. Ermöglicht wird diese durch den fiktiven Schriftsteller, der den Psychiater hier ersetzt („as his confessor, I made no judgements, I only listened to absolve", 2015, S. 260). Auch Igoni genannt, wird er als eine Person präsentiert, die durch eine Geschlechtsumwandlung vom Mann zur Frau wird. Der Schriftsteller hat wie ein Detektiv die Twitter-Posts untersucht, um zu sehen, ob etwas über jenen Mann in Erfahrung zu bringen ist, den er in einem Café in einem großen Einkaufszentrum in Lagos getroffen hatte. Natürlich verbindet er das Bild des schwarzen Mannes mit Furos neuer Identität und organisiert die Begegnung zwischen ihm und seiner Familie. Der Roman endet jedoch auf dieselbe Weise, wie er beginnt – und so wie Kafkas Kurzgeschichte beginnt: mit der Mutter, die an die Tür des Sohnes klopft. Und wir sind nicht sicher, ob er die Tür zu seinem geänderten Status öffnen wird.[15]

Das Romanende involviert aber auch seine nun Ex-Verlobte. Syreeta war schwanger geworden. Am Ende steht sie kurz davor, das zu bekommen, was sie wollte: ein weißes Kind, das ihr Zugang zum „mixed-race baby club" (Barrett 2015, S. 253) gewähren könnte. Tatsächlich ist sie mit einem Kreis von Lagos-Frauen, die mit weißen Europäern verheiratet sind und Mulattenkinder haben, befreundet. Furo weiß jedoch, dass er ein schwarzer Mann ist und ihr Kind ein schwarzer Nigerianer sein würde. Er zwingt Syreeta zu einer Abtreibung. Und so treffen auch hier die Themen Biopolitik und Nekropolitik aufeinander, denn der Fötus wird wegen seiner Schwärze wie Müll entsorgt.

Abschließend möchte ich betonen, dass dies Beispiele dafür sind, dass Kafkas neue Mythologeme genau jene Aspekte sind, die – in Teilen, Stücken und Bissen – von den anglophonen Schriftstellern nach der Jahrtausendwende gesammelt und transformiert werden. Insbesondere Kafkas Insekt ist zum Emblem eines Zustandes des absoluten Andersseins geworden.[16] Die Verwandlung ist zu einer Fluchtlinie und zu einer Strategie geworden, um Rassismus zu überleben. Nicht nur ein Kritiker hat behauptet, dass „[i]n his use of animals as protagonists, Kafka finds the opportunity to explore the tension between human and non-human, the same tension that exists between self and other" (Powell 2008, S. 130). Powell besteht darauf: „By playing off this

---

[15]„Barrett says the family elements were crucial: He rereads *The Metamorphosis* every year, and is fascinated by the way Gregor ‚allowed his family to break him.' Barrett sought to invert this dynamic, creating instead a family in which love and forgiveness were paramount" (Carroll 2016).

[16]David Cronenberg interpretiert den Zustand von Gregor Samsa als Zeichen eines plötzlichen Unvermögens, vergleichbar mit einer plötzlichen Alterung (vgl. 2014, S. 9).

tension between human and non-human, between what is ‚the self' and what is ‚not the self', Kafka is able to explore the ontology of otherness that clarifies the space between self and other" (2008, S. 131). Powell sieht die „ontology of otherness" in Kafkas Festhalten am grotesken Genre. Richard Barney versucht daneben folgende Frage zu beantworten: „What, then, is the link between colonialism and animals?" Und die Antwort lautet:

> I come close to the view of Gilles Deleuze and Felix Guattari that in this story, as in much of Kafka's work, Red Peter embodies a radical critique of Western subjectivity, in the form of what they call an „absolute deterritorialization of the cogito." Kafka's many stories involving human characters' transformation into or intimate affiliation with animals, they argue, constitute his aim to dismantle completely – to deterritorialize, to level the psychic field, as it were – what seemed to him the prison-house of rationalist Western identity at least since the philosophy of Descartes. (2004, S. 19)

Alle drei hier analysierten Texte verfolgen eine Politik, die mit *l'écart* zu tun hat. Sie beseitigen und verwerfen, was nicht benötigt wird, um gleichzeitig etwas von Kafkas Text zu übernehmen. Sie weichen aus; sie weichen ab und halten Abstand vom Original und schaffen so einen Raum für jene dialogische Reflexivität, von der Francois Jullien spricht. Es entsteht ein offener Raum zwischen Kulturen und Sprachen. Hier, in diesem Raum, keimt das Mythologem der modernen und surrealistischen Erzählung – Kafkas metamorphes Insekt – auf vielfältige Weise, jedoch immer als Antwort auf Rassismus, Migration und asymmetrische Machtverhältnisse. Es ist natürlich nicht unerheblich, dass alle drei Texte von afrikanischen Schriftstellern stammen und alle kafkaesken Figuren schwarze Männer oder Schwarze sind, die ‚weiß spielen'.[17] Sie sehen sich stigmatisiert, ausgeschlossen und marginalisiert in großen urbanen Zentren unserer heutigen Welt: Johannesburg, Montreal, Lagos. „Dirty Arabs like you" (Hage 2008, S. 15) ist eine Beschreibung, mit der Hages Figur belegt wird, während er sich selbst wie folgt beschreibt: „But it is I! I, and the likes of me, who will be eating nature's refuse under dying trees" (2008, S. 21). In ähnlicher Weise beschreibt Omar sich selbst: „he was a mixture, Javanese and Dutch and Indian and God knows what else [...] he was a lovely hybrid [...] all brown, bread and honey!" (Dangor 2000, S. 15); „he is not one of us", behaupten die weißen Verwandten seiner weißen Frau

[17]„Coloured people under apartheid who were light enough to ‚pass for white' and did so, for obvious reasons of social and material advantage" (Jacobs 2016, S. 90).

(2000, S. 15). Ein Straßenhändler fragt Furo: „Abeg, no vex, but you be albino?", „I'm not an albino", antwortet Furo (Barrett 2015, S. 31). Er wird auch als weißer Mann „oyibo", der Nigerianisch oder mit einem echten nigerianischen Akzent spricht, beschrieben. In allen drei Texten verwandelt sich der afrikanische oder mittelöstliche Protagonist in ein mit Rassismus konfrontiertes Subjekt, ausgesetzt wegen seiner Hautfarbe. Und tatsächlich behauptet Hanif Kureishi, Kafka sei ein „philosopher of the abject, of humiliation, degradation and death-in-life" (2015, S. 11).

*Aus dem Englischen von David-Christopher Assmann*

## Literatur


Baioni, Giuliano. 1962. *Kafka. Romanzo e Parabola*. Milano: Feltrinelli.

Barney. Richard. A. 2004. Between Swift and Kafka: Coetzee's Elusive Fiction. *World Literature Today* 78 (1): 17–23. https://www.jstor.org/stable/40158351. Zugegriffen: 22. Jan. 2019.

Barrett, Igoni. 2015. *Blackass*. London: Chatto & Windus.

Benjamin, Walter. 1973. *Illuminations*. Übers.: Harry Zohn, Hrsg. Hannah Arendt. London: Fontana.

Bensmaïa, Réda. 1986. Foreword. The Kafka Effect. Übers.: Terry Cochran. In *Kafka. Towards a Minor Literature*, Hrsg. G. Deleuze und F. Guattari, ix-xxi. Übers.: Dana Polan, Minneapolis: University of Minnesota Press.

Bogue, Ronald. 1997. Minor Literature and Minor Writing. *Symploke* 5 (1/2): 99–118. *(Refiguring Europe)*. https://www.jstor.org./stable/40550404. Zugegriffen: 22. Jan. 2019.

Carroll, Tobias. 2016. Kafka in Lagos and Other Nigerian Fantasies. *OZY*. https://www.ozy.com/rising-stars/kafka-in-lagos-and-other-nigerian-fantasies/67415. Zugegriffen: 22. Jan. 2019.

Concilio, Carmen. 2015. Waste Lands and Human Waste in Postcolonial Texts: Alexis Wright's *Carpentaria* and Katherine Boo's *Behind the Beautiful Forevers*. *Aion Anglistica* 19 (2): 21–35. https://drive.google.com/file/d/0B837D93jNWfvT2o2SDZ4R1NrajA/view. https://doi.org/10.19231/angl-aion.201523. Zugegriffen: 22. Jan. 2019.

Cronenberg, David. 2014. Introduction: The Beetle and the Fly. In. *The Metamorphosis,* Hrsg. David Cronenberg, 9–17. Übers.: Susan Bernofsky. New York: W.W. Norton & Company.

Dangor, Achamt. 2000. *Kafka's Curse*. New York: Random House (Erstveröffentlichung 1997).

Deleuze, G., und F. Guattari. 1986. *Kafka. Toward a Minor Literature*. Übers.: Dana Polan. Minneapolis: University of Minnesota Press (Erstveröffentlichung 1975).

Donnelly, Pat. 2008. Rawi Hage. *Calgari Herald*. https://www.pressreader.com/. Zugegriffen: 22. Januar 2019.

Gaitskill, Mary. 2009. Angels and Insects. *The New York Times. Sunday Book Review* BR22. https://www.nytimes.com/2009/11/15/books/review/Gaitskill-t.html. Zugegriffen: 22. Jan. 2019.

Gilroy, Paul. 2014. The Tanner Lectures on Human Values. *Yale University* 21–77. https://tannerlectures.utah.edu/Gilroy%20manuscript%20PDF.pdf. Zugegriffen: 22. Jan. 2019.

Hage, Rawi. 2008. *Cockroach*. Toronto: House of Anansi Press.

Hope, Christopher. 1999. The Metamorphosis. *The New York Times*. https://archive.nytimes.com/www.nytimes.com/books/99/03/28/reviews/990328.28hopelt.html. Zugegriffen: 22. Jan. 2019.

Jacobs, Johan U. 2016. *Diaspora and identity in South African fiction*. Scottsville: University of Kwa-Zulu Natal Press.

Jullien, François. 2012. L'écart et l'entre. Ou comment penser l'altérité. *Fondation Maison des Sciences de l'Homme* 3. http://www.msh-paris.fr-FMSH-WP-2012-03. HAL Id: halshs-00677232. https://halshs.archives-ouvertes.fr/halshs-00677232/document. Zugegriffen: 22. Jan. 2019.

Kafka, Franz. 1994. Die Verwandlung. In *Drucke zu Lebzeiten. Schriften, Tagebücher, Briefe. Kritische Ausgabe*, Hrsg. H.G. Koch und G. Neumann, 114–200. Frankfurt a. M.: Fischer.

Lasdun, James. 2009. Half man, half insect. *The Guardian*. https://www.theguardian.com/books/2009/may/23/cockroach-rawl-hage-review. Zugegriffen: 22. Jan. 2019.

Kureishi, Hanif. 2015. His father's excrement: Franz Kafka and the power of the insect. *Critical Quarterly* 57 (2): 6–16. https://onlinelibrary.wiley.com/doi/abs/10.1111/criq.12105. Zugegriffen: 22. Jan. 2019.

Mbembe, Achille. 2003. Necropolitics. *Public Culture* 15 (1): 11–40. https://muse.jhu.edu/article/39984. Zugegriffen: 22. Jan. 2019.

Mbembe, Achille. 2008. Aesthetics of Superfluity. In *Johannesburg. The Elusive Metropolis*, Hrsg. A. Mbembe und S. Nuttall, 37–67. Durham: Duke University Press.

Pines, Noam. 2018. *The Infrahuman. Animality in Modern Jewish Literature*. Albany: State University of New York.

Powell. Matthew. T. 2008. Bestial Representations of Otherness: Kafka's Animal Stories. *Journal of Modern Literature* 32 (1): 129–142. https://www.jstor.org/stable/25511795. Zugegriffen: 22. Jan. 2019.

Riffaterre, Michael. 1980. Syllepsis. *Critical Inquiry* 6 (4): 625–638. https://www.jstor.org/stable/1343223. Zugegriffen: 22. Jan. 2019.

Thieme, John. 2001. *Postcolonial Con-Texts. Writing Back to the Canon*. New York: Continuum.

Tiffin, Hellen. 1987. Post-Colonial Literatures and Counter-Discourse. *Kunapipi* 9 (3): 17–34.

Zaccuri, Alessandro. 2016. *Non è tutto da buttare. Arte e racconto della spazzatura*. Milano: La Scuola.

**Carmen Concilio** ist Professorin für englische und postkoloniale Literatur am Dipartimento di Lingue, Letterature Straniere e Culture Moderne der Università degli Studi di Torino, Italien. Forschungsschwerpunkte: Ökologie und Literatur, englischsprachige postkoloniale Literatur, englische und vergleichende Literaturwissenschaft. Publikationen u. a.: *Antroposcenari. Storie, paesaggi, ecologie* (Mithrsg. 2018); *Imagining Ageing. Representations of Age and Ageing in Anglophone Literature* (Mithrsg. 2018); „Water and Dams a Political and a Lyrical Approach: Arundhati Roy and Anne Michaels" (2016); „Waste Lands and Human Waste in Postcolonial Texts. Alexis Wright's *Carpentaria* and Katherine Boo's *Behind the Beautiful Forevers*" (2015); „Floating/Travelling Gardens of (Post)colonial Time" (2017).

# „Abfälle in das eigene Bewusstsein zurücknehmen“

## Entsorgen und Recyceln bei Franz Kafka und Yoko Tawada

Silvia Ulrich

*Wenn ich etwas sage, verliert es sofort und endgültig die Wichtigkeit, wenn ich es aufschreibe, verliert es sie auch immer, gewinnt aber manchmal eine neue*
(Kafka, *Tagebücher,* 3. Juli 1913)

Reflexionen über Abfall finden sich immer wieder in Kafkas Werk, das der Autor selbst als literarische Deponie inszeniert. ‚Deponie' deshalb, weil er seinen Freund Max Brod um die Vernichtung seiner unveröffentlichten Schriften bat, um zu vermeiden, dass sie als Nachlass auf einer ‚Archiv-Deponie' landen; ‚inszeniert' deshalb, weil er seine Schriften nicht wirklich verbrennen wollte, denn die Wahrheit lag im Gegenteil von dem, was er sagte (vgl. Nietzsche 1973).[1] Kafka war bewusst, dass seine Fragmente unzeitgemäß waren und seinen Zeitgenossen (z. B. seinem Vater) als Müll galten. Für die Nachwelt könnten sie aber von größtem Wert sein. Der auf Kafka bezogene Begriff ‚Deponie' soll also weder im konkreten noch wörtlichen Sinne verstanden werden; vielmehr soll er als Antiarchiv, das heißt als ein ins Negative gewendetes Bild gemeint sein. Zudem bedient sich Kafka der Praxis des Deponierens für sein Erzählen, sodass

[1]Zum Verhältnis von Archiv und Deponie siehe auch den Beitrag von Magnus Wieland in diesem Band.

S. Ulrich (✉)
Università degli Studi di Torino, Torino, Italien
E-Mail: silvia.ulrich@unito.it



D.-C. Assmann (Hrsg.), *Narrative der Deponie,* Kulturelle Figurationen: Artefakte, Praktiken, Fiktionen, https://doi.org/10.1007/978-3-658-27880-9_12

bei ihm das Deponieren zum ästhetischen Verfahren wird. Dabei gewinnt der Begriff des Recycelns an Bedeutung: Literarisches Material (in Bruchstücke zerfallen), das der Autor als für die Verbrennung bestimmten Müll inszeniert, wird stattdessen gespeichert, archiviert, betitelt – wie Max Brod es tat –, veröffentlicht (und somit gerettet, wenn man den Akt des Veröffentlichens als Rettung verstehen will) und schließlich durch Rezeption recycelt. Darüber hinaus wird das literarische Material zur Schaffung von etwas Neuem wiederverwendet, wie es normalerweise in der Kunst und mittels intertextueller Bezüge in der Literatur üblich ist. Yoko Tawada als eine wichtige Leserin von Kafkas Werk zählt zu jenen Schriftstellerinnen und Schriftstellern der Nachwelt, die Kafkas thematische und stilistische Merkmale, vor allem die Abfall-Problematik, aufgegriffen und, wie im Folgenden zu zeigen ist, in einer ökokritischen Perspektive aktualisiert haben.

## 1 Kafka als Deponie-Schriftsteller

Bereits in Kafkas ersten Schriften sind Bezüge zum Abfall vorhanden.[2] Erstaunlich ist, dass Abfall dabei nicht nur im übertragenen Sinn einen Schatten über die Literatur und den Schriftstellerberuf wirft, sondern auch in einem ganz materiellen Sinn als Kehrseite des Essens erscheint, so beispielsweise und ausdrücklich im folgenden Aphorismus von 1917:

> 73. Er frißt den Abfall vom eigenen Tisch; dadurch wird er zwar ein Weilchen lang satter als alle, verlernt aber oben vom Tisch zu essen; dadurch hört aber auch der Abfall auf (Kafka 1992a, S. 67).

Zu einem anderen Anlass habe ich mich schon einmal mit diesem Satz auseinandergesetzt (vgl. Ulrich 2018). Damals hatten mich die Beziehungen zwischen dem vorliegenden Aphorismus und Kafkas späterer Erzählung *Forschungen eines Hundes* (1922) interessiert. Diese Beziehungen hatte ich mit Blick auf den Zusammenhang von ‚Essen' und ‚Tier' untersucht. Im Folgenden möchte ich nun näher auf den Begriff ‚Abfall' eingehen, denn er zeigt, wie Kafka ‚Entsorgungspraktiken' durch das Schreiben verfolgt.

[2] Erwähnungen des Begriffs „Abfall" finden sich in den *Tagebüchern* (Eintrag vom 25. Dezember 1911), in der *Verwandlung* (1915), in den Aphorismen (Nr. 73 von 1917) und – im skatologischen Sinn, wenn auch nicht wörtlich – in der Erzählung *Forschungen eines Hundes* (1922).

Abfall steht im Zentrum des oben zitierten Aphorismus. Nicht nur weil das Wort ‚Abfall' gleich zweimal verwendet wird, sondern weil Kafkas Satz vorführt, dass Abfall nicht ‚an sich' existiert; er ist nämlich das Ergebnis eines Prozesses, der einen menschlichen Ausgangspunkt hat: Der Aphorismus präsentiert Abfall als Folge des Anthropozäns (vgl. Moser 2005). Dabei thematisiert Kafka jedoch ein mögliches ‚Aufhören des Abfalls' durch ein fressendes Tier – etwas, dass er durch ein Gleichnis in aphoristischer Form problematisiert. Das, was sich aus der Perspektive des Essens als Ausweglosigkeit deuten lässt (vgl. Deleuze und Guattari 1996, S. 17–24; Nemec 1981), findet ausgerechnet durch die Abfall-Logik eine mögliche Erklärung und als mögliches Entsorgungsverfahren sogar eine praktikable Alternative. Im Folgenden soll gezeigt werden, was darunter zu verstehen ist.

Zum Zeitpunkt als Max Brod Kafkas Aphorismus im Band *Betrachtungen über Sünde, Leid, Hoffnung und den wahren Weg* (1946) veröffentlichte (vgl. Kafka 1953, S. 39–54), hat man das Wort ‚Abfall' (in dessen übertragenem Sinn) noch eher als ‚Senkung' – als eine Ableitung vom Verb ‚fallen' – verstanden und mit der Symbolik des von Gott abgefallenen Menschen verbunden: Abfall als irdisches Verderben bzw. irdische Rettungslosigkeit.[3] Abfall steht in dieser Hinsicht mit dem Sündenfall eng in Verbindung,[4] mithin mit dem Verlangen nach Verbotenem des ersten Menschenpaares im Paradies. Dieses manifestiert sich im Hunger (sprich: in der Gier nach Speisen bzw. Erkenntnis) und findet in einem Apfel Objekt und Ausdruck. Das Verlangen nach Verbotenem hat den Menschen zur Verletzung des göttlichen Gesetzes geführt. In Analogie dazu inszeniert Kafka eine

---

[3]In diesem Sinne lassen sich Kafkas Erwähnungen des Verbs ‚abfallen' bzw. des Substantivs ‚Abfall' in den Briefen bzw. Tagebüchern nachweisen. Vgl. den Brief an Max Brod vom 16. Dezember 1918 und an Robert Klopstock vom 1. Januar 1922. Was den Tagebuch-Eintrag vom 25. Dezember 1911 (Abfall der Unfähigen) betrifft, steht der Begriff in Zusammenhang mit der ‚kleinen Literatur'. Kafka zufolge geschieht bei dieser alles im vollen Licht und Ernst, während die große Literatur, insofern sie sich nach einem Unten sehnt, alles im überflüssigen Keller des literarischen Gebäudes sucht.

[4]So zum Beispiel im *Deutschem Wörterbuch von Jacob Grimm und Wilhelm Grimm* („des tisches abfall (die brosamen), dann von einem wesen, an das, von einer sache, an die man gebunden war: der abfall von gott". Art. abfall 1971; und im *Digitalen Wörterbuch der Deutschen Sprache* („1. Senkung, Neigung: ein steiler, jäher, sanfter, allmählicher Abfall des Gebirges; 2. Loslösung, Bruch: der Abfall vom Glauben, von der Kirche; 3. (unverwertbarer) Überrest, der bei der Arbeit entsteht: der Abfall in der Küche, im Hause, einem Menschen Abfälle zuzuwerfen wie einem Hunde [A. Zweig, *Grischa,* 215]". Art. Abfall 2019. Vgl. auch Moser 2005.

Grenzüberschreitung, die für die Leser des von Brod herausgegebenen Bandes als undenkbar galt und für die meisten Leser auch heute noch ebenso irritierend wie unwahrscheinlich ist: sich von (selbst produzierten?) Abfällen zu ernähren. Eine ähnliche Szene findet sich bereits in der *Verwandlung* (1915). Dort verzehrt der in ein großes Ungeziefer verwandelte Gregor Samsa die Küchenabfälle seiner Familie.[5] Zwar stirbt er am Ende, aber nicht wegen des Verzehrs von Abfall, sondern wegen der tödlichen Folgen des Apfelwerfens (wiederum ein biblisches Symbol), mit dem sein wütender Vater ihn traktiert. Erst mit der Niederschrift der *Verwandlung* – deren Titel auch in dieser Hinsicht programmatisch ist – manifestiert sich der polysemische Wert des Wortes ‚Abfall' in ein und derselben Erscheinung: einerseits konkret als ‚Küchenrest', andererseits im übertragenen Sinne von ‚abgefallenem und abscheulichem Tier' – dessen Bedeutung mit der Polysemie des Begriffs ‚Gericht' einhergeht. Unter einem ganz materiellen Vorzeichen als Essen dargestellt, bürdet das ‚Gericht' Gregor allegorisch eine Schuld auf und verwandelt es in eine Waffe, die ihn schließlich tötet, anstatt zu ernähren.

Im oben genannten Aphorismus schreibt Kafka dem Lebewesen, das sich von den eigenen Abfällen speist, tierische Eigenschaften zu (‚fressen', sich ‚unterhalb des Tisches' befinden). Diese Zuschreibung hat wegen der Oben-Unten-Logik – also einer kulturellen Kategorie – eine pejorative Konnotation. Auf dieselbe Logik ist auch der Zusammenhang zwischen der konkreten Bedeutung des Abfallbegriffs und dessen übertragenem Sinn zurückzuführen. Die pejorative Konnotation des Aphorismus besteht in der symbolischen Bewegung des ‚Abfallens': Auf den Boden fallen bzw. auf den Boden werfen bedeutet, etwas zu verschmutzen und abzuwerten. Der Boden ist für Kafka schmutzig, weil ein (Wald-)Tier – eine Metapher für den Menschen bzw. den Schriftsteller – ihn beschmutzt (vgl. Kafka 1952, S. 223). Mir scheint jedoch, dass der Aphorismus eine Umkehrung und Umwertung dieser Abfallsymbolik vollzieht, misst Kafka Abfällen doch ein Sättigungsvermögen bei. Dieses trägt zur Festlegung der Identität des fressenden Subjekts als Abfallproduzenten bei und ermöglicht ihm eine gewisse Autonomie von einer oberen Instanz. In diesem Sinne kann man von Säkularisierung sprechen (vgl. Moser 2005, S. 319). Das säkularisierte Subjekt findet sich mit dem Abfall bzw. den Abfällen völlig ab, sodass deren Relativität deutlich wird. Die Möglichkeit also, die selbst produzierten Abfälle zu verzehren, das heißt sie in sich zurückzunehmen, könnte als Kafkas Versuch gelesen werden, keinen Schmutz hinterlassen zu wollen, um somit der Welt die Möglichkeit der Rückkehr

[5] Vgl. dazu auch den Beitrag von Carmen Concilio in diesem Band.

zu einer ursprünglichen Reinheit bzw. der Reinigung der Literatur zu gewähren. Durch die Tiermetapher betrachtet gilt die *conditio humana* wegen ihrer irdischen Beschaffenheit als schmutzig; sie ist also der Reinheit der Literatur bedürftig. Welcher Literatur aber? Das fragt sich der Prager Schriftsteller bereits 1911 (vgl. den Tagebucheintrag vom 25. Dezember 1911), als er über die Literatur im Spiegel der Relativität von Kultur sinniert. Dort ist die Rede von den kleinen (nicht-nationalen, hybriden) Literaturen, die von den etablierten, nationalen, also größeren Literaturen als Abfall bzw. abgefallen betrachtet würden. Die entsprechende Passage nimmt die darstellende Argumentation des Aphorismus vorweg:

> Eine einzelne Angelegenheit wird in die Tiefe gedrückt, um sie von der Höhe beobachten zu können […]. Was innerhalb großer Literaturen unten sich abspielt und einen nicht unentbehrlichen Keller des Gebäudes bildet, geschieht hier [bei den kleinen Literaturen; S.U.] im vollen Licht (Kafka 1990, S. 325).

Unten befindet sich – Kafka zufolge – die Materie: ein bloßer Abglanz der Idee, nichts als Schatten und Schmutz. Im Gegensatz dazu befürwortet er den „Abfall der Unfähigen" (Kafka 1990, S. 326), die bei den großen Literaturen erfolgreich seien, während sie bei den kleinen Literaturen keine Möglichkeit zur Thematisierung hätten. „Abfall der Unfähigen" heißt also, die kleinen Literaturen ‚rein' zu halten, sie vor einer dilettantischen Schriftstellerei zu bewahren. Kafka wünscht sich stattdessen eine ebenso hybride wie fruchtbringende Literatur und bedient sich dabei der dialektischen Rhetorik von Großem und Kleinem, Oben und Unten, Gutem und Bösem, die die Abfall-Logik kollabieren lässt (vgl. Moser 2005, S. 319).

Die literarischen Versuche Kafkas zeigen, dass der Weg von der immateriellen Symbolik der Religion und der Literatur unmittelbar zum Materialismus von Abfall-Bildern führt. Die Umkehrung und Verwertung der Abfallsymbolik setzt sich fort im späteren, ebenfalls von Max Brod betitelten Fragment *Forschungen eines Hundes* (1922). Dort gibt es deutliche Affinitäten nicht nur zur *Verwandlung* und zum *Bericht für eine Akademie* (1917) (vgl. Jahraus und Jagow 2008, S. 537), sondern ausdrücklich auch zu dem fünf Jahre früher geschriebenen Aphorismus. Die Analyse dieser Erzählung durch die französische und italienische Kritik (vgl. Treder 1992) liest diese als eine Allegorie auf die durch die jungen Zionisten in Prag praktizierte jüdische Religion und deren Einflüsse auf die literarische Szene im damaligen Prag (im Gegensatz zur Orthodoxie der assimilierten Juden). Abgesehen davon werden in der Erzählung aber auch ähnliche Themen wie die im Aphorismus erarbeitet: und zwar 1) die Gegenüberstellung bzw. allegorische Überlagerung von Tier, Mensch und Künstler; 2) die Reflexion auf die Praxis des Essens und den damit entstehenden Abfällen (in *Forschungen eines Hundes* als Harn dargestellt); 3) der Hinweis darauf, wie man aus der problematischen Ausweglosigkeit vom ‚Aufhören der Abfälle' herauskommt.

## 2 Vom ‚Abfall' zum ‚Abfallwasser'

Protagonist von *Forschungen eines Hundes* ist ein alter philosophierender Hund. Dabei handelt es sich um eine Metapher des Menschen bzw. des Künstlers Kafka, der die Schriftstellerei nicht als Broterwerb versteht (vgl. Unseld 1982). Der Protagonist der Erzählung frisst zwar keine Abfälle, wie sie der Aphorismus thematisiert. Aber er hat viel mit Abfällen zu tun. Ihm liegt vor allem eine Frage am Herzen: „wovon sich die Hundeschaft nährt" (Kafka 1992a, S. 436). Anstatt eines Essensrestes ist nun das ständige Fragen zu einem ‚Abfall' geworden, das die anderen Hunde verdrossen ablehnen. Diese möchten ihm lieber „den Mund mit Essen zustopfen" (Kafka 1992a, S. 440), als seine Fragen zu beantworten. Der alte Hund aber erwidert, dass alle Hunde sich im Grunde von den eigenen Abfällen ernähren würden, weil sie diese in sich zurücknähmen. Denn jeder Hund werde mit einer „kleine[n] Regel" von der Brust seiner Mutter ins Leben entlassen: „Mache alles naß, so viel Du kannst" (Kafka 1992a, S. 437). Damit wird auf den Harn verwiesen, der im Text zwar niemals wörtlich erscheint, aber in der synonymen Form von ‚Wasser' wiederkehrt – wobei das Wasser wiederum auf die Taufe bzw. auf die göttliche Reinheit hinweist. Hunde sind also mit einer außerordentlichen Begabung ausgestattet, nämlich der angeborenen Neigung des ‚Düngens' durch „Bodenbesprengung" (Kafka 1992a, S. 467) und konsequenter Bebauung der Erde. Das Urinieren stellt in *Forschungen eines Hundes* in diesem Sinne einen Abfall dar, der zugleich die Möglichkeit der Düngung und der konsequenten Bebauung der Erde konkretisiert. Dadurch kann man aber den Unterschied zwischen Abfall (Urin) und Essen (Landwirtschaft) nicht mehr aufrechterhalten. Die Mehrheit der Hunde solle sich mit selbstproduzierter Nahrung begnügen, anstatt sie „von oben" durch „Spruch, Tanz und Gesang herabzurufen" (Kafka 1992a, S. 462). So beweist Kafka, dass durch das Verspeisen der eigenen Abfälle (seien es Tafelreste wie im Aphorismus von 1917 oder selbst produzierte ‚Abwässer' als notwendige Bestandteile der Landwirtschaft in *Forschungen eines Hundes*) eine günstige Kreislaufwirtschaft betrieben werden kann:

> im Notfall und wenn die Jahre nicht zu schlimm sind, könnten wir von dieser Hauptnahrung leben, diese Hauptnahrung finden wir auf der Erde, die Erde aber braucht unser Wasser, nährt sich von ihm und nur für diesen Preis gibt sie uns unsere Nahrung (Kafka 1992a, S. 437).

Die Erzählung konzipiert die ‚Macht des Urinierens' positiv und stellt sie der „Macht des Essens" (Pekar 1994, S. 337–341) entgegen, weil das Essen in der Kulturgeschichte den Ausscheidungen stets als überlegen betrachtet wurde. So wie Kinder durch ein rigoroses Essverhalten erzogen werden – wie man zu Tisch umgeht, wie man Mahlzeiten verzehrt, wovon man sich ernährt, wie man Speisen vorbereitet und kocht –, so wird Hundejungen das Urinieren als eine Machtgeste beigebracht: als Macht des Düngens ebenso wie die, den eigenen Platz zu verteidigen und somit die eigene Identität als Abfallproduzenten zu sichern.

Bis zu dieser Stelle bestätigt die Erzählung die Reflexion des Aphorismus Nr. 73. Aber der Hund geht über diesen hinaus. Im Gegensatz zu seinen „Mithunden" (Kafka 1992a, S. 423) verzichtet er darauf, die Erde durch seine eigenen Abfälle zu bebauen,[6] weil ihm dies als eine Vergeudung von jener Energie erscheint, die der intellektuellen Tätigkeit entzogen wird. Denn sich alltäglichen Praktiken wie Essen, Notdurft-Verrichten und Landwirtschaft zu beugen, würde heißen, ein Leben ohne intellektuelle Tätigkeit zu akzeptieren. Der Körperpflege bevorzugt er den Geist. Deshalb reagiert er auf Hunger mit Fasten – eine zwar prekäre Alternative, die zum Scheitern bestimmt, trotzdem aber heroisch ist, denn sie gewährt ihm „die Freiheit, wie sie heute möglich ist, ein kümmerliches Gewächs. Aber immerhin Freiheit, immerhin ein Besitz" (Kafka 1992a, S. 482). Das Fasten ist in der Erzählung als Verletzung eines Gesetzes – eines dreifachen Hungerverbotes – dargestellt (vgl. Kafka 1992a, S. 472–473). Der Verzicht auf Nahrung und auf jegliche Körperpflege stimmt mit einer Verletzung des Gesetztes überein, die ihn von der Hundegemeinschaft isoliert und der Kunst annähert (durch Bewunderung der Musiker- bzw. Lufthunde). In den späten Schriften Kafkas nimmt die Kunst eine Funktion ein, die früher das Gesetz innehatte. Sie reguliert die Zugehörigkeit des Individuums (sprich: des Künstlers) zur Gemeinschaft.

Durch die Logorrhö des philosophierenden Hundes, die an die Stelle der Nahrung tritt und unter anderem das Fasten als Verletzung eines allgemeingültigen Gesetzes versteht, wird schließlich das Gericht aufgehoben – hier in dessen Doppelsinn verstanden. Dem Hund gelingt es also, wenn auch zeitlich begrenzt, die Ataraxie zu erlangen, was in philosophischer Perspektive heißt: die Epoché zu erhalten, im Sinne von „Urteilsenthaltung" (Grimm 2018, S. 36). Hierin liegt die Alternative, die Kafka zur Selbstopferung für das Schreiben und für die Erlösung der Gemeinschaft vom Untergang führt. Um sich von der Gemeinschaft zu isolieren und von

[6]Das lässt sich als Allegorie für den Verzicht auf den Broterwerb durch die Schriftstellerei lesen.

den Wegen des etablierten Wissens abzugrenzen, fühlt sich der Hund berufen, ja sogar dazu gezwungen, die Schriftstellerei als Stigma auf sich zu nehmen (vgl. Kafka 1992a, S. 442–443).

Wie der Hund, der sich durch sein Fasten von der Hundegemeinschaft isoliert, bevorzugte auch Kafka die Worte anstatt des Essens; die eigenen jedoch hielt er für unwürdig, als wären sie Abfälle seiner eigenen Gedanken, sodass er längst glaubte, mit den zum Abfall bestimmten Unfähigen seines Tagebucheintrags vom 25. Dezember 1911 identisch zu sein. Auf dieselbe Weise goss Kafka Abfallwasser (sprich: Urin) auf die intellektuellen Debatten seiner Zeit, die sich um politisch-religiöse Zugehörigkeit und die gängige, aus seiner Sicht abgenutzte Literatur drehten. Er goss Abfallwasser auf sie, um sie zu düngen und durch die säkularisierte Übernahme der Schuld auf sich selbst zugleich zu reinigen.

Während die Hunde der Erzählung ihre eigenen Abfälle in neue Nahrungsmöglichkeiten verwandeln, hat Kafka seine eigenen Schreib-Abfälle in Texte umgearbeitet. Auf diese Weise lässt sich zum Beispiel *Die Verwandlung* oder der *Brief an den Vater* (1919) lesen (vgl. Kafka 1953, S. 162–223). Letzterer ist etwa – im Grunde von seinem Verfasser selbst abgelehnt, da er nicht für das Versenden geschrieben wurde – für die Nachwelt als materielles Zeugnis geblieben: sowohl als ein Denkmal als auch als Restmüll.

Die Abfall-Logik rückt also das Problem der Existenzmöglichkeit des Künstlers in den Vordergrund und gipfelt in ästhetischer Legitimation, sofern die künstlerische Existenz zunächst sozial anerkannt und legitimiert werden muss. Dies erklärt schließlich auch, warum *Forschungen eines Hundes* (in der Ich-Form verfasst) von seinem Verfasser als Scheitern erlebt wurde und deshalb Fragment geblieben ist: nämlich als Folge einer Selbstlegitimation. Genauso wie der Mensch durch seine eigenen Abfälle legitimiert ist, ist der Schriftsteller dadurch legitimiert, dass er Bruchstücke (anstatt vollkommener Werke) hinterlässt. Auf dieselbe Weise ist der moderne Künstler ein echter Künstler, weil er Abfälle verewigt (beispielsweise Spoerris Trapbilder; vgl. auch Anders 2006, S. 84). Das Aufhören von Abfällen bedeutet in dieser Hinsicht das ‚Ende der Kunst'. War das nicht die Gefahr, auf die Kafka 1917 hinweist und die er in *Forschungen eines Hundes* durch einen umgekehrten Prozess der Transsubstantiation – den von Leib, Essen und Wort und das als Wasserzeichen durchsichtige Bild von Abfall, Materialität und Wort (also von Metaphysis in Physis) – konkretisiert?

In Kafkas Schriften, wo die Spannung zwischen Kunst und Leben sich verdinglicht, ist eine Kritik an der Verschwendung von Energie durch das Leben eingebettet, die er lieber in den Dienst der Literatur anstatt in den des Körpers stellen will. Leben ist eine transitive Praxis. Es stellt einen linearen Weg dar und basiert auf trügerischen Instanzen wie ‚Fortschritt' und ‚Entwicklung', die große Mengen Abfall hinterlassen – etwas, das Kafka vielmehr als Zwang denn als Freiheit wahrnimmt. Schreiben hingegen, dem Kafka sein Leben opfert, versteht er als intransitiv (vgl. Schmitz-Emans 2006, S. 142). Er produziert ‚Restmüll', nämlich Schriften – wie eben den Brief an den Vater –, die als Beispiel von intransitivem Schreiben ihres Kommunikationspotenzials enthoben werden. Der Intransitivität des Schreibens entspricht eine zyklische Dimension, die der Transitivität des Lebens zwar entgegensteht, dem Subjekt aber eine Alternative schafft: nämlich das Nicht-Verschollen-Gehen, das ihm erlaubt, im Textgewebe verflochten (gefangen) zu bleiben. So zumindest vertraut Kafka bereits 1913 Felice Bauer einen ähnlichen Gedanken an: „die beste Lebensweise für mich wäre, mit Schreibzeug und einer Lampe im innersten Raume eines ausgedehnten, abgesperrten Kellers zu sein" (Briefe an Felice vom 14. und 15. Januar 1913, Kafka 1967, S. 88).

## 3 Vom kynischen Abfall zum ökokritischen Bewusstsein

Obwohl die Forschung die Erzählung *Forschungen eines Hundes* als Tiermetapher für das Menschliche in einer chronotopischen, das heißt sozio-politischen Situation erklärt hat (vgl. Treder 1992; Jahraus und Jagow 2008; Baioni 1984; Citati 1987; Deleuze und Guattari 1996), kann man noch weiteren Überlegungen nachgehen. Peter Sloterdijk, der sich in seiner *Kritik der zynischen Vernunft* unter anderem zu Abfällen aus philosophischer Sicht äußert, liefert eine Paraphrase von Kafkas Aphorismus ebenso wie von *Forschungen eines Hundes*. Diese lautet paradigmatisch: „Erst im Zeichen des modernen ökologischen Denkens finden wir uns gezwungen, unsere Abfälle in unser Bewußtsein zurückzunehmen" (Sloterdijk 1983, S. 280). Ob der Prager Schriftsteller dadurch nur ein ökologisches Bewusstsein *ante litteram* vermittelt oder ob er sich einer raffinierten Argumentationsweise bedient, die ihn mit den kynischen Philosophen Altgriechenlands (vor allem Diogenes) in Verbindung setzt, soll im Folgenden diskutiert werden.

Die Charakterisierung des Protagonisten als Hund rückt Kafka in die Nähe des altgriechischen Kynismus, dessen Etymologie (griechisch *κυνισμός*) auf das Wort ‚Hund' *(κύων)* zurückgeführt werden kann. Vor dem Hintergrund des ‚Hundephilosophen' Diogenes, der die Mächtigen, die Denkenden und die Sittengesellschaft seiner Zeit von seiner selbst gewählten animalischen Stellung herausfordert, stellt der philosophierende Hund in Kafkas Erzählung eine Provokation gegen seine ‚Mithunde' dar. Sein Verhalten wird – Diogenes gemäß – durch sein ständiges herausforderndes Fragen und unangenehmes Einzelgängertum für frech gehalten. Die Logorrhö des Hundes zeigt, wie einfach es ist, sich im Labyrinth des Wissens zu verlieren und die eigene Energie auf der Suche nach einer unerreichbaren Wahrheit zu verschwenden, anstatt diese Tatkraft zu sparen, um eine das Selbst bestätigende Autarkie zu üben (vgl. Sloterdijk 1983, S. 304). Autark ist der Schluss des Aphorismus Nr. 73, wo die Genügsamkeit des animalischen Subjekts parabelhaft inszeniert wird. Deshalb hat Kafka dort keine Sorgen um das ‚Aufhören des Abfalls'. Auf dieselbe Weise vertritt der Hund von Kafkas Erzählung eine Form von Askese, die gar nicht auf die Befriedigung der eigenen Triebe verzichtet. Er projiziert diese vielmehr auf sich selbst, damit sie durch sich selbst befriedigt werden können – zum Beispiel durch das intensive Kauen des eigenen Leibes:

> Nun aber, als ich mich im Hunger krümmte, schon in einiger Geistesverwirrung bei meinen Hinterbeinen Rettung suchte und sie verzweifelt leckte, kaute, aussaugte bis zum After hinaus, erschien mir die allgemeine Deutung jenes Gespräches ganz und gar falsch, ich verfluchte die kommentatorische Wissenschaft, ich verfluchte mich der ich mich von ihr hatte irreführen lassen (Kafka 1992a, S. 472).

Dass *Forschungen eines Hundes* vermutlich wie der Aphorismus Nr. 73 im Fahrwasser des Fletscherismus steht, liegt nahe. Diesem zufolge kann durch das intensive Kauen „die Minderung von Abfall und die Maximierung effizienten Umgangs mit den Körperenergien" (Murnane 2008, S. 123) erreicht werden.

Die Affinität Kafkas zu Diogenes besteht in der Pseudo-Krankheit, die die Gesellschaft dem Philosophen aufbürdet: nämlich dem Wahnsinn – ein Verhalten, das Kafka als „gespenstisch" betrachtet (vgl. Briefe an Milena, S. 119; vgl. auch Baioni 1984, S. 243). Die Frechheit Diogenes wird deshalb als ‚geistige Krankheit' bezeichnet, weil der Philosoph den Schutz Alexander des Großen ablehnt und diesem gegenüber die „schreckliche, griechische, unveränderlich brennende, verrücktmachende Sonne" (Kafka 1952, S. 119) bevorzugt. Er zieht dem gesellschaftlichen Zwang also die Freiheit bzw. der geistig-rationellen Fügsamkeit gegenüber der Zivilisation die materielle Körperlichkeit vor – jene Körperlichkeit, die bei Kafka mit dem Schreiben übereinstimmt (vgl. Kremer 1989). Die Rückkehr zum Körper, die Kafka zuvor zum Tier degradiert und ihn von der Schriftstellerei ständig zu entfernen droht, wird ab den Zwanziger Jahren zur Möglichkeit der individuellen ebenso wie gesellschaftlichen Erlösung. Die Doppelheit der Realität ist eine Form der Schizophrenie, die sie in zwei entgegengesetzte Teile zerreißt (was man als romantisches Erbe lesen kann). Die bürgerliche Kultur löst dieses Problem, indem sie einen der beiden zum Schweigen bringt, bis dieser um die Wende des 20. Jahrhunderts wieder mächtig erscheint, in diesem speziellen Fall in Form von Abfall. Kafka erlebt in Prag die gleiche Zerrissenheit. Aber solange er – sich vor ihnen schämend wie seine Zeitgenossen – das Unten, den Schmutz und das Unwürdige unterdrückt, kommt er nicht von ihnen los (vgl. Sloterdijk 1983, S. 284). Die Alternative liefert ihm der Hundephilosoph Diogenes durch die Akzeptanz der Körperlichkeit und des Materialismus von Realität und Sprache in all ihrer Schmutzigkeit. Dadurch wird ihm ermöglicht, den Bruch der Realität zu überwinden, die dahinterliegende Schizophrenie zu heilen und die Welt wieder auf ihre ursprüngliche Einheit zurückzuführen. Ausgerechnet dem Körper als Symbol des wiedergewonnenen Lebens mit seinen Trieben, Einschränkungen und Ausscheidungen kommt die Aufgabe zu, die Welt zu heilen.

Als Pionier des modernen ökologischen Bewusstseins trägt Kafkas Spätwerk mithin dazu bei, das Abfallphänomen zu einem ‚hohen‘ Thema gemacht zu haben, indem er es in den öffentlichen Diskurs eingespeist hat. Kafka kommt schließlich das Verdienst zu, „die Brauchbarkeit des Unbrauchbaren“ (Sloterdijk 1983, S. 289) erkannt und aufgewertet zu haben.

## 4 Yoko Tawada recycelt Kafka

Die japanische Schriftstellerin Yoko Tawada, die sowohl auf Japanisch als auch auf Deutsch schreibt (vgl. Valtolina und Braun 2016), führt einen Dialog mit Kafkas Werk und Stil. In ihren deutschsprachigen Texten nimmt sie mehrmals auf den Prager Schriftsteller Bezug, wie ihre poetologische Schrift *Verwandlungen* (vgl. Tawada 1998) oder ihr späterer Roman *Etüden im Schnee* (2014) zeigen. Letzterer stellt die Geschichte von drei Eisbären dar, die sich mit dem Menschengeschlecht auseinandersetzen. Dort zitiert Tawada explizit drei Erzählungen Kafkas über Tiere: *Josefine, die Sängerin und Das Volk der Mäuse, Ein Bericht für eine Akademie* und *Forschungen eines Hundes* (vgl. Tawada 2014, S. 63–65). Vor allem letztere bringt das kartesianische ‚cogito‘ zum Vorschein (vgl. McNeill 2019, S. 53–54) und stellt die Gelegenheit für die Gleichstellung der Verhältnisse zwischen Menschen und Tieren dar:

> Offen gesagt konnte ich den hinterhältigen, feigen Hund nie ertragen, der sich mir harmlos tippelnd von hinten näherte und sich bei der ersten Gelegenheit in mein Fußgelenk festbiss. Ich wäre weiter jedem Hund aus dem Weg gegangen, wenn das Tier nicht im Titel […] enthalten gewesen wäre: „Forschungen eines Hundes“. Ein Hund konnte also einen Forschergeist besitzen. Die neue Erkenntnis milderte mein Vorurteil gegen diese Spezies (Tawada 2014, S. 65).

Im Fahrwasser von *Forschungen eines Hundes* nimmt die erste Bärin, die zugleich auch die Stammmutter ist und „Großmutter" (so bereits im Titel des ersten Teils erwähnt, vgl. Tawada 2014, S. 6) genannt wird, an wissenschaftlichen Tagungen teil, bei denen sie sich mit Fragen anmeldet, die von den Anwesenden als lästig empfunden werden. Als Beispiel sei ihr Plädoyer für das Radfahren als Rückkehr zur Natur genannt, das sie als wachstumskritischen Ökowandel begrüßt. Dabei handelt es sich zweifelsohne um eine ersehnte Wende aus der Tierperspektive, die jedoch dekadent-rückschrittlich für die Menschen wirkt (vgl. Tawada 2014, S. 9–10), sodass sie zum Schweigen gebracht wird. Die Passage zeigt, dass Tawadas Bären nicht nur das kartesianische ‚cogito' verkörpern, sondern es sogar in eine ökokritische Argumentation verwandeln. Kafkas Bild einer Kreislaufwirtschaft wird bei Tawada zur Wachstumskritik. Dadurch zeigt die Schriftstellerin, dass der Mensch noch nicht dazu bereit ist, den *logos* auch in den Tieren anzuerkennen und die bestehenden Machtverhältnisse zur Diskussion zu stellen:

> Ich verließ den Raum, ohne mit jemandem ein Wort gewechselt zu haben, und rannte aus dem Gebäude, wie eine kleine Schülerin auf den Schulhof.
>
> Als Kind sprang ich als Erste aus dem Klassenzimmer in die Pause. [...] Ich rannte in die hinterste Ecke des Hofes, tat so, als würde dieser kleine Fleck auf der Erde etwas Besonderes für mich bedeuten. In Wirklichkeit war er aber nichts anderes als ein feuchter Platz unter einem Feigenbaum, wo unverschämte Bürger immer wieder heimlich ihren Hausmüll abstellten. Kein Kind näherte sich dieser Stelle außer mir, und das war mir recht. (Tawada 2014, S. 11)

An der Auseinandersetzung zwischen Tier und Mensch ergibt sich zudem eine Affinität zwischen Tieren und Abfällen, die auch an der folgenden Stelle in Erscheinung tritt, wo Tawada durch die Erwähnung der Honigproduktion der Bienen an Kafkas Bild der Düngung des Bodens mit Urin erinnert:

> Der Nektar schmeckt an sich schon süß, aber der aufdringliche, tiefe Geschmack des Honigs entsteht durch den Gärungsprozess, der mit Hilfe von ekeliger Flüssigkeit aus dem Insektenkörper in Gang gesetzt wird (Tawada 2014, S. 67).

Bilder des Schmutzes, auf die Kafka oft hinweist, kehren bei Tawada verstärkt wieder, wenn auch unter einem anderen Vorzeichen – dem der Zivilisations- bzw. Wachstumskritik. Zivilisation und endloses Wachstum als Ziel und (fragwürdiges) Ergebnis des Anthropozäns sind Tieren gegenüber rücksichtslos. Diese stehen symbolisch für die gesamte Biosphäre, der menschliche Instanzen wie Geschichte, Politik, Gesellschaft, Kunst und Kultur gegenüberstehen. Diese

Beobachtung gipfelt in der Frage, „warum für die Erde gut sein soll, wenn der schädliche Homo sapiens Nachkommen produziert" (Tawada 2014, S. 68–69). In Tawadas Rhetorik wird mithin die Fortpflanzung mit einer Abfall-Maschinerie verglichen. Auch kippt die Schriftstellerin die Perspektive von Kafkas oben besprochenem Aphorismus um, indem sie zwar die Existenz von Abfall fressenden Tieren zugibt, diese jedoch dadurch relativiert, dass sie das menschliche Verhalten mit Müll-Bildern beschreibt – mit der klaren Absicht, Ekel hervorzurufen bzw. die Dummheit der Menschheit zu schildern:

> Es gibt in der Tierwelt auch Seltsamkeiten wie z.B. die Tiere, die abgerissene Blätter, ausgegrabene Wurzeln oder abgefallene Äpfel bevorzugen. Aber das ist nichts im Vergleich zu den Kuriositäten, die die Menschen lieben: das Fett, das man an die Wangen schmiert; dicke Flüssigkeit, mit der man sich die Krallen färbt; winzige Stäbchen, mit denen man wahrscheinlich in der Nase bohrt; die Säcke, in denen man Dinge zum Wegwerfen eine Weile aufbewahrt; das Papier, das man zum Hinternabwischen benutzt; die runden Pappteller zum Wegwerfen und die Schreibhefte für Kinder mit einem Pandabären auf dem Umschlag (Tawada 2014, S. 60).

Außer den intertextuellen Bezügen auf Kafkas berühmtes Ungeziefer aus dem oben angeführten Zitat lassen sich weitere Affinitäten zwischen den im Roman erwähnten Tier-Erzählungen Kafkas und Tawadas *Etüden im Schnee* ermitteln. Diese betreffen insbesondere das Schreiben und die Künstlerproblematik. Ebenso wie der unter Tiergebärden versteckte Prager Schriftsteller sinniert die Bären-Oma – Autorin einer Autobiographie, die ohne ihre Erlaubnis gedruckt wurde – über das Schreiben. Die Gleichstellung durch das *logos*-Prinzip erlaubt ihr, sich in jeder Hinsicht auf einer Ebene mit dem Menschen zu fühlen, sodass nicht nur jeder Unterschied zwischen Mensch und Tier, sondern auch zwischen Autor(in) und fiktionaler Figur abhandenkommt. Die Bären-Oma liest deshalb Kafkas Tier-Erzählungen als Autobiographien, die von verschiedenen Tierarten verfasst werden. Und genauso wie Kafka ist auch sie mit ihrem Werk unzufrieden, weil diesem ein ambitioniertes Projekt zugrunde liegt: „Warum darf ich nicht eine Gegenwart schreiben? Warum muss ich eine Vergangenheit erfinden, die wahrhaftig klingt?" (Tawada 2014, S. 81). Sie kann sich aber als angeblich unterlegenes Lebewesen der Veröffentlichung ihres Buches durch einen skrupellosen Verleger kaum widersetzen; und ebenso wie Kafka schreibt sie ungern unter dem Druck eines Auftraggebers. So verkörpert sie jene kleinen Literaturen, die auch Kafka bewundert und verteidigt, die aber im Spiegel der größeren Literaturen als ‚Müll' gelten. Tawada recycelt Kafka, indem sie dem Prager Schriftsteller eine Hand reicht, wie Mc Neill in ihrem neulich erschienenen Aufsatz schreibt: „When the grandmother polar bear reads about a singing mouse, a researching dog, a reporting ape, and an ear-biting bear, Tawada prompts re-evaluation of literary animals and extends a ‚Pfotenhand' to those who write their lives in non-traditional ways“ (McNeill 2019, S. 65).

Inspiriert vom intransitiven Schreiben Kafkas, versucht nun die Bären-Oma, ihren Erinnerungen eine transitive Wirkung zu geben, indem sie sich eine Nachkommenschaft vorstellt und literarisch gestaltet. Diese Nachkommenschaft stimmt schließlich in der dritten Generation mit der Wirklichkeit völlig überein, weil der Enkel der schreibenden Oma der aus den Massenmedien bekannte Eisbär Knut vom Berliner Zoo ist. Über die Wiedererlangung der bei Kafka verlorengegangenen Transitivität des Schreibens geht Tawada zu Kafkas *Verwandlung* zurück und drückt sich folgendermaßen aus: „Die Muttersprache macht [=ist; S.U.] die Person (Nominativobjekt), die Person hingegen kann in der Fremdsprache etwas (Akkusativobjekt) machen“ (Tawada 2002, S. 103). Schrift und Körper koinzidieren also bei Tawada ebenso wie bei Kafka; während aber bei Kafka diese Übereinstimmung die Konturen eines Kerkers bzw. eines Baus annimmt, stellt sie bei Tawada eine mögliche Alternative dar, weil sie ihre deutschsprachigen Texte in einer fremdsprachlichen Perspektive verfasst: „Das A [von ‚S*a*ms*a*', ‚K*a*fk*a*' und ‚V*a*ter', aber auch von ‚Verh*a*ftung' und ‚Verw*a*ndlung'; S.U.] und der *A*pfel stehen für eine fremde Schrift und eine fremde Kultur, die es ermöglichen, dem Verhaftet sein in der eigenen zu entrinnen“ (Bay 2010, S. 155).

Die Flucht vor der (sprachlichen) Verhaftung im Sinne einer ausweglosen Situation konkretisiert sich bei Tawada durch den Modus des Recycelns. ‚Kafka wiederverwerten' heißt nicht, seine Schriften zu aktualisieren, weil diese keinen gültigen ‚Wert' mehr für die Gegenwart hätten. Im Gegenteil: Im Kunstbereich heißt ‚recyceln' Neugestalten durch Dekontextualisierung (vgl. Assmann 2014, S. 9). Dies findet im Übergang von der phonetischen zur ideogrammatischen Sprache ihren Niederschlag, sodass Begriffe, die in der westlichen Tradition für unvereinbar gelten, nebeneinandergestellt werden – wie im Gedicht *Orangerie* (1997) (vgl. auch Ritter 2013). Dort bildet die Farbe ‚Orange' die Assoziation zwischen betenden Mönchen in Tibet und dem Abfall/Müll in Hamburg:

> […]
> An einem Dezembertag
> Nach einer Reise durch Südostasien
> Als ich wieder nach Hamburg kam
> Vor meinem Fenster

> Die Straße, eine durch Schnee korrigierte Linie
> Die lange Nacht kam mit pfeifenden Schiffen
> Und dann sah ich
> Den Müllwagen
> Mit drei Männern auf dem Rücken
> Ihre Uniform hatte genau die gleiche Farbe
> Wie das Mönchsgewand in Thailand
> Das Orange, das das Wort im Schatten wachruft
> Die Schale einer Frucht
> Die nicht geschält werden will
> Das Innere enthält kein Licht
> Bleib' ungeschält!
> Deine Schale ist Obst wert (Tawada 1997, S. 29)

Wie bei Kafka treten auch in diesem Gedicht Bilder der Religion (Mönche) und des Abfalls (Obstschalen) in Erscheinung. Auch sie können nun nicht mehr als Ergebnis einer Logik von Ursache und Wirkung erlebt werden. Sie weisen vielmehr auf eine zufällige Gegenüberstellung hin – was dem Beobachtenden eine Alternative ermöglicht. Denn die dadurch entstandenen neuen Bedeutungen stellen die Alternative, den Ausweg, den Raum der Freiheit (oder den dunklen Keller) dar, in dem man sich lange Zeit mit dem Stift in der Hand aufhalten kann. Zumindest hat Tawada bewiesen, dass sie das kann.

Ebenso wie das Schreiben bei Kafka wird nun die Sprache selbst als (fruchtbringende) Ausscheidung erlebt. Gemäß Kafkas Metaphorologie (vgl. Anders 2006, S. 67–70) sind Wörter bei Tawada zerrissene Bilder, in denen Zeichen und Bedeutung nichts als Konventionen sind, mithin keine ontologische Glaubwürdigkeit haben und deshalb dem Sprecher erlauben, neue Bahnen zu schlagen. Das ist etwa auch der Fall in der Erzählung *Das Bad,* in der die Schriftstellerin erneut auf Kafkas Bild des Abfall-Verzehrens zurückgreift:

> Die Münder öffneten sich wie Müllbeutel; Abfall quoll heraus; ich musste ihn kauen, schlucken und in anderen Wörtern wieder ausspeisen (Tawada 2010, S. 51).

Das Zitat zeigt, dass der/die Abfallproduzent/in zu einem/r Sprachgenerator/in wird, mit dem/r Bedeutung nur durch zufällige Assoziationen entsteht und zu künstlerischen Effekten führen kann: „Die Haut meines Magens zog sich zu einem Dudelsack zusammen und musizierte" (Tawada 2010, S. 51). Die Alternative, die Kafka nur erahnt und in Bruchstücken wiedergibt, übernimmt Tawada als geistiges Erbe und konkretisiert sie im Zwischenbereich zweier Sprachen, Sprachsystemen und Kulturen.

## Literatur

Anders, Günter. 2006. *Kafka, pro e contro. I documenti del processo,* Hrsg. Barnaba Maj. Übers.: Paola Gnani. Macerata: Quodlibet. (Erstveröffentlichung 1951).

Art. abfall. 1971. In *Deutsches Wörterbuch von Jacob und Wilhelm Grimm.* 16 Bde. in 32 Teilbänden. Leipzig 1854–1961. Quellenverzeichnis Leipzig. http://woerterbuchnetz.de/cgi-bin/WBNetz/wbgui_py?sigle=DWB&mode=Vernetzung&lemid=GA00400#XGA00400. Zugegriffen: 4. Apr. 2019.

Art. Abfall. 2019. In *Digitales Wörterbuch der Deutschen Sprache.* https://www.dwds.de/wb/Abfall. Zugegriffen: 4. Apr. 2019.

Assmann, D.-C., N.O. Eke, und E. Geulen, Hrsg. 2014. *Entsorgungsprobleme. Müll in der Literatur.* Berlin: Schmidt.

Baioni, Giuliano. 1984. *Kafka. Letteratura ed ebraismo.* Torino: Einaudi.

Bay, Hansjörg. 2010. A und O. Kafka – Tawada. In *Yoko Tawada. Poetik der Transformation. Beiträge zum Gesamtwerk,* Hrsg. Christine Ivanovic, 149–169. Tübingen: Stauffenburg.

Citati, Pietro. 1987. *Kafka.* Milano: Rizzoli.

Deleuze, G., und F. Guattari. 1996. *Kafka. Pour une litterature mineure.* Paris: Les editions de minuit.

Grimm, Sieglinde. 2018. Kulturökologie und Phänomenologie bei Kafka und W.G. Sebald. In *Ökologischer Wandel in der deutschsprachigen Literatur des 20. und 21. Jahrhunderts. Neue Ansätze und Perspektiven,* Hrsg. G. Dürbeck, C. Kanz und R. Zschachlitz, 27–48. Berlin: Lang.

Jahraus, O., und B. von Jagow. 2008. Kafkas Tier- und Künstlergeschichten. In *Kafka Handbuch,* Hrsg. B. von Jagow und O. Jahraus, 530–552. Göttingen: Vandenhoeck & Ruprecht.

Kafka, Franz. 1952. *Briefe an Milena,* Hrsg. Max Brod. Berlin: Fischer (Gesammelte Werke, Bd. 5).

Kafka, Franz. 1953. *Hochzeitsvorbereitungen auf dem Lande und andere Prosa aus dem Nachlass,* Hrsg. Max Brod. Berlin: Fischer (Gesammelte Werke, Bd. 7).

Kafka, Franz. 1967. *Briefe an Felice und andere Korrespondenz aus der Verlobungszeit,* Hrsg. E. Heller und J. Born. Berlin: Fischer (Gesammelte Werke, Bd. 6).

Kafka, Franz. 1990. *Tagebücher,* Bd. 1, Hrsg. Hans Gerd Koch. Frankfurt a. M.: Fischer.

Kafka, Franz. 1992a. *Nachgelassene Schriften und Fragmente,* Bd. 2, Hrsg. Hans Gerd Koch. New York: Schocken Books.

Kafka, Franz. 1992b. *Indagini di un cane,* Hrsg. Uta Treder. Übers.: Carla Becagli. Venezia: Marsilio.

Kremer, Detlef. 1989. *Kafka: Die Erotik des Schreibens.* Frankfurt a. M.: Athäneum.

McNeill, Elizabeth. 2019. Writing and Reading (with) Polar Bears in Yoko Tawada's „Etüden im Schnee". *The German Quarterly* 92 (1): 51–67.

Moser, Christian. 2005. „Throw me away". Prolegomena zu einer literarischen Anthropologie des Abfalls. *Archiv für das Studium der neueren Sprachen und Literaturen* 157 (2): 318–337.

Murnane, Barry. 2008. *Verkehr mit Gespenstern. Gotik und Moderne bei Franz Kafka.* Würzburg: Ergon.

Nemec, Friedrich. 1981. *Kafka-Kritik. Die Kunst der Ausweglosigkeit.* München: Fink.

Nietzsche, Friedrich. 1973. Über Wahrheit und Lüge im außermoralischen Sinne. In Friedrich Nietzsche. In *Friedrich Nietzsche. Werke. Kritische Gesamtausgabe*, Bd. 3.2: *Nachgelassene Schriften (1870–1874)*, Hrsg. U. Breuer, B. Breuer und B. Sandberg, 367–384. Berlin: de Gruyter.

Pekar, Thomas. 1994. Das Essen und die Macht. Zum Diätdispositiv bei Daniel Paul Schreber und Franz Kafka. *Colloquia Germanica* 27: 333–349.

Ritter, Christine. 2013. Yoko Tawada: Les mots-déchets. *A contrario* 1 (19): 115–126.

Schmitz-Emans, Monika. 2006. Autobiographie als Transkription und Verwandlung: Yoko Tawada in den Spuren Kafkas. In *Autobiographisches Schreiben in der deutschsprachigen Gegenwartsliteratur*, Bd. I: *Grenzen der Identität und der Fiktionalität*, Hrsg. U. Breuer, B. Breuer und B. Sandberg, 140–155. München: Iudicium.

Sloterdijk, Peter. 1983. *Kritik der zynischen Vernunft*. Frankfurt a. M.: Suhrkamp.

Tawada, Yoko. 1997. *Aber die Mandarinen müssen heute abend noch geraubt werden*, 29–39. Tübingen: Konkursbuch.

Tawada, Yoko. 1998. *Verwandlungen*. Tübingen: Konkursbuch.

Tawada, Yoko. 2002. *Überseezungen*. Tübingen: Konkursbuch.

Tawada, Yoko. 2010. *Das Bad*. Tübingen: Konkursbuch.

Tawada, Yoko. 2014. *Etüden im Schnee*. Tübingen: Konkursbuch.

Treder, Uta. 1992. Introduzione. In *Franz Kafka. Indagini di un cane*, Hrsg. Uta Treder, 9–42. Venezia: Marsilio.

Unseld, Joachim. 1982. *Franz Kafka. Ein Schriftstellerleben. Die Geschichte seiner Veröffentlichungen*. München: Hanser.

Ulrich, Silvia. 2018. Riciclare Kafka. In *Antroposcenari. Storie, paesaggi, ecologie*, Hrsg. D. Fargione und C. Concilio, 211–226. Bologna: Il Mulino.

Valtolina, A., und M. Braun, Hrsg. 2016. *Am Scheideweg der Sprachen. Die poetischen Migrationen von Yoko Tawada*. Tübingen: Stauffenburg.

**Silvia Ulrich** ist wissenschaftliche Assistentin am Dipartimento di Lingue, Letterature Straniere e Culture Moderne der Università degli Studi di Torino, Italien. Forschungsschwerpunkte: Deutsche Literaturgeschichte und -wissenschaft vom 18. bis zum 21. Jahrhundert, Deutsch-Italienische Literaturübersetzung, Environmental Humanities, Digital Humanities. Publikationen u. a.: „Riciclare Kafka" (2018).

# Teil IV
# Texte der Deponie

# Zwischen Depot und Deponie – der Text am Rande von Texten

## Schleiermachers Marginalien zur *Glaubenslehre*

Sarah Schmidt

## 1 Vorüberlegungen zu einer abfälligen Textökonomie

In meinem Beitrag möchte ich mich den kulturellen Techniken des Umgangs mit Abfall und den Narrativen des Depots vonseiten der Textpraxis aus nähern, das heißt Schreib- und Lesepraktiken in den Blick nehmen. Schreib- und Lesepraktiken als Formen des Sammelns sind in den Philologien in den letzten Jahrzehnten vielfach zum Thema gemacht worden und haben eingängige Untersuchungen gefunden – als grundsätzlicher Funktionsmodus des Lesens im Sinne des *legere,* als kulturelle Praxis des Anstreichens, Exzerpieren und Zitierens (vgl. Ortlieb 2007, 2010; Dusil et al. 2016; Décultot 2014; Décultot und Zedelmaier 2017) oder bezogen auf spezifische Sammelmedien wie den Schreibkalender (vgl. Meise 2002), Alben (vgl. Kramer und Pelz 2013), den Zettelkasten und das Notizheft (vgl. Pelz 2001; Stadler und Wieland 2014, S. 115–249).

Wesentlich unpopulärer als die Betrachtungsweise von Lesen und Schreiben als Sammlung und sammelnde Praktiken sind Untersuchungen, die sich mit sprachlichem Abfall oder mit Text- und Sprachdeponien auseinandersetzen (so zum Beispiel Schneider 2005; Kasper 2016 oder Schmidt 2016a), jedenfalls verglichen mit der großen Aufmerksamkeit, die diese ‚Kehrseite des Sammelns' in den Literatur- und Kulturwissenschaften in den letzten Jahren erfahren hat. Dies mag seinen Grund auch darin haben, dass es zum einen schwer fallen mag, Texte als das per se Geistige mit der Wertkategorie des Abfalls zu belegen, und zum

S. Schmidt (✉)
BBAW, Berlin, Deutschland
E-Mail: sschmidt@bbaw.de

 
D.-C. Assmann (Hrsg.), *Narrative der Deponie,* Kulturelle Figurationen: Artefakte, Praktiken, Fiktionen, https://doi.org/10.1007/978-3-658-27880-9_13

anderen, dass Sprache und mithin auch Texte keine vollkommene, aber doch eine gewisse Unabhängigkeit von ihrem materiellen Träger zu haben scheinen und gerade die Müllthematik in den Kultur- und Geisteswissenschaften einen starken Akzent auf ihre Materialität legt.[1]

Ich möchte im Folgenden den Fokus auf Abfall und Deponie als Randphänomenen legen und dies im wahrsten Sinne des Wortes, indem ich nach den Rändern von Texten frage. Ich konzentriere mich dabei auf Marginalien oder Randnotizen, und zwar in einer besonderen Form, nämlich auf die beim annotierten Lesen im gedruckten Buch entstehenden Marginalien, vor allem im so genannten durchschossenen Druckexemplar; einem Buch, dessen Druckbögen meist auf Wunsch des Besitzers mit weißen Blättern alternieren, um Raum für Notizen zu bieten. Textränder, das wäre die einfache wie grundlegende These, speisen den Text und halten ihn zugleich ‚rein', kohärent; sie fungieren als Depot ebenso wie als Deponie und sollen hier gerade in dieser Doppelfunktion eines Deponie-Depots oder einer Depots-Deponie untersucht werden, die sich erst im Akt des Edierens – durch den Autor bzw. durch den Editor voneinander scheiden.

In seinem Buch *Paratexte. Das Buch vom Beiwerk des Buches* unternimmt Gérard Genette den Versuch einer Klassifikation und Typologie unterschiedlichster, von ihm als Paratexte titulierter textueller Randphänomene des Buches, zu denen auch Anmerkungen gehören. Wie der Titel des französischen Originals *Seuils* (1987) markant vorwegträgt, geht es Genette um die Schwellenfunktion paratextueller Elemente, die den ‚Eintritt' in die Lektüre des Buches regeln, das Buch „präsentieren" und zugleich „präsent" machen (2014, S. 9). Sie sind dasjenige „Beiwerk, durch das ein Text zum Buch wird" (2014, S. 10). Diese Schwelle oder Grenze ist als „durchlässige Membran zwischen innen und außen" (2014, S. 10) zu denken, das heißt es geht um die Betrachtung eines Text*verhältnisses,* in dem sowohl der Verlauf der Grenze, ihr ‚Grenzverkehr' und die Hierarchie im Sinne einer wechselseitigen Über- oder Unterordnung interessiert.[2]

Handschriftliche Randnotizen auf Druckfahnen oder (durchschossenen) Druckexemplaren verhandelt Genette unter der Rubrik des privaten Epitextes und bestimmt sie changierend zwischen „Vortext" und „Nachtext", eine bestehende Publikation kommentierend und zugleich eine zukünftige Publikation vorbereitend:

---

[1]Vgl. dazu den kurzen historischen Abriss von Aleida Assmann zur Schrift als Erinnerungsmedium (1996).

[2]Denn die anfängliche, als Grundthese aufgestellte Unterordnung der paratextuellen Elemente als „Beiwerk" des gedruckten Textes wird durch ihre Bedeutung für die Lektüre des Buches unterwandert.

„Ein letzter Typ von Vortexten besteht, wie ich angekündigt habe, aus den Durchsichten und Korrekturen eines bereits veröffentlichten Textes; deshalb spreche ich hier von ‚Nachtext', aber dieses *Nach* einer Ausgabe ist selbstverständlich das *Vor* einer nachträglichen Ausgabe (oder möchte es sein)." (2014, S. 380)[3] In diesem Sinne erlauben handschriftliche Marginalien des Autors insbesondere Einsicht in die Genese des Textes (zum Beispiel einer neuen Ausgabe). Ihr wichtigster „Effekt" liegt jedoch für Genette darin, dass sie die Endgültigkeit eines Buchtextes generell infrage stellen, indem sie den Text mit dem „konfrontieren, was er war, hätte sein können und beinahe geworden wäre" (2014, S. 283).

Im Konjunktiv des *Hätte-sein-Könnens* wird bereits deutlich, dass nicht alle Marginalien Eingang finden in zukünftige Ausgaben (wenn sie denn realisiert wurden), dass eine Selektion, dass Verwerfungen stattfinden, sodass dem Ensemble der zwischen Vor- und Nachtext changierenden Marginalien die Funktion eines Depots (als eine für spätere Verwendung angelegte mehr oder weniger strukturierte verwahrende Sammlung), aber auch die einer Deponie (als die unstrukturierte Ansammlung nicht verwertbarer, ausgeschlossener Reste) zukommt.

Bevor ich mich mit dem durchschossenen Druckexemplar als spezifischem Schriftmedium im Allgemeinen und einem konkreten Beispiel eines durchschossenen Druckexemplars und seiner zweifachen ‚Auswertung' (durch den Autor und durch den historisch-kritischen Editor), nämlich Friedrich Schleiermachers *Glaubenslehre* (1. Aufl.), beschäftige, möchte ich an einige bekannte Thesen zur Kulturpraxis des Abfallproduzierens und -verwaltens erinnern, um im Folgenden ihre Bedeutung für Schreib- und Leseprozesse als Textökonomien zu befragen.

*Abfall ist abhängig von der Geschichte technischer Innovation und den (medialen) Produktionsbedingungen.* Die Produktion und Verwaltung von Abfällen wird in historischer Perspektive immer wieder als ein Phänomen der Moderne diskutiert,[4] und dies insbesondere mit Blick auf die Produktionsbedingungen. Von dieser Entwicklung der Produktionsbedingungen sind auch der

---

[3]Genette erwähnt u. a. Montaignes handschriftliche Marginalien zur letzten Druckfassung seiner *Essais,* dem sogenannten „Exemplaire de Bordeaux" (2014, S. 383), und hier wird die Funktion der Rahmung des Textes durch Marginalien auch visuell anschaulich, vgl. dazu die Reproduktionen auf der Seite der Bibliothèque nationale de France (BnF): https://gallica.bnf.fr/blog/06072016/comment-montaigne-ecrivait-ses-essais-lexemplaire-de-bordeaux. Zugegriffen: 7.8.2019.

[4]Vgl. Windmüller 2005, S. 233.

mediale Bereich und mithin Text- und Lesepraktiken nicht ausgeschlossen. In der Leseforschung markieren grundlegende technische und gesellschaftliche Errungenschaften wie der Buchdruck, die Ausbreitung des Zeitschriftenwesens (Ende des 18./19. Jahrhunderts), massenmediale Verbreitung (Ende 19./Anfang 20. Jahrhundert), eine elektronisch unbegrenzte – oder vermeintlich unbegrenzte (vgl. Krämer 2016) – technische Reproduzier- und Speicherbarkeit (Ende des 20. Jahrhunderts) zentrale Scharnierstellen einer Vermassung von Text und Schrift, mit denen auch das Phänomen des Abfalls (vgl. zum Beispiel te Heesen et al. 2002; te Heesen 2006) diskutiert wird. Nicht entgegen, aber einen anderen Schwerpunkt setzend geht es mir darum, die Abfallproduktion als ein den Lese- und Schreibprozess grundsätzlich begleitendes, wenn nicht konstituierendes Phänomen zu betrachten, dies jedoch in Bezug auf die nahezu ausgestorbene mediale Form des durchschossenen Buches und die ihr vorangehende primäre Praxis des lesenden Annotierens und die sie auswertende sekundäre Praxis des Edierens.

*Abfall als Grenzphänomen und Gefahrenzone – die Deponie als Chaos oder Gegenordnung.* Im Wort Abfall schwingt im Sinne von ‚abfallen von etwas' auch heute noch seine ursprünglich religiöse bzw. ideologische Konnotation mit, indem der Abfall sich als dasjenige auszeichnet, was nicht in eine herrschende Ordnung oder Norm passt (vgl. Assmann 2014, S. 3). In diesem Sinne versteht Thompson in seiner frühen *Rubbish Theory* (1979) Abfall nicht als Eigenschaft der Dinge an sich, sondern als ein Zuweisungsmodell. Das, was abfällt, erschließt sich aus dem es ausstoßenden Ordnungs- und Wertesystem. Es steht quer oder ‚parasitär' zu ihr und gibt im Umkehrschluss ebenso Auskunft über das, aus dem es ausgeschlossen hervorgeht. Formuliert Vilém Flusser pathetisch, Abfall als Metapher für das Vergängliche und den Tod verstehend: „Der Abfall ist das Böse tout court, weil er die Existenz mit dem Tode bedroht" (Flusser 1993, S. 240), so bestimmt die Ethnologin Mary Douglas wesentlich nüchterner das Grenzphänomen Abfall als eine Gefahr (vgl. Douglas 1966).

*Reinheit und Unreinheit als dichotomes symbolisches System.* Verbunden mit der Ausgrenzung von Abfall und der Schaffung von Deponien als Ansammlung dieses Abfalls sind für Douglas insbesondere Reinheitsvorstellungen maßgeblich, die weniger auf pragmatisch-medizinische Einsichten als auf kulturellen Wertvorstellungen beruhen und darauf abzielen, eine Einheit der Erfahrung herzustellen. In diesem Sinne drücken Schmutzvorstellungen nach Douglas symbolische Systeme aus, vor deren Hintergrund sich das Grenzphänomen Abfall in einer ganzen Reihe von Dichotomien diesseits und jenseits der Grenze modelliert lässt:

Ordnung versus Gegenordnung respektive Chaos, Reinheit versus Unreinheit, Geschlossenheit versus Offenheit, Klarheit versus Unbestimmtheit.[5]

*Abfall und Müll als Handlungs- und Kreativitätspotenzial, als Orte des Dritten.* Aus der Perspektive des Ausgeschlossenen setzen Abfall und Müll als Gegenentwürfe und Gegenwertungen ein Wahrnehmungs-, Deutungs- und Handlungspotenzial frei (vgl. Windmüller 2005, S. 236), das es erkenntnistheoretisch, politisch, kulturell, aber auch künstlerisch zu nutzen gilt.[6] Dies gilt nicht nur, insofern das Ausgeschlossene nur *konkrete* Gegenentwürfe birgt (zum Beispiel eine als veraltet klassifizierte Technik oder Herstellungsmethode versus eine neue), die sich ‚lesen' lassen. Es steht auch für einen Raum des Unbestimmten und des Chaotischen, des Unscharfen, Undifferenzierten, einen Ort jenseits der Ordnung, den Susanne Hauser als Denkfigur eines dritten Ortes versteht (vgl. 2001, S. 24),[7] und sich mithin auch als Experimentierfeld par excellence auszeichnet.

*Abfall als Bereich des Intimen und Privaten.* Nicht nur aufgrund seiner Unreinheit, sondern auch aufgrund seiner Privatheit sind Abfall und Müll oft mit Scham belegt. Müll und Abfall ist das, was nicht das Licht der Öffentlichkeit erblicken soll, weil es intime und private Details über seinen Produzenten verrät (vgl. Windmüller 2005, S. 233).[8]

*Abfall bietet eine ‚unbestechliche' und ‚objektive' Auskunft über kulturelle Praktiken.* Unmittelbar damit verbunden ist die Vorstellung, Abfall liefere uns aufgrund seiner unbeabsichtigten, privatesten oder intimsten, und dies meint auch nicht intendierten Verfasstheit, ein authentisches Bild. Er entstehe sozusagen durch Restriktion, ist selbst jedoch unwillkürliche und daher unbestechliche Auskunft über unsere kulturellen Praktiken (vgl. Windmüller 2005, S. 233).[9]

---

[5]Vgl. dazu auch Hauser (2001, S. 32): „Auf der Seite der Ordnung ist positive Bestimmtheit, Klarheit, Sauberkeit, Begrenzung, auf der anderen die Negation dieser und jeder Identität, das Nicht-Identische, ein Chaos, das Unreinliche, das Ungeschiedene, das Unbegrenzte. […] Der Abfall, der Rest in seinen vielfältigen Dimensionen wird dabei Metapher, auch paradigmatischer Gegenstand, an dem sich Grenzen, ihre Auflösung und Überschreitungen zeigen und zeigen lassen". Siehe zu diesem Aspekt auch die Beiträge von Markus Engelns und Florian Auerochs in diesem Band.

[6]Siehe dazu auch den Beitrag von Lis Hansen in diesem Band.

[7]Vgl. dazu Hauser 2001, S. 22: „Eine Ordnung und ihr Abfall scheiden sich an einer Grenze zwischen Differenziertem und Nicht-Differenziertem, Identischen und Nicht-Identischen, Bezeichnetem und Nicht-Bezeichnetem. Zwischen ihnen verläuft eine Grenze, die Sprechen und Schweigen, Wahrnehmen und Nicht-Wahrnehmen trennt."

[8]Siehe dazu auch den Beitrag von Lorella Bosco in diesem Band.

[9]Siehe zu diesem Aspekt auch den Beitrag von David-Christopher Assmann in diesem Band.

*Zur Trennlinie zwischen Abfall und Müll: Ist alles recyclebar?* Schließlich möchte ich an die Versuche einer Unterscheidung zwischen Abfall und Müll erinnern. Verwendet man das Kriterium der Unbrauchbarkeit, das allgemeinhin dem umfassenden Begriff des Abfalls zugesprochen wurde, so ist Abfall dasjenige, was zunächst keine Verwendung mehr findet, was aber durchaus eine neue Verwendung, ein Recycling erfahren kann.[10] Im Gegensatz dazu bestimmt u. a. Hauser Müll als das „Verworfene schlechthin" (Hauser 2001, S. 19), „auf deren Verwendung niemand mehr Anspruch erhebt und die in jeder Hinsicht als unbrauchbar bestimmt wird" (Hauser 2001, S. 23). Müll – und seine Ansammlung als Haufen – charakterisiert sich durch seine amorphe, undefinierte Gestalt, seine vollkommene Strukturlosigkeit.

## 2 Textverhältnisse: Drucktext und annotierende Handschrift in durchschossenen Büchern

Mit einem ‚durchschossenen Buchexemplar' wird in der Buchbindersprache ein gedrucktes Buch bezeichnet, das alternierend mit den gedruckten Seiten leere Blätter enthält und Platz für ein annotierendes Lesen bietet.[11] Das Durchschießen von Büchern war seit Beginn des Buchdrucks eine gängige Praxis (neben wissenschaftlichen Büchern zum Beispiel auch für Theaterstücke, die so Regieanweisungen aufnehmen konnten, für Gesetzestexte oder auch Bibliothekskataloge),[12] und dies nicht nur individuell auf Wunsch des Besitzers, sondern auch professionell vertrieben. Übersetzungen wurden im 19. Jahrhundert zum

[10] Siehe zum Verfahren des Recyclings auch den Beitrag von Carmen Concilio in diesem Band.

[11] Buchdruck und Buchbindung waren lange nicht in einer Hand; oft wurde für die weißen Seiten sogar ein anderes Papier verwendet, das für eine Tintenbeschriftung besser geeignet war (vgl. Brendecke 2005, S. 51).

[12] Das Durchschießen von Exemplaren war eine übliche Praxis im 19. Jahrhundert zum Beispiel im Theater, für Regiebücher, die den Text auf der einen und die Regienotizen auf der anderen tragen (vgl. dazu die Fußnote 41 bei Brendecke 2005, S. 56); sie waren üblich für Gesetzestexte wie auch für Texte mit didaktischer Funktion, aber auch für genuine Sammelliteratur wie Bibliotheks-Kataloge (vgl. Brendecke 2005, S. 58); Schreibkalender, Übersetzungen oder Wörterbücher wurden zum Teil vom Verleger selbst als durchschossenes Exemplar angeboten (vgl. Brendecke 2005, S. 54–55).

Beispiel ebenso wie Wörterbücher von Verlagen als durchschossene Exemplare zum Verkauf angeboten.

Durchschossene Exemplare stellen eine ganz eigene Schnittstelle zwischen Druck und Handschrift dar, die, wie Arndt Brendecke in seinem grundlegenden Artikel bemerkt vgl. (2005, S. 50), noch wenig Beachtung gefunden und noch keine eigenständige Untersuchung generiert habe und die sich, wie ich finde, besonders gut für eine Beobachtung einer paratextuellen Depot-Deponie eignet.

Unterscheidet man unter den Exzerpten solche, die in der Reihenfolge des Lesens (Exzerpte als *miscellanea* oder *adversaria*), und solche, die nach einer vorgegebenen Taxonomie angefertigt werden (Exzerpte als *collectanea*)[13] – etwa nach dem Alphabet oder nach Schlagwörtern oder loci –, so sind die Marginalien in einem durchschossenen Buch eine eigentümliche Mischung: Ihre Taxonomie ist das Buch selbst, an dessen Rändern und Seiten sie hängen und durch das sie selbst ihren ‚Sinn' schöpfen, insofern sie ohne Stellenzuweisung oft nicht lesbar sind – und sie sind – geht man von einer (wiederholten) durchlaufenden Lektüre aus – überwiegend nacheinander geschrieben.[14]

Im Unterschied zum Zettelkasten oder auch im Gegensatz zu lose in ein Buch eingelegten Notizzetteln gibt es keine interne Beweglichkeit und im Unterschied zu Schlagworttaxonomien oder alphabetischen Ordnungen ist ihre taxonomische Struktur schwach. Im Gegensatz zu gebundenen Exemplaren, die am Ende eine Reihe von Lesenotizen integrieren (wie etwa Jacobis Handexemplar der *Kritik der reinen Vernunft* von Kant, siehe Abb. 1), gibt es in durchschossenen Büchern oder Einblattdrucken (vgl. Rautenberg 2000), auf dem jeweils die Rückseite frei gelassen ist, ein enges typographisches Wechselspiel zwischen Buchtext und Marginalien, die zusammen ein fixes System bilden.[15]

[13]Ich verwende hier eine rhetorische Terminologie an der Schwelle vom 17. zum 18. Jahrhundert, vorgeschlagen von Christian Weise und Friedrich Andreas Hallbauer, vgl. Décultot 2014, S. 11.

[14]Im 17. und 18. Jahrhundert ist ein wahrer Expertendiskurs über die Art und Weise der Sortierung zu verzeichnen. Während im Laufe des 17. Jahrhunderts immer flexiblere Klassifikationssysteme entstehen, gibt es im 18. Jahrhundert eine Bewegung weg von einer vorgegebenen Ordnung hin zu einer vom lesenden Subjekt geschaffenen, ihm entsprechenden Ordnung (vgl. Décultot 2014, S. 19–22).

[15]Für die Erlaubnis zum Abdruck der Abbildungen danke ich dem Archiv der Berlin-Brandenburgischen Akademie der Wissenschaften sowie der Staatsbibliothek zu Berlin. Das Copyright für alle Abbildungen verbleibt bei den Institutionen.

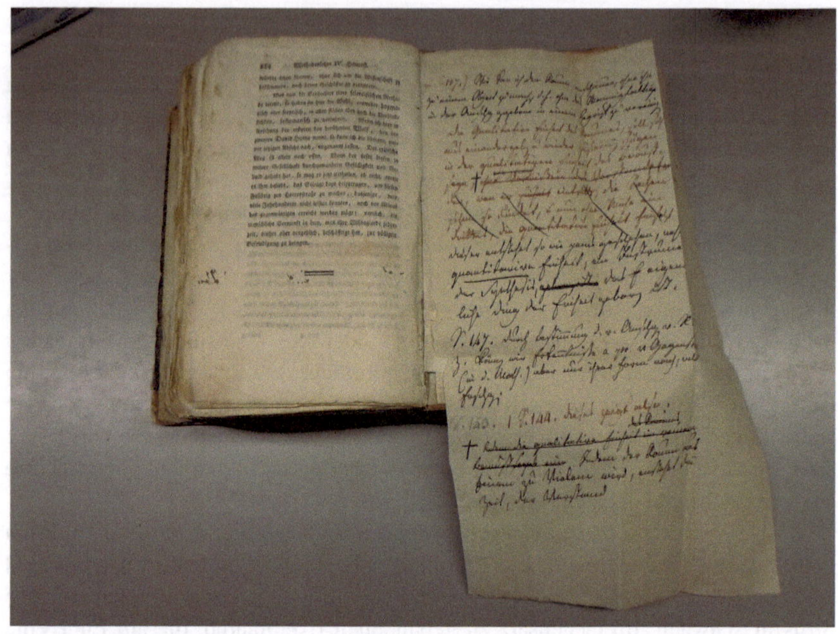

**Abb. 1** Eingebundene Notizzettel Friedrich Heinrich Jacobis am Ende seines Handexemplars von Immanuel Kants *Kritik der reinen Vernunft.* (Quelle: Staatsbibliothek zu Berlin, Handschriftenabteilung, Signatur: Libr. Impr.c.not.mss.Oct. 16 © Staatsbibliothek zu Berlin)

Anders als Schreibkalender (wie zum Beispiel der von Friedrich Schleiermacher, siehe Abb. 2),[16] deren Vordrucke ab dem 19. Jahrhundert weit verbreitet waren, oder auch „Sammelbücher für Seelsorger" (siehe Abb. 3), in denen der gedruckte Text zwar den handschriftlichen strukturiert und ordnet, ihm gegenüber jedoch quasi dienend und untergeordnet auftritt, scheint der freie Platz im durchschossenen Buch und seine potenzielle Beschriftung zunächst dem Haupttext untergeordnet.

[16]In ihrer Untersuchung zur Sammlungsstruktur und -dynamik von Schreibkalendern weist Helga Meise darauf hin, dass auch viele Schreibkalender wieder durchschossen waren (vgl. 2002, S. 70, 77).

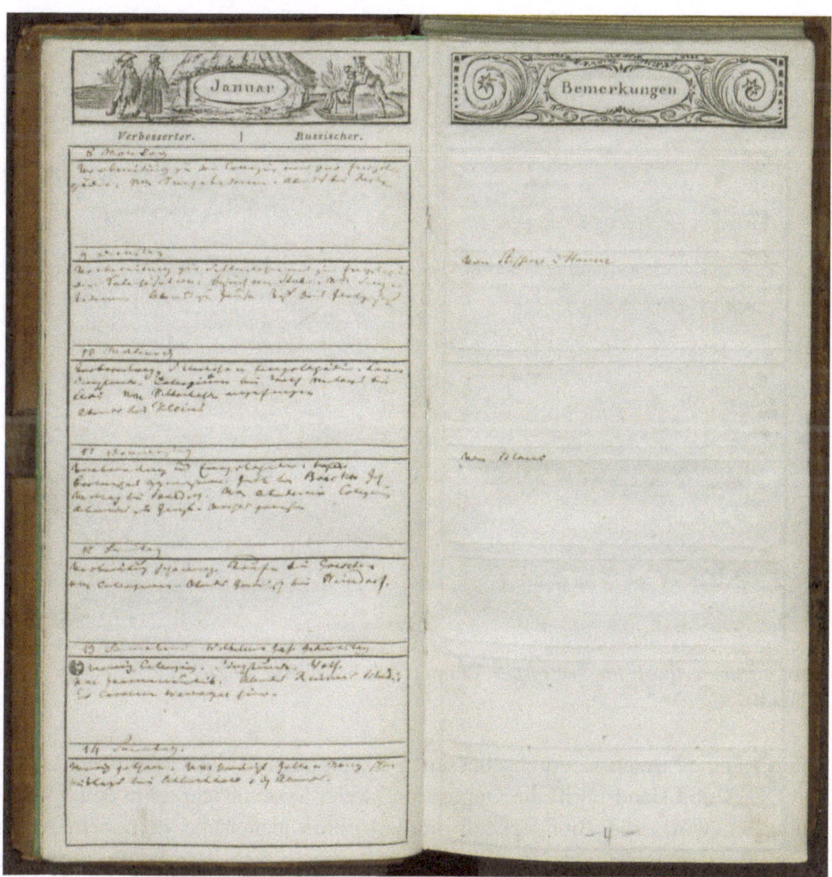


**Abb. 2** Friedrich Schleiermachers Tageskalender aus dem Jahr 1810. (Quelle: Archiv der BBAW, Schleiermacher-Nachlass (SN), Nr. 439, Bl. 3v, © ABBAW)

Natürlich gibt es auch in handschriftlichen Texten den für eine annotierende Lektüre vorgesehenen unbeschriebenen Raum: so zum Beispiel bei Akten, in denen der Entwurf (eines Gesetzes, Reglements oder Protokolls) nur halbseitig das Blatt bedeckte und dann – im Umlaufverfahren – von den am Entscheidungsprozess beteiligten Personen mit Kommentaren und Korrekturen versehen wurde; sie sind als *work in progress* angelegt. Im Gegensatz zu diesen handschriftlichen

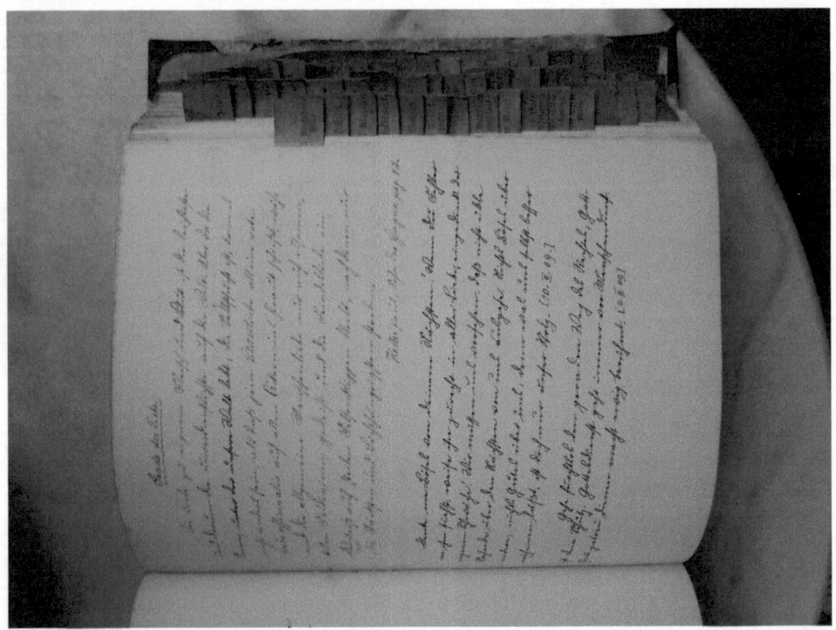

**Abb. 3** *Sammelbuch für Seelsorger,* Eintrag „Nächstenliebe". (Quelle: Privatbesitz Sarah Schmidt)

freien Räumen treten in durchschossenen Exemplaren in der Gegenüberstellung von Druck und Handschrift die Opposition zweier Systeme stärker in den Vordergrund: Es wird, wie Brendecke formuliert „eine technische in hohem Maße abgeschlossene Form von Schriftlichkeit, mit seinem Gegenteil konfrontiert: der ‚tabula rasa' des weißen Blattes" (2005, S. 55).

Aber nicht nur Druck und weißer Raum, auch und gerade mit dem Beschreiben dieses Raumes tritt der Gegensatz und mithin die Grenzziehung zwischen Fixem und Unfertigem, zwischen lang Gereiftem und Flüchtigem, zwischen Öffentlichem und Privatem, zwischen Strukturiertem oder Struktur, Gebendem und Unstrukturiertem, zwischen sauber und unsauber,[17] zwischen eigenständigem Argumentationszusammenhang und einer sich parasitär an die Ordnung des

[17] Dies ist rein graphisch gemeint aber auch im Sinne eines Denkens ins Unreine, vgl. dazu Hegels handschriftliche Notizen im durchschossenen Exemplar seiner Rechtsphilosophie (Abb. 4).

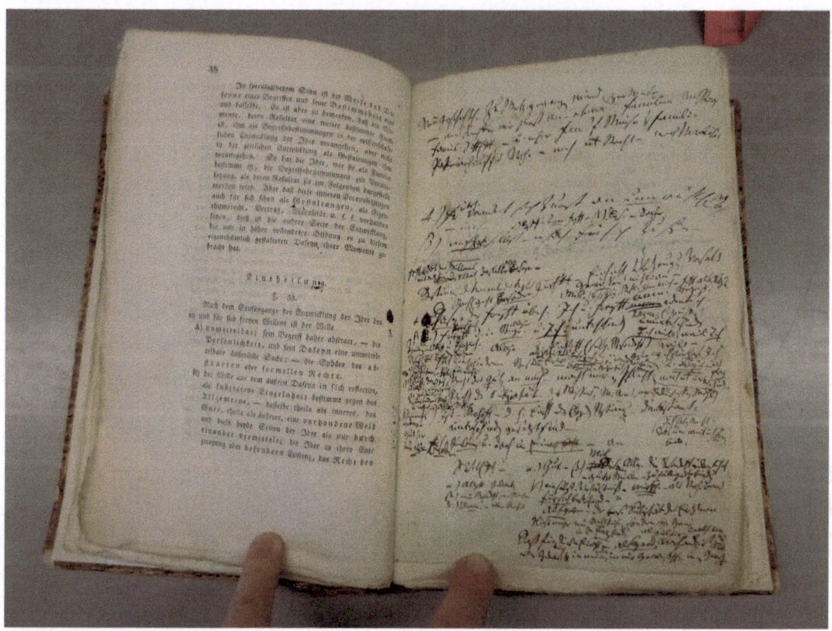

**Abb. 4** Durchschossenes und von Hegel annotiertes Exemplar seiner *Rechtsphilosophie*. (Quelle: Staatsbibliothek zu Berlin, Handschriftenabteilung, Signatur: Libr. Impr.c.not. ma.oct.126 © Staatsbibliothek zu Berlin)

Buches pfropfenden Gedankennotiz, wesentlich prägnanter auf als sie das in rein handschriftlichen Kompositionen tun würde (siehe Abb. 4). In einer Wertschätzung der Marginalien als uneigenständig mag ein Grund liegen, warum – trotz der verbreiteten Praxis – heute nur sehr wenige Exemplare dieser Art erhalten sind. Ein weiterer darin, dass sie mit ihrer fixen Kopplung an einen (fremden oder eigenen) Text eine sehr begrenzte Verwertbarkeit haben und insbesondere nach ihrer Auswertung für eine neue Ausgabe schnell zu einer Textdeponie werden können.[18]

[18]Brendecke geht nach einer eigenen Recherche vom 16. bis hinein ins 20. Jahrhundert von mehreren Tausend durchschossenen Exemplaren aus, die in deutschen Bibliotheken und Archiven aufgehoben sind (vgl. 2005, S. 53). Allerdings sind diese Exemplare oft nicht als solche gekennzeichnet, sodass eine reine Katalogs- und Findbuchrecherche nicht immer Aufschluss gibt.

## 3 Die Marginalien von Schleiermachers *Glaubenslehre* (1. Aufl.)

Die exemplarische Auseinandersetzung widmet sich der *Glaubenslehre* des Theologen und Philosophen Friedrich Schleiermacher, seit Gründung der Berliner Universität ein Kollege Fichtes, ab 1818 auch von Hegel an ebendieser Universität. Die *Glaubenslehre* ist Schleiermachers theologisches Hauptwerk, das aus seinen Vorlesungen hervorging und dessen durchschossenes Handexemplar der ersten Auflage von 1821/22 sich u. a. in den Stunden nach der Vorlesung mit Notizen füllte und 1830 als Grundlage der Ausarbeitung einer zweiten Ausgabe diente.[19]

Für Schleiermacher war es offenbar eine gängige Praxis, seine Druckwerke durchschießen zu lassen. Auch von der zweiten Auflage der *Glaubenslehre* wurde von Schleiermacher ein durchschossenes Exemplar angefertigt, von dem wir sogar über eine gedruckte Transkription verfügen, das Original ist jedoch verschollen.[20] Bekannt sind noch zwei weitere durchschossene und mit Marginalien versehene Handexemplare Schleiermachers: ein Exemplar seiner Schrift *Kurze Darstellung des theologischen Studiums,* ebenfalls Vorlage für seine Vorlesung,[21] und ein

[19]Das Handexemplar (es liegt nur Bd. 1 vor, Bd. 2 ist wohl verloren gegangen), liegt im Schleiermacher-Nachlass des Archivs der Berlin-Brandenburgischen Akademie der Wissenschaften, Nachlass Schleiermacher, Nr. 61.

[20]Schleiermacher verwendete das mit Marginalien versehene Exemplar der 2. Auflage offenbar für seine Vorlesung des ersten Teils 1830 (vgl. KGA I/13, S. XLV–XLVI). Im Vorwort der Publikation von Carl Thönes (1973), die dann auch in die KGA berücksichtigt wurde, erfährt man nähere Umstände (KGA I/13, S. XLVI): „Inhaltlich bringen die Randbemerkungen sehr Verschiedenartiges: Erläuterungen zur Disposition (besonders vor Beginn eines größeren Abschnitts oder eines Paragraphen), Verdeutlichung der Argumentationsstruktur, Worterklärungen oder Berichtigung von Druckfehlern. Dagegen finden sich Hinweise auf zusätzliche Literatur oder abweichende Auffassungen anderer Theologen verhältnismäßig selten." Die Marginalien sind in der historisch-kritischen Schleiermacher Ausgabe (wie bei der *Enzyklopädie*) am unteren Ende der Seite als Handapparat mitgegeben.

[21]Seine sogenannte *Enzyklopädie,* systematisch angelegt als Einführung und Überblick in das Studium der Theologie und inhaltlich ein wichtiger Baustein der Philosophie und Theologie Friedrich Schleiermachers, insofern er hier die Genese und Dynamik der Wissenschaften – ihre Geschichtlichkeit – verhandelt, brachte Schleiermacher 1811 in einer ersten Auflage heraus. Sie diente als Grundlage für seine Vorlesungen zur Enzyklopädie und erfuhr wie die *Glaubenslehre* dann in der zweiten Auflage eine grundlegende Revision. Ein durchschossenes Exemplar für die erste Auflage liegt uns nicht vor, wohl aber für die zweite aus der deutlich wird, dass Schleiermacher eine weitere Modifikation vornahm und plante (vgl. Archiv der BBAW, Nachlass Schleiermacher, Nr. 47).

Exemplar der ersten Auflage der *Reden über die Religion,* Schleiermachers frühromantischer religionsphilosophischer Entwurf, den er in vier überarbeiteten Auflagen zu Lebzeiten herausgab und mit dem er sich trotz seines anonymen ersten Erscheinens 1799 über den Kreis der Frühromantiker hinaus einen Namen machte.[22] Aus Briefen erfährt man darüber hinaus noch von einem Exemplar des zweiten Bandes der Platon-Übersetzung[23] und aus den Rechnungsbüchern seines Verlegers geht auch hervor, dass er sich die Festpredigten des ersten und zweiten Bandes von 1826 mit alternierenden weißen Seiten hat binden lassen.

Die Marginalien der *Glaubenslehre* wurden, wie aus einem Brief an den Prediger Ludwig Blanc vom 9. Januar 1819 hervorgeht, bereits vor Abschluss der ersten Auflage (!) für eine projektierte zweite, möglicherweise postume, das heißt von einem anderen als Schleiermacher zu besorgende Auflage geplant: „Citiert wird [in der ersten Auflage; S.Sch.] nicht viel, und hier manches für das durchschossene Exemplar aufgespart, das nach meinem Tode zum Grunde der zweiten Auflage dienen kann. Was ich aber citire, schreibe ich ganz hin; denn ich glaube so allein kann es von Nuzen sein“ (Schleiermacher 1863, S. 244). Sie tragen demnach erstens von ihrer Anlage her keinen rein privaten Charakter (insofern ein möglicher Editor-Leser immer schon mitgedacht wird); und zweitens gibt es bereits bei der Abfassung der ersten Auflage etwas, das Schleiermacher zwar nicht als unwichtig ansieht, dessen Platz innerhalb des Buches jedoch (noch) nicht gefunden ist (möglicherweise um der argumentativen oder didaktischen Klarheit Willen auch nicht finden wird) und das deshalb am Rande des Textes deponiert wird.

Welche Einträge jene aufgesparten (Literatur-)Hinweise sind und welche Randbemerkungen in den wiederholten Selbstlektüren nach oder jenseits der Vorlesungen hinzukamen, lässt sich nachträglich nicht bestimmen. Die Marginalien[24] zur ersten Auflage der *Glaubenslehre* sind zahlreich und beinahe durchgängig, das heißt Seite für Seite vorhanden. Sie sind – ähnlich wie gedruckte Anmerkungen – dem Buchtext als demjenigen untergeordnet, an dem sie an einer spezifischen Stelle ‚hängen‘. Zugleich bewirken sie eine Dynamisierung

[22]Das Exemplar wurde von der Staatsbibliothek zu Berlin vor einigen Jahren angekauft und findet sich im Handschriftenlesesaal unter der Signatur Nachl. 481 (Schleiermacher-Sammlung).

[23]Vgl. Brief Schleiermacher Nr. 1844 an Georg Reimer vom 4. November 1804 (KGA V/8, S. 16).

[24]Schleiermacher nennt diese Marginalien selbst mal „Randbemerkungen“, mal „Marginalerklärungen“ aber auch „Marginalien“.

des Drucktextes, und stellen seine inhaltliche und strukturelle Gefährdung dar,[25] die sich in der Auswertung der Marginalien als Depot-Deponie in der zweiten Auflage durch Schleiermacher und der historisch-kritischen Edition durch einen Editor am prägnantesten ereignet, aber bereits mit einem Blick auf das durchschossene Exemplar ins Auge sticht. Denn mit der Aneignung und annotierenden Lektüre aus Anstreichungen, Streichungen, Abstreichungen, Einfügungszeichen, Kommentaren und Umstellungen erfährt der Text neue Akzentuierungen oder Tilgungen, er wird aufgebrochen und im visuellsten Sinne des Wortes überlagert, fortgeschrieben, überschrieben bis hin zu seiner partiellen Unleserlichkeit.[26]

Die 1830 publizierte zweite Auflage der Glaubenslehre ist eine formal stark umgearbeitete zweite Ausgabe, die auf der Grundlage der jahrelang gesammelten Anmerkungen beruht. Anders jedoch als in dem durchschossenen Exemplar der *Reden über die Religion* (siehe Abb. 5), indem die Marginalien ganz deutlich auf eine Textkorrektur des Gedruckten abheben – ähnlich einer umfassenden korrigierten Druckfahne – lässt sich die zweite Auflage der Glaubenslehre nicht wie aus einem Baukastensystem Text+marginale Korrektur zusammensetzen, sondern ist – mit Rückgriff auf die jahrelang gesammelten Notizen – aus einem Guss neu geschrieben. Inhaltlich nicht fundamental von der ersten Auflage abweichend, versucht sie eine argumentative Klarstellung und Vermeidung von Missverständnissen.[27]

---

[25]„Der Drucktext wird so als etwas per se unabgeschlossenes verstanden, das von Auflage zu Auflage zu emendieren ist und des schreibenden und sammelnden Lesens bedarf" (Brendecke 2005, S. 58).

[26]Cornelia Ortlieb untersucht diesen Grenzfall des partiellen Tilgens für die annotierten Exemplare Friedrich Heinrich Jacobis (2007, S. 247): „Anstreichungen und Annotationen sind gleichermaßen Teil des paradoxen Phänomens der notwendigen Zerstörung, hier zumindest der visuellen Einheit und Geschlossenheit der Druckseite. Besonders interessant sind dabei wiederum solche Fälle, wo dem *Anstreichen* das Durchstreichen folgt, wo also ein Text durch eine zweite Schicht von Graphemen materiell und symbolisch fortgeschrieben oder überschrieben wird." „Diese Art der schreibenden Lektüre eines Textes ist", so fasst Cornelia Ortlieb in ihren Untersuchungen zu Jacobi zusammen, „somit einerseits affirmativ, indem sie die Architektonik der vorgegebenen Argumentation nicht nachhaltig erschüttert, andererseits pointiert sie kommentarartig einen Aspekt, der im Text bestenfalls implizit angelegt war." (2007, S. 261). Vgl. dazu auch ausführlich Ortlieb 2010, S. 309–414; und mit Bezug auf Jacobis wie Schleiermachers Kritikbegriff Ortlieb 2018.

[27]So nimmt sie zum Beispiel eine deutlichere Absetzung der langen Einleitung vor, insofern sie außerhalb der theologischen Argumentation steht und als Ableitung aus der Ethik verstanden werden muss.

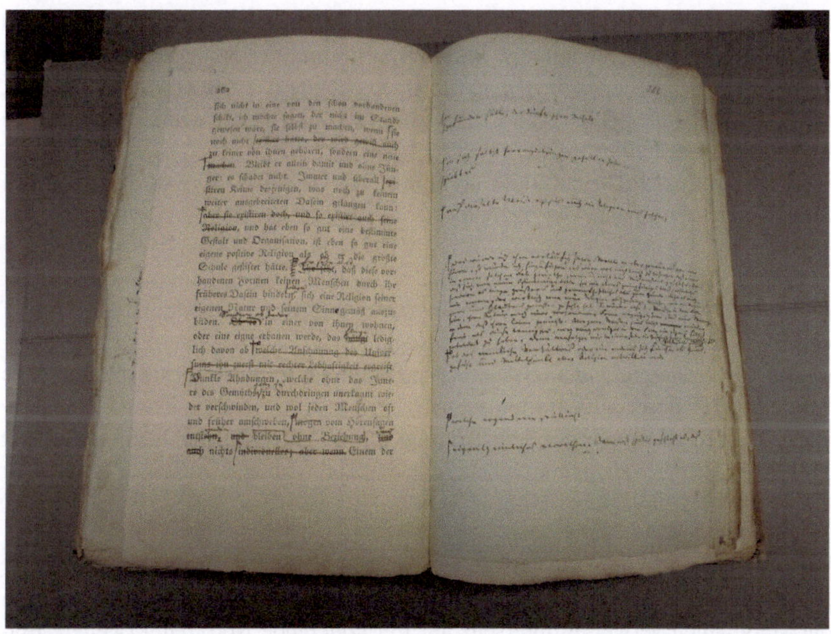

**Abb. 5** Durchschossenes und von Schleiermacher annotiertes Exemplar seiner *Reden über Religion* (1. Aufl.), 1799. (Quelle: Staatsbibliothek zu Berlin, Handschriftenabteilung, Nachl. 481 (Schleiermacher-Sammlung)

Der Umstand, dass die Marginalien in der historisch-kritischen Gesamtausgabe (KGA I/7.3) eine eigene Publikation erfahren haben, deutet bereits an, dass sie nicht im neuen Werk aufgehen und eine eigenständige Narration verfolgen, die keine geschlossene Argumentation, sondern den Gedankenfluss, seine Intentionen, Nebengleise und Sackgassen, sprich: den Prozess der Lektüre selbst ebenso wie seine didaktische Vermittlung an ein studentisches Publikum zum Gegenstand haben.

Die Arbeit der Editoren ist dabei in einem ersten Schritt ein Ordnungs- und Klassifikationsprozess, in dem Schreibmaterialien und Handschriftencharaktere unterschieden werden ebenso wie die Positionierung der Marginalien auf dem Papier, Buchstabengröße und Buchstabenform. Streichungen von Marginalien, unterschiedliche Handschriften und Tinten, ein komplexes Verweissystem[28] und die systematisch vorgenommene Platzierung bestimmter Notizen an bestimmten Orten des weißen Blattes deuten auf unterschiedliche Klassen von Anmerkungen, aber auch auf unterschiedliche Lektüreschichten bzw. auf einen sich über Jahre hinziehenden Notationsprozess.

Wie der Editor Ulrich Barth ausführt (vgl. 1984, S. XVI–XVII) verfolgte Schleiermacher mit den Marginalien offenbar unterschiedliche Absichten:

- Sie dienten der Aufarbeitung der früheren dogmatischen Lehrtradition.
- Sie sind Aufarbeitung der Rezensionen und ihrer Kritik an seinem Werk.
- Sie verdeutlichen die Argumentationsstruktur.
- Sie sind Erläuterungen und Ausführungen für ein studentisches Publikum (was ein Vergleich mit Mitschriften zeigt).
- Sie dienen aber auch der Selbstklärung für die erneute Drucklegung. So heißt es zum Beispiel zu Beginn: „Das Motto bleibt, wohin es zu stehen kommt, ist mir gleichgültig" (KGA I/7.3, S. 3).

Fasst man diese Marginalien als ein für die Umarbeitung angelegtes Archiv oder Depot auf, so ist es – dies sei nur erwähnt – ein quasi ‚ausfransendes' Depot, denn die Marginalien verweisen ihrerseits auf frei flotierende Notizzettel (weitere Epitexte in der Terminologie Genettes), die möglicherweise nicht alle erhalten sind.[29] So heißt es beispielsweise: „Dies kommt nach der neuen Anordnung (siehe den Zettel vom 30.October [)] hier weg an einen späteren Ort" (KGA I/7.3, S. 9).

Abgesehen von dieser akribischen Nachzeichnung der Systematik und Genese der Notate, die Rückschlüsse auf Schleiermachers Arbeitsweise, seine Intentionen, das Verhältnis von mündlichem Vortrag und schriftlicher Ausarbeitung zulassen, ist die Edition der Marginalien der ersten Auflage der *Glaubenslehre* auch insofern bemerkenswert, als sie in einer eigenständigen Edition, das heißt in einem eigenen vom Haupttext getrennten Band erfolgt. Mit dieser Entscheidung wird aus einem vom Sinn des Drucktextes gespeisten Randtext ein emanzipierter Haupttext, der nun wie eine Collage aus Lesebausteinen auftritt und sich in dieser Eigenständigkeit auch behaupten muss. Dieser Umstand führt erstens zu einer Art Umkehrung

[28]Die Zuordnung Schleiermachers ergibt sich zum einen dadurch, dass er Einfügungszeichen oder direkte Verweise auf Seiten bzw. auf Paragraphen vornimmt, aber auch dadurch, dass er eine Ergänzung, die grammatikalisch in den Drucksatz passt, an entsprechender Stelle an den Rand schreibt.

[29]Zum Verhältnis von Deponie, Depot und Archiv siehe auch die Beiträge von Magnus Wieland und Christa Grewe-Volpp in diesem Band.

oder Umstülpung, ja zu einer Spiegelung des Grenzverhältnisses zwischen ehemaligem Drucktext und Marginalie. Denn damit diese isoliert gegebenen Marginalien überhaupt sinnvoll gelesen werden können, bedarf es eines Verweises auf seine Beziehung zum Drucktext (als vorangestelltes Lemma) sowie ausführlicher Sachanmerkungen, die den ursprünglichen Drucktext nun quasi zu einer Anmerkung der Marginalie werden lassen[30] – nicht zu sprechen von einer Umsetzung der unterschiedlichsten Verweiszeichen, mit denen Schleiermacher Marginalie und Drucktext aufeinander bezieht.

Dieser Umstand führt jedoch auch zweitens dazu, dass die Marginalien der Glaubenslehre unter einem stärkeren Kohärenzdruck stehen, als etwa die unter dem Haupttext nach wie vor untergeordneten Marginalien der *Enzyklopädie.*[31] Dies bedeutet, dass auch die historisch-kritische Edition für die Edition einen Säuberungsakt des Depots vornimmt. Dieser besteht zum Beispiel in der strukturierenden Lektüre des Editors, die Umstellungen in der Reihenfolge zur Folge hat (die im Falle der Edition von Ulrich Barth im Textapparat angegeben und aufgelöst werden), und auf eine bessere Lesbarkeit abzielen.[32] Sie besteht jedoch auch in der Selektion, das heißt in der Tilgung einzelner Zeichen und Notate, die als ‚parasitär' und inhaltlich deplatziert beurteilt wurden. Dazu gehören etwa kleine Alltagsrechnungen (siehe Abb. 6), Briefkonzepte oder Kritzeleien, aber auch alle sogenannten Umarbeitungsstriche, mit denen Schleiermacher das gedanklich Abgearbeitete abstrich (siehe Abb. 7).

Ist das, was in diesen Säuberungsaktionen des sorgfältig historisch-kritisch rekonstruierenden Editors am Ende als unedierter Rest übrigbleibt, gemäß der eingangs übernommenen Bestimmung Abfall oder sogar Müll? Was – so könnte man in Bezug auf die Text- und Lesepraxis formulieren – ist so amorph, formlos und unbestimmt, dass man es selbst keiner Ökonomie der Gedanken mehr zuführen kann? Kann es, mit Hauser gefragt (vgl. 2001, S. 20) ‚reinen' Müll überhaupt geben? Reiner Müll als das (sprachlich) schlechthin nicht Verwertbare wäre möglicherweise das, was sich einer sinnstiftenden Lektüre (definitiv)

---

[30]Der Editor stellt den Lemmaverweis auf den Drucktext der einzelnen Marginalie zwar wie eine Überschrift voran, sie hat in ihrer Unvollständigkeit jedoch einen Verweischarakter.

[31]Die Marginalien der *Enzyklopädie* enthalten keine „parasitären Elemente", wie etwa Rechnungen in der Glaubenslehre, und sind vollständig ediert und zwar im Kontext und zugeordnet zur zweiten Auflage.

[32]So wird z. B. eine erste Zeile auf dem ersten Marginalienblatt als später geschrieben identifiziert und inhaltlich dem zweiten Absatz zugeordnet. Sie wird in der Edition also nach dem zweiten Absatz mit der Bemerkung „zu Marg. 2" wiedergegeben.

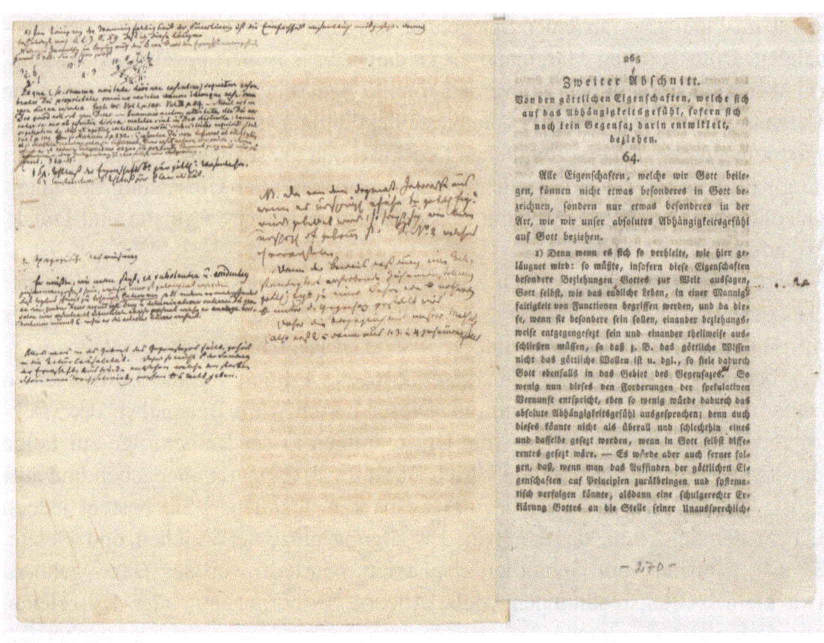

265

## Zweiter Abschnitt.

Von den göttlichen Eigenschaften, welche sich auf das Abhängigkeitsgefühl, sofern sich noch kein Gegensaz darin entwikkelt, beziehen.

64.

Alle Eigenschaften, welche wir Gott beilegen, können nicht etwas besonderes in Gott bezeichnen, sondern nur etwas besonderes in der Art, wie wir unser absolutes Abhängigkeitsgefühl auf Gott beziehen.

1) Denn wenn es sich so verhielte, wie hier geläugnet wird: so müßte, insofern diese Eigenschaften besondere Beziehungen Gottes zur Welt aussagen, Gott selbst, wie das endliche Leben, in einer Mannigfaltigkeit von Functionen begriffen werden, und da diese, wenn sie besondere sein sollen, einander beziehungsweise entgegengesezt sein und einander theilweise ausschließen müssen, so daß z. B. das göttliche Wissen nicht das göttliche Wollen ist u. dgl., so fiele dadurch Gott ebenfalls in das Gebiet des Gegensazes. So wenig nun dieses den Forderungen der spekulativen Vernunft entspricht, eben so wenig würde dadurch das absolute Abhängigkeitsgefühl ausgesprochen; denn auch dieses könnte nicht als überall und schlechthin eines und dasselbe gesezt werden, wenn in Gott selbst differentes gesezt wäre. — Es würde aber auch ferner folgen, daß, wenn man das Auffinden der göttlichen Eigenschaften auf Principien zurükbringen und systematisch verfolgen könnte, alsdann eine schulgerechte Erklärung Gottes an die Stelle seiner Unaussprechlich-

– 270 –

**Abb. 6** Durchschossenes und von Schleiermacher annotiertes Exemplar seiner *Glaubenslehre* (1. Aufl., 1821/22), Bl. 269v/279. (Quelle: Archiv der BBAW, Schleiermacher-Nachlass (SN) Nr. 61, Bl. 269v/279, © ABBAW)

entzieht. An die Grenzen des Lesbaren stößt man im Akt des historisch-kritischen Edierens natürlich immer dort, wo ein Zerstörungsakt oder ein partielles Verschwinden stattgefunden hat – sei es durch das Verblassen von Tinte, sei es durch den Abriss einer Seite oder das willkürliche Zerschneiden von Briefen oder Akten, deren Rückseiten oder unbeschriebene Blattteile zu Notizzetteln umgearbeitet wurden – was angesichts der teuren Papierpreise eine ganz gängige Praxis Anfang des 19. Jahrhunderts war.[33] Eine andere spezielle

[33] Als historisch-kritische Editorin der Briefe Schleiermachers habe ich es immer wieder mit solchen Brieffragmenten zu tun, die sich auf der Rückseite von Notizzetteln finden. Für die Entscheidung, auch kleinste Fragmente zu publizieren, die in der Editionspraxis nicht überall auf Zustimmung stößt, spricht meines Erachtens mindestens zweierlei: Es sind erstens, so fragmentarisch sie erscheinen, Puzzleteile, die vielleicht irgendwann einmal ein Pendant finden. Und sie zeugen zweitens davon, dass eine Edition auch mit derartigen Leerstellen umgeht, und dokumentieren so einen Befund und eine materiale Information, die bei einem Weglassen derartiger Briefe auch bereinigt wäre.

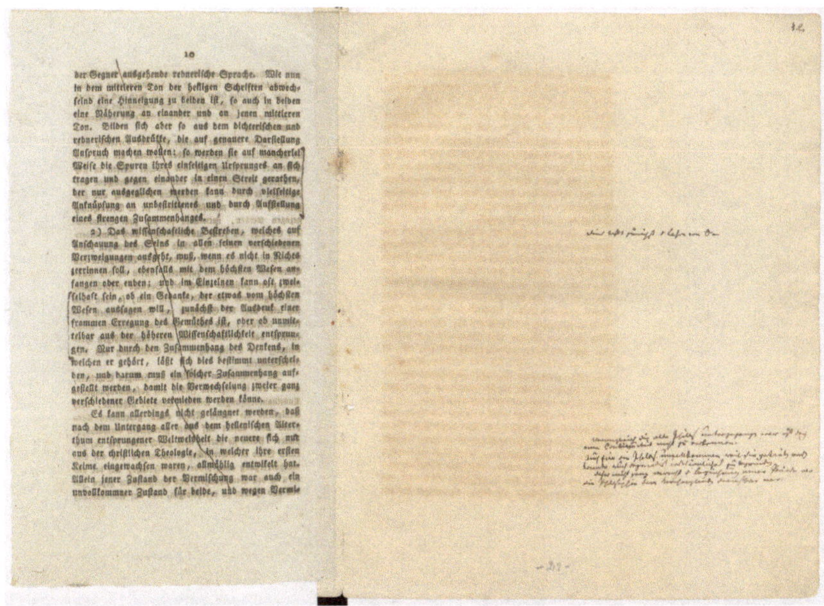

10

der Gegner ausgehende rednerische Sprache. Wie nun in dem mittleren Ton der heiligen Schriften abwechselnd eine Hinneigung zu beiden ist, so auch in beiden eine Näherung an einander und an jenen mittleren Ton. Bilden sich aber so aus dem dichterischen und rednerischen Ausdrükke, die auf genauere Darstellung Anspruch machen wollen: so werden sie auf mancherlei Weise die Spuren ihres einseitigen Ursprunges an sich tragen und gegen einander in einen Streit gerathen, der nur ausgeglichen werden kann durch vielseitige Anknüpfung an unbestrittenes und durch Aufstellung eines strengen Zusammenhanges.

2) Das wissenschaftliche Bestreben, welches auf Anschauung des Seins in allen seinen verschiedenen Verzweigungen ausgeht, muß, wenn es nicht in Nichts zerrinnen soll, ebenfalls mit dem höchsten Wesen anfangen oder enden; und im Einzelnen kann oft zweifelhaft sein, ob ein Gedanke, der etwas vom höchsten Wesen aussagen will, zunächst der Ausdruk einer frommen Erregung des Gemüthes ist, oder ob unmittelbar aus der höheren Wissenschaftlichkeit entsprungen. Nur durch den Zusammenhang des Denkens, in welchen er gehört, läßt sich dies bestimmt unterscheiden, und darum muß ein solcher Zusammenhang aufgestellt werden, damit die Verwechselung zweier ganz verschiedener Gebiete vermieden werden könne.

Es kann allerdings nicht geläugnet werden, daß nach dem Untergang aller aus dem hellenischen Alterthum entsprungener Weltweisheit die neuere sich mit aus der christlichen Theologie, in welcher ihre ersten Keime eingewachsen waren, allmählig entwikelt hat. Allein jener Zustand der Vermischung war auch ein unvollkommner Zustand für beide, und wegen Vermi-

**Abb. 7** *Glaubenslehre* (1. Aufl., 1821/22), Bl. 20v/21. (Quelle: Archiv der BBAW, Schleiermacher-Nachlass (SN) Nr. 61, Bl. 20v/21, © ABBAW)

Art des Verschwindens wurde zuvor kurz erwähnt, ein Verschwinden in den Anstreichungen und Notaten der Lektüreschichten, die ein so dichtes handschriftliches Netz über den gedruckten Text ziehen, dass er unlesbar wird, was auf die Marginalien der Glaubenslehre jedoch nicht zutrifft.

Die von Schleiermacher notierten Rechnungen sind als Rechnungen manchmal nachvollziehbar, manchmal erinnern sie jedoch auch nur an Rechnungen und werden vom Editor dementsprechend vage als „Rechenspiele“ bezeichnet. Möglicherweise käme man ihrem Kontext auf die Spur, wenn man sich den in den Tageskalendern notierten Aus- und Eingaben zuwendet. Auch ohne ihre Ausdeutung geben sie zumindest die Information, dass Schleiermacher bei seiner Lektüre ab und zu Finanzfragen im Kopf bewegte. Wesentlich klarer scheinen Kritzeleien Fälle des Unlesbaren zu sein, nicht zuletzt, weil sie möglicherweise aus Versehen in einer zufälligen Handbewegung aufs Papier geraten sind (siehe Abb. 8).

Aber nicht nur einzelne Zeichen fallen ins Auge, auch die Anordnung auf dem Blatt und die Zwischenräume scheinen nicht bedeutungslos, die ja in Sammlungen

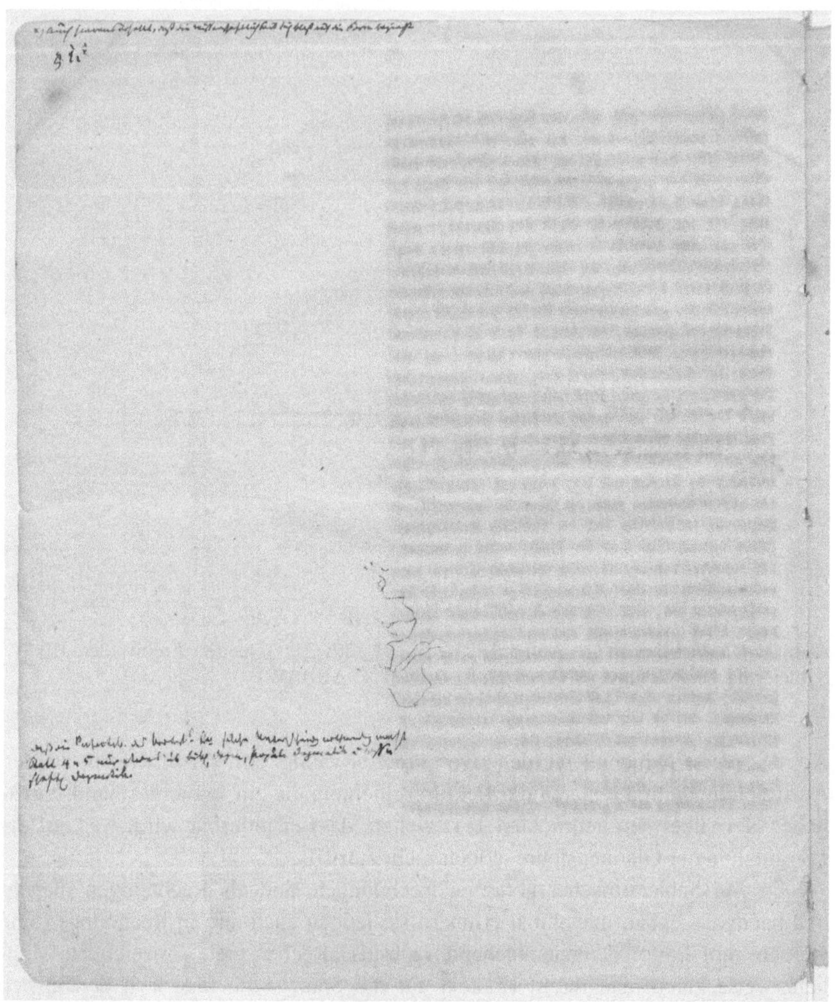

**Abb. 8** *Glaubenslehre* (1. Aufl., 1821/22), Bl. 15v. (Quelle: Archiv der BBAW, Schleiermacher-Nachlass (SN) Nr. 61, Bl. 15v, © ABBAW)

ein wesentliches Gestaltungselement für die Nutzer-, Besucher- oder Leserlenkung darstellen (vgl. Schmidt 2016b, S. 23–25). Visuell spannend, freilich unintendiert, ist, dass sich die Druckseite auf fast allen durchschossenen Seiten nochmals spiegelverkehrt abbildet. Unbeabsichtigt entsteht hier wie eine Art visuelles Echo des Haupttextes eine Metapher für die Aufforderung einer Re-vision, einer rückwärts oder gegen den Strich vorzunehmenden Lektüre. Schleiermacher nimmt auf diesen Abdruck Rücksicht und lässt ihn frei bzw. nutzt ihn als vorgegebene zweispaltige Anlage des Blattes zur Unterscheidung unterschiedlicher Notizarten (siehe Abb. 9 und 10).

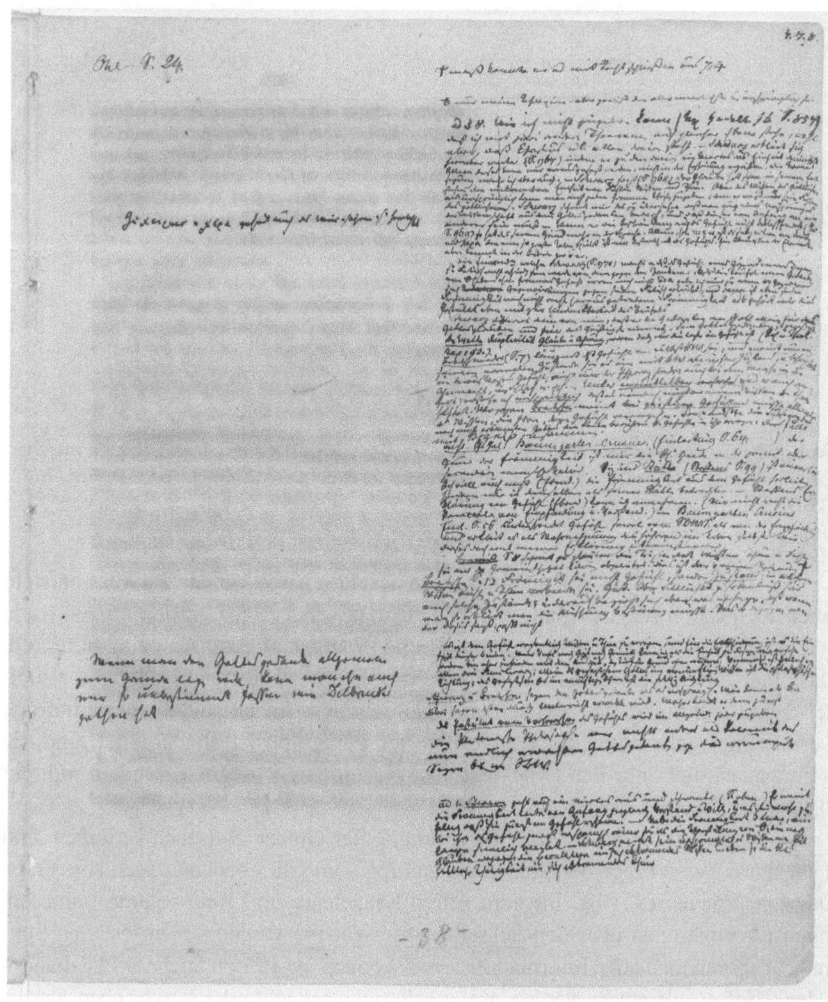

**Abb. 9** *Glaubenslehre* (1. Aufl., 1821/22), Bl. 38. (Quelle: Archiv der BBAW, Schleiermacher-Nachlass (SN) Nr. 61, Bl. 38, © ABBAW)

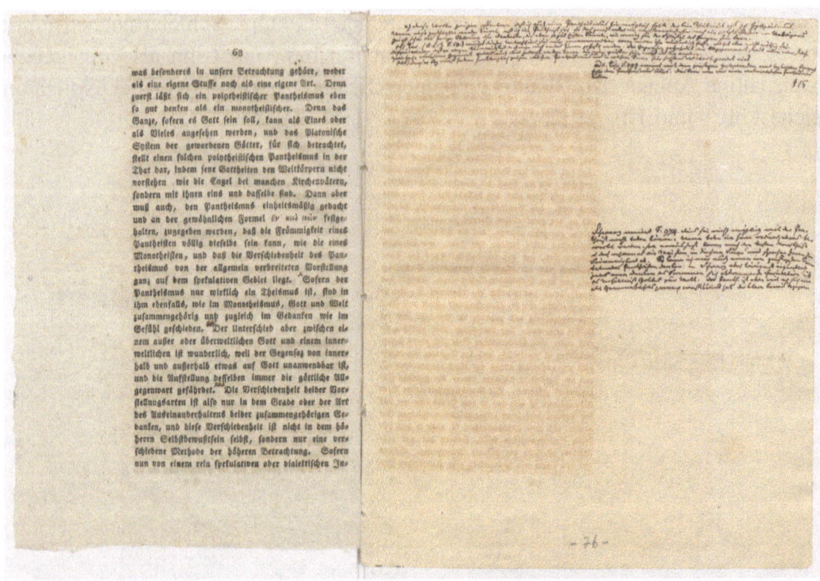

68

was besonderes in unsere Betrachtung gehöre, weder als eine eigene Stuffe noch als eine eigene Art. Denn zuerst läßt sich ein polytheistischer Pantheismus eben so gut denken als ein monotheistischer. Denn das Ganze, sofern es Gott sein soll, kann als Eines oder als Vieles angesehen werden, und das Platonische System der gewordenen Götter, für sich betrachtet, stellt einen solchen polytheistischen Pantheismus in der That dar, indem jene Gottheiten den Weltkörpern nicht vorstehen wie die Engel bei manchen Kirchenvätern, sondern mit ihnen eins und dasselbe sind. Dann aber muß auch, den Pantheismus einheitsmäßig gedacht und an der gewöhnlichen Formel ἓν καὶ πᾶν festgehalten, zugegeben werden, daß die Frömmigkeit eines Pantheisten völlig dieselbe sein kann, wie die eines Monotheisten, und daß die Verschiedenheit des Pantheismus von der allgemein verbreiteten Vorstellung ganz auf dem spekulativen Gebiet liegt. Sofern der Pantheismus nur wirklich ein Theismus ist, sind in ihm ebenfalls, wie im Monotheismus, Gott und Welt zusammengehörig und zugleich im Gedanken wie im Gefühl geschieden. Der Unterschied aber zwischen einem außer oder überweltlichen Gott und einem innerweltlichen ist wunderlich, weil der Gegensaz von innerhalb und außerhalb etwas auf Gott unanwendbar ist, und die Aufstellung desselben immer die göttliche Allgegenwart gefährdet. Die Verschiedenheit beider Vorstellungsarten ist also nur in dem Grade oder der Art des Auseinanderhaltens beider zusammengehörigen Gedanken, und diese Verschiedenheit ist nicht in dem höheren Selbstbewußtsein selbst, sondern nur eine verschiedene Methode der höheren Betrachtung. Sofern nun von einem rein spekulativen oder dialektischen In-

**Abb. 10** *Glaubenslehre* (1821/22), Bl. 75v/76. (Quelle: Friedrich Schleiermacher: *Glaubenslehre* (1. Aufl., 1821/22), Schleiermacher-Nachlass (SN) Nr. 61, Bl. 75v/76, © ABBAW)

Die Betonung eines freien, noch nicht beschriebenen weißen Raumes entsteht aber auch durch bewusst platzsparende, platzlassende, ganz an den oberen Rand gequetschte Notate (siehe oben, Abb. 8), die zwangsläufig zur Assoziation führen, dass hier möglicherweise noch einiges zu notieren sei. Ein gegenläufiges visuelles Signal geht hingegen von seinen Abstreichungsstrichen aus, die den Eindruck vermitteln, egal ob hier noch Platz ist, der Paragraph ist abgearbeitet, und die somit quasi nicht nur den Drucktext abstreichen bzw. absegnen, sondern indirekt das weiße Blatt durchstreichen.

Festzustellen bleibt, dass die Bestimmung der Grenze zwischen Lesbarem und Unlesbarem eine Frage der Kontextualisierung – und dies bedeutet auch eine Frage des Leserinteresses – ist. Insofern selbst Kritzeleien und freie Räume immerhin noch Informationen über den Schreibprozess geben, werden sie zu lesbaren Spuren. In ihrer Sinn- oder Informationsarmut können sie jedoch auch zu Platzhaltern oder Chiffren für etwas werden, was noch nicht gedacht oder geschrieben wurde. Und in diesem Sinne geht von dem in editorischer Hinsicht nicht disziplinierbaren Zeichenmaterial, demjenigen, was im Prozess der Edition vom Depot auf die Deponie wechselt, als epistemischer Möglichkeitsraum eine besondere Unruhe und Provokation aus. Provokant im Sinne eines epistemischen Möglichkeitsraumes sind jedoch nicht nur Zeichen an der Grenze zum Unlesbaren, sondern auch alle Notate, die sich zwar entziffern, trotz einer umfassenden Spurensuche des Editors jedoch kaum sinnvoll erschließen lassen und wie privatsprachliche Gedankenstützen erscheinen, die den Textrand – trotz seiner semiöffentlichen Anlage – auch als Raum des Privaten auszeichnen. Wie Genette zu bedenken gab (vgl. 2014, S. 283), besteht ein wesentlicher ‚Effekt' dieser zwischen Vor- und Nachtext changierenden Epitexte der Marginalien in der Anzeige einer grundsätzlichen Unabgeschlossenheit und Unfertigkeit von Texten schlechthin.

In den durchschossenen Exemplaren wird meines Erachtens besonders deutlich, dass und wie Sammlungs- und Abfallprozesse Teil der Schreib- und Lesepraktiken sind und zwar nicht nur mit Blick auf die Geschichte der medialen Produktionsbedingungen, sondern als eine der Textproduktion ureigene Bewegung. Sie macht auch deutlich, inwiefern Schreiben eine kulturelle Praxis ist und selbst als kulturelle Praxis der Abfallökonomie auch immer eine Form der Wissensproduktion.

Die beiden Marginalien-Auswertungen im Fall der *Glaubenslehre* Schleiermachers – einmal als zweite Auflage und einmal als historisch-kritische Edition – tragen den Charakter einer Einmaligkeit, denn mit dieser Auswertung wird das Depot geschlossen, die Marginalien haben sich in gewisser Weise emanzipiert. Sie sind in einen neuen Text eingearbeitet oder selbst zum Haupttext geworden. Gleichwohl kann auch der in Redaktion oder Lektüre vom Drucktext abgefallene Randtext selbst in seiner emanzipierten Form (als eigenständig edierter Text einer KGA zum Beispiel), nicht aus seiner Beziehung zum Drucktext austreten, auch wenn dieser nun in verkehrter Hierarchie an ihm hängt und nicht umgekehrt.

Beide Formen der Re-Edition stellen einen Reinigungsprozess dar, in dem Nichtverwertbares zurückbleibt. Beide Neuverhandlungen der Textrand-Grenze folgen dabei unterschiedlichen Narrativen. Die eigene Auswertung sucht nach einer verbesserten Argumentation und Darstellungsweise, der historisch-kritische Editor fokussiert auf den Prozess des Lesens und Notierens. In diesem Sinne kommt den historisch-kritisch edierten Randnotizen im Vergleich zu der vom Autor vorgenommenen Auswertung in der zweiten Auflage auch die Funktion eines Gegenentwurfes zu, denn sie deckt Motivationen, Anknüpfungspunkte, Aversionen, Gegnerschaften, Lücken und Details auf. So spannend eine solche Auswertung oder ‚Archäologie' der Marginalien sein mag, eine ‚unbestechliche' oder ‚objektive' Auskunft über die Genese des Schreibens der *Glaubenslehre* gibt sie nicht. Mögliche weitere Narrative mahnt das „Verworfene schlechthin" (Hauser 2001, S. 19) an, im Falle einer Textökonomie das Nichtgeschriebene, das vollständig Getilgte oder das verloren Gegangene, aber auch das nicht nicht, aber doch kaum zu Lesende.

## Literatur


Assmann, Aleida. 1996. Texte, Spuren, Abfall: die wechselnden Medien des kulturellen Gedächtnisses. In *Literatur und Kulturwissenschaften. Positionen, Theorien, Modelle*, Hrsg. H. Böhme und K.R. Scherpe, 96–111. Reinbek bei Hamburg: Rowohlt.

Assmann, David-Christopher. 2014. Müll literarisch – zur Einleitung. In *Entsorgungsprobleme: Müll in der Literatur*, Hrsg. D.-C. Assmann, N.O. Eke und E. Geulen, 1–18. Berlin: Schmidt.

Assmann, D.-C., N.O. Eke und E. Geulen, Hrsg. 2014. *Entsorgungsprobleme: Müll in der Literatur*. Berlin: Schmidt.

Barth, Ulrich. 1984. Einleitung des Bandherausgebers. In Friedrich Daniel Schleiermacher. *Der Christliche Glaube 1821–1822*, KGA I/7.3: *Marginalien und Anhang*, Hrsg. Ulrich Barth, S. XI–LXXX. Berlin: de Gruyter.

Brendecke, Arndt. 2005. ‚Durchschossene Exemplare'. Über eine Schnittstelle zwischen Handschrift und Druck. In *Archiv für Geschichte des Buchwesens* 59: 50–64.

Décultot, Elisabeth, Hrsg. 2014. *Lesen, Kopieren, Schreiben. Lese- und Exzerpierkunst in der europäischen Literatur des 18. Jahrhunderts*. Berlin: Ripperger & Kremers.

Décultot, E., und H. Zedelmaier, Hrsg. 2017. *Exzerpt, Plagiat, Archiv.* Halle: Mitteldeutscher Verlag.

Douglas, Mary. 1966. *Purity and Danger*. London: Routledge & Paul.

Dusil, S., G. Schwedler und R. Schwitter, Hrsg. 2016. *Exzerpieren – Kompilieren – Tradieren. Transformationen des Wissens zwischen Spätantike und Frühmittelalter*. Berlin: de Gruyter.

Flusser, Vilém. 1993. Nachdenken über Collage: Wert und Abfall. In Flusser, Vilém. *Nachgeschichte. Eine korrigierte Geschichtsschreibung*, 238–244. Mannheim: Bollmann.

Genette, Gérard. 1987. *Seuils*. Paris: Edition du Seuil.

Genette, Gérard. 2014. *Paratexte. Das Buch vom Beiwerk des Buches*. Aus dem Französischen von Dieter Hornig. Mit einem Vorwort von Harald Weinrich. Frankfurt a. M.: Suhrkamp.

Hauser, Susanne. 2001. *Metamorphosen des Abfalls. Konzepte für alte Industrieareale*. Frankfurt a. M.: Campus.

Kasper, Judith. 2016. Vom Ausscheren und Einsammeln der Buchstaben. Saussures Anagramm-Studien und Freuds Fehlleistungen. In *Sprachen des Sammelns. Literatur als Medium und Reflexionsform des Sammelns*, Hrsg. Sarah Schmidt, 163–179. Paderborn: Fink.

Kraemer, Harald. 2016. Sammeln ohne Zugriff. Sammeln ohne Sinn! Über den zunehmenden Verlust hypermedialer Wissensräume im Zeitalter ihrer elektronischen Speicherbarkeit. In *Sprachen des Sammelns*, Hrsg. Sarah Schmidt, 295–311. Paderborn: Fink.

Kramer, A., und A. Pelz, Hrsg. 2013. *Album. Organisationsform narrativer Kohärenz*. Göttingen: Wallstein.

Meise, Helga. 2002. *Das archivierte Ich. Schreibkalender und höfische Repräsentation in Hessen-Darmstadt 1624–1790*. Darmstadt: Hessische Historische Kommission Darmstadt.

Ortlieb, Cornelia. 2007. Anstreichen, Durchstreichen. Das Schreiben in Büchern und die Philosophie der Revision bei Friedrich Heinrich Jacobi. In *Verbergen, Überschreiben, Zerreißen. Formen der Bücherzerstörung in Literatur, Kunst und Religion*, Hrsg. M. Körte und C. Ortlieb, 247–270. Berlin: Schmidt.

Ortlieb, Cornelia. 2010. *Friedrich Heinrich Jacobi und die Philosophie als Schreibart*. München: Fink.

Ortlieb, Cornelia. 2018. Praktiken der Kritik bei Jacobi und Schleiermacher. In *Reformation und Moderne. Pluralität – Subjektivität – Kritik*, Hrsg. Jörg Dierken, A. Scheliha und S. Schmidt, 733–748. Berlin: de Gruyter.

Pelz, Annegret. 2001. Von Album bis Zettelkasten. Museums-Effekte im Text. In *Sammeln, Ausstellen, Wegwerfen,* Hrsg. G. Ecker, M. Stange, und U. Vedder, 17–30. Königsstein: Helmer.

Rautenberg, Ursula. 2000. Warum Einblattdrucke einseitig bedruckt sind. Zum Zusammenhang von Druckverfahren und medialem Typus. In *Einblattdrucke des 15. und 16. Jahrhunderts. Probleme – Perspektiven – Fallstudien*, Hrsg. V. Honemann, S. Griese und F. Eisermann, 129–142. Tübingen: Niemeyer.

Schleiermacher, Friedrich Daniel Ernst. 1980. *Der Christliche Glaube 1821–1822*, KGA I/7.2, Hrsg. Hermann Peiter. Berlin: de Gruyter.

Schleiermacher, Friedrich Daniel Ernst. 1980. *Der Christliche Glaube 1821–1822*, KGA I/7.1, Hrsg. Hermann Peiter. Berlin: de Gruyter.

Schleiermacher, Friedrich Daniel Ernst. 1984. *Der Christliche Glaube 1821–1822*, KGA I/7.3: *Marginalien und Anhang*, Hrsg. Ulrich Barth. Berlin: de Gruyter.

Schleiermacher, Friedrich Daniel Ernst. 1863. *Aus Schleiermachers's Leben. In Briefen*, Bd. 4. Hrsg. Wilhelm Dilthey. Berlin: Reimer.

Schleiermacher, Friedrich Daniel Ernst. 2008. *Briefwechsel 1804–1806 (Briefe 1831–2172),* KGA V/8, Hrsg. A. Arndt und S. Gerber. Berlin: de Gruyter.

Schmidt, Sarah. 2016a. Fremdeigene Wortreste – Sprache als Sammlung in Herta Müllers Collagen. In *Sprachen des Sammelns. Literatur als Medium und Reflexionsform des Sammelns*, Hrsg. Sarah Schmidt, 593–620. Paderborn: Fink.

Schmidt, Sarah, Hrsg. 2016b. Sprachen des Sammelns. Zur Einleitung. In *Sprachen des Sammelns. Literatur als Medium und Reflexionsform des Sammelns*. Hrsg. Sarah Schmidt, 13–27. Paderborn: Fink.

Schneider, Manfred. 2005. Vom Versprechen zum Versprechen. Die Abfälle der Moderne. In *Reste. Umgang mit einem Randphänomen*, Hrsg. A. Becker, S. Reither und C. Spies, 59–81. Bielefeld: Transkript.

Stadler, U., und M. Wieland. 2014. *Gesammelte Welten Von Virtuosen und Zettelpoeten*. Würzburg: Königshausen & Neumann.

te Heesen, Anke et al, Hrsg. 2002. *Cut and paste um 1900 Der Zeitungsausschnitt um 1900*. Zürich: Diaphanes.

te Heesen, Anke. 2006. *Der Zeitungsausschnitt. Ein Papierobjekt der Moderne*. Frankfurt a. M.: Fischer Taschenbuch.

Thompson, Michael. 1979. *Rubbish Theory. The Creation and Destruction of Value*. London: Pluto Press.

Windmüller, Sonja. 2005. Kultur, Müll, Wissenschaft Bewegungen im Grenzbereich. In *Reste. Umgang mit einem Randphänomen*, Hrsg. A. Becker, S. Reither und C. Spies, 233–251. Bielefeld: Transkript.

**Sarah Schmidt** ist Arbeitsstellenleiterin der Schleiermacherforschungsstelle an der Berlin-Brandenburgischen Akademie der Wissenschaften. Arbeitsschwerpunkte: Epistemologie des Sammelns, Wechselwirkung von Literatur und Philosophie, Hermeneutik. Publikationen u. a.: *Sprachen des Sammelns* (Hrsg. 2016); *Reformation und Moderne: Pluralität – Subjektivität – Kritik. Akten des Schleiermacher-Kongresses in Halle 2017* (Mithrsg. 2018).

# Textdeponien im populären Sachbuch: Rathje/Murphy, Viale, Grassmuck/ Unverzagt

David-Christopher Assmann

Wenn das, was auf Deponien landet, nicht auf intrinsischen Eigenschaften des Weggeworfenen beruht, sondern auf beobachterabhängigen Zuschreibungen, hat das nicht nur Folgen für den alltäglichen Umgang mit vermeintlich gänzlich Unbrauchbarem, tatsächlich aber Wiederverwertbarem. Nicht nur Fragen und Möglichkeiten eines ökologisch vertretbaren oder gar wünschenswerten Recyclings stellen sich dann ein. In den Blick kommen auch die je spezifischen Konstruktionsmodi, die Darstellungsverfahren, jener wissenschaftlichen Projekte, die sich auf die Deponie begeben, um das Beseitigte zu analysieren, und ihre Ergebnisse in Texten präsentieren. Von besonderem Interesse sind diese „Äußerungstypen" (Foucault 1992, S. 259) nicht zuletzt deshalb, weil die Studien, die sich im Umfeld dessen, was man grob als Discard Studies fassen kann, Müll verschiedentlich als das Formlose schlechthin beschreiben. Folgt man etwa Bernhard Giesen, bezeichnet der Ausdruck ‚Müll' „reine, ungeordnete, formlose oder verfallende Stofflichkeit" (Giesen 2007, S. 102), also jene Dinge, die in und mit ihrer ‚puren' Materialität aus sämtlichen Funktions- und Bedeutungszusammenhängen herausgefallen sind, stören und deshalb zum Beispiel auf Deponien beseitigt werden. Praktiken des wissenschaftlichen Umgangs mit Müll lassen sich auf diesem Hintergrund als darstellende Ordnungsbemühungen verstehen, die den als unbrauchbar klassifizierten Objekten, die sie untersuchen, wieder (und sei es vorläufig) eine Form zu geben versuchen. Auf die von ihnen beobachtete amorphe Stofflichkeit und das Abdriften in die ‚Sinnlosigkeit' reagieren die Discard Studies mit „Reifizierung" (Windmüller 2003, S. 246), die die „in jeder Hinsicht

D.-C. Assmann (✉)
Goethe-Universität Frankfurt, Frankfurt am Main, Deutschland
E-Mail: dc.assmann@em.uni-frankfurt.de

 
D.-C. Assmann (Hrsg.), *Narrative der Deponie,* Kulturelle Figurationen: Artefakte, Praktiken, Fiktionen, https://doi.org/10.1007/978-3-658-27880-9_14

als unbrauchbar bestimmt[e]“ (Hauser 2001, S. 24) Materialität – darstellend – rationalisiert. Im Gestus der Um- oder Aufwertung wird denn auch nicht selten das verdeckte „Potential des Übrigen“ (Lewe et al. 2016, S. 21) betont und herausgearbeitet.

Darüber hinaus liegt die Frage nach den „Darstellungsoptionen“ (Vogl 2011, S. 50) der wissenschaftlichen Beschäftigung mit beseitigten Dingen, Stoffen und Substanzen aber auch insofern nahe, als die Auseinandersetzung mit dem als ‚formlos‘ gefassten Müll häufig selbst nach einer dem Gegenstand angemessenen Form der Darstellung sucht. So setzen Studien, die sich mit Mülldeponien beschäftigen, nicht nur wiederholt ein „Unbehagen im direkten Kontakt mit dem eigenen Forschungsgegenstand“ (Windmüller 2005, S. 242) in Szene, inszenieren haptisch erfahrene Irritationen, die die Ordnungsversuche auf der Halde zu kontaminieren scheinen und eine im Wortsinne besondere Handhabung des Untersuchungsobjekts erforderten. Auch dezidiert theoretische Ansätze affirmieren ihren Gegenstand, gibt doch etwa bereits Michael Thompsons *Rubbish Theory* explizit „Witz, […] Paradox, […] Schocktechnik und […] journalistische[n] Stil“ (Thompson 2003, S. 27) als notwendige Verfahren ihrer Darstellung aus.

Dass Mülldeponien als wissenschaftliche Objekte zugleich als Form ihrer Inszenierung zu betrachten sind (vgl. allgemein Vogl 1999, S. 13), möchte ich im Folgenden anhand von drei müllwissenschaftlichen Studien etwas genauer nachzeichnen. Die dabei vorausgesetzten Annahmen einer Poetologie des (wissenschaftlichen) Wissens vom Müll lenken den Fokus weg vom propositionalen Gehalt der Forschungsprojekte hin zu den Verfahren der Darstellung, mit denen die Texte ihren Gegenstand beschreiben. Dabei ist den „Äußerungstypen“ nicht allein Rechnung zu tragen. Diese sind vielmehr als müllwissenschaftliche Argumente ernst zu nehmen – und dies unabhängig von, ja zuweilen konträr zu den (peritextuellen) Selbstbeschreibungen ihrer Autoren. Zur Diskussion steht erstens das immer wieder als Pionierarbeit der Discard Studies gehandelte ‚Garbage Project‘, das William Rathje 1973 an der Universität von Arizona etabliert und zusammen mit Cullen Murphy unter dem Titel *Rubbish! The Archeology of Garbage* beschrieben hat; zweitens Guido Viales in Italien breit rezipierter und erstmals 1994 erschienener Band *Un mondo usa e getta;* und drittens *Das Müll-System* von Volker Grassmuck und Christian Unverzagt, das 1991 in der *Edition Suhrkamp* erschienen ist. Diese drei Studien markieren und unterlaufen exemplarisch drei Darstellungsverfahren der Müll-Forschung, die ich heuristisch als ‚Erzählen/Aufzählen‘, ‚Politik/Problem‘ und ‚Romantik/Recycling‘ bezeichne. Sie als forschungsprogrammatische Argumente in den Blick zu nehmen, erlaubt es, das, was als ‚Müll' gefasst wird, unter Rückgriff auf Fragen der Darstellbarkeit zu erörtern und zugleich nach den Konsequenzen der Darstellung für den Müllbegriff zu fragen.

## 1 Erzählen/Aufzählen: *Rubbish!*

Ausgangspunkt des Garbage Projects von William Rathje und seinen Kollegen an der University of Arizona ist die Überlegung, „to investigate human behavior ‚from the back end'".[1] „[F]rom the back end" bedeutet, Lebensstile, Sozial- und Habitusformen über das zu ermitteln, was Menschen aus ihrem Alltag entsorgt haben. Im Sinne einer Archäologie der Gegenwart untersucht das Projekt den Inhalt von Mülldeponien und Mülltonnen in ausgewählten amerikanischen Wohnvierteln. Zwischen den 1970er und den 1990er Jahren wurden fünfzehn „excavations" (R 27) auf kommunalen Deponien in den Vereinigten Staaten und in Kanada vorgenommen – darunter die weltweit größte, mittlerweile stillgelegte Deponie Fresh Kills in New York – und so insgesamt über 125.000 Kilogramm Müll gesichtet. Leitend für diese archäologischen, soziologischen und biologisch-chemischen Untersuchungen sind im Wesentlichen zwei Forschungsinteressen: Erstens möchte das Projekt empirisch valide bestimmen, was die Amerikaner und Amerikanerinnen alltäglich wegwerfen. Im Zentrum dieser positivistischen Perspektive steht die grundsätzliche Frage nach der materiell-dinglichen wie biologisch-chemischen Beschaffenheit des Mülls. Die Forschergruppe sichtet, sortiert und klassifiziert die diversen „samples of garbage" (R 5) entnommenen Gegenstände und Substanzen, um durch die derart gewonnenen Erkenntnisse (zweitens) verallgemeinernde Aussagen über vergangene und gegenwärtige soziale Praktiken machen zu können. In dieser Forschungsperspektive werden die weggeworfenen Dinge, Stoffe und Substanzen zu „valuable lodes of information" (R 4) erklärt, die Deponien als „time capsules" (R 130) verstehen.

Rathje und seine Forschergruppe sehen Müll als ein „useful corrective" (R 11) zu jener Semantik, die man mit Luhmann als ‚gepflegt' bezeichnen könnte (vgl. Luhmann 1993). Die dreckige Selbstbeschreibung qua Müll ist demnach unvermittelter, unverzerrter als die üblichen Selbstdarstellungen von

[1]Rathje und Murphy (1992). Zitate daraus werden im Folgenden im Text mit der Sigle R und Seitenangabe nachgewiesen, hier S. 14. Ich greife im Folgenden auf Überlegungen zurück, die ich an anderer Stelle bereits formuliert habe. Vgl. Assmann 2018. Eine gekürzte italienische Fassung ist im Erscheinen. Vgl. Assmann 2020.

Personen, Organisationen, Interaktions- oder Funktionssystemen und ermögliche genau deshalb authentische Einsichten in den amerikanischen Lebensstil.[2] Es gilt die Parole: „waste does not lie; it is the most truthful language a society holds with respect to itself" (Moser 2002, S. 99). Nicht nur ist dieser Annahme zufolge die Grenze zwischen dem (offiziellen) Archiv bewahrenswerter Dinge und der (unkontrollierten) Müllhalde brüchig. Das Garbage Project reichert Müll mit einem gewissen Authentizitätswert an und liest ihn als „verläßlichsten Träger eines inoffiziellen Gedächtnisses" (Assmann 1999, S. 215).

Die im Müll als Müll gefundenen Dinge präsentiert *Rubbish!* durch eine Reihe von graphischen Darstellungen, zu denen neben einzelnen Schaubildern auch Tabellen gehören. Als „quasibildliche[r] Schauraum[]" (Campe 2002, S. 224) ordnet die Tabelle ganz grundsätzlich alphabetische Elemente in einem graphischen Rahmen an und kann sie dort etwa mit numerischen Elementen verbinden, wie dies die „Garbage Item Code List" macht (vgl. Abb. 1).

Diese Liste stellt dem positivistischen Anspruch von Rathjes Projekt nach sämtliche Klassen von Dingen, Stoffen und Substanzen zusammen, die die Müllforscher bei ihren ‚Ausgrabungen' gefunden haben. Die Tabelle realisiert ein Ordnungs- als Darstellungsverfahren („transforming raw garbage into data", R 22), indem sie die gefundenen Objekte definiert, klassifiziert und als in dieser Ordnung untereinander vergleichbar und abgrenzbar präsentiert.[3] Die forcierte Schriftbildlichkeit der Tabelle, die den Modus sukzessiver Rezeption des Textes gegen das simultane Gestaltsehen der graphischen Anordnung eintauscht, ermöglicht Rathjes Projektbericht dabei eine Neuordnung des Gefundenen, die bereits allein durch die Auflistung der *items* und entsprechender *code numbers* offensichtlich wird (vgl. Campe 2002, S. 234).[4] So präsentiert *Rubbish!* Müll einerseits in seiner „undifferentiated fullness" (Gee 2010, S. 8) und zeigt gleichzeitig, dass die Forschergruppe ihr Untersuchungsobjekt im Griff hat. Das Darstellungsverfahren ist dabei nicht allein auf den propositionalen Gehalt der *items* angewiesen, also auf die Information über das, was so alles im Müll gefunden und dann klassifiziert worden ist. Die graphische Anhäufung und Vielzahl der als Tabelle arrangierten *items* erzeugt vielmehr bereits selbst in ihrer forcierten Schriftbildlichkeit einen argumentativen Aussagewert, der die im Text immer wieder betonte

---

[2]Siehe zu diesem Aspekt auch den Beitrag von Magnus Wieland in diesem Band.

[3]Vgl. zum Listenverfahren zur Darstellung von Müll auch Schmidt (2014), insbesondere S. 63.

[4]Vgl. zum Begriff der Schriftbildlichkeit und dem Modus simultanen Gestaltsehens Krämer und Trotzke (2012).

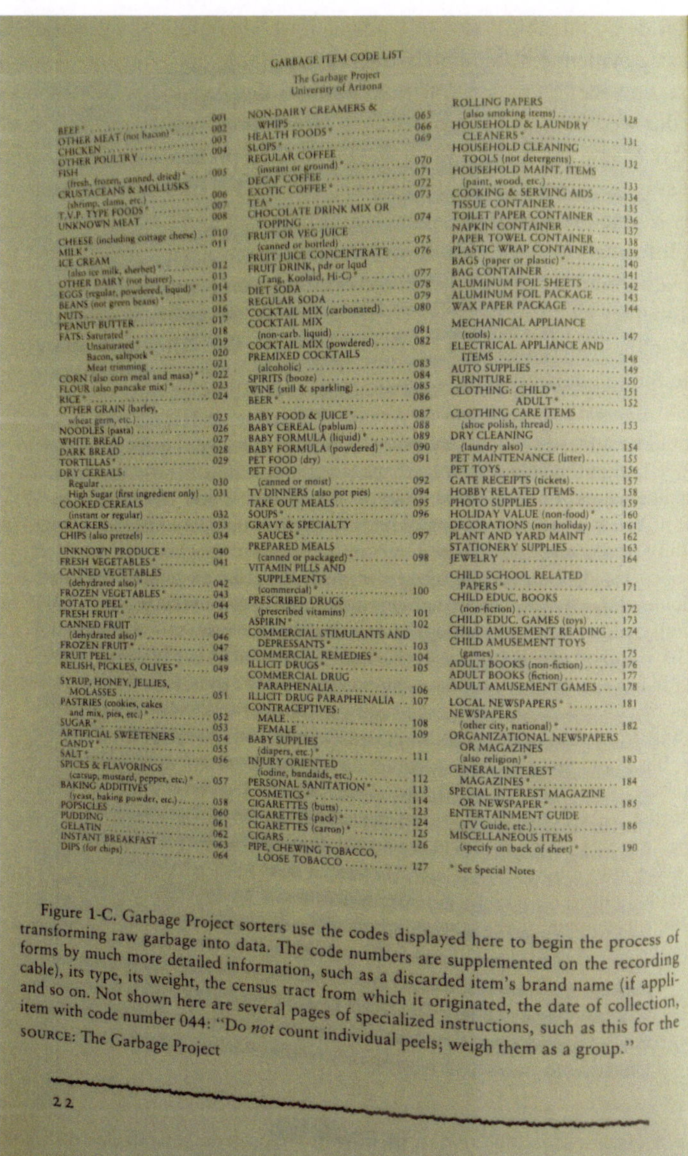

GARBAGE ITEM CODE LIST

The Garbage Project
University of Arizona

BEEF* 001
OTHER MEAT (not bacon)* 002
CHICKEN 003
OTHER POULTRY 004
FISH (fresh, frozen, canned, dried)* 005
CRUSTACEANS & MOLLUSKS (shrimp, clams, etc.) 006
T.V.P. TYPE FOODS* 007
UNKNOWN MEAT 008

CHEESE (including cottage cheese) 010
MILK* 011
ICE CREAM (also ice milk, sherbet)* 012
OTHER DAIRY (not butter) 013
EGGS (regular, powdered, liquid)* 014
BEANS (not green beans)* 015
NUTS 016
PEANUT BUTTER 017
FATS: Saturated* 018
Unsaturated* 019
Bacon, saltpork* 020
Meat trimming 021
CORN (also corn meal and masa)* 022
FLOUR (also pancake mix)* 023
RICE* 024
OTHER GRAIN (barley, wheat germ, etc.) 025
NOODLES (pasta) 026
WHITE BREAD 027
DARK BREAD 028
TORTILLAS* 029
DRY CEREALS:
Regular 030
High Sugar (first ingredient only) 031
COOKED CEREALS (instant or regular) 032
CRACKERS 033
CHIPS (also pretzels) 034

UNKNOWN PRODUCE* 040
FRESH VEGETABLES* 041
CANNED VEGETABLES (dehydrated also)* 042
FROZEN VEGETABLES* 043
POTATO PEEL* 044
FRESH FRUIT* 045
CANNED FRUIT (dehydrated also)* 046
FROZEN FRUIT* 047
FRUIT PEEL* 048
RELISH, PICKLES, OLIVES* 049

SYRUP, HONEY, JELLIES, MOLASSES 051
PASTRIES (cookies, cakes and mix, pies, etc.)* 052
SUGAR* 053
ARTIFICIAL SWEETENERS 054
CANDY* 055
SALT* 056
SPICES & FLAVORINGS (catsup, mustard, pepper, etc.)* 057
BAKING ADDITIVES (yeast, baking powder, etc.) 058
POPSICLES 060
PUDDING 061
GELATIN 062
INSTANT BREAKFAST 063
DIPS (for chips) 064

NON-DAIRY CREAMERS & WHIPS 065
HEALTH FOODS* 066
SLOPS* 069
REGULAR COFFEE (instant or ground)* 070
DECAF COFFEE 071
EXOTIC COFFEE* 072
TEA* 073
CHOCOLATE DRINK MIX OR TOPPING 074
FRUIT OR VEG JUICE (canned or bottled) 075
FRUIT JUICE CONCENTRATE 076
FRUIT DRINK, pdr or lqud (Tang, Koolaid, Hi-C)* 077
DIET SODA 078
REGULAR SODA 079
COCKTAIL MIX (carbonated) 080
COCKTAIL MIX (non-carb. liquid) 081
COCKTAIL MIX (powdered) 082
PREMIXED COCKTAILS (alcoholic) 083
SPIRITS (booze) 084
WINE (still & sparkling) 085
BEER* 086

BABY FOOD & JUICE* 087
BABY CEREAL (pablum) 088
BABY FORMULA (liquid)* 089
BABY FORMULA (powdered)* 090
PET FOOD (dry) 091
PET FOOD (canned or moist) 092
TV DINNERS (also pot pies) 094
TAKE OUT MEALS 095
SOUPS* 096
GRAVY & SPECIALTY SAUCES* 097
PREPARED MEALS (canned or packaged)* 098
VITAMIN PILLS AND SUPPLEMENTS (commercial)* 100
PRESCRIBED DRUGS (prescribed vitamins) 101
ASPIRIN* 102
COMMERCIAL STIMULANTS AND DEPRESSANTS* 103
COMMERCIAL REMEDIES* 104
ILLICIT DRUGS* 105
COMMERCIAL DRUG PARAPHENALIA 106
ILLICIT DRUG PARAPHENALIA 107
CONTRACEPTIVES:
MALE 108
FEMALE 109
BABY SUPPLIES (diapers, etc.)* 111
INJURY ORIENTED (iodine, bandaids, etc.) 112
PERSONAL SANITATION* 113
COSMETICS* 114
CIGARETTES (butts) 123
CIGARETTES (pack)* 124
CIGARETTES (carton)* 125
CIGARS 126
PIPE, CHEWING TOBACCO, LOOSE TOBACCO 127

ROLLING PAPERS (also smoking items) 128
HOUSEHOLD & LAUNDRY CLEANERS* 131
HOUSEHOLD CLEANING TOOLS (not detergents) 132
HOUSEHOLD MAINT. ITEMS (paint, wood, etc.) 133
COOKING & SERVING AIDS 134
TISSUE CONTAINER 135
TOILET PAPER CONTAINER 136
NAPKIN CONTAINER 137
PAPER TOWEL CONTAINER 138
PLASTIC WRAP CONTAINER 139
BAGS (paper or plastic)* 140
BAG CONTAINER 141
ALUMINUM FOIL SHEETS 142
ALUMINUM FOIL PACKAGE 143
WAX PAPER PACKAGE 144

MECHANICAL APPLIANCE (tools) 147
ELECTRICAL APPLIANCE AND ITEMS 148
AUTO SUPPLIES 149
FURNITURE 150
CLOTHING: CHILD* 151
ADULT* 152
CLOTHING CARE ITEMS (shoe polish, thread) 153
DRY CLEANING (laundry also) 154
PET MAINTENANCE (litter) 155
PET TOYS 156
GATE RECEIPTS (tickets) 157
HOBBY RELATED ITEMS 158
PHOTO SUPPLIES 159
HOLIDAY VALUE (non-food)* 160
DECORATIONS (non holiday) 161
PLANT AND YARD MAINT 162
STATIONERY SUPPLIES 163
JEWELRY 164

CHILD SCHOOL RELATED PAPERS* 171
CHILD EDUC. BOOKS (non-fiction) 172
CHILD EDUC. GAMES (toys) 173
CHILD AMUSEMENT READING 174
CHILD AMUSEMENT TOYS (games) 175
ADULT BOOKS (non-fiction) 176
ADULT BOOKS (fiction) 177
ADULT AMUSEMENT GAMES 178

LOCAL NEWSPAPERS* 181
NEWSPAPERS (other city, national)* 182
ORGANIZATIONAL NEWSPAPERS OR MAGAZINES (also religion)* 183
GENERAL INTEREST MAGAZINES* 184
SPECIAL INTEREST MAGAZINE OR NEWSPAPER* 185
ENTERTAINMENT GUIDE (TV Guide, etc.) 186
MISCELLANEOUS ITEMS (specify on back of sheet)* 190

* See Special Notes

Figure 1-C. Garbage Project sorters use the codes displayed here to begin the process of transforming raw garbage into data. The code numbers are supplemented on the recording forms by much more detailed information, such as a discarded item's brand name (if applicable), its type, its weight, the census tract from which it originated, the date of collection, and so on. Not shown here are several pages of specialized instructions, such as this for the item with code number 044: "Do *not* count individual peels; weigh them as a group."

SOURCE: The Garbage Project

22

**Abb. 1** „Garbage Item Code List". (Quelle: Rathje und Murphy 1992. *Rubbish! The Archeology of Garbage.* New York University of Arizona Press, S. 22)

Rede von den „valuable lodes of information“ im Modus simultaner Rezeption schlichtweg evident erscheinen lässt. Als Darstellung und Vergegenwärtigung des Mülls ist die Tabelle Ort der Konstruktion ihres Gegenstands – eines Gegenstands mithin, der weder einfach geordnet noch ungeordnet, weder geformt noch formlos, weder Masse noch Einzelding ist. Damit kommt der Tabelle ein argumentativer Aussagewert im Kontext von Rathjes Projektbericht zu, der den geordneten Müll als Masse plausibilisiert – und damit überhaupt erst als ‚authentischen Träger von Informationen‘ forschungsprogrammatisch relevant präsentiert.

Das Verfahren der asyndetischen Anordnung von heterogenen Elementen, wie es mit Tabellen wie der „Garbage Item Code List“ verbunden ist, findet sich auch im Text selbst. Benannt ist es mit dem Verfahren des Katalogs, wie es etwa die folgende Stelle realisiert:

> It would be a blessing if it were possible to study garbage in the abstract, to study garbage without having to handle it physically. But that is not possible. Garbage is not mathematics. To understand garbage you have to touch it, to feel it, to sort it, to smell it. You have to pick through hundreds of tons of it, counting and weighing all the daily newspapers, the telephone books, the soiled diapers, the foam clamshells that once briefly held hamburgers, the lipstick cylinders coated with grease, the medicine vials still encasing brightly colored pills, the empty bottles of scotch, the half-full cans of paint and muddy turpentine, the forsaken toys, the cigarette butts. You have to sort and weigh and measure the volume of all the organic matter, the discards from thousands of plates: the noodles and the Cheerios and the tortillas; the pieces of pet food that have made their own gravy; the hardened jelly doughnuts, bleeding from their side wounds; the half-eaten bananas, mostly still within their peels, black and incomparably sweet in the embrace of final decay. You have to confront sticky green mountains of yard waste, and slippery brown hills of potato peels, and brittle ossuaries of chicken bones and T-bones. And then, finally, there are the „fines," the vast connecting mixture of tiny bits of paper, metal, glass, plastic, dirt, grit, and former nutrients that suffuses every landfill like a kind of grainy lymph. To understand garbage you need thick gloves and a mask and some booster shots. But the yield in knowledge – about people and their behavior as well as about garbage itself – offsets the grim working conditions. (R 9–10)

Diese Passage nähert sich Müll über die Beschreibung visueller, taktiler und olfaktorischer Wahrnehmungen, um diese zur Legitimation des eigenen Forschungsvorhabens zu nutzen: „To understand garbage you have to touch it, to feel it, to sort it, to smell it.“ Dabei ist die spezifische, haptisch erfahrene Materialität des Weggeworfenen Kernstück einer gleichsam negativen Auratisierung. Übrig-Gebliebenes wird als ein Phänomen präsentiert, das sich „in seiner Gegenwärtigkeit, in seiner Körperlichkeit im Verhältnis zum Menschen substanziell realisiert“ (Windmüller 2005, S. 240). Über Müll lässt sich demzufolge weder theoretisch reden noch forschen, weil diese Abstraktion den untersuchten Gegenständen schlichtweg nicht gerecht würde. Anders als *hic et nunc* kann Müll nicht begegnet werden.

Zweitens setzt die Passage wie die zitierte Tabelle diskursive Vorstellungen von der „Formlosigkeit" (Giesen 2007, S. 107) des Mülls als schwer zu überschauende Masse in Szene. Die „hundreds of tons", die die Müllwissenschaftler mit den eigenen Händen durchwühlen, werden jedoch nicht lediglich benannt. Die Darstellung übersetzt die thematisierte Müllmasse vielmehr in eine semantisch-syntaktische Masse von Zeichen („noodles", „tortillas", „pieces of pet food", „half-eaten bananas", „yard waste" etc.). Das Verfahren der Passage ist die Form eines asyndetisch realisierten Katalogs. Dieser lässt der Menge der dem ‚garbage' zugeordneten und von den Forschern untersuchten Dinge, Stoffe und Substanzen eine Syntax entsprechen, die die weggeworfene Materialität in ihrer heterogenen Masse syntagmatisch ausbreitet. Der Katalog präsentiert „tiny bits of paper, metal, glass, plastic, dirt, grit" usw. aufzählend „als einzelne wie auch als zugehörig zu einem Ensemble" (Mainberger 2003, S. 7). Das Lexem ‚garbage' bezeichnet dieses Ensemble. Es benennt den Oberbegriff des Katalogs, der die heterogene Vielheit des Weggeworfenen, die allein in dieser Zuschreibung ihr gemeinsames Paradigma erhält, darstellend organisiert.

Mit der Auflistung von so heterogenen Dingen wie „muddy turpentine", „hardened jelly doughnuts" oder „brittle ossuaries of chicken bones" präsentiert der Katalog Weggeworfenes zunächst als das Besondere, Überraschende und mitunter Absurde. Mit der Zusammenstellung möglichst heterogener Elemente, die möglichst inkompatiblen kulturellen Paradigmen entstammen und mit möglichst obskuren Adjektiven versehen sind, ist der Katalog einem „Ordnen und Denken von Singularien" (Frey und Martyn 2016, S. 96) verpflichtet, das Müll als wucherndes Chaos inszeniert und sich dabei bemüht, seiner „Verwunderung über das Unfassbare Ausdruck zu verleihen" (Windmüller 2004, S. 292). Die Passage zielt darauf ab, das Alltägliche und doch das Ungeahnte, ja Abstruse des Mülls in Szene zu setzen.[5]

Dabei stellt der Müll-Katalog „keine umfassenden Register, sondern vielmehr Ergebnisse selektiver Zugänge" (Windmüller 2004, S. 291) dar. Das ist mit Blick auf das Darstellungsverfahren, dem die Passage folgt, nicht unerheblich: Denn auch wenn er einem positivistischen Anspruch folgt und auch wenn Rathje an

---

[5]Siehe zum kreativen Potenzial des Fundstücks auf Deponien auch den Beitrag von Lis Hansen in diesem Band.

anderen Stellen immer wieder konkrete Zahlen nennt, um das quantitative Ausmaß und die stoffliche Zusammensetzung des Weggeworfenen zu verdeutlichen, kann der Müll-Katalog gerade keinen Anspruch auf lückenlose Auflistung des Gefundenen erheben: „Waste cannot be easily limited“ (Morrison 2015, S. 99). Allzu leicht und deshalb absurd wäre es nachzuweisen, dass nicht alle im Müll tatsächlich zu findenden Dinge, Stoffe oder Substanzen von Rathjes Müll-Katalog abgebildet werden. Wirklich entscheidend und aufschlussreich sind die einzelnen Elemente des Katalogs also letztlich nicht. Das können sie gar nicht sein, weil die Grenze des Paradigmas ‚garbage‘ nicht in den einzelnen Lexemen, die es umfasst, intrinsisch angelegt ist – ebenso wenig wie die Eigenschaft ‚Müll‘ einem Ding schlichtweg abzulesen wäre: Prinzipiell alles kann schließlich weggeworfen werden; irgendetwas fehlt in positivistisch ausgerichteten Müll-Katalogen immer.

Löst man sich von den einzelnen Lexemen und fragt nach dem Effekt des Katalogs insgesamt, kommt den auch etwas anderes in den Blick: Durch denn an Details und Einzelheiten interessierten Müll-Katalog droht Rathjes Projektbericht an der zitierten Stelle seinen Gegenstand gewissermaßen zu verschütten. Das liegt zum einen an der bereits genannten Semantik der angeführten Objekte und den ihnen zugeordneten Adjektiven, die durchaus für eine Spürbarkeit der Zeichen sorgen. Zum anderen ist für aufzählende Kataloge charakteristisch, dass ihr elementares Verfahren gewöhnlich als „das ‚Andere‘ zur Rede“ (Mainberger 2003, S. 12) wahrgenommen wird: Durch seine asyndetische Form unterbricht der Katalog die narrative Kohärenz und wirkt als Digression, die als überflüssiger Bestandteil des Erzählens oder Berichtens erfahren wird. Und folgerichtig provoziert die ausgebreitete Detailmenge den Leser ja auch zum Überfliegen der Passage, die freilich keine Effekte des Unverständlichen zeitigen – ganz im Gegenteil: Zum Verständnis des Projektberichts trägt die Passage in ihrer Ausführlichkeit gerade nichts Entscheidendes bei.

Dem Verschütten seines Gegenstands durch die eigene Darstellung arbeitet der Text denn auch immer wieder entgegen. So verhindert bereits die zitierte Stelle ein völliges Auseinanderfallen der Narration allein schon dadurch, dass der Katalog wiederholt durch Adressierung von Subjekten unterbrochen wird (nach dem Schema ‚You have to‘). Die katalogisierten Objekte werden dadurch an die Perspektive eines Subjekts zurückgebunden, das sich an dieser Stelle mit den Müllforschern identifizieren soll. Der Text ist darum bemüht, eine markiert null-, zum Teil sogar internfokalisierte und damit hierarchisiert-geordnete Narration durchzuziehen, die im Kern an handelnden Akteuren interessiert ist. Im Zentrum dieses Verfahrens stehen Rathje und seine Kollegen, wie sie auf der Müllkippe arbeiten:

The diggin at Fresh Kills began. Down the whirring bucket plunged. Moments later it returned with a gasp, laden with garbage that, when released, spewed a thin vapor into the chill autumnal air. The smell was pungent, somewhere between sweet and disagreeable. Kellet's rig operator, David Spillers, did his job with the relaxation that comes of familiarity, seemingly oblivious to the harsh grindings and sharp clanks. The rest of the archaeological crew, wearing cloth aprons and heavy rubber gloves, went about their duties with practiced efficiency and considerable speed. They were veteran members of the Garbage Project's A-Team – its landfill excavating arm – and had been through it all before. (R 6)

Im Unterschied zur zuvor zitierten Passage kippt der Projektbericht an dieser Stelle vollständig ins metonymisch-polysyndetisch verfahrende Erzählen, indem er sich an populär-kulturelle Vorstellungen von Praxisformen wissenschaftlichen, im engeren Sinne empirisch-archäologischen Arbeitens bindet. Dabei geht nicht nur die über namentliche Nennung realisierte Individualisierung der Müllforschung mit dem Verweis auf deren effiziente Ordnung einher. Der als vorausgesetzt unterstellte kulturelle Code, der die Lektüre lenkt, wird zugleich auch angesprochen: Mit der Bezeichnung der Wissenschaftler als ‚Mitglieder des A-Teams' setzt sich der Text zum einen in Bezug zu einer militärischen Einheit der US Special Forces und mit dieser verbundenen populärkulturell-massenmedial aufbereiteten Vorstellungen, Annahmen und Narrative. Zum anderen bezieht er sich auf das, was der Leser aus dem TV an sprachlich-sozialen Mustern zur Rezeption kultureller Artefakte kennt. Die zwischen 1983 und 1987 produzierte Serie *The A-Team* gehört schließlich mit zu den populärsten amerikanischen Sendungen der 1980er Jahre. Die mit ihr verbundenen Vorstellungen einer in den Alltag geworfenen heroischen Männlichkeit sind es, die dem Text den narrativen Rahmen geben soll, ohne dass damit bereits festgelegt wäre, was erzählt wird.

In den Blick kommt damit ein Verfahren des populär Dokumentarischen,[6] das *Rubbish!* als immer wieder durchscheinendes Narrativ dient – und den über den Text verstreuten Tabellen und Katalogen erzählend dabei hilft, den Müll zu ordnen.[7] Bereits der Untertitel der deutschen Ausgabe spricht von einer „archäo-

[6]Dies im Anschluss an Baßler (2011). Siehe zu ähnlichen Verfahren im Eco-Thriller auch den Beitrag von Elena Agazzi in diesem Band.

[7]Dass es sich dabei um ein Verfahren der Popularisierung handelt, zeigt sich auch an dem Umstand, dass in naturwissenschaftlichen Texten üblicherweise Strategien der ‚Denarrativierung' einsetzen: „Eine Vielzahl von verschiedenen und im Verlauf der Zeit sich abspielenden Handlungen (mit Anfang und Ende) im Laborgeschehen wird hier in die Gleichzeitigkeit eines wissenschaftlichen Arguments überführt" (Brandt 2009, S. 104).

logische[n] Reise durch die Welt des Abfalls“ (Rathje und Murphy 1994, Titelseite) und markiert damit, dass hier zumindest peritextuell ein bestimmter Vorstellungsrahmen die Textorganisation zusammenhalten soll: nämlich das Erzählen vom Müll als auf ein A-Team fokussiertes populäres Reise- oder Abenteuernarrativ. Die Müllforschung wird als das Erkunden einer „unknown world“ (R 59) in Szene gesetzt, als von Spezialisten durchgeführte „expedition to a foreign and an exotic place“ (Hauser 2002, S. 42). Und tatsächlich handelt es sich bei *Rubbish!* ja um ein mit dem Journalisten Gullen Murphy verfasstes, populärwissenschaftlich ausgeflaggtes Buch, das 1992 bei Harper Collins und 1994 in der von Ariane Böckler und Petra Hölzle übersetzten, deutschen Erstausgabe bei Goldmann erscheint.

Das Darstellungsverfahren von *Rubbish!* basiert somit auf zwei Säulen: Die positivistischen Aufzählungen und ihre tabellarischen Komplemente, die müllwissenschaftlichen Details und Zahlen des Projektberichts, sind eingelassen in ein populär-dokumentarisch programmiertes Narrativ, das den Leser bei der Stange halten soll. „Fitting some of the pieces back together requires painstaking effort“ (R 11), heißt es an einer Stelle zur Aufgabe der Müllforscher; „Fitting some of the pieces back together“ – das versucht *Rubbish!* als Buch auch selbst. So wie die Arbeit des Müllwissenschaftlers darin besteht, „billions of fragments“ (R 11) wieder zusammenzusetzen, so inszeniert der Text Müll als etwas, das in seiner formlosen Masse zu ordnen – und das heißt: zu erzählen – ist.

## 2 Politik/Problem: *Un mondo usa e getta*

Der 1994 erschienene Band *Un mondo usa e getta* des Soziologen und Journalisten Guido Viale stützt sich zwar auch auf empirische Daten zum Müllaufkommen in Italien, doch anders als Rathjes Forschergruppe ist Viale nicht selbst auf Mülldeponien unterwegs gewesen, hat in dieser Hinsicht also nichts zu erzählen.[8] Und auch Verfahren zur positivistischen Komplettabbildung oder zur Darstellung eines herausdestillierten Informationswerts finden sich in *Un mondo usa e getta*

[8]Gleichwohl führt Viale Rathjes Projekt im Abschnitt *„I rifiuti come fonte di conoscenza“* (Viale 2000, S. 28, vgl. auch S. 33–35) an und motiviert sein persönliches Interesse für Müll an anderer Stelle mit einem „fascino particolare“ (Viale 2000, S. 7). Zitate daraus werden im Folgenden im Text mit der Sigle MUG und Seitenangabe nachgewiesen.

nur in eingeschränktem Maße. Der Text verzichtet durchgehend auf Tabellen oder andere graphische Darstellungen und verwendet lediglich im ersten Drittel, insbesondere im ersten Kapitel, das Aspekte einer Phänomenologie des Mülls präsentiert, Ansätze eines Katalogverfahrens – wenn auch weniger die Mikrostruktur betreffend als mehr zur Anordnung der Kapitelabschnitte.[9] Auffallend ist im Überblick etwas anderes: Neben wissenschaftlichen Quellen (soziologischer, geschichtswissenschaftlicher, philosophischer, rechtlicher oder wirtschaftswissenschaftlicher Provenienz) führt *Un mondo usa e getta* wiederholt Zitate aus literarischen Texten an. Ein Beispiel:

> Lo *scavenging* è stato una componente costitutiva della storia sociale dell'Ottocento e del Novecento. Nei romanzi di Charles Dickens i rifiuti sono un aspetto pervasivo del paesaggio urbano. Il loro recupero, in forme che in nulla differiscono da una autentica simbiosi con essi, costituisce, in diverse forme, l'antefatto su cui è costruita la trama del romanzo *Il nostro comune amico*. I suburbi di Londra, con la loro stretta combinazione tra attività industriali e raccolta e recupero dei rifiuti (in questo caso, le ossa degli animali macellati), ricordano le comunità del Terzo mondo di cui ci occuperemo tra poco:
>
>> Tra Battle Bridge e quella parte del distretto di Holloway in cui egli viveva c'era un tratto di Sahara suburbano, dove si cuocevano mattonelle e mattoni, si bollivano ossa, si battevano tappetti, si buttavano rifiuti, si facevano battaglie di cani e dove gli appaltatori ammucchiavano le immondezze. (Dickens 1962)
>
> Il perno intorno a cui ruota la trama di questo romanzo è la fortuna accumulata da un recuperatore di rifiuti. (MUG 72)

So wie an dieser Stelle eine kurze Passage aus Charles Dickens' *Our Mutual Friend* (1864/65) eingebaut ist, so finden sich über den Text verstreut immer wieder (und nicht selten wie hier aufgrund ihrer Länge eingerückte) Zitate literarischen Ursprungs: Neben Dickens' Roman werden Stellen aus Texten von Italo Calvino, Guido Gozzano, Danilo Kiš und Michel Tournier angeführt. Die zitierte Dickens-Passage hat – darin exemplarisch für Viales Rückgriff auf Literatur

[9]Über Seiten hinweg zählt der Text dort Ursachen, Komponenten und Formen des Mülls sowie entsprechende Beseitigungsverfahren auf, um diese untereinander relativ unverbunden zu belassen. Viale führt Aspekte der *„Genesi"* (MUG 12) an, spricht über *„L'accumulazione"* (MUG 17) und benennt Verfahren der *„Eliminazione"* (MUG 21). Der Müll wird in *„Categorie di rifiuti"* (MUG 38) eingeteilt, um so etwa *„I rifiuti urbani"* (MUG 38), *„I rifiuti speciali"* (MUG 39) oder *„I rifiuti nucleari militari e civili"* (MUG 43) zu differenzieren. Abschnitte wie *„La raccolta"* (MUG 44), *„La discarica"* (MUG 50), *„Gli inceneritori"* (MUG 53) oder *„Il compost"* (MUG 57) beschreiben schließlich Praktiken und Technologien der Beseitigung und Verarbeitung.

– zunächst augenscheinlich illustrierenden Charakter: Sie soll das im 19. Jahrhundert verbreitete Phänomen des *scavenging* erläutern und im Bild der „Sahara suburbano“ veranschaulichen, ohne dabei auf wissenschaftliches Vokabular zurückgreifen zu müssen, wie es an anderen Stellen der Fall ist. Dabei sieht Viale von den spezifisch literarischen Darstellungsbedingungen in *Our Mutual Friend* ab und verlässt den Rahmen der für die Lektüre von Romanen üblichen „fiktionsspezifischen Sprachhandlungssituation“ (Zipfel 2001, S. 279), sodass die ontologische Differenz zwischen historischer Situation („storia sociale“, „antefatto“) und erzählter Romanwelt („un tratto di Sahara suburbano“) nivelliert wird.[10] Die Passage illustriert das historische Phänomen des Lumpensammlers mithin nicht nur. Sie dient auch als Beleg für die historische Faktizität des Phänomens selbst. Die erzählte Welt verdichtet das historische London und nimmt die Situation der ‚Dritten Welt‘ vorweg.[11] Viale liest Dickens’ Roman somit nicht als Roman, sondern als historischen Tatsachenbericht, der im Rahmen seiner Darstellung den fraglichen Gegenstand bildlich vor Augen stellen soll und damit in funktionaler Äquivalenz zu den Tabellen in Rathjes *Rubbish!* steht.

Dass *Un mondo usa e getta* sich immer wieder an literarische Texte hält, ist kein Zufall. An verschiedenen Stellen begründet Viale den Rückgriff auf literarische Quellen mit deren „sensibilità per il destino delle cose“ (MUG 8). Literatur hole den aus öffentlichen (auch wissenschaftlichen) Diskursen üblicherweise verdrängten Müll wieder ins Zentrum der Aufmerksamkeit und sei damit der Ort, an dem „il rifiuto – o meglio, l’ogetto scartato, abbandonato, dismesso, desueto, inutile – sembra aver preso la sua rivincita sull’oggetto funzionale, utile, dotato di un valore intrinseco“ (MUG 104). Es sind die literarischen Texte, die die Rück- oder Wiedergewinnung (‚recupero‘) – so das dominierende Lexem von Viales Kommentar der zitierten Dickens-Passage – des hier in einer denkbar emphatischen Accumulatio präsentierten „valuable abundance“ (Gee 2010, S. 8) des Weggeworfenen thematisieren und vollziehen.

Dabei stehen die eingebrachten literarischen Zitate, folgt man Viales Vorwort, gleichberechtigt neben „nozioni di ordine tecnico-economico“ (MUG 10) – genauso wie „analisi e riflessioni personali, […] notizie di cronaca, rife-

---

[10]Monika Gomille hat auf den Zusammenhang von thematisiertem Müll und Darstellungsverfahren in Dickens’ Roman hingewiesen. Letzterer ist demnach gekennzeichnet durch den „extremen Verselbständigungscharakter[] seiner Einzelteile und seines Sichverlierens in den materiellen Details der Kultur“ (Gomille 2001, S. 255).

[11]Speziell zum Phänomen des Lumpensammlers in ökokritischer Perspektive siehe Warken (2017).

rimenti storici e filosofici“ (MUG 10). Auch wenn sich *Un mondo usa e getta* damit eine heterogene Form unterstellt, hält die Selbstbeschreibung den tatsächlichen Darstellungsverfahren und ihren Effekten selbst gleichwohl nur sehr bedingt stand: Die sind nämlich weit homogener, lassen die einzelnen Bauteile in eine ungebrochene, lediglich durch vereinzelte Kursivierungen organisierte, eng gesetzte Darstellung des Feltrinelli-Taschenbuchs ein. Und doch ist der Selbstkommentar insofern aufschlussreich, als er den Text zu einem gleichsam schmutzigen Zugriff auf Müll drängt: ‚schmutzig‘ – oder, wenn man so will: ‚vermüllt‘ – deshalb, weil Viales „opera di divulgazione“ (MUG 9) sich mit dem Bezug auf Quellen, die in disziplinären Diskursen üblicherweise keinen Anspruch auf Validität erheben können, an den populären Rändern der Wissenschaft vom Müll platziert.[12] Viale geht es um Breitenwirkung.

Sehr viel deutlicher als *Rubbish!,* das im letzten Kapitel eher kursorisch „Ten Commandments“ zum Umgang mit Weggeworfenem anführt (vgl. R 234–245), fasst *Un mondo usa e getta* Müll denn auch von Beginn an als ein gesellschafts- oder kulturpolitisch zu lösendes Problem. Im Zentrum stehen neben Aspekten der Definition und Produktion von Müll insbesondere Fragen der Beseitigung, Vermeidung, Reduzierung und Wiederverwertung. *Un mondo usa e getta* greift auf Literatur also nicht um ihrer selbst willen zurück. Die literarische Illustration dient vielmehr als evidenzerzeugende Basis, um Viales Vorschläge zum Umgang mit nicht mehr gebrauchten Dingen, Stoffen und Substanzen zu bestärken. Der Text erläutert das Weggeworfene nicht nur möglichst anschaulich, sondern lässt die Bezugnahmen auf Dickens, Calvino und andere in ein didaktisch-kulturpolitisches Programm münden. Am offensichtlichsten wird letzteres im vorletzten Kapitel, in dem „due studi programmatici commissionati dal Ministero dell’Ambiente“ (MUG 139) abgedruckt sind, die jeweils ein ganz konkretes „programma per la riduzione dei rifiuti“ (MUG 139) formulieren. Während diese Vorschläge auf soziale, ökonomische und rechtliche Strukturen insgesamt abzielen, werden auch der je konkrete Leser und die je konkrete Leserin gleich im ersten Satz als Betroffene adressiert („Siamo circondati“, MUG 11) und zur Verhaltensänderung aufgefordert:

> Troviamo ormai i rifiuti dappertutto: per le vie della città e lungo le strade, le autostrade, le ferrovie che attraversano le campagne; nelle aree industriali come nei quartieri residenziali; sulle cime delle montagne e nei boschi; nei prati e sulle

---

[12]Zum semantischen Zusammenhang von ‚sauberem‘ Zentrum, ‚dreckiger‘ Peripherie und (theoretischer) Moderne siehe insbesondere Fayet (2003). Umgekehrt sind „Kulturschutt bzw. Kulturmülldeponien“ der postmodernen Gesellschaft ‚dreckige‘ Katalysatoren für das theoretische „Überdenken des kreativen Handelns“ (Jacke et al. 2006, S. 11–12).

spiagge. Galleggiano sulla superficie dei mari e dei laghi e si depositano sui loro fondali; nelle schiume che ricoprono i fiumi trasformati in cloache a cielo aperto come nelle dense nubi di fuliggine che oscurano e appestano l'aria. (MUG 11)

Das in der Einstiegspassage räumlich-synästhetisch verdichtete Programm Viales zielt zum einen auf ein Bewusst-Machen der Omnipräsenz des Mülls, der, so Viale, üblicherweise in öffentlichen Diskursen verdrängt wird;[13] und zum anderen will es zum reflexiven Handeln im Umgang mit Alltagsdingen anleiten. Wenn die Zuordnung zum Müll auf einem „cambiamento del nostro atteggiamento psicologico ed ‚esistenziale' nei confronti degli oggetti che ci circondano" (MUG 16) basiert, dann ist es diese sich stets ändernde Haltung, die über „l'inclusione o l'esclusione dal mondo delle cose pulite, utili, appetibili, dotate di valore" (MUG 16) entscheidet.

Angesichts der Entschiedenheit, mit der Viale seinem Text diese kulturpolitische Richtung gibt, liegt nun die Annahme nahe, dass die Funktion des Rückgriffs auf literarische Zitate wie die aus Dickens' Roman allein in diesem sowohl die Sozialstruktur insgesamt als auch das individuelle Handeln jedes Einzelnen ‚von uns' betreffenden Programms aufgeht. Und doch greift dies zu kurz. Die literarischen Zitate, die *Un mondo usa e getta* anführt, sollen nicht nur alternative Umgangsweisen mit Weggeworfenem möglichst anschaulich darstellen – oder anders: Sie sollen genau das tun, aber als Baustein von Viales Argumentation.

Deren theoretischen Kern platziert *Un mondo usa e getta* im vierten Kapitel. Unter dem Titel „Risorse e rifiuti" wird dort die lebensweltlich verortete Grundidee, nach der jegliche Müll-Zuschreibung kontingent ist, in die abstrakte Diskussion von „sviluppi della teoria economica" (MUG 101) überführt. Smith, Ricardo, Marx und die Neoklassik im Blick argumentiert Viale, dass die politische Ökonomie einen blinden Fleck in Sachen Müll habe. Entweder thematisiere sie letzteren gar nicht (weil sie zu sehr mit Gebrauchs- und Tauschwert beschäftigt sei) oder verhandele Weggeworfenes lediglich als „una mera curiosità teorica" (MUG 100) (wie im Falle von Opportunitätskosten). Angesichts der

[13]An anderer Stelle heißt es im Hinblick auf die blinden Flecke des ökonomischen Diskurses: „Che la condizione dell'uomo nel mondo moderno non fosse solo quella di una risorsa, da impiegare nel migliore dei modi, ma anche quella di un rifiuto, allontanato o da allontanare, gettato o da gettare, in base a dispositivi che sono indipendenti dalla volontà soggettiva di ciascuno di noi, è dunque stato avvertito, ma non è stato quasi mai tematizzato attraverso un riferimento esplicito alla nostra esperienza quotidiana" (MUG 105). Dass diese Annahme durchaus problematisch ist, betont Köster, S. 14.

Müllberge, wie sie seit Mitte des 19. Jahrhunderts kaum noch zu übersehen seien, könne jedoch keine Rede davon sein, dass in Industrialisierung und Urbanisierung eingelassene ökonomische Prozesse keinen Müll produzierten – die Empirie zeige das Gegenteil. Die ökonomische Theorie müsse mithin so ergänzt werden, dass auch Weggeworfenes berücksichtigt werden könne. Auf mikrosozialer Ebene dringt Viale deshalb auf Modifikationen in den „comportamenti dei produttori, dei consumatori e dei poteri pubblici nei confronti del destino dei beni che circolano sul mercato“ (MUG 126). Das programmatische Ziel ist die „reintegrazione“ (MUG 126–127) des Weggeworfenen in den „ciclo produttivo dei residui (soprattutto i rifiuti solidi) della produzione e del consumo“ (MUG 127).

Viale denkt in „cicli e [...] interrelazioni sistemiche“ (MUG 120) und reformuliert material-diskursive Zusammenhänge zyklologisch.[14] Anvisiert ist die Verlängerung des Lebenszyklus’ der Dinge[15] durch deren Re-Inklusion in sozio-ökonomische und kulturell-ökologische Zirkulationsprozesse. Um beides – systemisches Denken in Zyklen und die Re-Inklusion von Dingen, Stoffen und Substanzen – realisieren zu können, schlägt Viale vor, neben Gebrauchs- und Tauschwert einen dritten Wert in die Diskussion einzubringen:

> L’integrazione tra la sfera della circolazione delle merci e una gestione razionale dei loro residui inserisce, tra il valore d’uso di una merce e il suo valore di scambio, una nuova dimensione, che possiamo chiamare „valenza ambientale“, ovvero, la destinazione e le compatibilità di un prodotto, del suo processo produttivo dei suoi residui, sotto il profilo ambientale. (MUG 137)

Die theoretische Berücksichtigung der „valenza ambientale“ implementiert einen Nachhaltigkeits- und Recyclingfaktor in ökonomische Prozesse, ja denkt letztere konsequent zyklologisch. Im Hintergrund steht dabei die Einsicht, dass Zuschreibungen wie ‚Ware‘ und ‚Müll‘ zwei kontingente Applikationen auf ein und dieselbe Sache sind: „aspetti di un’unica ‚cosa‘“ (MUG 117), die auf zwei „moti diametralmente contrapposti del comportamento umano“ (MUG 117) basieren: Dem Kauf und dem Besitz stehen das Wegwerfen und das Vergessen gegenüber. Recycling setzt grundsätzlich voraus, dass „etwas, das aufgegeben und Abfall war, neu interpretiert, in neue Bezüge gesetzt und in eine neue Ordnung eingefügt wird“ (Hauser 2010, S. 45). Notwendig ist deshalb ein neuer Ansatz,

---

[14]Zum Zusammenhang von ökonomischer Theorie und Zyklus-Theorie siehe (Link 1983).

[15]Siehe zur Denkfigur eines Lebenszyklus’ der Dinge (Zeman 2014).

> che permetta di considerare in modo unitario il binomio merce-rifiuto. Ma perché questo approccio sia reso possibile, è la cosa stessa che unisce in sé il duplice aspetto di risorsa e di rifiuto che deve presentarsi in una diversa luce. Questa „luce" è costituita dai legami delle cose con l'ecologia del nostro habitat, in cui processi produttivi, consumo e operazioni di smaltimento sono strettamente inseriti. (MUG 117)

Als ‚neu' erweist sich Viales Ansatz insofern, als er es ermöglichen soll, die Bifurkation von „risorsa" und „rifiuto" in einem anderen Licht zu präsentieren („deve presentarsi"). Es geht um den, wie es an anderer Stelle analog heißt, „modo in cui le cose stesse ci si presentano" (MUG 117). Müllfragen sind Darstellungsfragen, mehr noch: Die Lösung des Müllproblems, wie es Viale beschreibt, liegt in dessen Darstellung. Wenn das aber so ist, dann fällt dieses Argument auch auf den Text selbst zurück. *Un mondo usa e getta* diskutiert nicht nur Lösungen im Umgang mit Weggeworfenem. Der Text selbst *ist* diese Problemlösung. Trifft das zu, dann stehen die literarischen Texte, auf die sich Viale immer wieder bezieht, dann steht auch das übrige heterogene Bezugsmaterial im Zeichen einer Re-Perspektivierung des Mülls, die diesen als kulturpolitisch zu lösendes Problem aus der Verdrängung holt, in einem anderen ‚Licht' präsentiert und damit zur Lösung beiträgt. Die Funktion des auf Literatur zurückgreifenden Darstellungsverfahrens von *Un mondo usa e getta* liegt genau an dieser Stelle: in der Präsentation von Müll als Problem, um zugleich dessen Lösung anzubieten.

## 3 Romantik/Recycling: *Das Müll-System*

Anders als *Un mondo usa e getta* ist *Das Müll-System* von Volker Grassmuck und Christian Unverzagt weit davon entfernt, einem kulturpolitischen Programm zu folgen. Zwar bietet der Band durchaus auch eine Lesart an, die ihn als Anleitung zum Umgang mit dem Müll versteht. Eine solche Lektüre verdeckt aber zu sehr, dass Grassmuck und Unverzagt in noch stärkerem Maße ihr Textmaterial ordnen als dies bei Viale der Fall ist. Wie Rathjes *Rubbish!* interessiert sich *Das Müll-System* dabei zunächst wiederum durchaus für Müllhaufen als „Informationsträger[]"[16] und „Informationsquelle" (MS 74). Denn Deponien

[16]Grassmuck und Unverzagt (1991). Zitate daraus werden im Folgenden im Text mit der Sigle MS und Seitenangabe nachgewiesen, hier S. 74.

könnten mitunter „eine Art Datenfernübertragung durch die Zeit hinweg“ (MS 74) leisten und damit zu „wesentlichen Aufschlüssen“ (MS 74) über Sozial- und Kulturformen beitragen. Und auch die Spiegel-Metapher bemühen Grassmuck und Unverzagt, wenn sie beschreiben, wie in soziologischer Perspektive eine Mülltonne bestimmte Habitusformen „wider[]spiegelt“ (MS 77).

Im Gegensatz zum Garbage Project thematisiert *Das Müll-System* aber den hermeneutisch ausgerichteten Prozess einer „Müllanalyse“ (MS 76) auch als solchen, um ihn sogleich zu relativieren bzw. im Kontext anderer Herangehensweisen an Müll zu pluralisieren. So unterscheidet der Text an einer Stelle drei Grundannahmen der „Müll-Lese“ (MS 77), von denen die ersten beiden durchaus das beschreiben, was Rathjes Garbage Project vollzieht. Demnach profiliert ein erster Ansatz den „Glaube[n] an eine Tiefengrammatik der einmal bezeichneten Dinge“ (MS 80). Er geht davon aus, dass den Dingen – auch den weggeworfenen – intrinsisch ein einmal zugefügter „Informationsgehalt“ (MS 80) inne sei. „Die Kippe ist ein Ort der Erkenntnis wie jeder andere auch. Alles ist ursprünglich bezeichnet und bleibt bis zum Ende Schrift des Ursprungs“ (MS 80). Der zweite referierte Ansatz geht einen Schritt weiter und vermutet eine „mögliche[] Steigerung der Information“ (MS 80), haben die Dinge durch ihre Entsorgung erst einmal „die Hülle der Brauchbarkeit“ (MS 81) abgestreift. Analog zu Rathjes Vermutung von der spezifischen Materialität des Mülls, die nicht ‚lüge‘, tritt demzufolge gerade „im Weggeworfenen alles ungeschminkt zutage“ (MS 80). Der dritte Ansatz schließlich liest den Müll demgegenüber als eine notwendige und nicht hintergehbare Kehrseite der Bemühungen um Ordnung. Das Herstellen von Ordnung erzeugt in dieser, in ihrer Semantik an Überlegungen Mary Douglas‘ erinnernden Perspektive immer auch Unordnung, sprich: Übrig-Gebliebenes (vgl. Douglas 1988). „Für den Müll bedeutet das, daß er (uns) um so mehr anfällt, je mehr wir ihn zu beseitigen suchen“ (MS 81). Das hier dekonstruktiv wirksame „Entropiegesetz“ (MS 81) eines letztlich nicht lösbaren Müllproblems legt es nahe, den Müll zu akzeptieren, mit ihm zu ‚arbeiten‘ – und ihn nicht vergeblich beseitigen zu wollen.

Und tatsächlich tritt nicht nur an einer Stelle ein Bibliothekar auf, der als „Müllforscher ganz eigener Art“ (MS 56) eine Analogie der „Entwicklungslogik[en]“ (MS 56) zwischen Müll und Müll-Diskurs erkennt. Das Müll-System selbst profiliert ein Verfahren, das eine „Strukturverwandtschaft“ (MS 56) zwischen dem ungeordneten Müll und dessen Darstellung annimmt. So besteht *Das Müll-System* aus einem heterogenen materiellen Konglomerat aus Autorentexten, Zeitungsartikeln, Auszügen aus literarischen Texten, unbestimmten Fragmenten, Tagebucheinträgen, längeren Fußnoten, partiellen Biographien, einem Brief, zahlreichen Abbildungen, Werbeannoncen und Lexikoneinträgen. Auch wenn das Inhaltsverzeichnis diese Textteile nach bestimmten Gesichtspunkten zu ordnen vorgibt, bleibt deren Heterogenität im Überblick gleichwohl bestehen – mehr noch: Auch die fünf Gliederungspunkte selbst („Der Triumph des Mülls", „Der alte Feind des Menschen", „Die ursprüngliche Akkumulation des Mülls", „Die Hölle im Gefolge" und „Zum Gedenken der Nachwelt") zeichnen sich durch eine gewisse Unbestimmtheit aus und können, ja wollen die Kontingenz der Zusammenstellung trotz Orientierung an der Zeitachse nicht gänzlich aufheben. Der Text setzt Müllforschung weder im Modus populär-dokumentarischen Erzählens in Szene noch geht es ihm um ein kulturpolitisches Programm der Problemlösung. Das *Müll-System* profiliert vielmehr ein Verfahren, das heterogenes Zeichenmaterial zusammenfügt und damit auf ein durchgehendes Narrativ oder Programm explizit verzichtet. Die einzelnen Textteile stehen derart asyndetisch angeordnet neben einander, dass sich im Überblick weder ein Plot noch eine einheitliche theoretische Position durchsetzen kann.

Gleichwohl wird dieses Verfahren innerdiegetisch legitimiert: und zwar durch ein „Vorwort der Herausgeber". Dort berichten Grassmuck und Unverzagt vom Auffinden der im Folgenden präsentierten Texte. Selbst damit beschäftigt, Materialien zu einem Buch über das Thema Müll zu recherchieren, seien sie auf die „verborgenen Aufzeichnungen" (MS 9) eines Professors für Abfallwissenschaft gestoßen, die ihre „Arbeit schließlich überflüssig gemacht haben" (MS 9). Nach „reiflicher Überlegung" (MS 9) seien sie demzufolge zum Entschluss gekommen, die Texte und Textfragmente, die ihnen „das Schicksal zugespielt" (MS 9) habe, zu veröffentlichen.

> Unsere Recherche führte uns durch die Geschichte, über Müllplätze, in Kunstgalerien, in Gesetzestexte, in die Belletristik und schließlich unter die Erde. Dort, in dem Stollen eines ehemaligen Kohlebergwerks bei Braunlage nämlich, trafen wir auf ein computergesteuertes Müllsimulationssystem einer privaten Forschungs- und Ausbildungseinrichtung. […] Es waren auf den ersten Blick Tagebücher oder Arbeits-Kladden. Beim Lesen entpuppten sie sich als manchmal obskurer Einblick in ein in seinem Umfang atemberaubendes Geflecht aus Macht und Mysterium, das wir, dem Autor folgend, *Das Müll-System* nennen. (MS 9)

Bemerkenswert ist dieses Vorwort zunächst insofern, als es Grassmuck und Unverzagt die Rolle von Lumpensammlern zuschreibt und das *Müll-System* damit in eine kulturhistorische Reihe bis hin zu Dickens' *Our Mutual Friend*, vor allem aber mit Walter Benjamins *Passagenwerk* stellt. So wie Grassmucks und Unverzagts Text laut Selbstbeschreibung auf Müll basiert, so wird in Benjamins Text der Baudelairesche *chiffonnier*, der „selbst metonymisch ein Abfall der Gesellschaft ist" (Münchberg 2009, S. 107), nicht nur thematisiert; er hat auch Folgen für das Textverfahren: Das *Passagenwerk* ist selbst als eine „Lumpensammlung"

(Wohlfarth 1984, S. 71) zu verstehen, als „Ertrag eines wilden und dennoch sehr gezielten Sammeltriebs“ (Wohlfarth 1984, S. 71), der sich nicht mehr auf einen (und nur einen!) Nenner bringen lässt. *Das Müll-System* ist auch eine solche Sammlung aus weggeworfenem Papiermüll, bettet diese jedoch – anders als bei Benjamin – in einen explizierenden Rahmen. Mit dem Vorwort knüpft der Text an Formvorgaben literarischer Herausgeberfiktionen an, wie sie im deutschsprachigen Bereich besonders im Zeitraum um 1800 produktiv sind (E.T.A. Hoffmann, Jean Paul, Johann Wolfgang Goethe etc.). Folgt man Uwe Wirth, ist deren Kennzeichen, dass ein fiktiver Herausgeber im peritextuellen Rahmen des Vorworts die Narration als einen Akt der Edition entwirft. Dabei besteht die narrative Funktion des Herausgebervorworts zunächst darin, die Vorgeschichte des Textes zu erzählen – eine Erzählung, wie sie die zitierte Stelle ja mustergültig vollzieht. Mehr noch: Das Vorwort des *Müll-Systems* realisiert darüber hinaus auch jede der konventionellen Funktionen eines fiktiven Herausgebers:

> Die Texte sind weitgehend chronologisch angeordnet, doch gibt es immer wieder nachträgliche Ergänzungen zu früheren Einträgen, Kommentare, die, vom weiterreichenden Kenntnisstand des Autors aus, frühere Beobachtungen richtigstellen oder ihre Implikationen deutlicher aufzeigen. Viele Texte sind mit Überschriften versehen, die auf geplante Kapitel seines Buches hinweisen. Als Herausgeber sind wir im wesentlichen der gegebenen Ordnung gefolgt. Da sich der Autor selbst jedoch nicht hartnäckig an eine Chronologie gehalten hat, haben wir uns die Freiheit genommen, dort wo es die Klarheit des Zusammenhangs gebot, Umstellungen vorzunehmen. Spätere Hinzufügungen des Autors und Querverweise von uns finden sich z.T. in den Fußnoten. (MS 12)

Wie sich an dieser und der zuvor zitierten Stelle ablesen lässt, aktualisiert das Vorwort jede der editorialen Funktionen. Die Herausgeber treten hier explizit mit dem Leser oder der Leserin in einen Dialog (Kommunikationsfunktion), klären den referenziellen Status der zusammengestellten Textteile (Beglaubigungsfunktion) und geben sachliche Hintergrundinformationen zur Textgenese (Informationsfunktion).[17] Zudem kopieren und korrigieren die Herausgeber das

[17]Ein Beispiel für Kommentare der Herausgeber in Form von Fußnoten ist eine Passage zu Beginn des Kapitels „Der Decodierer“. Dort heißt es in einer Anmerkung: „Die folgenden Fragmente sind in den Kladden unseres Professors mit dem 18. Dezember datiert. Runde vier Monate des Schweigens liegen zwischen dieser und der letzten Eintragung; Monate, in denen ein schwerwiegendes Ereignis in sein Leben eingetreten sein muß, auf das er uns einige Hinweise gibt, ohne das Vorgefallene jedoch ausführlich zu erörtern. Immerhin läßt er deutlich den verschwiegenen Hintergrund aufscheinen, der von nun an seine Worte begleitet, die Hg.“ (MS 78, Fn.*).

Zeichenmaterial (Transkriptionsfunktion), deuten an, dass sie sich in den präsentierten Text immer wieder eingemischt haben (Kommentarfunktion), und legen offen, dass sie das Material zum Teil geordnet und perspektiviert haben (Organisationsfunktion) (vgl. Wirth 2008, S. 151–160). Letztere Funktion findet sich auch in der folgenden Passage aus dem Vorwort:

> Die Kladden enthalten Texte sehr unterschiedlichen Festigkeitsgrades. Neben ausgearbeiteten Vorträgen und Artikeln finden sich Notizen, fixierte Anregungen aus Gesprächen und Exzerpte, die möglicherweise zunächst als Vorarbeiten für eine Veröffentlichung gedacht waren, weiterhin Informationen, die ihm von Dritten anvertraut worden waren, so daß der eine Verfasser schließlich in dem andern drinsteckt wie die Schachteln in einem chinesischen Schachtelspiel. Nach reiflicher Überlegung haben wir uns entschlossen, nichts zu verändern, nach unserem Gutdünken auszuarbeiten oder gar zu zensieren. Wir wollten die Gedankenwelt unseres Meisters, die neben der Bestandsaufnahme von Fakten immer wieder zu philosophischen Betrachtungen und Aphorismen führt, möglichst authentisch weitergeben. (MS 11)

Das Vorwort kopiert hier das Verfahren des Textes insgesamt in sich selbst: So wie die asyndetische Aufzählung der aufgefundenen Papiere in dieser Passage den Text dominiert, so ist *Das Müll-System* insgesamt asyndetisch gebaut. Damit stellt der Text nicht zuletzt die Autorschaft von Grassmuck und Unverzagt dezidiert infrage. Denn die beiden auf dem Buchumschlag und auch auf den ersten Buchinnenseiten als Autoren Genannten setzen sich doch an dieser Stelle als lediglich Müll sammelnde und ordnende Herausgeber in Szene und geben damit ihre peritextuell markierte Autorschaft in die Hände eines anderen, zunächst verdeckten und an keiner Stelle namentlich genannten Autors.

Der mit dieser fiktiven Rahmenhandlung vom Auffinden und Aufbereiten fremdautorisierten Textmaterials einhergehende Prozess der Transformation der Autoren in Herausgeber ist in zwei sich diametral gegenüberstehenden Aspekten bemerkenswert. Einerseits bildet *Das Müll-System* auf diese Weise den Prozess der Herausbildung moderner Autorschaft aus der Struktur der Herausgeberfiktion vor gut zweihundert Jahren nach. Tatsächlich wird der fiktive Autor von den beiden fiktiven Herausgebern denn auch als „eine Art Müllgenie" (MS 10) charakterisiert und nimmt solcherart die Position der sich nun als lediglich Müll sammelnde Herausgeber zurücktretenden Autoren ein. Auf der anderen Seite performiert der Text selbst aber gerade kein idealistisches Konzept einer aus sich selbst geschöpften Poesie, wie es die Genie-Semantik des Kompositums nahelegt. Es ist doch das eigentlich im „Kohlebergwerk[]" entsorgte Zeichenmaterial des Müll-Professors, das sich – damit zunächst selbst zu Müll geworden – als Ansatz einer Revalidierung erweist, die in einem neuen, dem realen Leser, der realen Leserin nun vorliegenden essayistisch-wissenschaftlichen Text mündet. Das vom *Müll-System* in der fiktiven Rahmenhandlung und auch im Text selbst wiederholt angesprochene „Müllsimulationssystem“, das in den „Tagebücher[n] oder Arbeits-Kladden“ des Professors zu entdecken sei, mehr noch: durch diese performiert werde, verweist in dieser Perspektive auf das weggeworfene Zeichenmaterial als „Ausgangspunkt eines nicht mehr final gedachten poetischen Textverarbeitungsprozesses“ (Wirth 2014, S. 29). So wie sich die Ordnung des Alltags als eine „gigantische Simulation“ (MS 81) erweist, so erzeugt der Text eine romantische Müllsimulation, die dessen theoretisch diskutierte Struktur als ein Textverfahren nutzt. Diese entzieht sich der Unterscheidung von Form und Formlosigkeit, weil sie die asyndetisch organisierte Heterogenität des Textmaterials durch eine Herausgebefiktion zu zähmen vorgibt.

Grassmucks und Unverzagts *Müll-System* bezeichnet sich im Untertitel als „Metarealistische Bestandsaufnahme“ und verweist damit denkbar pointiert auf den Unterschied seines Programms zu Rathjes *Rubbish!* und Viales *Un mondo usa e getta.* Dem in *Rubbish!* profilierten narrativen Verfahren des populär Dokumentarischen und dem didaktischen Programm einer Problemlösung von Viales Band setzt *Das Müll-System* einen Text entgegen, der heterogenes Textmaterial als solches ausstellt. Die seinem Gegenstand abgeschaute Textgestaltung bindet der Band aber gleichwohl wiederum an einen realistischen Rahmen zurück, der das Verfahren als solches thematisiert und legitimiert. In allen drei untersuchten Müllstudien partizipiert das jeweilige Darstellungsverfahren also am je spezifischen Müllbegriff und ist deshalb epistemologisch zu berücksichtigen. Müll wird so als ein Gegenstand der Wissenschaft erkennbar, der zwischen Katalog und Erzählen, Illustration und Politik, Heterogenität und Rahmen an Form gewinnt, sich diesen Kategorisierungen aber zugleich entzieht.

## Literatur

Assmann, Aleida. 1999. *Erinnerungsräume. Formen und Wandlungen des kulturellen Gedächtnisses*. München: Beck.

Assmann, David-Christopher. 2018. Müll lesen. Probleme eines interdisziplinären Zugriffs. In *An den Grenzen der Disziplinen. Literatur und Interdisziplinarität*, Hrsg. C. Frank, D. Kazmaier und M. Schleich, 197–217. Hannover: Wehrhahn.

Assmann, David-Christopher. 2020. Esplorazione, problema, riciclaggio. Lo scarto come oggetto ed effetto della sua ricerca. *Altre Modernità. Rivista di studi letterari e culturali* (Numero speciale: *Sc[Arti]*) (i. E.).

Baßler, Moritz. 2011. Populärer Realismus. In *Kommunikation im Populären. Interdisziplinäre Perspektiven auf ein ganzheitliches Phänomen*, Hrsg. Roger Lüdeke, 91–103. Bielefeld: Transcript.

Brandt, Christina. 2009. Wissenschaftserzählungen. Narrative Strukturen im naturwissenschaftlichen Diskurs. In *Wirklichkeitserzählungen. Felder, Formen und Funktionen nicht-literarischen Erzählens*, Hrsg. C. Klein und M. Martínez, 81–109. Stuttgart und Weimar: Metzler.

Campe, Rüdiger. 2002. *Spiel der Wahrscheinlichkeit. Literatur und Berechnung zwischen Pascal und Kleist*. Göttingen: Wallstein.

Douglas, Mary. 1988. *Reinheit und Gefährdung. Eine Studie zu Vorstellungen von Verunreinigung und Tabu*, Übersetzt von Brigitte Luchesi. Frankfurt a. M.

Fayet, Roger. 2003. *Reinigungen. Vom Abfall der Moderne zum Kompost der Nachmoderne*. Wien: Passagen.

Foucault, Michel. 1992. *Archäologie des Wissens*, Übersetzt von Ulrich Köppen. 5. Aufl. Frankfurt a M.

Frey, C., und D. Martyn. 2016. Listenwissen. Zu einer Poetik des Seriellen. In *Noch einmal anders. Zu einer Poetik des Seriellen*, Hrsg. E. Bronfen, C. Frey und D. Martyn, 89–103. Zürich: Diaphanes.

Gee, Sophie. 2010. *Making waste. Leftovers and the eighteenth-century imagination*. Princeton: Princeton University Press.

Giesen, Bernhard. 2007. Der Müll und das Heilige. In *Arbeit am Gedächtnis. Für Aleida Assmann*, Hrsg. M.C. Frank und G. Rippl, 101–110. München: Fink.

Gomille, Monika. 2001. Charles Dickens' Müllberge: Kulturelle Mechanismen der Wertzuweisung und des Wertentzugs in *Our Mutual Friend* (1864/65). In *Sammeln – Ausstellen – Wegwerfen*, Hrsg. G. Ecker, M. Stange und U. Vedder, 254–265. Königstein/Taunus: Helmer.

Grassmuck, V., und C. Unverzagt. 1991. *Das Müll-System. Eine metarealistische Bestandsaufnahme*. Frankfurt a. M.: Suhrkamp.

Hauser, Susanne. 2001. *Metamorphosen des Abfalls. Konzepte für alte Industrieareale*. Frankfurt a. M.: Campus.

Hauser, Susanne. 2002. Waste into heritage. Remarks on materials in the arts, on memories and the museum. In *Waste-site stories. The recycling of memory*, Hrsg. B. Neville und J. Villeneuve, 39–54. Albany: State University of New York Press.

Hauser, Susanne. 2010. Recycling, ein Transformationsprozess. In *Abfallmoderne. Zu den Schmutzrändern der Kultur. Tagungsband zu Abfallmoderne, ein Symposion zu den Schmutzrändern der Kultur an der Karl-Franzens-Universität Graz vom 4.–5. Juni 2008*, Hrsg. Anselm Wagner, 45–62. Wien: LIT.

Jacke, C., E. Kimminich, und S.J. Schmidt. 2006. Vorwort: Kulturschutt. Über das Recycling von Theorien und Kulturen. In *Kulturschutt. Über das Recycling von Theorien und Kulturen*, Hrsg. C. Jacke, E. Kimminich und S.J. Schmidt, 9–17. Bielefeld: Transcript.

Köster, Roman. 2017. *Hausmüll. Abfall und Gesellschaft in Westdeutschland 1945–1990*. Göttingen: Vandenhoeck & Ruprecht.

Krämer, S., und R. Trotzke. 2012. Einleitung Was bedeutet, Schriftbildlichkeit'? In *Schriftbildlichkeit. Wahrnehmbarkeit, Materialität und Operativität von Notationen*, Hrsg. Sybille Krämer et al., 13–35. Berlin: Akademie.

Lewe, C., T. Othold, und N. Oxen. 2016. Übrig-gebliebenes. Einleitung. In *Müll. Interdisziplinäre Perspektiven auf das Übrig-Gebliebene*, Hrsg. C. Lewe, T. Othold und N. Oxen, 9–30. Bielefeld: Transcript.

Link, Jürgen. 1983. Marx denkt zyklologisch. Mit Überlegungen über den Status von Ökologie und „Fortschritt“ im Materialismus. *kultuRRevolution. zeitschrift für angewandte diskurstheorie* 4: 23–27.

Luhmann, Niklas. 1993. *Gesellschaftsstruktur und Semantik. Studien zur Wissenssoziologie der modernen Gesellschaft*, Bd. 1. Frankfurt a. M.: Suhrkamp.

Mainberger, Sabine. 2003. *Die Kunst des Aufzählens. Elemente zu einer Poetik des Enumerativen*. Berlin: de Gruyter.

Morrison, Susan Signe. 2015. *The literature of waste. Material ecopoetics and ethical matter*. New York: Palgrave.

Moser, Walter. 2002. The acculturation of waste. In *Waste-site stories. The recycling of memory*, Hrsg. B. Neville und J. Villeneuve, 85–105. Albany: State University of New York Press.

Münchberg, Katharina. 2009. Philosophie und Poetik des Rests. Giorgio Agamben und Charles Baudelaire. In *Was übrig bleibt. Von Resten, Residuen und Relikten*, Hrsg. J. Kerscher, B. Thums und A. Werberger. Unter Mitarbeit von J. Kerscher, 99–114. Berlin: Trafo.

Rathje, W., und G. Murphy. 1992. *Rubbish! The archeology of garbage*. New York: University of Arizona Press.

Rathje, W., und G. Murphy. 1994. *Müll. Eine archäologische Reise durch die Welt des Abfalls*. Aus dem Amerikanischen übertragen von Ariane Böckler und Petra Hölzle. München: Goldmann.

Schmidt, Christopher. 2014. *The poetics of waste. Queer excess in stein, ashbery, schuyler, and goldsmith*. New York: Palgrave.

Thompson, Michael. 2003. *Mülltheorie. Über die Schaffung und Vernichtung von Werten*. Neu herausgegeben von Michael Fehr. Revidierte Ausgabe. Essen: Klartext.

Viale, Guido. 2000. *Un mondo usa e getta. La civiltà dei rifiuti e i rifiuti della civiltà*. Milano: Feltrinelli.

Vogl, Joseph. 1999. Einleitung. In *Poetologien des Wissens um 1800*, Hrsg. Joseph Vogl, 7–16. München: Fink.

Vogl, Joseph. 2011. Poetologie des Wissens. In *Einführung in die Kulturwissenschaft*, Hrsg. H. Maye und L. Scholz, 49–71. Paderborn: Fink.

Warken, Arlette. 2017. Searching through waste. The scavenger in (Post-)apocalyptic texts. In *Literatur und Ökologie. Neue literatur- und kulturwissenschaftliche Perspektiven*, Hrsg. C. Schmitt und C. Solte-Gresser, 311–322. Bielefeld: Aisthesis.

Windmüller, Sonja. 2003. Zeichen gegen das Chaos: Kulturwissenschaftliches Abfallrecycling. *Zeitschrift für Volkskunde* 99: 237–248.

Windmüller, Sonja. 2004. *Die Kehrseite der Dinge. Müll, Abfall, Wegwerfen als kulturwissenschaftliches Problem*. Münster: LIT.

Windmüller, Sonja. 2005. Kultur, Müll, Wissenschaft. Bewegungen im Grenzbereich. In *Reste. Umgang mit einem Randphänomen*, Hrsg. A. Becker, S. Reither und C. Spies, 233–250. Bielefeld: Transcript.

Wirth, Uwe. 2008. *Die Geburt des Autors aus dem Geist der Herausgeberfiktion. Editoriale Rahmung im Roman um 1800: Wieland, Goethe, Brentano, Jean Paul und E.T.A. Hoffmann*. München: Fink.

Wirth, Uwe. 2014. (Papier-)Müll und Literatur: Makulatur als Ressource. In *Entsorgungsprobleme: Müll in der Literatur*, Hrsg. D.-C. Assmann, N.O. Eke und E. Geulen, 19–32. Berlin: Schmidt.

Wohlfarth, Irving. 1984. Et cetera? Der Historiker als Lumpensammler. In *Passagen. Walter Benjamins Urgeschichte des neunzehnten Jahrhunderts*, Hrsg. N. Bolz und B. Witte, 70–95. München: Fink.

Zeman, Mirna. 2014. Literatur und Zyklographie der Dinge. *Bookcrossings* in *simplicianischer* Manier. In *Entsorgungsprobleme: Müll in der Literatur*, Hrsg. D.-C. Assmann, N.O. Eke und E. Geulen, 151–173. Berlin: Schmidt.

Zipfel, Frank. 2001. *Fiktion, Fiktivität, Fiktionalität. Analysen zur Fiktion in der Literatur und zum Fiktionsbegriff in der Literaturwissenschaft*. Berlin: Schmidt.

**David-Christopher Assmann** ist wissenschaftlicher Mitarbeiter am Institut für deutsche Literatur und ihre Didaktik der Goethe-Universität Frankfurt. Forschungsschwerpunkte: Müll in der Literatur, Mündlichkeit/Schriftlichkeit, Literaturbetriebs-Szenen. Publikationen u. a.: *Entsorgungsprobleme: Müll in der Literatur* (Mithrsg. 2014); „Müll! Selbstbeschreibung und Textverfahren einer Skizze von Marie Netter“ (2017).

# Ironie als Mittel der Wiederverwertung einer abgenutzten Sprache

## Am Beispiel von Thomas Manns Roman *Buddenbrooks*

Cesare Giacobazzi

### 1 *Die Badenden* von Pablo Picasso

*Die Badenden*[1] von Pablo Picasso – ein zentrales Werk aus seiner Spätzeit – habe ich zum ersten Mal Anfang der 1980er Jahre in einer Ausstellung in Venedig gesehen. Meine erste Reaktion vor diesen Skulpturen war: Lachen. An sich gab es nichts zu lachen. Ich war eher enttäuscht. Trotzdem hat meine Desorientierung nur im Lachen einen Ausdruck gefunden. Von meinen Organen des Verstehens und des Empfindens kam mir keines zu Hilfe. So kann ich mir heute diese Reaktion mit Hilfe von Friedrich Theodor Vischer vorstellen: Er erklärte, dass ein Lachen dann ausbricht, wenn „sich die kontrastierenden Seiten oder Momente [einer Sache; C.G.] selbst *identisch* zu setzen scheinen, indem sie ineinander übergehen, ineinander umspringen" (Vischer 1967, S. 175). Was bei mir damals den Kontrast erst hervorrief, war eine in meiner Kindheit begrabene Erinnerung.

[1]*Die Badenden* (1956) von Pablo Picasso werden derzeit in der Neuen Staatsgalerie in Stuttgart gezeigt. Die Gruppe von sechs aus Fundstücken zusammengesetzten Holzfiguren ist ein plastisches Hauptwerk aus der Spätzeit des Künstlers. Die bemalten und durch Einritzungen bearbeiteten Stelen haben den Charakter urzeitlicher Kultfiguren, wobei jede Gestalt ihr individuelles Gepräge hat, das auch in ihrer Benennung zum Ausdruck kommt: „Taucherin", „Mann mit gefalteten Händen", „Brunnen-Mann", „Kind", „Frau mit ausgestreckten Armen" und „Junger Mann". Vgl. Neue Staatsgalerie.

C. Giacobazzi (✉)
Università di Modena e Reggio Emilia, Modena, Italien
E-Mail: cesare.giacobazzi@unimore.it

 
D.-C. Assmann (Hrsg.), *Narrative der Deponie*, Kulturelle Figurationen: Artefakte, Praktiken, Fiktionen, https://doi.org/10.1007/978-3-658-27880-9_15

Ich erinnerte mich, wie ich noch als kleines Kind, anscheinend vor der freudianischen Latenzphase, das Strandleben in Rimini sehr beglückend fand. Selbstverständlich hatte ich meine Freude, mit meiner kleinen Schaufel im Sand zu graben, und nicht weniger interessant waren die runden Formen der Badenden, die meine Aufmerksamkeit erregten. Frauen mit so knappen Badekostümen hatte ich bis dahin noch nie gesehen.

Diese Erinnerung an die Badenden in Rimini war in einem fernen Winkel meines Gedächtnisses im Dunkeln geblieben, bis ich sie im Kontrast zu Picassos Skulpturen aufwertete. Das Kunstwerk gab mir die Möglichkeit, mein in der Vergangenheit verankertes Bild durch den Gegensatz zum gegenwärtigen Werk ins Leben zu rufen. So habe ich in Venedig vor den Skulpturen Picassos erfahren, wie sich zwei „Momente *identisch* zu setzen schienen, indem sie ineinander übergehen" und einen Kontrast bilden. Es bewies mir gleichzeitig die magische Eigenschaft des Kunstwerkes, mich in eine mir gehörende vergangene Welt zu versetzen. Das geschah aber nicht durch die Identifikation mit der Darstellung, nicht als Empathie und nicht als Flucht in eine mir fremde Welt. Im Gegenteil: Ich gewann die Erkenntnis durch eine persönliche Erinnerung, die die Betrachtung des Werkes aufweckte. Das alte Holz, die unnützen Fundstücke kamen mir nicht nur wie Müll vor – wie totes Zeug, das für die Deponie bestimmt war –, sondern zugleich als revidierte Darstellung von etwas mir wohl Bekanntem. Eine solche Erfahrung mit Kunst setzt sich in ein kritisches Bewusstsein um: in das Bewusstsein des Konfliktes zwischen verinnerlichten Bildern und der Vergänglichkeit des Lebens, zwischen der Einförmigkeit der Vorstellung und der Vielfalt der Welt.

Ich hätte nur gelacht, ohne weiter zu denken, wenn meine Empfindungen nicht so widersprüchlich gewesen wären. Die Erfahrung war keineswegs nur spaßig. Bot mir meine Erinnerung die farbige Fülle des Lebens an, so bildeten die Skulpturen Picassos eine groteske Darstellung von merkwürdigen Figuren; sie machten nicht die Freude des Lebens anschaulich, sondern eher ein entleertes Leben. Die angewandten Materialien ließen nur an einen Sinn und eine Funktion denken, die sie nicht mehr hatten. So kamen mir die Skulpturen bloß als ein aussichtsloser Versuch vor, zufällige, abgenutzte und brüchige Fundstücke als wirkliches Leben darzustellen; sie konnten nicht sein, was der Titel und die Beschriftungen versprachen. Nur das Pompöse der Namen blieb, es fehlte die Substanz. Das Fazit war also eine entgegengesetzte Empfindung von dem, was ich als Erinnerung bis dahin in meinem Gedächtnis aufbewahrt hatte.

Was mir geschah, kann ich jetzt mit Hilfe von Pirandello als eine „Empfindung des Gegenteils" (Pirandello 1986, S. 162) erklären, die mir zwiespältige Gefühle gab. Diese Art Empfindung manifestiert sich, so Pirandello, als die

Wirkung der doppelten Natur der Komik, wie Pirandellos Anekdote der alten Dame mit gefärbtem Haar und mit einer sehr auffälligen Schminke auf anschauliche Weise zeigt. Scherz und Ernst, Freude und Leiden verschmolzen ineinander, und ich musste die destabilisierende Wirkung der Mischgattung von Komödie und Tragödie am eigenen Leib erfahren. Wenn mich der Widerspruch als „Überfordertsein kognitiver bzw. emotiver Vermögen" (Iser 1976, S. 401) spontan zum Lachen brachte, hatte ich unmittelbar danach das Gefühl, vor der Tragödie des Lebens zu stehen: vor dem unlösbaren Widerspruch zwischen dem Willen des Geistes und der unausweichlichen Vergänglichkeit der Materie. Im Besonderen stand ich vor der Inszenierung des misslungenen Versuchs, die Fülle des Lebens zu bewahren, obwohl die Materie, woraus sie besteht, abgenutzt ist. Die Skulpturen vermittelten mir eine Sehnsucht nach einem Leben, das es nicht mehr gab, aber gleichzeitig auch das Bewusstsein des Verfalls. Sie haben Bilder in meiner Erinnerung lebendig gemacht, die mich in ein vergangenes Leben führten, aber sie übermittelten gleichzeitig das Wissen, wie das Leben vergeht. Die bildhafte Darstellung Picassos inszeniert scherzhaft, im Sinne der Anekdote Pirandellos, die lächerliche Bemühung, eine lebendige Wirklichkeit darzustellen. Gleichzeit mahnt sie vor unserer Blindheit gegenüber der Vergänglichkeit, der Verwesung, der Verwandlung der Materie. *Die Badenden* machen anschaulich, was Sinn und Form in einem sprachlichen Kunstwerk, insbesondere im Roman, häufig charakterisiert: die Ironie. Den Roman können wir wegen seiner ironischen Ausprägung als jene Gattung der Moderne betrachten, in welcher das alte Epos in einer zeitgemäßen Gestalt weiterlebt.

Dank der Ironie kann ein sprachliches Kunstwerk eine neue Bestimmung für die Sprache finden, die sonst keine Funktion und keine Aussagekraft mehr hat. Es handelt sich dabei um eine Art Recycling: Neue Formen und Funktionen für Abgenutztes können erschlossen werden, indem das sprachliche Kunstwerk eine sinn- und funktionslos gewordene Sprache verwendet.[2] So geht es in einem durch die Ironie geprägten Roman auch um ein ambivalentes Ergebnis des Geistes: einerseits um die Schilderung eines Scheiterns im Ausdruck sowie in der Kommunikation; andererseits um den Gewinn des Bewusstseins, wie die Sprache immer wieder der Vergänglichkeit und dem wandelnden Kontext angepasst werden muss. Das ironisch inszenierte Scheitern hängt allerdings nicht mit einer Fehlleistung der sprachlichen Materialien zusammen, sondern mit jener des Geistes, der sie sich vergessend anwendet, als ob sie unverbraucht und original wären.

[2]Zur Praktik des Recyclings als literarisches Verfahren siehe auch die Beiträge von Carmen Concilio und Silvia Ulrich in diesem Band.

## 2 Das Material im sprachlichen Kunstwerk

Der Geist ist in seiner Aufgabe gefragt, durch Reflexion das zu erkennen, wie es ist, wenn beim Menschen Leben und Selbstbewusstsein differieren. Wie der Geist diese Funktion erfüllen kann, präzisiert Thomas Mann, wenn er über eine Ironie reflektiert, die konservativ sein kann. Eine konservative Ironie bedeute „nicht die Stimme des Lebens […], welches sie selber will, sondern die Stimme des Geistes, welcher nicht sich will, sondern das Leben“ (Mann 2009, S. 617). Mann denkt also an eine Ironie, die zwischen Geist und Materie vermittelt: Der Geist benutzt sie, wie er sie vorfindet, aber er gibt ihr einen neuen Sinn und eine dem Leben neu angepasste Funktion. Auf diese Weise bleibt das Leben in seinen eigentümlichen Merkmalen der Vergänglichkeit und Verwandlung erhalten. Er greift dafür auf die Materie zurück, auch wenn sie sich im Status des Verfalls befindet. Insofern will der Geist, im Sinne von Mann, nicht über die Materie triumphieren, um sie nach den Kriterien einer ihm angemessenen Vollkommenheit zu bestimmen; er macht sich ihr hingegen dienlich, indem er sie aufwertet. In diesem Sinne behaupte ich, dass die Aufwertung einer verfallenen Sprache in Manns Erzählkunst auf dem Weg eines ironischen Diskurses erfolgt. Diese Art Recycling wird in seinem Werk durch das inspiriert, was er „erotische Ironie des Geistes“ nennt: „Die Bejahung eines Menschen, abgesehen von seinem Wert“.[3] Wie *Die Badenden,* die das Leben bejahen, indem sie gemeine Fundstücke wertvoll machen und somit unnützes Zeug zu einer neuen Existenz erwecken,[4] so wird die Sprache der Figuren in Thomas Manns Erzählwerk bejaht, obwohl sie entsubjektiviert und verbraucht erscheint. Die Komik im Allgemeinen und die Ironie im Besonderen lassen sich in der Tat als ein reflektiertes Bestehen-Lassen einer stereotypen und geistlosen Sprache verstehen, die wertlos erscheint. Aber gerade aufgrund dieser Mängel stellt sie einen Appell an den Leser dar, sich reflektierend und kritisch mit einer verbrauchten, unkommunikativen Sprache auseinanderzusetzen. Diese wirkungsästhetische Funktion der Ironie appelliert, sich der Mängel einer Sprechweise bewusst zu werden, die keinen Sinn mehr für Einmaligkeit, Individualität

---

[3]Siehe die folgenden Passagen: „Eros: ‚Die Bejahung eines Menschen, abgesehen von seinem *Wert*‘“ und: „Der Geist, welcher liebt, ist nicht fanatisch, er ist geistreich, er ist politisch, er wirbt, und sein Werben ist erotische Ironie. Man hat dafür einen politischen Terminus; er lautet ‚Konservatorismus‘. Was Ist Konservatorismus? Die erotische Ironie des Geistes“. Mann (2009, S. 617–618).

[4]Zum kreativen Potenzial des Fundstücks siehe auch den Beitrag von Lis Hansen in diesem Band.

und Transzendenz aufweist. Das ist die Funktion einer ironisch geprägten Erzähler- und Figurenrede, deren Bezug zu sich selbst und ihrer Umwelt gekünstelt und daher fragwürdig erscheint. Ihre Ausdrucksweise ist so wie eine unglaubwürdige Maske, die uns zu einem kritischen Lächeln bringt. Denn der ironische Scherz birgt in sich etwas sehr Ernstes: einen entmenschlichenden Gebrauch der Sprache.

Die Ironie, die ästhetische Kategorie par excellence der Romantik, erkennt man wegen ihrer grundsätzlichen Unzuverlässigkeit nicht an punktuellen Textstellen. Sie prägt vielmehr den ganzen Text, sodass wir darin das Scherzhafte vom Ernstgemeinten nicht trennen können. Scherz und Ernst gehören darin zusammen und sind synchron anwesend.[5] Im ironischen Diskurs fehlt eben die erkennbare Ordnung einer eindeutigen Wirklichkeit, aber nicht nur Scherz und Ernst sind miteinander verwoben, sondern auch Altes und Neues, Unzeitgemäßes und Gegenwärtiges.[6] Diese Verknüpfung von Gegensätzen macht jede Aussage zweideutig und daher offen, sodass ihr propositionaler Inhalt nicht der eigentliche Träger der Kommunikation zwischen Text und Leser sein kann. Diese Sprache kann mithin keine Wirklichkeit und keine Meinung abbilden, die sich im Endeffekt nicht widersprechen. Etwas Ähnliches erlebt der Betrachter der *Badenden:* Er muss sich mit Gestalten auseinandersetzen, deren Konturen nichts Bestimmtes definieren. Die Bezeichnung der Figuren – eine Art ‚inscript' – weist eher in der Form einer Spur auf ein plastisches Bild hin. Die Möglichkeit, eine Wirklichkeit in der Abbildung zu erkennen, liegt in der subjektiven Wahrnehmung, die auf einer persönlichen Erfahrung fußt. So verlangt die Ironie über jede Explizitheit hinaus die Auseinandersetzung mit jenen impliziten Bedeutungsebenen, welche die Kommunikation zwischen Text und Leser im Endeffekt ausmachen. Es ist ein Markenzeichen der Ironie, das unmittelbare Verstehen zu behindern und das Gemeinte unklar zu machen. Wird die Ironie zu deutlich, dann handelt es sich nicht mehr um Ironie. Die Ironie verflüchtigt sich, sobald sie als Absicht deklariert und eine klare Aussage wird.

[5]So David Martyn zum Schlegel'schen Begriff der Ironie: „Es heißt nicht ‚die Ironie ist teils Scherz und teils Ernst [...]. In der Ironie ‚soll alles Scherz und alles Ernst sein' [Schlegel; C.G.] [...] Es beschreibt keine Vermischung oder Synthese, sondern einen Widerspruch, der nur als ein Wechsel – als eine zeitliche Folge also – gedacht werden kann, der in der Wirklichkeit aber stetig, also synchron, fortbesteht" (Martyn 2000, S. 79–80).

[6]Friedrich Schlegel bringt die Beschaffenheit der Ironie auf den Punkt, wenn er behauptet: „Ironie ist klares Bewusstsein der ewigen Agilität, des unendlich vollen Chaos" (Schlegel 1967, S. 263, Fragment 69).

## 3 Morten Schwarzkopf und Bendix Grünlich: der dramatische Sprachkonflikt Tonys

Antonie Buddenbrook ist eine Figur, die aufgrund ihrer veralteten, nicht mehr dem Kontext angemessenen Sprache als Paradebeispiel des ironischen Diskurses in den *Buddenbrooks* gelten kann. Sie übernimmt restlos überlieferte Sprachformen, die ihre Ausdrucksweise erstarrt und ihr Bewusstsein blind erscheinen lassen. Bezeichnend dafür, dass ihrer Sprache jede Individualität fehlt, ist eine frühe Episode: Noch bevor sie sich verlobt, fügt sie eigenhändig in das große Schreibheft mit den wichtigsten Ereignissen der Familie ihre Verlobung mit Bendix Grünlich ein. Diese falsche Chronologie ist ein deutlicher Hinweis darauf, wie sie ihr Leben mehr als Vorstellung denn als Erfahrung gestaltet. Diese Vorstellung verlangt von ihr die Veräußerung der eigenen Subjektivität zugunsten der Familie, das heißt zugunsten einer objektivierten Rolle im Rahmen einer ihr übergeordneten Instanz.[7] Das Heft mit der Familienchronik hat gleichsam die Macht, sie von der einzigen authentischen Erfahrung ihres Lebens zu entfernen und sie in eine Welt zu versetzen, in der das Subjekt keinen Spielraum zur Entfaltung mehr hat. Das geschieht nach der Rückkehr von Travemünde, wohin sie vom Vater Jan Buddenbrock zur Erholung geschickt worden war, nachdem sie sich dem Drängen der Eltern hartnäckig widersetzt hatte, Bendix Grünlich zu heiraten, und darüber kränklich und deprimiert wurde. Dort verliebt sie sich in Morten Schwarzkopf, einen Medizinstudenten. Dank dieser Liebe kann sie zum ersten und letzten Mal in ihrem Leben eine authentische Erfahrung mit Sprache machen. Das geschieht, indem sie dem jungen Morten zuhört, wie er von seinen Plänen für die Zukunft erzählt und dabei anderen Werten begegnet als denen bei sich zu Hause. Vor allem übt seine Sprache eine Wirkung, aus die die Echtheit ihrer Gefühle fördert, wenn die Gespräche von zwischenmenschlichen Beziehungen handeln. Jene Sprache, die aus dem aufmerksamen Zuhören und dem kritischen Verstehen entsteht, hat die Fähigkeit, den einzelnen in seiner lebendigen Individualität zur Entfaltung zu bringen und ihm die sprachliche Erfahrung einer gegenwärtigen Einmaligkeit zu ermöglichen. Als Beispiel können wir folgende Passage zitieren, in der Morten die abschätzenden Worte Tonys über Grünlich kommentiert:

[7]Diese Lebensauffassung wird Tony von ihrem Vater Jean, Konsul Buddenbrook, immer wieder eingeredet. So zum Beispiel in dem Brief, in dem er auf die Mitteilung Tonys reagiert, sie sei in Morten Schwarzkopf verliebt: „Wir sind, meine liebe Tochter, nicht *dafür* geboren, was wir mit kurzsichtigen Augen für unser kleines, persönliches Glück halten, denn wir sind nicht lose, unabhängige und für sich bestehende Einzelwesen, sondern wie Glieder in einer Kette" (Mann 2002, S. 160).

> Sie sind grausam Frau, Fräulein Tony … Sind sie immer grausam? … Manchmal denke ich: Haben Sie vielleicht ein Kaltes Herz? Eines will ich Ihnen sagen … es ist so wahr, daß ich es Ihnen beschwören kann: Ein Mann ist nicht albern, weil er darüber weint, daß Sie nichts von ihm wissen wollen … das ist es. Ich bin nicht sicher, durchaus nicht sicher, daß ich nicht ebenfalls … Sehen Sie, Sie sind ein verwöhntes, vornehmes Geschöpf … Moquieren Sie sich immer nur über die Leute, die zu Ihren Füßen liegen? Haben Sie wirklich ein kaltes Herz?
>
> Nach der kurzen Heiterkeit begann nun plötzlich Tonys Oberlippen zu zittern. Sie richtete ein Paar großer und betrübter Augen auf ihn, die langsam blank von Thränen wurden (Mann 2002, S. 156).

Im chronologischen Ablauf des Romans erfolgt das lebendige Gespräch zwischen Tony und Morten unmittelbar vor einem peinlichen Auftritt Grünlichs im Hause Schwarzkopf. Dieses Erzählgefüge suggeriert unmissverständlich den Vergleich zwischen dem jungen Studenten und dem älteren angeblich wohlhabenden Verehrer. Auffällig sind insbesondere die Unterschiede, was ihre Redensart betrifft. Eine Episode bezieht sich kontrastierend auf die andere, und so sind sie gleichzeitig in unserer Wahrnehmung anwesend; eine Ausdrucksweise erscheint im Hintergrund der anderen, und beide tragen zur komischen bzw. ironisierenden Funktion im Roman bei. Es reicht ein kurzes Zitat, um eine deutliche Vorstellung davon zu bekommen, wie noch veralteter und unechter die Sprache Grünlichs erscheint, verglichen mit der offenen und spontanen Redeweise des jungen Medizinstudenten:

> Ich … sehe mich veranlaßt, Ihnen zu eröffnen […] daß ich vor einiger Zeit um die Hand eben dieser Demoiselle Buddenbrook angehalten habe, daß ich mich im vollen Besitz der beiderseitigen elterlichen Zustimmung befinde, und daß das Fräulein selbst mir, ohne daß zwar die Verlobung in aller Form stattgefunden hätte, mit unzweideutigen Worten Anrechte auf ihre Hand gegeben hat (Mann 2002, S. 164).

Der Leser schmunzelt vergnügt wegen dieser abstrusen Redeweise. Allerdings stößt der Verstand an die kuriose Tatsache, dass ein so absurder Verehrer ohne Bedenken von der Familie Buddenbrook als Verlobter der jungen, hübschen Tochter angenommen wird. Es zeigt sich, wie hinter dem Scherz eine Fehlleistung des Geistes steckt, die ernste Folge haben kann. Die Heiterkeit über Grünlichs Redeweise hat einen wichtigen Aspekt als Kehrseite: Der Leser steht vor der Tragödie der Sprache. Obwohl dazu bestimmt, das Menschliche zu entfalten, ist die Sprache bei Grünlich zum Mittel der Entmenschlichung geworden. Wie sie die Erfahrung der Einmaligkeit und Individualität eröffnen kann, kann sie auch in eine versteinerte, verschlossene Welt fesseln. Gewährt sie einerseits die Erfahrung der Transzendenz, wenn sie zur Vorstellung dessen führt, was nicht oder noch nicht ist, kann sie andererseits die Welt als Wiederholung, als leblose Konservierung des Vergangenen wiedergeben. In der komischen Wirkung des Grünlich'schen Diskurses findet der Leser einen Beleg dafür, wie der Mensch, sprechend, seine Menschlichkeit verraten kann. Das ist der tragische Ernst, den die lächerliche Figur Bendix Grünlich mit sich bringt. Die bürgerliche Familie Buddenbrook ist in diese lächerliche Tragödie vollkommen eingelassen, denn sie erkennt diese Entmenschlichung nicht und trägt sie mit.

## 4 Ironie als Nachahmung

Das Drama der Sprache wiederholt sich bei Tony. Deutlich wird das insbesondere in der frühmorgendlichen Episode im Frühstückszimmer mit dem großen Heft, das sie auf dem Sekretär entdeckt, welcher wahrscheinlich nicht per Zufall geöffnet wurde. Hier erfährt Tonys Denkweise eine radikale Veränderung gegenüber jener, die sie in Travemünde, fern von ihrer Familie, an den Tag gelegt hat. Wie sie dort dachte und sprach, lässt sich nicht nur in den schon erwähnten Gesprächen mit Morten feststellen, sondern vor allem im Brief an den Vater mit der Mitteilung, sie habe keine Absicht, Grünlich „das Jawort fürs Leben" zu geben. Sie teilt ihren Entschluss mit Worten mit, die deutlich Selbstständigkeit und Entscheidungswille beweisen:

> […] und das ist, was er so poetisch von dem ‚Versprechen' schreibt, einfach nicht der Fall und bitte ich Dich so dringend, ihm nun doch kurzer Hand plausibel zu machen, daß ich jetzt noch tausendmal weniger, als vor sechs Wochen und daß er mich endlich in Frieden lassen soll, er *macht* sich ja *lächerlich*. Dir, dem besten Vater, kann ich es ja sagen, daß ich anderweitig gebunden bin an Jemanden, der mich liebt, und den ich liebe, daß es sich gar nicht sagen läßt. […] Ich weiß ja, daß es Sitte ist, einen Kaufmann zu heiraten, aber Morten gehört eben zu dem anderen Teile von angesehenen Herren, den Gelehrten. Er ist nicht reich, was wohl für Dich und Mama gewichtig ist, aber das muß ich Dir sagen, lieber Papa, so jung ich bin, das wird das Leben Manchen gelehrt haben, daß Reichtum allein nicht immer jeden glücklich macht (Mann 2002, S. 159).

Indem sie Selbstständigkeit in der Sprache gewinnt, übernimmt sie eine kritische Perspektive, die sie erkennen lässt, was der Vater Konsul Buddenbrook nicht erkennen kann oder will: Grünlich ist ein Betrüger. Er ist nicht so wohlhabend, wie er glauben lassen will. Denn Tony fügt mit wachem Verstand im Postschrifttum des Briefes hinzu: „Der Ring ist niedriges Gold und ziemlich schmal, wie ich sehe" (Mann 2002, S. 159).

Nach der Rückkehr ins Haus Buddenbrook verliert Tony ihr kritisches Vermögen und ihre Sprache jede Unabhängigkeit. Anstatt eine selbstständige Position zu behaupten, übernimmt sie restlos die feierlich-sentimentale Redeweise des Konsuls Buddenbrook. In der Form einer erlebten Rede berichtet der Erzähler von der Wirkung des großen Heftes auf Tony:

> [...] jeder Schreiber hatte von seinem Vorgänger eine ohne Übertreibung feierliche Vortragsweise übernommen, einen instinktiv und ungewollt angedeuteten Chronikenstil, aus dem der diskrete und darum desto würdevollere Respekt einer Familie vor sich selbst, vor Überlieferung und Historie sprach [...] noch niemals hatte ihr Inhalt einen Eindruck auf sie gemacht, wie diesen Morgen. Die ehrerbietige Bedeutsamkeit, mit der hier auch die bescheidensten Thatsachen behandelt waren, die der Familiengeschichte angehörten, stieg ihr zum Kopf... Sie stützte die Ellenbogen auf und las mit wachsender Hingebung, mit Stolz und Ernst (Mann 2002, S. 172).

Die ironische Beschaffenheit der Erzählerrede entsteht zuerst daraus, dass Tony eine normale familiäre Wirklichkeit über alle Maße idealisiert. Nur wenn der Leser bedenkt, was für ein absurder Mensch der Verlobte ist, entwickelt er eine klare Vorstellung davon, wie gekünstelt und wirklichkeitsblind Tonys Bewusstsein ist. Zu groß ist die Kluft zwischen der inszenierten noblen Welt der Chronik und der Wirklichkeit der Verlobung, um nicht darüber zu lächeln. Eine übertriebene Idealisierung an sich macht allerdings noch nicht unbedingt Ironie aus, kann sie doch in einer Textform wie der Familienchronik ein wichtiges Element eines verbindenden Rituals sein. Die ironische Wirkung entfaltet sich vor allem dadurch, dass ein grundsätzlich falsches Bewusstsein am Werk ist: Tony verwechselt das Leben und die Sprache ihrer Welt mit dem Leben und der Sprache einer Textgattung. Ihr Bewusstsein löst sich in der Chronikrede völlig auf. Die Schrift ist für sie derartig totalisierend, dass sie das berichtete Ereignis vorwegnimmt; sie trägt die Verlobung ins große Heft ein, bevor sie stattfindet. Die Chronik kommt vor dem Leben, nicht umgekehrt. Diese Schrift ist für sie nicht einfach ein Bericht von wichtigen Ereignissen des familiären Lebens, sie ist das Leben selbst. Die geschriebene familiäre Geschichte gilt ihr als die authentische, prägende Wirklichkeit. Nicht anders war es in der alten, überholten Welt der Adeligen. Die Familie durch eine Achtung gebietende Geschichte repräsentieren zu wollen, ist eine anachronistische Lebensaufgabe, welche die Verkennung des bürgerlichen Individuums zur Voraussetzung hat.

Tony lässt sich auf diese Weise von einer Idealität inspirieren, die eine Veräußerung ihrer sozialen Identität bedingt. Sie verklärt die Lebensform einer adeligen Familie, übernimmt sie als ideale Lebensform und versucht, sie nachzuahmen. Die konstituierte ideale Welt gründet ironischerweise in einer verfallenen Gesellschaftsform. Eine längst veraltete soziale Struktur – also für die Deponie reifes Material –

ist das, was die idealisierte Welt Tonys bestimmt. Diese Idealisierung führt zu einer alten Welt, welche die Moderne sozusagen als Schrott entsorgt hat. Die angestrebte adelige Lebensform wird als überdauerndes Muster betrachtet, das eine bedingungslose Nachahmung verdient. Die eigene Lebensgestaltung als Nachahmung einer fremden Welt aufzufassen, setzt die wichtigsten Prinzipien der bürgerlichen Moderne außer Kraft, so zum Beispiel die Einmaligkeit des Individuums und die Selbstbestimmungsmacht des Subjektes. Tony versteht sich, im Gegensatz dazu, als Teil einer ihr übergeordneten Welt, die ihre volle Unterwerfung verlangt. Diese bietet ihr eine zeitenthobene Lebensform, die über alle Veränderungen und über jeden Zusammenhang hinaus Geltung beansprucht. Tony Buddenbrook ist in diesem Sinne eine Figur, die dem emanzipierten Gedankengut der Aufklärung grundsätzlich widerspricht. Mit den Worten Kants könnten wir ihre Lage als die eines Menschen charakterisieren, der keinen Ausgang aus seiner selbstverschuldeten Unmündigkeit gefunden hat und finden wollte (vgl. Kant 1999, S. 20).[8]

Auch bei den tragenden männlichen Vertretern der Familie (Christian und Hanno also ausgeschlossen) ist der bürgerliche Wert der Geschäftigkeit widersprüchlich: Sie streben nach einer in der Vergangenheit dem Adeligen vorbehaltenen Stellung. Die Hagenströms stehen in diesem Sinne den Buddenbrooks diametral entgegen: Ihre Welt ist eine reservierte Betriebsamkeit, die von den Buddenbrooks für groben Fleiß gehalten wird. In diesem Widerspruch verwickelt, manifestieren sie den bürgerlichen Willen, etwas Eigenständiges zu schaffen, aber auch den adeligen Anspruch, eine ehrenwürdige Familie mit Tradition zu werden. Da sie ihre Entwicklung auch verstehen als ein Zurückkehren zu dem, was der Adel war, verkörpern sie geradezu das ironische, widersprüchliche Bild des Helden im Entwicklungsroman.[9] Ihr Impuls richtet sich nicht nur danach, etwas Neues zu schaffen, sondern auch danach, etwas nachzuahmen, das schon gewesen war.

---

[8]Der ironische Charakter fundiert in der wohl bekannten paradoxen Benennung ‚bürgerliche Patrizierfamilie', mit welcher die *Buddenbrooks* in der Sekundärliteratur häufig bezeichnet werden. In diesem Sinne stellt der Roman keine typische bürgerliche Familie dar. Die ironische Ausprägung der Erzählerrede macht es daher problematisch, aus dem Roman unmittelbar soziologische und historische Rückschlüssel zu ziehen.

[9]Es ist wahr, dass die Gründer der Familie im bürgerlichen Sinn danach strebten, die Firma größer und mächtiger zu machen. Insofern projizierten sie sich tatsächlich in moderner Weise in die Zukunft. Allerdings ist schon bei Konsul Buddenbrook und noch mehr bei Thomas Buddenbrook die Neigung zur Repräsentation so stark, dass sie, um ein vermeintliches Prestige zu erreichen, schlechte und unvernünftige Geschäfte machen. Man denke zum Beispiel an die vom Konsul Buddenbrook gewollte Heirat Tonys mit Grünlich oder an das viel zu große Haus, das Thomas bauen lässt.

In dem offenen Spielraum, den die Ironie dem Verstehen zulässt, haben wir die Möglichkeit, die Inszenierung des Verfalls nicht nur als dessen Kritik zu verstehen, sondern auch dessen Aufwertung. Denn Tonys Sprache geht nicht vollkommen in dem parodistischen Modell auf, das ein eindeutiges Urteil erlauben würde. Im ästhetischen Rahmen der die Buddenbrooks charakterisierenden Ironie können wir als Funktion der Erzählerrede die Unbestimmtheit und Offenheit jeder Aussage erkennen. Das kann erst unter der Bedingung geschehen, dass der Leser die anachronistische Sprache Tonys als einen gegenwärtigen Impuls und als eine zeitgemäße Notwendigkeit aufwertet. Die ironische Färbung, mit der über die Erfahrung Tonys mit dem großen Schreibheft berichtet wird, macht die Aufwertung einer alten verfallenen Welt möglich, indem wir gerade ihr unzeitmäßiges Bewusstsein sozusagen aufarbeiten. Der Rohstoff für die Gestaltung eines Recyclings des Verfalls ist gerade jene Haltung, die sich nicht mit der Weltanschauung der bürgerlichen Moderne vereinbaren lässt: das Bedürfnis nach Auflösung in einer sich selbst transzendierenden Dimension, um sich eins mit einer Welt zu fühlen, die über das individuelle Schicksal hinausgeht. Dieser Drang steht der hohen Wertschätzung der Möglichkeit entgegen, die Welt nach individuellen Bedürfnissen und persönlichem Geschmack zu gestalten. Insofern gleicht Tony einem Lebewesen, das sich dem Gegebenen anpassen will, ohne den Anspruch zu erheben, die Welt anders zu machen, als sie es vorfindet. So können wir erklären, warum sie sich einer höheren Instanz ergibt und diese walten lässt. Für eine das individuelle Leben transzendierende Welt ist es gleichgültig, welches Schicksal dem Einzelnen zukommt. Die diese Welt prägende Gleichgültigkeit fundiert in der zirkulären Bewegung des Lebens, die Anfang und Ende, Tod und Geburt gleichsetzt. Nichts geht darin zu Ende und das Sterben ist auch ein Neuanfang. Aus dieser Perspektive ist auch der Verfall des Bürgers ein natürliches Ereignis, bei dem das Ende auch die Wiederkehr eines Neuanfangs ist, der zugleich etwas anderes, etwas Neues in die Wege leitet. Allerdings kehrt der Bürger zwar dorthin zurück, wo der Adelige war – und insofern geschieht dadurch eine Art Metamorphose, die auch die Natur prägt. Aber er ist im neuen sozialen Bewusstsein weder der alte Bürger noch der neue Adelige. Er ist eine Mischform, also etwas Unbestimmtes, das sich erst durch die Rede definieren muss, die seiner Unbestimmtheit gerecht wird: die Ironie. Der ironische Diskurs spiegelt am besten die Indifferenziertheit wider, in der sich etwas befindet, das nicht mehr ist, was es war und durch seine Verwandlung etwas anderes geworden ist.

In diesem Sinne lässt sich der ironische Diskurs als eine rigoros anschauliche Form der Nachahmung der Natur betrachten. Er belässt diese als undifferenzierte

Substanz in einer ständigen kreisförmigen Verwandlung.[10] So ist er das Mittel, ein abgenutztes Produkt der Zivilisation erneut als rohes Material zu präsentieren, damit diese es in ein neues Produkt verwandelt und erneut in Umlauf bringt. Ironie ermöglicht also das Recycling von alten Welten und Vorstellungen, damit diese als Rohstoff für neue Welten und Vorstellungen dienen können.

## Literatur

Iser, Wolfgang. 1976. Das Komische: Ein Kipp-Phänomen. In *Das Komische*, Hrsg. W. von Preisendanz und R. Warning, 398–402. München: Fink.

Kant, Immanuel, und H.D. Brandt, Hrsg. 1999. *Was ist Aufklärung? Ausgewählte kleine Schriften*. Hamburg: Meiner (Erstveröffentlichung 1784).

Lange, Wolfgang. 2000. An der Grenze aufklärerischer Ironie: Nietzsches Konzept des „großen Ernstes". In *Sprachen der Ironie – Sprachen des Ernstes*, Hrsg. Heinz Karl Bohrer. Frankfurt a. M.: Suhrkamp.

Mann, Thomas. 2002. *Buddenbrooks. Verfall einer Familie*, Hrsg. E. Heftrich, S. Stachorski und H. Lehnert. Frankfurt a. M.: Fischer (Erstveröffentlichung 1901).

Mann, Thomas. 2009. Ironie und Radikalismus. In Thomas Mann. *Betrachtungen eines Unpolitischen.* Große kommentierte Frankfurter Ausgabe. Werke – Briefe – Tagebücher, Bd. 13.1, Hrsg. Hermann Kurzke, 617–640. Frankfurt a. M.: Fischer (Erstveröffentlichung 1918).

Martyn, David. 2000. Fichtes romantischer Ernst. In *Sprachen der Ironie – Sprachen des Ernstes*, Hrsg. Heinz Karl Bohrer. Frankfurt a. M.: Suhrkamp.

Neue Staatsgalerie. https://www.staatsgalerie.de/g/sammlung/sammlung-digital/einzelansicht/sgs/werk/einzelansicht/3686131344C04B3FA46363AF8206D097.html. Zugegriffen: 2. März 2019.

Pirandello, Luigi. 1986. *Der Humor.* Aus dem Italienischen von Johannes Thomas. Mindelheim: Sachon (Erstveröffentlichung 1908).

Schlegel, Friedrich. 1967. *Kritische Friedrich-Schlegel-Ausgabe*, Hrsg. E. Behler, J.-J. Anstett und H. Eichner. 35 Bde. in 4 Abt. Bd. 2. Padeborn: Schöningh.

Vischer, Friedrich Theodor. 1967. *Über das Erhabene und Komische – und andere Text zur Ästhetik*. Frankfurt a. M.: Suhrkamp (Erstveröffentlichung 1837).

[10]„Nietzsche begnügt sich nicht mit halben Sachen. Er macht ernst mit der Ironie, begreift diese nicht nur als rhetorisches Instrument und Disposition aufgeklärten Bewusstseins. Vielmehr sucht er sie als einen Mechanismus vorzustellen, der in der Natur selbst verankert ist und in Form permanenter Verstellung hinter dem Rücken der Subjekte sein Unwesen treibt […]. Verstellung oder Ironie wird von Nietzsche letztlich als eine ontologische Kategorie betrachtet" (Lange 2000, S. 349).

**Cesare Giacobazzi** ist Professor für Deutsche Literatur an der Università di Modena e Reggio Emilia, Italien. Forschungsschwerpunkte: Theorie der Literatur, Didaktik der Literatur, zeitgeschichtlicher Roman, Bildungsroman, Barock und Romantik. Publikationen u. a.: „Die Dialektik von Himmel und Erde zwischen Klassik, Romantik und Realismus am Beispiel von den ‚Wahlverwandtschaften', ‚Heinrich von Ofterdingen' und ‚Immensee'" (2016); „Walter Benjamin e la rivoluzione romantica nella teoria della traduzione" (2017); *Liebeserklärungen. Poetik und Ästhetik einer pragmatischen Rede* (2019).